2026

맞춤형화장품 조제관리사 1000제

타임 맞춤형화장품 연구소

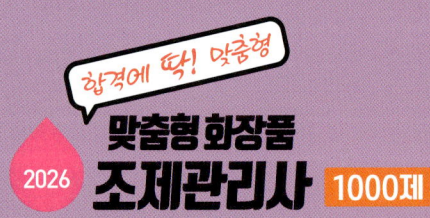

인쇄일 2026년 1월 1일 5판 1쇄 인쇄		**발행처** 시스컴 출판사	
발행일 2026년 1월 5일 5판 1쇄 발행		**발행인** 송인식	
등 록 제17-269호		**지은이** 타임 맞춤형화장품 연구소	
판 권 시스컴2026			
ISBN 979-11-6941-782-2 13570			
정 가 20,000원			

주소 서울시 금천구 가산디지털1로 225, 514호(가산포휴) | **홈페이지** www.nadoogong.comr
E-mail siscombooks@naver.com | **전화** 02)866-9311 | **Fax** 02)866-9312

이 책의 무단 복제, 복사, 전재 행위는 저작권법에 저촉됩니다. 파본은 구입처에서 교환하실 수 있습니다.
발간 이후 발견된 정오 사항은 홈페이지 도서정오표에서 알려드립니다(홈페이지 → 자격증 → 도서정오표).

머리말

식품의약품안전처는 "맞춤형화장품 도입으로 새로운 일자리를 창출하는 등 국내 화장품 산업이 혁신 성장할 것으로 기대 한다"며 "또한 영·유아, 어린이 화장품 안전관리가 강화돼 소비자가 안심하고 화장품을 사용할 수 있는 환경 조성에도 기여할 수 있을 것"이라고 밝혔습니다.

우리나라의 뷰티산업은 향후 전망이 밝고, 이러한 시대 상황과 부합하여 '맞춤형화장품조제관리사'인 전문가 양성과 활용은 그 어느 때보다도 필요하고 중요하다고 생각합니다.

본서는 초창기 출제경향이나 출제범위 등에서 면밀히 검토하여 최대한 알차게 포함시키고자 심혈을 기울였으며, 특징은 아래와 같습니다.

- 무엇보다도 출제범위에 맞는 문제를 충실하게 담았습니다.
- 최신 자료를 참조하고 수험생 여러분들에 도움이 될 수 있도록 하였습니다.
- 각종 법규 및 참고문헌의 확인을 통해 정확한 정보의 전달이 되도록 하였습니다.

아무쪼록 수험생 여러분의 건승을 기원드리며, 수험준비의 반려자가 되었으면 합니다.

맞춤형화장품 조제관리사 시험 안내

● **시험소개**

맞춤형화장품 조제관리사 자격시험은 화장품법 제3조의4에 따라 맞춤형화장품의 혼합·소분 업무에 종사하고자 하는 자를 양성하기 위해 실시하는 시험입니다.

● **시험정보**

- **자격명** : 맞춤형화장품 조제관리사
- **관련 부처** : 식품의약품안전처
- **시행 기관** : 대한상공회의소
- **응시 자격** : 응시 자격과 인원에 제한이 없음
- **합격자 기준** : 전 과목 총점(1,000점)의 60%(600점) 이상을 득점하고, 각 과목 만점의 40% 이상을 득점한 자
- **응시 수수료** : 100,000원
- **원서 제출 기간** : 24시간 제출 가능합니다.(단, 원서 제출 시작일은 10:00부터, 원서 제출 마감일은 17:00까지 제출 가능)
- **온라인 원서 접수만 가능** : 최근 6개월 이내에 촬영한 탈모 상반신 사진을 그림 파일로 첨부 제출 (사진은 JPG, PNG 파일이어야 하며, 크기는 150픽셀 X 200픽셀 이상, 300dpi 권장, 500KB 이하여야 업로드 가능합니다. 원서 제출 기간 내에 사진 변경이 가능합니다.)
- **시험 장소** : 원서 접수 시 수험자 직접 선택

● 시험 영역

시험 영역		주요 내용	세부 내용
1	화장품법의 이해	화장품법	화장품의 정의 및 유형 화장품의 유형과 종류 및 특성 화장품법에 따른 영업의 종류 화장품의 품질 요소 화장품의 사후관리 기준
		개인정보 보호법	고객 관리 프로그램 운용 개인정보보호법에 근거한 고객정보 입력 개인정보보호법에 근거한 고객정보 관리 및 상담
2	화장품 제조 및 품질관리	화장품 원료의 종류와 특성 및 제품의 제조관리	화장품 원료의 종류 화장품에 사용된 성분의 특성 원료 및 제품의 성분 정보 화장품 제조의 원리 화장품의 제조공정 및 특성
		화장품의 기능과 품질	화장품의 유형 및 특성 제조 및 품질관리 문서구비
		화장품 사용제한 원료	화장품의 사용제한 원료 및 제한사항 착향제(향료) 성분 중 알레르기 유발 물질
		화장품 관리	화장품의 취급방법 및 보관방법 화장품의 사용방법 화장품 사용할 때의 주의사항
		위해사례 판단 및 보고	위해여부 판단 및 보고

맞춤형화장품 조제관리사 시험 안내

3	유통 화장품의 안전관리	작업장 위생관리	작업장의 위생 기준 작업장의 위생 상태 작업장의 위생 유지관리 활동 작업장 위생 유지를 위한 세제의 종류와 사용법 작업장 소독을 위한 소독제의 종류와 사용법
		작업자 위생관리	작업장 내 직원의 위생 기준 설정 작업장 내 직원의 위생 상태 판정 혼합·소분 시 위생관리 규정 작업자 위생 유지를 위한 세제의 종류와 사용법 작업자 소독을 위한 소독제의 종류와 사용법 작업자 위생 관리를 위한 복장 청결상태 판단
		설비 및 기구 관리	설비 및 기구의 위생 기준 설정 설비 및 기구의 위생 상태 판정 오염물질 제거 및 소독 방법 설비 및 기구의 구성 재질 구분 설비 및 기구의 유지관리 및 폐기 기준
		원료 및 내용물의 관리	원료 및 내용물의 입고 기준 유통화장품의 안전관리 기준 입고된 원료 및 내용물 관리기준 보관중인 원료 및 내용물 출고기준 원료 및 내용물의 폐기 기준 원료 및 내용물의 개봉 후 사용기간 또는 사용기한 확인·판정 원료 및 내용물의 변질 상태 확인 원료 및 내용물의 폐기 절차
		포장재의 관리	포장재의 입고 기준 입고된 포장재 관리기준 보관중인 포장재 출고기준 포장재의 폐기 기준 포장재의 변질 상태 확인 포장재의 폐기 절차

4	맞춤형 화장품의 이해	맞춤형화장품 개요	맞춤형화장품 정의 맞춤형화장품 주요 규정 맞춤형화장품의 안전성 맞춤형화장품의 유효성 맞춤형화장품의 안정성
		피부 및 모발 생리구조	피부의 생리 구조 모발의 생리 구조 피부 모발 상태 분석
		관능평가 방법과 절차	관능평가 방법과 절차
		제품 상담	맞춤형화장품의 효과 맞춤형화장품의 부작용의 종류와 현상 원료 및 내용물의 사용제한 사항
		제품 안내	맞춤형화장품의 사용법
		혼합 및 소분	원료 및 제형의 물리적 특성 배합 금지 및 사용 제한 원료에 관한 사항 판매가능한 맞춤형화장품 구성 안전기준 및 위생관리 맞춤형화장품판매업 준수사항에 맞는 혼합·소분 활동
		충진 및 포장	제품에 맞는 충진 방법 및 포장 방법

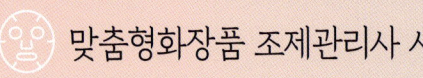

맞춤형화장품 조제관리사 시험 안내

● **시험방법 및 문항유형**

과목명	문항유형	과목별 총점	시험방법
화장품법의 이해	선다형 7문항 단답형 3문항	100점	필기시험
화장품 제조 및 품질관리	선다형 20문항 단답형 5문항	250점	
유통화장품의 안전관리	선다형 25문항	250점	
맞춤형화장품의 이해	선다형 28문항 단답형 12문항	400점	

※ 문항별 배점은 난이도별로 상이하며, 시험 당일 문제에 표기하여 공개됩니다.

● **시험 시간**

과목명	입실시간	시험시간
1. 화장품법의 이해 2. 화장품 제조 및 품질관리 3. 유통화장품의 안전관리 4. 맞춤형화장품의 이해	09:00까지	09:15~11:15 (120분)

● **수험자 유의사항**

- 수험 원서, 제출 서류 등의 허위 작성, 위조, 기재 오기, 누락 및 연락 불능의 경우에 발생하는 불이익은 전적으로 수험자 책임입니다.

- 수험자는 시험 시행 전까지 시험장 위치 및 교통편을 확인하여야 하며(단, 시험실 출입은 할 수 없음), 시험 당일 입실 시간까지 신분증, 수험표, 필기구를 지참하고 해당 시험실의 지정된 좌석에 착석하여야 합니다.

  - 입실시간(9 : 00) 이후 입실이 불가합니다.
  - 신분증 인정 범위 : 주민등록증, 운전면허증, 공무원증, 유효 기간 내 여권, 복지카드(장애인등록증), 국가유공자증, 외국인등록증, 재외동포 국내거소증, 신분확인증빙서, 주민등록발급신청서, 국가자격증
  - 신분증 미지참시 시험응시가 불가합니다.

- 시험 도중 포기하거나 답안지를 제출하지 않은 수험자는 시험 무효 처리됩니다.

- 지정된 시험실 좌석 이외의 좌석에서는 응시할 수 없습니다.

- 개인용 손목시계를 준비하여 시험 시간을 관리하기 바라며, 휴대전화를 비롯하여 데이터를 저장할 수 있는 전자기기는 시계 대용으로 사용할 수 없습니다.

  - 교실에 있는 시계와 감독위원의 시간 안내는 단순 참고 사항이며 시간 관리의 책임은 수험자에게 있습니다.
  - 손목시계는 시각만 확인할 수 있는 단순한 것을 사용하여야 하며, 손목시계용 휴대전화를 비롯하여 부정행위에 활용될 수 있는 시계는 모두 사용을 금합니다.

맞춤형화장품 조제관리사 시험 안내

- 시험 시간 중에는 화장실에 갈 수 없고 종료 시까지 퇴실할 수 없으므로 과다한 수분 섭취를 자제하는 등 건강 관리에 유의하시기 바랍니다.

  - '시험 포기 각서' 제출 후 퇴실한 수험자는 재입실·응시 불가하며 시험은 무효 처리합니다.
  - 단, 설사·배탈 등 긴급사항 발생으로 시험 도중 퇴실 시 재입실이 불가하고, 시험 시간 종료 전까지 시험 본부에서 대기해야 합니다.

- 수험자는 감독위원의 지시에 따라야 하며, 부정한 행위를 한 수험자에게는 해당 시험을 무효로 하고, 그 처분일로부터 3년간 시험에 응시할 수 없습니다.

- 시험 시간 중에는 통신기기 및 전자기기를 일체 휴대할 수 없으며, 시험 도중 관련 장비를 가지고 있다가 적발될 경우 실제 관련 장비의 사용 여부와 관계없이 부정행위자로 처리될 수 있습니다.

  - 통신기기 및 전자기기 : 휴대용 전화기, 휴대용 개인정보단말기(PDA), 휴대용 멀티미디어 재생장치(PMP), 휴대용 컴퓨터, 휴대용 카세트, 디지털 카메라, 음성 파일 변환기(MP3), 휴대용 게임기, 전자사전, 카메라펜, 시각 표시 외의 기능이 있는 시계, 스마트워치 등
  - 휴대전화는 배터리와 본체를 분리하여야 하며, 분리되지 않는 기종은 전원을 꺼서 시험위원의 지시에 따라 보관하여야 합니다.(비행기 탑승 모드 설정은 허용하지 않음.)

- 시험 문제 및 답안은 비공개이며, 이에 따라 시험 당일 문제지 반출이 불가합니다.

- 본인이 작성한 답안지를 열람하고 싶은 응시자는 합격일 이후 별도 공지사항을 참고하시기 바랍니다.

- 답안 정정 시에는 반드시 정정 부분을 두 줄(=)로 긋고 다시 기재하여야 하며, 수정테이프(액) 등을 사용했을 경우 채점상의 불이익을 받을 수 있으므로 사용하지 마시기 바랍니다.

- 시험 종료 후 감독위원의 답안카드(답안지) 제출 지시에 불응한 채 계속 답안카드(답안지)를 작성하는 경우 해당 시험은 무효 처리되고 부정행위자로 처리될 수 있습니다.

- 시험 당일 시험장 내에는 주차 공간이 없거나 협소하므로 대중교통을 이용하여 주시고, 교통 혼잡이 예상되므로 미리 입실할 수 있도록 하시기 바랍니다.

- 시험장은 전체가 금연 구역이므로 흡연을 금지하며, 쓰레기를 함부로 버리거나 시설물이 훼손되지 않도록 주의하시기 바랍니다.

- 기타 시험 일정, 운영 등에 관한 사항은 맞춤형화장품 조제관리사 자격시험 홈페이지의 시행 공고를 확인하시기 바라며, 미확인으로 인한 불이익은 수험자의 책임입니다.

※ 본서에 수록된 시험 관련 내용은 추후 변경 가능성이 있으므로 반드시 응시기간에 시행 기관의 홈페이지를 참고하시기 바랍니다.

구성과 특징

모의고사
시험에 출제될 만한 문제들로 시험문제와 동일하게 100문제를 구성하였습니다. 시험범위와 문항의 출제범위에 맞게 구성하여 실전을 대비할 수 있도록 구성하였습니다. 뿐만 아니라 10회를 수록하여 합격에 한 걸음 다가갈 수 있도록 하였습니다.

정답 및 해설

1000문제에 정확한 답뿐만 아니라, 정확한 해설을 수록하여 수험생 여러분의 도움이 되도록 하였습니다. 선다형과 단답형을 분리하여 보기 쉬울 뿐 아니라 수험에 효율을 높일 수 있도록 하였습니다.

CONTENTS

제1회 모의고사 ········ 20

제2회 모의고사 ········ 44

제3회 모의고사 ········ 66

제4회 모의고사 ········ 88

제5회 모의고사 ········ 110

제6회 모의고사 ········ 134

제7회 모의고사 ……… 156

제8회 모의고사 ……… 180

제9회 모의고사 ……… 202

제10회 모의고사 ……… 226

정답 및 해설 ……… 250

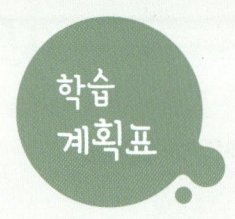

자신이 계획한 학습량을 작성 후 실천 정도에 따라 CHECK란에 표시합니다.
효율적인 자기 주도 학습이 가능한 STUDY PLANNER를 활용해 보세요!

DATE	PART	CHAPTER	PAGE	CHECK
( )월 ( )일				☐
( )월 ( )일				☐
( )월 ( )일				☐
( )월 ( )일				☐
( )월 ( )일				☐
( )월 ( )일				☐
( )월 ( )일				☐
( )월 ( )일				☐
( )월 ( )일				☐
( )월 ( )일				☐
( )월 ( )일				☐
( )월 ( )일				☐
( )월 ( )일				☐
( )월 ( )일				☐
( )월 ( )일				☐
( )월 ( )일				☐
( )월 ( )일				☐
( )월 ( )일				☐
( )월 ( )일				☐

제 1 회 모의고사

제1회 모의고사

시험시간 120분 정답 및 해설 250p

시험과목	문항유형
화장품법의 이해	선다형 7문항 단답형 3문항
화장품 제조 및 품질관리	선다형 20문항 단답형 5문항
유통화장품의 안전관리	선다형 25문항
맞춤형화장품의 이해	선다형 28문항 단답형 12문항

01
손, 얼굴에 주로 사용하는 사용 후 바로 씻어내는 제품으로 옳지 않은 것은?
① 폼 클렌저 ② 바디 클렌저
③ 액체비누 ④ 외음부 세정제
⑤ 콜롱

02
화장품 제조업등록을 할 수 없는자로 옳지 않은 것은?
① 등록이 취소되거나 영업소가 폐쇄된 날부터 3년이 지나지 아니한 자
② 피성년후견인 또는 파산선고를 받고 복권되지 아니한 자
③ 마약류의 중독자
④ 화장품법 또는 보건범죄 단속에 관한 특별법을 위반하여 금고 이상의 형을 선고받고 그 집행이 끝나지 아니하거나 그 집행을 받지 아니하기로 확정되지 아니한 자
⑤ 정신질환자. 다만, 전문의가 화장품 제조업자로서 적합하다고 인정하는 사람은 제외

03
화장품 품질요소에 따른 안전성에 대한 설명으로 옳지 않은 것은?

① 유해사례(AE)란 화장품의 사용 중 발생한 바람직하지 않고 의도되지 아니한 징후, 증상 또는 질병을 말하며, 당해 화장품과 반드시 인과관계를 가져야 한다.
② 안전성 정보란 화장품과 관련하여 국민보건에 직접 영향을 미칠 수 있는 안전성, 유효성에 관한 새로운 자료, 유해사례정보 등을 말한다.
③ 화장품 책임판매업자는 화장품의 사용 중 발생하였거나 알게 된 유해사례 등 안전성정보에 대하여 매 반기 종료 후 1개월 이내에 식품의약품안전처장에게 보고를 하여야 한다.
④ 안정성에 대하여 보고할 사항이 없는 경우에는 "안전성 정보보고 사항 없음"으로 기재하여 보고한다.
⑤ 중대한 유해사례 또는 이와 관련하여 식품의약품안전처장이 보고를 지시한 경우에는 즉시보고를 해야 한다.

04
안정성 시험의 종류 중 〈보기〉안에 들어갈 시험은?

─〈보기〉─
가혹조건에서 화장품의 분해과정 및 분해산물 등을 확인하기 위한 시험

① 장기 보존시험 ② 가속시험
③ 가혹시험 ④ 개봉 후 안정성 시험
⑤ 정기 시험

05
기능성 화장품(시행규칙)에 대한 설명으로 옳지 않은 것은?

① 피부에 멜라닌색소가 침착하는 것을 방지하여 기미, 주근깨 등의 생성을 억제함으로써 피부의 미백에 도움을 주는 기능을 가진 화장품
② 피부에 침착된 멜라닌색소의 색을 엷게 하여 피부의 미백에 도움을 주는 기능을 가진 화장품
③ 피부에 탄력을 주어 피부의 주름을 완화 또는 개선하는 기능을 가진 화장품
④ 물리적으로 체모를 제거하는 기능을 가진 화장품
⑤ 아토피성 피부로 인한 건조함 등을 완화하는데 도움을 주는 화장품

06
식품의약품안전처에서 화장품 영업자를 대상으로 실시하는 감시 중 〈보기〉는 무엇에 해당하는가?

─〈보기〉─
가. 고발, 진정, 제보 등으로 제기된 위법사항에 대한 점검
나. 준수사항, 품질, 표시광고, 안전기준 등 모든 영역
다. 불시점검 원칙, 문제제기 사항 중점관리

① 정기감시 ② 수시감시
③ 기획감시 ④ 품질검사
⑤ 수거검사

07
화장품제조업자의 준수사항으로 옳지 않은 것은?

① 화장품 책임판매업자의 지도·감독 및 요청에 따라야 한다.
② 화장품의 제조에 필요한 시설 및 기구에 대하여 정기적으로 점검하여 작업에 지장이 없도록 관리·유지하여야 한다.
③ 작업소에는 위해가 발생할 염려가 있는 물건을 두어서는 아니되며, 작업소에서 국민보건 및 환경에 유해한 물질이 유출되거나 방출되지 아니하도록 하여야 한다.
④ 화장품 제조업자가 제품을 설계·개발·생산하는 방식으로 제조하는 경우로서 품질·안전관리에 영향이 없는 범위에서 화장품 제조업자와 화장품 책임판매업자 상호 계약에 따라 영업비밀에 해당하는 경우 물질관리를 위하여 필요한 사항을 화장품 책임판매업자에게 제출하여야 한다.
⑤ 원료 및 자재의 입고부터 완제품의 출고에 이르기까지 필요한 시험·검사 또는 검정을 하여야 한다.

08
다음 〈보기〉는 일반화장품의 평가방법이다. ( ) 안에 들어갈 말을 쓰시오.

―〈보기〉―

( )는 혈액의 단백질이 응고되는 정도를 관찰하여 평가하는 것이다.

09
다음 〈보기〉는 변경서류의 제출이다. ( ) 안에 들어갈 말을 쓰시오.

―〈보기〉―

화장품 제조업자 또는 화장품 책임판매업자는 변경사유가 발생한 날부터 ( )일 이내 (다만, 행정구역 개편에 따른 소재지 변경의 경우에는 90일 이내)에 화장품 제조업 변경등록신청서 또는 화장품 책임판매업 변경등록신청서에 화장품 제조업 등록필증 또는 화장품 책임판매업 등록필증과 해당 서류를 첨부하여 지방식품의약품안전청장에게 제출하여야 한다.

10
다음 〈보기〉는 과징금 부과 규정이다. ( ) 안에 들어갈 알맞은 말을 쓰시오.

―〈보기〉―

식품의약품안전처장은 영업자에게 업무정지처분을 하여야 할 경우에는 그 업무정지처분을 갈음하여 ( )원 이하의 과징금을 부과할 수 있다. 이의 세부적인 사항은 식품의약품안전처 과징금 부과처분 기준 등에 관한 규정에 따른다.

11
정제수(증류수)에 대한 설명으로 옳지 않은 것은?

① 물을 가열하여 발생하는 수증기를 냉각시켜 탈염, 정제한 물을 말한다.
② 피부보습의 기초물질로 일부 메이크업 화장품을 뺀 거의 모든 화장품에 사용된다.
③ 화장품에 사용되는 물은 부분 이온교환 수지를 이용하여 정제한 이온 교환수를 자외선 램프로 살균하고 일정한 pH를 유지하여야 한다.
④ 완전히 순수한 물은 pH 7로서 평형수라고 하며, 이것을 공기 중에 방치하면 이산화탄소를 흡수하여 pH 5.5~5.7정도의 약산성이 된다.
⑤ 태울 경우 투명하고 옅은 푸른색을 띤 화염을 발생시키며, 물과 이산화탄소가 만들어진다.

12
화장품에서 널리 쓰이는 원료는 글리세린, 프로필렌글리콜, 부틸렌글리콜 등이 있으며, 보습제 및 동결을 방지하는 원료로 사용되는 수성원료는 무엇인가?

① 정제수
② 에탄올
③ 폴리올
④ 평형수
⑤ 에틸알코올

13
식물성 오일에 대한 설명으로 옳지 않은 것은?

① 올리브오일, 해바라기씨 오일, 팜 오일, 맥아 오일, 호호바 오일, 동백 오일, 피마자 오일등이 있다.
② 수분증발 억제와 사용감을 향상시킨다.
③ 피부에 대한 친화성이 우수하고 특이취가 있다.
④ 피부 흡수가 느리고 산패되기가 쉬우며 무거운 사용감이 특징이다.
⑤ 생리활성은 우수하지만 색상이나 냄새가 좋지 않고 쉽게 산화되어 변질되므로 화장품 원료로 잘 사용되지 않는다.

14
실리콘 오일(합성오일)중 다이메틸폴리실록산에 대한 설명으로 옳지 않은 것은?

① 현탁 스킨의 제조에서 알코올에 향, 토코페롤 아세테이트, 에스터 타입의 오일 등을 가용화제와 함께 용해하여 미세한 입자로 분산시켜 안정된 형태의 현탁 스킨을 제조한다.
② 실리콘 오일 중 가장 광범위하게 사용되고 오래전부터 사용되었다.
③ 기초 및 메이크업 화장품에 부드러운 감촉을 주기 위해 사용되거나 샴푸 등 두발화장품에서 모발에 윤기를 주기 위하여 사용된다.
④ 소수성이 크며 매끄러운 감촉을 주므로 크림 등에 사용된다.
⑤ 기포 제거성이 우수하므로 유화제품 등에 소포제로도 이용된다.

15
대표적인 왁스 중 라놀린에 대한 설명으로 옳지 않은 것은?
① 양의 털을 가공할 때 나오는 지방을 정제하여 얻는다.
② 호호바의 열매에서 얻은 액상의 왁스로 일반적으로 오일이라고 불린다.
③ 피부에 대한 친화성과 부착성, 포수성이 우수하여 크림이나 립스틱 등에 널리 사용되었다.
④ 피부 알레르기를 유발할 가능성이 있다.
⑤ 무거운 사용감, 색상이나 냄새 등의 문제 및 최근 동물성 원료의 기피로 사용량이 감소하고 있다.

16
다음 〈보기〉는 고급지방산에 대한 내용이다. 〈보기〉에 해당하는 고급지방산은 무엇인가?

―〈 보기 〉―
가. 야자유, 팜유를 비누화 분해해 얻은 혼합 지방산을 분리하여 얻는다.
나. 수산화나트륨이나 트라이에탄올아민 등의 알칼리와 중화하여 비누를 만든다. 이 경우 비누는 수용성이 크고 거품이 풍부하게 생기므로 화장비누, 클렌징 폼 등의 세안료에 사용된다.

① 라우릭애시드
② 미리스틱애시드
③ 팔미틱애시드
④ 스테아릭애시드
⑤ 라놀린

17
고급알코올에 대한 설명으로 옳지 않은 것은?
① 세틸알코올은 세탄올이라고도 한다.
② 스테아릴알코올은 부분유화제품에 세틸알코올과 혼합사용된다.
③ 아이소스테아릴알코올은 세틸알코올과 스테아릴알코올을 약 1 : 1의 비율로 섞은 혼합물이다.
④ 아이소스테아릴알코올은 스테아릴 알코올의 액체형태이다.
⑤ 세토스테아릴알코올은 화장품에서 가장 많이 사용되는 고급알코올이다.

18
다음 〈보기〉는 계면 활성제이다. 〈보기〉에 해당하는 계면 활성제는 무엇인가?

―〈 보기 〉―
가. 계면활성제가 물에 녹았을 때 친수부가 (+)전하를 띠는 것을 말한다.
나. 살균・소독작용이 있고 대전방지효과와 모발에 대한 컨디셔닝효과가 있다.
다. 살균제, 헤어린스, 유연제 및 대전 방지제 등
라. 세테아디모늄클로라이드, 다이스테아릴다이모늄클로라이드, 베헨트라이모늄클로라이드

① 양이온 계면 활성제
② 음이온 계면 활성제
③ 비이온 계면 활성제
④ 양쪽성 이온 계면활성제
⑤ 천연 계면활성제

19
HLB는 화장품에서 계면활성제의 종류 및 그 사용량을 정하는데 사용되는 기준이 된다. HLB 값 15~18이 아닌 것은?

① 스킨로션
② 비비크림
③ 토너
④ 향수
⑤ 토닉

20
비타민에 대한 설명으로 옳지 않은 것은?

① 비타민 A_1(레티놀)은 레티노익산을 사용한 제품의 피부의 잔주름을 감소시키는 효과가 있다.
② 비타민 C(아스코빅애시드)는 각질 박리효과가 있다.
③ 비타민 E(토코페롤)는 피부노화 방지에 도움을 준다.
④ 수용성 비타민으로 가장 널리 이용되고 있는 것이 비타민 A_1이다.
⑤ 지용성 비타민으로 가장 널리 이용되고 있는 것은 비타민 E이다.

21
유기안료에 대한 설명으로 옳지 않은 것은?

① 체질안료, 착색안료, 백색안료등이 있다.
② 물이나 기름 등의 용제에 용해되지 않는 유색 분말로 색상이 선명하고 화려하여 제품의 색조를 조정한다.
③ 염료, 안료, 레이크등이 있다.
④ 수용성 염료로는 화장수, 로션, 샴푸 등의 착색에 사용된다.
⑤ 유용성 염료는 헤어 오일 등 유성화장품의 착색에 사용된다.

22
다음 〈보기〉에 해당하는 무기안료는 무엇인가?

─〈보기〉─
가. 빛과 열에 강하여 색이 잘 변하지 않아 메이크업 화장품에 많이 사용된다.
나. 기본색조로 적색, 황색, 흑색이 있는데 주로 이 3가지 색조를 혼합하여 사용한다.

① 백색안료
② 체질안료
③ 착색안료
④ 진주광택안료
⑤ 특수기능안료

23
다음 〈보기〉는 알레르기 유발물질 표시·기재 관련 세부지침이다. (   ) 안에 들어갈 수치를 순서대로 고른 것은?

― 〈보기〉―
해당 알레르기 유발성분이 제품의 내용량에서 차지하는 함량의 비율로 계산한다. 즉 사용 후 씻어내는 제품에는 (   )% 초과, 사용 후 씻어 내지 않는 제품에는 (   )% 초과 함유하는 경우에 한한다.

① 1%, 0.001%
② 0.1%, 0.0001%
③ 0.01%, 0.001%
④ 0.001%, 0.1%
⑤ 0.0001%, 1%

24
작업소의 기준에 대한 설명으로 옳지 않은 것은?
① 제조하는 화장품의 종류, 제형에 따라 적절히 구획·구분되어 있어 교차오염 우려가 없을 것
② 바닥, 벽, 천장은 가능한 청소하기 쉽게 매끄러운 표면을 지니고 소독제 등의 부식성에 저항력이 있을 것
③ 환기가 잘 되고 청결할 것
④ 외부와 연결된 창문은 개방적일 것
⑤ 작업소 내의 외관 표면은 가능한 매끄럽게 설계하고, 청소·소독제의 부식성에 저항력이 있을 것

25
제조구역의 관리방법으로 옳지 않은 것은?
① 모든 호스는 필요시 청소 또는 위생 처리를 한다.
② 모든 도구와 이동 가능한 기구는 청소 및 위생 처리 후 정해진 지역에 정돈 방법에 따라 보관한다.
③ 제조구역에서 흘린 것은 신속히 청소한다.
④ 탱크의 바깥 면들은 정기적으로 청소되어야 한다.
⑤ 폐기물은 장기간 모아 놓거나 쌓아 두어 한꺼번에 처리해야 한다.

26
화장품의 보관관리에 대한 설명으로 옳지 않은 것은?
① 보관조건은 각각의 원료와 포장재에 적합하여야 하고, 과도한 열기, 추위, 햇빛 또는 습기에 노출되어 변질되는 것을 방지할 수 있어야 한다.
② 물질의 특징 및 특성에 맞도록 보관, 취급되어야 한다.
③ 특수한 보관조건은 적절하게 준수, 모니터링 되어야 한다.
④ 원료와 포장재의 용기는 밀폐되어, 청소와 검사가 용이하도록 충분한 간격으로, 바닥과 밀접한 곳에 보관되어야 한다.
⑤ 원료와 포장재가 재포장될 경우, 원래의 용기와 동일하게 표시되어야 한다.

27
화장품의 사용방법에 대한 설명으로 옳지 않은 것은?

① 화장품 사용시에는 깨끗한 손으로 사용하며 사용 후 항상 뚜껑을 바르게 닫는다.
② 화장에 사용되는 도구는 중성세제 등을 사용하여 항상 깨끗하게 한다.
③ 화장품은 여러 사람이 함께 사용하지 않는 것이 좋다.
④ 화장품의 보관은 직사광선이 적절한 곳에 보관하며, 변질된 제품은 사용하지 않는다.
⑤ 사용기한 내에 화장품을 사용하고 사용기한이 경과한 제품은 사용하지 않는다.

28
퍼머넌트 웨이브 제품 및 헤어스트레이트너 제품의 주의사항으로 옳지 않은 것은?

① 두피, 얼굴, 눈, 목, 손 등에 약액이 묻지 않도록 유의하고, 얼굴 등에 약액이 묻었을 때에는 즉시 물로 씻어낼 것
② 특이체질, 생리 또는 출산 전후이거나 질환이 있는 사람 등은 사용을 피할 것
③ 머리카락의 손상 등을 피하기 위하여 용법·용량을 지켜야 하며, 가능하면 일부에 시험적으로 사용하여 볼 것
④ 섭씨 15도 이하의 어두운 장소에 보존하고, 색이 변하거나 침전된 경우에는 사용하지 말 것
⑤ 개봉한 제품은 15일 이내에 사용할 것(에어로졸 제품이나 사용 중 공기유입이 차단되는 용기는 표시하지 아니한다.)

29
염모제(산화염모제와 비산화염모제)의 주의사항으로 옳지 않은 것은?

① 염색 중에는 목욕을 하거나 염색 전에 머리를 적시거나 감지 말아야 한다.
② 염모액이 피부에 묻었을 때에는 곧바로 물 등으로 씻어내야 한다.
③ 염모 중 또는 염모 후에 속이 안 좋아지는 등 신체이상을 느끼는 분은 의사에게 상담해야 한다.
④ 사용 후 혼합하지 않은 액은 직사광선을 피하고 공기와 접촉을 피하여 서늘한 곳에 보관하여야 한다.
⑤ 용기를 버릴 때에는 반드시 뚜껑을 닫아서 버려야 한다.

30
탈염·탈색제의 주의사항으로 옳지 않은 것은?

① 두발 이외의 부분에는 사용하지 않아야 한다.
② 면도 직후에 사용해야 효과적이다.
③ 제품 또는 머리 감는 동안 제품이 눈에 들어가지 않도록 하여 주의해야 한다.
④ 환기가 잘 되는 곳에서 사용하여야 한다.
⑤ 용기를 버릴 때에는 뚜껑을 열어서 버려야 한다.

31
회수의무자가 회수계획서를 제출하는 경우에는 회수 기간을 기재해야 한다. ( ) 안에 들어갈 숫자는 무엇인가?

〈보기〉
위해성 등급이 '가'등급인 화장품 : 회수를 시작한 날부터 ( )일 이내

32
〈보기〉는 판매가능한 맞춤형 화장품 구성 중 무엇에 해당하는가?

〈보기〉
나만의 화장품을 만들기 위해 베이스 로션과 액티브 부스터를 조합하는 방법이다.

33
〈보기〉가 설명하는 물질은 무엇인가?

〈보기〉
분자 내에 하이드록시기를 가지고 있어서 이 하이드록시기의 수소를 다른 물질에 주어 다른 물질을 환원시켜 산화를 막는 물질을 말한다.

34
〈보기〉는 천연향료 중 무엇에 대한 설명인가?

〈보기〉
가. 수증기증류법, 냉각압착법, 건식증류법으로 생성된 식물성 원료로부터 얻은 생성물(정유)이다.
나. 페퍼민트 오일, 로즈오일, 라벤더 오일 등

35
〈보기〉는 식물 등에서 향을 추출하는 방법 중 무엇에 해당하는가?

〈보기〉
가. 휘발성용제에 의해 향성분을 추출하는 것이다.
나. 열에 불안정한 성분을 추출할 때 사용되는 방법이다.

36
〈보기〉는 화학적 세척제 유형 중 무엇에 해당하는가?

〈보기〉
가. 성질 : pH가 5.5 ~ 8.5 이다.
나. 오염제거물질 : 기름때 등 작은입자
다. 장점 : 용해나 유화에 의한 제거이며 독성은 낮다.
라. 단점 : 부식성이 있다.

① 무기산과 약산성 세척제
② 중성 세척제
③ 약알칼리 세척제
④ 알칼리 세척제
⑤ 부식성 알칼리 세척제

37
〈보기〉는 화학적 소독방법 중 무엇에 해당하는가?

―〈보기〉―
가. 소독액 : 안정화된 용액으로 구입사용
나. 사용농도 : 35% 용액의 1.5%로 30분 정도
다. 장점 : 유기물 소독에 효과적이다.
라. 단점 : 고농도시 폭발성이 있고, 반응성이 있으며, 피부보호가 필요하다.

① 알코올
② 페놀
③ 솔
④ 인산
⑤ 과산화수소

38
방진복에 대한 설명으로 옳지 않은 것은?

① 전면지퍼, 긴팔, 긴바지, 주머니 없는 복장이다.
② 손목, 허리, 발목은 고무줄 처리가 되어있다.
③ 모자는 챙이 있고 머리를 완전히 감싸는 형태로 한다.
④ 특수 화장품 제조실에 적용된다.
⑤ 백색 가운으로 전면 양쪽 주머니가 있어야 한다.

39
작업장 출입시의 준수사항으로 옳지 않은 것은?

① 일상복이 작업복 밖으로 노출되지 않도록 한다.
② 반지, 목걸이, 귀걸이 등 생산 중 과오 등에 의해 제품 품질에 영향을 줄 수 있는 것은 착용 하지 않는다.
③ 개인 사물은 작업실 내에 보관한다.
④ 작업 전 지정된 장소에서 손 소독을 실시하고 작업에 임한다.
⑤ 운동 등에 의한 오염을 제거하기 위해서는 작업장 진입 전 샤워 설비가 비치된 장소에서 샤워 및 건조 후 입식한다.

40
소독제의 조건으로 옳지 않은 것은?

① 소독 전에 존재하던 미생물을 최소한 50% 이하 사멸 시킬 것
② 경제적이어야 하며, 사용기간 동안 활성을 유지할 것
③ 사용농도에서 독성이 없을 것
④ 사용이 용이하고 제품이나 설비와 반응하지 않을 것
⑤ 불쾌한 냄새가 남지 않고, 광범위한 항균 스펙트럼을 가질 것

41
〈보기〉는 작업자 손소독을 위한 방법이다. ( ) 안에 공통으로 들어갈 알맞은 수치는 무엇인가?

―――〈보기〉―――
손 세척 후에 작업자의 손을 소독하는데 사용하는 소독제로 에탄올 ( )%, 아이소프로필알코올 ( )%가 사용된다.

① 60
② 70
③ 80
④ 90
⑤ 100

42
화학적 소독제 종류와 소독방법으로 옳지 않은 것은?

① 알코올은 70%의 에탄올을 사용하여 손 소독이나 미용도구를 소독한다.
② 과산화수소는 3%의 수용액을 사용하여 피부 상처를 소독한다.
③ 승홍수는 0.1%의 수용액을 사용하여 화장실, 쓰레기통, 도자기류 등을 소독한다.
④ 석탄산은 무색액체로 살균작용을 나타내는 양이온 계면활성제이며, 기구, 식기, 손 등에 적당하다.
⑤ 폼알데하이드는 금속제 소독시 사용한다.

43
설비세척의 원칙으로 옳지 않은 것은?

① 위험성이 없는 용제로 세척한다.
② 가능한 한 세제를 사용하지 않는다.
③ 증기세척은 좋은 방법이다.
④ 브러시 등으로 문질러 지우는 것을 고려한다.
⑤ 설비는 되도록 분해하지 않는다.

44
탱크에 해당하는 설명을 〈보기〉에서 고르면?

―――〈보기〉―――
가. 공정단계 및 완성된 포뮬레이션 과정에서 공정 중인 또는 보관용 원료를 저장하기를 위해 사용되는 용기이다.
나. 가열과 냉각을 하도록 또는 압력과 진공조작을 할 수 있도록 만들어질 수도 있으며, 고정시키거나 움직일 수 있게 설계될 수도 있다.
다. 적절한 커버를 갖추어야 하며, 청소와 유지관리를 쉽게 할 수 있어야 한다.
라. 온도, 압력, 흐름, pH, 점도, 속도, 부피 그리고 다른 화장품의 특성을 측정 또는 기록하기 위해 사용되는 기구이다.
마. 구성재질은 반응하지 않는 재질로 스테인리스스틸과 비반응성 섬유이다.

① 가, 나, 다
② 가, 다, 라
③ 다, 라, 마
④ 나, 라, 마
⑤ 가, 다, 마

45
이송파이프에 대한 설명으로 옳지 않은 것은?

① 제품을 한 위치에서 다른 위치로 운반하며, 이의 구성은 펌프, 필터, 파이프, 부속품, 밸브, 배출기 등이다.
② 구성재질은 유리, 스테인레스 스틸, 구리, 알루미늄 등으로 구성되어 있다.
③ 일반 건조 제재는 강화된 식품등급의 고무 또는 네오프렌, TYGON 또는 강화된 TYGON, 폴리에틸렌 또는 폴리프로필렌, 나일론 등을 사용한다.
④ 축소와 확장을 최소화하도록 고안되어야 하고 밸브와 부속품이 일반적인 오염원이기 때문에 최소의 숫자로 설계되어야 한다.
⑤ 설계는 생성되는 최고압력을 고려해야 하며, 사용 전 시스템은 정수압적으로 시험되어야 한다.

46
〈보기〉는 제품이 닿는 포장설비이다. 〈보기〉에 해당하는 것은 무엇인가?

―〈보기〉―
가. 제품용기를 고정하거나 관리하고 그 다음 조작을 위해서 배치한다.
나. 부당한 손상 없이 용기를 다루어야 하며, 청소와 변경이 용이하여야 하고 조작과 변경 중에 육안검사가 가능하여야 한다.

① 제품충전기
② 플러거
③ 용기공급장치
④ 용기세척기
⑤ 컨베이어벨트

47
〈보기〉는 화학적 소독방법 중 무엇에 해당하는가?

―〈보기〉―
가. 소독액 : 4급 암모늄화합물
나. 사용농도 : 200ppm(제조사 추천농도)
다. 장점 : 세정작용 및 효과가 우수하며 부식성이 없고 물에 용해되므로 단독사용이 가능하고 안정성이 높다.
라. 단점 : 포자에는 효과가 적고 음이온 세정제에 의해 불활성화된다.

① 인산
② 과산화수소
③ 염소유도체
④ 양이온 계면활성제
⑤ 아이오도포

48
직원 작업복의 관리에 대한 설명으로 옳지 않은 것은?

① 작업복은 주기적으로 세탁한다.
② 작업복은 정기적으로 교체하거나 훼손시에는 즉시 교체한다.
③ 작업복은 되도록 어두운 색의 폴리에스터 재질이 권장된다.
④ 작업복 등은 목적과 오염도에 따라 세탁을 하고 필요에 따라 소독을 한다.
⑤ 작업 전에 복장점검을 하고 적절하지 않을 경우는 시정한다.

49
<보기>는 화학적 소독제 중 무엇에 해당하는가?

―〈보기〉―
0.1%의 수용액을 사용하여 화장실, 쓰레기통, 도자기류 등을 소독한다.

① 승홍수
② 석탄산
③ 생석회
④ 크레졸
⑤ 염소

50
제품충전기에 대한 설명으로 옳지 않은 것은?
① 제품 충전기는 제품을 1차 용기에 넣기 위해 사용된다.
② 주형물질은 화장품에 추천되며, 모든 용접이나 결합은 가능한 한 매끄럽고 평면이어야 한다.
③ 외부표면의 코팅은 제품에 대해 저항력이 있어야 한다.
④ 제품충전기는 청소, 위생처리 및 정기적인 감사가 용이하도록 설계되어야 한다.
⑤ 제품충전기는 특별한 용기와 충전제품에 대해 요구되는 정확성과 조절이 용이하도록 설계되어야 한다.

51
<보기>에 해당하는 유화기는 무엇인가?

―〈보기〉―
가. 호모믹서와 패들믹서로 구성되어 있으며 현재 가장 많이 사용되는 장치이다.
나. 밀폐된 진공상태의 유화탱크에 용해탱크 원료가 자동 주입된 후 교반속도, 온도 조절, 시간조절, 탈포, 냉각 등이 컨트롤페널로 자동조작이 가능한 장치이다.

① 진공유화기
② 초음파유화기
③ 고압 호모게나이저
④ 콜로이드밀 초음파 유화기
⑤ 아토마이저

52
<보기>에 해당하는 분쇄기는 무엇인가?

―〈보기〉―
단열팽창 효과를 이용하여 수 기압 이상의 압축공기 또는 고압증기 및 고압가스를 생성시켜 분사노즐로 분사시키면 초음속의 속도인 제트기류를 형성하여 이를 이용해 입자끼리 충돌시켜 분쇄하는 방식으로 건식 형태로 가장 작은 입자를 얻을 수 있는 장치이다.

① 아토마이저
② 헨셀믹서
③ 비드밀
④ 제트밀
⑤ 고압 호모게나이저

53
원자재 용기 및 시험기록서의 필수적인 기재사항으로 옳지 않은 것은?

① 원자재 공급자가 정한 제품명
② 원자재 공급자명
③ 수령일자
④ 공급자가 부여한 제조번호 또는 관리번호
⑤ 폐기일자

54
출고관리에 대한 설명으로 옳지 않은 것은?

① 원자재는 시험결과 적합판정된 것만을 선입선출방식으로 출고해야 하고 이를 확인할 수 있는 체계가 확립되어 있어야 한다.
② 오직 승인된 자만이 원료 및 포장재의 불출 절차를 수행할 수 있다.
③ 뱃치에서 취한 검체가 모든 합격기준에 부합할 때 뱃치가 불출될 수 있다.
④ 원료와 포장재는 불출되기 전까지 사용을 금지하는 격리를 위해 특별한 절차가 이행되어야 한다.
⑤ 특별한 환경을 제외하고, 재고품 순환은 최근의 것이 먼저 사용되도록 보증해야 한다.

55
비의도적으로 유래된 물질의 검출 허용한도 중 포름알데하이드의 한도는 무엇인가?

① 2000μg/g 이하
② 3000μg/g 이하
③ 4000μg/g 이하
④ 5000μg/g 이하
⑤ 6000μg/g 이하

56
〈보기〉는 pH기준에 대한 설명이다. ( ) 안에 들어갈 알맞은 것은?

― 〈보기〉 ―
유아용 제품, 눈 화장용 제품류, 색조화장용 제품류, 두발용 제품류(샴푸, 린스 제외), 면도용 제품류(세이빙 크림, 세이빙 폼 제외), 기초화장품 제품류(클렌징 워터, 클렌징 오일, 클렌징 로션, 클렌징 크림 등 메이크업 리무버 제품 제외) 중 액, 로션, 크림 및 이와유사한 제형의 액상제품은 pH기준이 ( ) 이어야 한다.

① 1.0~9.0
② 2.0~9.0
③ 3.0~9.0
④ 4.0~9.0
⑤ 5.0~9.0

57
비소의 물질검출 시험방법으로 옳지 않은 것은?

① 비색법
② 원자흡광광도법(AAS)
③ 유도결합플라즈마분광기를 이용하는 방법(ICP)
④ 푹신아황산법
⑤ 유도결합플라즈마-질량분석기를 이용한 방법(ICP-MS)

58
〈보기〉는 무엇의 검체의 전처리 방법인가?

〈보기〉
검체 1ml에 변형레틴액체배지 또는 검증된 배지나 희석액 9ml를 넣어 10배 희석액을 만들고 희석이 더 필요할 때에는 같은 희석액으로 조제한다.

① 로션제
② 크림제
③ 오일제
④ 파우더
⑤ 고형제

59
〈보기〉는 pH시험방법이다. ( ) 안에 들어갈 숫자는 무엇인가?

〈보기〉
검체 약 2g 또는 2ml를 취하여 100ml 비이커에 넣고 물 ( )ml를 넣어 수욕상에서 가온하여 지방분을 녹이고 흔들어 섞은 다음 냉장고에서 지방분을 응결시켜 여과한다. 이 때 지방층과 물층이 분리되지 않을 때에는 그대로 사용한다.

① 10
② 20
③ 30
④ 40
⑤ 50

60
화장품 용기(자재) 시험방법 중 액상의 내용물을 담는 용기의 마개, 펌프, 패킹 등의 밀폐성을 시험하는 방법은 무엇인가?

① 내용물 감량시험방법
② 감압누설 시험방법
③ 내용물에 의한 용기 마찰 시험방법
④ 내용물에 의한 용기의 변형을 측정하는 시험방법
⑤ 유리병 표면 알칼리 용출량 시험방법

61
피부의 구성요소에 대한 설명으로 옳지 않은 것은?

① 진피는 아교섬유와 탄력섬유로 구성되어 있어 질기면서도 탄력성이 있다.
② 피부의 동맥은 얇은 근육을 뚫고 올라온 동맥이 피부의 가장 아래층인 진피와 피부밑조직 사이에서 얽히를 이루면서 시작된다.
③ 림프관은 대개 근육성이기 때문에 순환이 활발하다.
④ 진피에는 혈관·림프관·신경 등이 풍부하고 표피에서 시작되는 피부의 털과 땀샘도 진피 속에 묻혀 있다.
⑤ 피부의 겉은 매끈해보여도 자세히 관찰하면 능선처럼 올라온 부분도 있고 고랑처럼 팬 곳도 있는데 개인에 따라 독특한 모양을 이룬다.

62
〈보기〉에 해당하는 표피는 무엇인가?

〈보기〉
가. 표피의 대부분을 차지하며 수분을 많이 함유하고 표피에 영양을 공급함
나. 항원전달세포인 랑거한스세포가 존재하며 두께는 약 20~60μm 정도임

① 각질층
② 투명층
③ 과립층
④ 유극층
⑤ 기저층

63
진피에 대한 설명으로 옳지 않은 것은?

① 진피는 표피보다 얇고 땀샘, 피지선, 감각의 수용체가 있고 혈관도 지난다.
② 땀샘은 땀을 배출하여 체온을 조절한다.
③ 피지선은 피지를 분비하는 기관으로 표피의 수분증발을 억제하고 피부의 건조를 막는다.
④ 진피에는 촉각, 압각, 통각, 냉각, 온각이라는 다섯 가지 감각수용체가 있다.
⑤ 진피 아래 피부의 가장 안쪽에는 지방으로 이루어진 피하조직이 있다.

64
피부의 기능에 대한 설명으로 옳지 않은 것은?

① 피부 속에 있는 멜라닌 색소는 태양 광선 속의 자외선을 흡수하여 태양 광선으로부터 내부를 보호하고 있다.
② 기온이 낮을 때에는 입모근이 오므라들고 소름이 솟아 표면적을 줄이고, 피부의 두께를 늘려 열이 밖으로 나가는 것을 적게 한다.
③ 폐호흡량의 약 1%에 해당하는 호흡작용을 한다.
④ 온각, 냉각, 압각 등은 진피의 유두층에 위치한다.
⑤ 수분, 에너지와 영양분, 혈액의 저장고 역할을 한다.

65
대한선에 대한 설명을 옳지 않은 것은?

① 실뭉치 모양으로 진피 깊숙이 위치하며, 피부에 직접 연결되어 있다.
② pH 5.5~6.5로 단백질 함유가 많고 특유의 체취를 발생(암내, 액취증)한다.
③ 사춘기 이후에 주로 발달하며 젊은 여성이 많이 발생한다.
④ 성, 인종을 결정짓는 물질을 함유한다.
⑤ 정신적 스트레스에 반응한다.

66
〈보기〉에 해당하는 모간부는 무엇인가?

〈보기〉
모발의 85~90%를 차지하는 두꺼운 부분으로, 모발의 색을 결정하는 과립상의 멜라닌을 함유한다.

① 표소피　　② 외소피
③ 내소피　　④ 모피질
⑤ 모수질

67
〈보기〉에서 모발의 구조에 대한 옳은 설명을 고른 것은?

〈보기〉
가. 모구는 모낭의 밑부분으로 둥글게 부풀어 있는 곳으로 내부는 모모세포와 멜라닌 세포로 구성되어 있으며, 하단에는 모유두가 위치해 있다.
나. 모유두는 모세혈관과 자율신경이 연결되어 모구에 산소와 영양을 공급하고 모발의 발생과 성장을 돕는다.
다. 모기질은 모모세포에 위치하고 있으며, 모발의 색을 결정하는 멜라닌 색소를 생성한다.
라. 피지선은 스스로의 의지로 움직이지 않는 평활근으로, 교감신경에 의한 근육이 자율적으로 조절하여 수축 시 털을 세우게 된다.

① 가, 나　　② 나, 다
③ 다, 라　　④ 가, 라
⑤ 나, 라

68
〈보기〉에서 설명하는 것은 모근의 구성 중 무엇인가?

〈보기〉
모근을 감싸고 있으며 모발이 모유두에서부터 모공까지 도달할 수 있도록 보호한다.

① 모유두　　② 모모세포
③ 피지선　　④ 모낭
⑤ 모구

69
모발의 성장주기에 대한 설명으로 옳지 않은 것은?

① 모주기는 남성의 경우 4~6년, 여성은 2~5년이며 한달에 1~1.5cm 정도 자란다.
② 보통 사람의 머리카락 숫자는 10~12만개 정도이고 하루 평균 50~100가닥 정도 빠지는 것이 정상이다.
③ 머리카락의 성장 속도는 남녀 모두 20대에 가장 빠르고 나이가 들수록 늦어진다.
④ 하루 중에는 밤보다는 낮에, 1년 중에는 봄, 여름에 성장이 빠르다.
⑤ 금발 머리는 약 14만 개, 갈색 머리는 약 10만 개, 빨간 머리는 약 9만개 정도이며 정상인에서 하루에 100개 미만으로 빠지고 새로 자란다.

70
고농도의 남성 호르몬과 관련 있는 남성형 모발로 옳지 않은 것은?

① 수염
② 후두부
③ 가슴
④ 귀
⑤ 코 끝

71
건성피부에 대한 설명으로 옳지 않은 것은?

① 피부결은 섬세하고 피부조직이 얇으며, 건조 시 갈라지거나 트는 상태를 보인다.
② 모공이 작아서 거의 보이지 않고 피부에 윤기가 없어 메말라 보이며, 세안 후 당김을 느낀다.
③ 피부가 칙칙하며 여드름 같은 피부트러블이 많이 발견된다.
④ 피부의 탄력이 없고 잔주름이 많으며, 피부저항력이 약하다.
⑤ 메이크업이 잘 지워지지 않고 오래 지속되기는 하지만 화장이 잘 받지 않고 들뜨기 쉬운 타입이다.

72
〈보기〉에 해당하는 피부타입은 무엇인가?

〈보기〉
가. 항상 트러블이 있는 상태는 아니며 작은 자극에도 민감한 반응을 보인다.
나. 홍반과 함께 가려움을 느끼고, 발열, 비염, 천식, 건선, 수포, 진물이 나타나며 피부건조증과 가려움증이 주된 증상이다.

① 민감성 피부
② 모세혈관 확장피부
③ 여드름 피부
④ 노화피부
⑤ 아토피 피부

73
피부측정 조건으로 옳지 않은 것은?

① 피부측정 공간은 항온항습(20~24℃, 상대습도 40~60%)에서 이루어지는 것이 좋다.
② 동일한 조도로 공기의 이동이 없고 직사광선이 있는 것이 좋다.
③ 측정 전에 피부안정 시간을 가진다.
④ 멜라닌 양, 홍반량, 피부색상은 세안 등을 통해 메이크업을 지운 후에 측정해야 정확한 데이터를 얻을 수 있다.
⑤ 수분, 유분, 수분증발량은 피부에 특별한 조치를 하지 않고 그대로 측정하고, 측정시간과 측정값을 함께 남긴다.

74
혈액순환에 따라 피부유형을 구분한 것을 〈보기〉에서 고르면?

〈보기〉
가. 모세혈관 확장증
나. 표피수분부족
다. 홍반
라. 주사
마. 건성피부

① 가, 나, 다
② 나, 다, 라
③ 가, 나, 라
④ 다, 라, 마
⑤ 가, 다, 라

75
피부측정항목과 측정방법에 대한 설명으로 옳지 않은 것은?

① 피부수분을 측정할 때에는 전기전도도를 통해 피부의 수분량을 측정한다.
② 피부탄력도를 측정할 때에는 피부에 음압을 가했다가 원래 상태로 회복되는 정도를 측정한다.
③ 피부유분을 측정할 때에는 카트리지 필름을 피부에 일정시간 밀착시킨 후, 카트리지 필름의 투명도를 통해 피부의 유분량을 측정한다.
④ 피부 pH측정할 때에는 피부로부터 증발하는 수분량인 경피수분손실량을 측정하며, 피부장벽기능을 평가하는 수치로 이용될 수 있다.
⑤ 피부표면을 측정할 때에는 잔주름, 굵은주름, 거칠게, 각질, 모공크기, 다크서클, 색소침착 등을 현미경과 비젼프로그램을 통해 관찰하여 측정한다.

76
벌크제품 표준견본은 무엇인가?

① 완성제품의 개별표장에 관한 표준
② 제품내용물 색조에 관한 표준
③ 외관, 성상, 냄새, 사용감에 관한 표준
④ 성상, 냄새, 사용감에 관한 표준
⑤ 완성제품의 레벨 부착위치에 관한 표준

77
관능평가 절차 중 유화제품 평가 방법은 무엇인가?

① 비이커에 일정량의 내용물을 담고 코를 비이커에 가까이 대고 향취를 맡는다.
② 표준견본과 대조하여 내용물 표면의 매끄러움과 내용물의 흐름성, 내용물의 색이 유백색인지를 육안으로 확인한다.
③ 피부(손등)에 내용물을 바르고 향취를 맡는다.
④ 손등 혹은 실제 사용부위에 발라서 색상을 확인할 수 있다.
⑤ 내용물을 손등에 문질러서 느껴지는 사용감을 촉각을 통해서 확인한다.

78
부작용에 대한 설명으로 옳지 않은 것은?

① 홍반은 피부에 생기는 붉은 반점을 말한다.
② 부종은 피부가 부어오르는 부작용을 말한다.
③ 인설생성은 피부자극에 의한 일시적인 피부염을 말한다.
⑤ 자통은 찌르는 듯한 느낌을 말한다.
⑥ 작열감은 타는 듯한 느낌 또는 화끈거림을 말한다.

79
〈보기〉가 설명하는 제형은 무엇인가?

―〈보기〉―
원액을 같은 용기 또는 다른 용기에 충전한 분사제(액화기체, 압축기체 등)의 압력을 이용하여 안개모양, 포말상 등으로 분출하도록 만든 것을 말한다.

① 에어로졸제 ② 로션제
③ 액제   ④ 크림제
⑤ 침적마스크제

80
제형의 물리적 특성에 대한 설명으로 옳지 않은 것은?

① 유화제형의 주요 제조설비는 호모믹서이다.
② 가용화 제형의 제조설비로는 아지믹서, 디스퍼 등이 있다.
③ 유화분산제형의 주요제조설비로는 호모믹서, 아지믹서 등이 사용된다.
④ 고형화 제형의 주요제조설비로는 아지믹서가 사용된다.
⑤ 파우더혼합 제형의 주요제조설비는 3단롤러가 사용된다.

81
원료의 특성에 대한 설명으로 옳지 않은 것은?

① 수성원료는 제품의 10% 이상을 차지하는 매우 중요한 성분으로 정제수, 에탄올, 폴리올 등이 있다.
② 색소는 안료와 염료로 나뉘는데, 안료는 물 또는 오일에 녹는 색소로 화장품 자체에 시각적인 색상효과를 부여하기 위해 사용된다.
③ 유성원료는 피부의 수분손실을 조절하며, 피부흡수력을 좋게 하는 성분으로 오일류, 왁스류, 실리콘류 등이 있다.
④ 보습제는 건조하고 각질이 일어나는 피부를 진정시키며, 피부를 부드럽고 매끄럽게 하는 성분으로 흡수성이 높은 수용성 물질로 폴리올(글리세린, 프로필렌글리콜)이 있다.
⑤ 보존제는 69종으로 배합한도가 정해져 있다.

82
혼합·소분활동시의 주의사항으로 옳지 않은 것은?

① 원료 및 내용물은 가능한 품질에 영향을 미치지 않는 장소에 보관 할 것
② 소분 전에는 손을 소독 또는 세정하거나 일회용 장갑을 착용할 것
③ 사용기한이 경과한 원료 및 내용물은 즉시 조제할 것
④ 피부외상이나 질병이 있는 작업원은 회복 전까지 혼합·소분행위를 하지 말 것
⑤ 작업장과 시설·기구를 정기적으로 점검하여 위생적으로 유지관리할 것

83
충진기의 유형 중 용량이 큰 액상타입의 제품인 샴푸, 린스, 컨디셔너의 충진에 사용되는 것은 무엇인가?

① 피스톤충진기 ② 파우치충진기
③ 카톤 충진기   ④ 파우더충진기
⑤ 액체충진기

84
〈보기〉에 해당하는 용기는 무엇인가?

〈보기〉
용기 입구 외경이 비교적 커서 몸체 외경에 가까운 용기로 크림상, 젤상제품 용기로 사용된다.

① 세구병   ② 광구병
③ 튜브용기   ④ 원통상 용기
⑤ 파우더 용기

85
〈보기〉에 들어갈 알맞은 수치는 무엇인가?

〈보기〉
침수 후 자외선차단지수가 침수 전의 자외선차단지수의 최소 ( )% 이상을 유지하면 내수성 자외선차단지수를 표시할 수 있다.

① 10
② 20
③ 30
④ 40
⑤ 50

86
제조관리기준서에 포함될 사항 중 제조공정관리에 관한 사항으로 옳지 않은 것은 무엇인가?

① 작업소의 출입제한
② 공정검사의 방법
③ 시설 및 주요설비의 정기적인 점검방법
④ 사용하려는 원자재의 적합판정 여부를 확인하는 방법
⑤ 재작업방법

87
〈보기〉를 참고하여 ( )에 들어갈 알맞은 것을 순서대로 고르면?

〈보기〉
완제품의 보관용 검체는 적절한 보관조건 하에 지정된 구역 내에서 제조단위별로 사용기한 경과 후 ( )년간 보관하여야 한다. 다만, 개봉 후 사용기간을 기재하는 경우에는 제조일로부터 ( )년간 보관하여야 한다.

① 1, 2
② 1, 3
③ 1, 4
④ 1, 5
⑤ 1, 6

88
문서관리에 대한 설명으로 옳지 않은 것은?

① 사본 문서는 품질보증부서에서 보관하여야 하며, 원본은 작업자가 접근하기 쉬운 장소에 비치, 사용하여야 한다.
② 모든 문서의 작성 및 개정, 승인, 배포, 회수 또는 폐기 등 관리에 관한 사항이 포함된 문서관리규정을 작성하고 유지하여야 한다.
③ 문서는 작업자가 알아보기 쉽도록 작성하여야 하며, 작성된 문서에는 권한을 가진 사람의 서명과 승인연월일이 있어야 한다.
④ 문서의 작성자, 검토자 및 승인자는 서명을 등록한 후 사용하여야 한다.
⑤ 문서를 개정할 때는 개정사유 및 개정연월일 등을 기재하고 권한을 가진 사람의 승인을 받아야 하며, 개정번호를 지정해야 한다.

89
〈보기〉는 모발의 구조에 대한 설명이다. ( ) 안에 들어갈 적절한 것을 쓰시오.

〈보기〉
( )는 모발의 중심 부위에 있는 공간으로 이루어진 벌집 모양의 다각형 세포로서, 멜라닌 색소를 함유하고 있다.

90
〈보기〉는 탈모의 증상이다. (   ) 안에 들어갈 적절한 것을 쓰시오.

─〈보기〉─

(   )은 주로 두정부에서 시작하여 점차 머리 전체로 진행하며, 남자에서는 양측 측두부 모발선의 후퇴와 정수리의 탈모가 주로 나타나며, 여자의 경우 얼굴 두피모발의 경계선은 일반적으로 잘 보존되며, 크리스마스 나무 형태를 보이는 것이 일반적이다.

91
〈보기〉를 참고하여 (   ) 안에 들어갈 알맞은 것을 쓰시오.

─〈보기〉─

두피 피지선의 과다 분비, 호르몬의 불균형, 두피 세포의 과다 증식, 또한 말라쎄지아라는 진균류가 방출하는 분비물이 표피층을 자극하여 (   )이 발생하게 된다. 또한 스트레스, 과도한 다이어트 등이 원인이 될 수 있다는 연구 결과도 있다.

92
〈보기〉는 피부유형 분석방법이다. 다음 〈보기〉에 해당하는 방법은 무엇인가?

─〈보기〉─

직접 피부를 만지거나 스패튤러로 피부에 자극을 주어 판독하는 방법이며, 피부의 탄력성, 예민도, 피부결, 각질상태 등을 알 수 있다.

93
〈보기〉는 맞춤형화장품의 표시사항이다. (   ) 안에 들어갈 알맞은 것을 쓰시오.

─〈보기〉─

(   )는 맞춤형화장품의 혼합 또는 소분에 사용되는 내용물 및 원료의 제조번호와 혼합·소분기록을 포함하여 맞춤형화장품 판매업자가 부여한 번호이다.

94
〈보기〉에 해당하는 용기는 무엇인가?

─〈보기〉─

광선의 투과를 방지하는 용기 또는 투과를 방지하는 포장을 한 용기를 말한다.

95
〈보기〉는 1차 포장 표시사항이다. (   ) 안에 들어갈 알맞은 것을 쓰시오.

─〈보기〉─

가. 화장품의 명칭
나. 제조업자 및 제조 판매업자의 상호
다. (   )
라. 사용기한 또는 개봉 후 사용시간

96

〈보기〉는 기능성 화장품 심사에 관한 규정에 대한 설명이다. (   )에 들어갈 알맞은 것을 쓰시오.

─〈보기〉─

자외선 A차단지수는 자외선 A차단지수 계산방법에 따라 얻어진 자외선 A차단지수 값의 소수점 이하는 버리고 정수로 표시한다. 그 값이 (   ) 이상이면 등급을 표시하게 된다.

97

〈보기〉는 천연화장품의 원료조성에 관한 설명이다. (   ) 안에 들어갈 알맞은 것을 쓰시오.

─〈보기〉─

천연화장품은 중량기준으로 천연함량이 전체 제품에서 (   )% 이상으로 구성되어야 한다.

98

〈보기〉에 해당하는 용기는 무엇인가?

─〈보기〉─

막대 모양의 화장품 용기로 립스틱, 립크림 등에 사용된다.

99

〈보기〉는 화장품 바코드 표시 및 관리요령이다. (   ) 안에 들어갈 것을 쓰시오.

─〈보기〉─

내용량이 (   )ml이하 또는 15g이하인 제품의 용기 또는 포장이나 견본품, 시공품 등 비매품에 대하여 화장품 바코드 표시를 생략할 수 있다.

100

〈보기〉는 피부부속기관에 대한 설명이다. (   ) 안에 들어갈 알맞은 것은 무엇인가?

─〈보기〉─

(   )는 피부에 존재하는 보습성분으로 각질층의 수분량을 일정하게 유지되도록 돕는 역할을 한다.

제2회 모의고사

제2회 모의고사

시험과목	문항유형
화장품법의 이해	선다형 7문항 단답형 3문항
화장품 제조 및 품질관리	선다형 20문항 단답형 5문항
유통화장품의 안전관리	선다형 25문항
맞춤형화장품의 이해	선다형 28문항 단답형 12문항

01
화장품법상 화장품의 정확한 정의는?
① 피부나 모발의 기능약화로 인한 건조함, 갈라짐, 빠짐, 각질화 등을 방지하거나 개선하는 데에 도움을 주는 제품
② 피부를 곱게 태워주거나 자외선으로부터 피부를 보호하는 데에 도움을 주는 제품
③ 모발의 색상변화·제거 또는 영양공급에 도움을 주는 제품
④ 피부·모발의 건강을 유지 또는 증진하기 위해 인체에 바르고 문지르고 뿌리는 등 이와 유사한 방법으로 사용되는 물품으로서 인체에 대한 작용이 경미한 것
⑤ 피부의 미백이나 주름개선에 도움을 주는 제품

02
화장품법령상 방향용 제품류에 속하지 않은 것은?
① 향수
② 데오도런트
③ 향낭
④ 콜롱
⑤ 분말향

03
화장품제조업에 관련된 내용으로 적절하지 않은 내용은?

① 제조업자는 화장품 제조시설을 이용하여 화장품 이외의 물품을 제조할 수 없다.
② 화장품 제조업자가 화장품의 일부 공정만을 제조하는 경우에는 해당 공정에 필요한 시설 및 기구 외의 시설 및 기구는 갖추지 아니할 수 있다.
③ 화장품 제조업자가 원료·자재 및 제품에 대한 품질검사를 위탁하는 경우에는 원료·자재 및 제품의 품질검사를 위하여 필요한 시험실 및 품질검사에 필요한 시설 및 기구를 갖추지 아니할 수 있다.
④ 화장품제조업자는 원료·자재 및 제품을 보관하는 장소를 갖추어야 한다.
⑤ 화장품제조업자는 원료·자재 및 제품의 품질검사를 위하여 필요한 시험실을 갖추어야 한다.

04
화장품의 위해성과 관련된 설명으로 옳지 않은 것은?

① 화장품, 식품, 의약품, 건강기능식품 등의 위해평가에 대하여는 우수화장품 제조 및 품질관리기준(CGMP)에 규정하고 있다.
② 위해평가란 인체가 화장품에 존재하는 위해요소에 노출되었을 때 발생할 수 있는 유해영향과 발생확률을 과학적으로 예측하는 일련의 과정으로 위험성 확인, 위험성 결정, 노출평가, 위해도 결정 등 일련의 단계를 말한다.
③ 위해요소란 인체의 건강을 해치거나 해칠 우려가 있는 물리적·화학적, 생물학적 요인을 말한다.
④ 위해성이란 인체적용 제품에 존재하는 위해요소에 노출되는 경우 인체의 건강을 해칠 수 있는 정도를 말한다.
⑤ 유해성이 큰 물질이라도 노출되지 않으면 위해성이 낮으며, 유해성이 작은 물질이라도 노출량이 많으면 큰 위해성을 갖는다고 볼 수 있다.

05
화장품 책임판매업자의 준수사항으로 옳지 않은 것은?

① 화장품의 생산실적 또는 수입실적을 식품의약품안전처장에게 보고하여야 한다.
② 화장품의 사용 중 발생하였거나 알게 된 유해사례 등 안전성 정보에 대하여 매 반기 종료 후 1개월 이내에 식품의약품안전처장에게 보고를 해야 한다.
③ 화장품의 제조과정에 사용된 원료의 목록을 제조 전에 식품의약품안전처장에게 보고하여야 한다.
④ 책임판매관리자는 화장품의 안전성 확보 및 품질관리에 관한 교육을 매년 받아야 한다.
⑤ 화장품 책임판매업자는 화장품법 시행규칙 별표 1의 품질관리기준을 준수하여야 한다.

06
화장품 제조업자 또는 화장품 책임판매업자는 변경사유가 발생한 날로부터 ㉮ 이내에 변경등록 신청을 하여야 한다. ㉮의 일수는?

① 5일
② 10일
③ 15일
④ 30일
⑤ 60일

07
손톱과 발톱의 관리 및 메이크업에 사용하는 제품으로 옳지 않은 것은?

① 베이스코트
② 언더코트
③ 네일폴리시
④ 네일에나멜
⑤ 레이스 파우더

08
다음 〈보기〉는 화장품 책임판매업자의 준수사항의 일부이다. ( ) 안에 들어갈 숫자를 쓰시오.

〈보기〉
화장품의 사용 중 발생하였거나 알게 된 유해사례 등 안전성 정보에 대하여 매 반기 종료 후 ( )개월 이내에 식품의약품안전처장에게 보고를 해야 한다.

09
다음은 천연화장품에 대한 내용이다. ( ) 안에 들어갈 숫자를 쓰시오.

〈보기〉
천연화장품이란 동식물 및 그 유래 원료 등을 함유한 화장품으로서 식품의약품안전처장이 정하는 기준에 맞는 화장품을 말한다. 천연화장품은 중량기준으로 천연함량이 전체 제품에서 ( )% 이상 구성되어야 한다.

10
다음 〈보기〉가 설명하는 용어를 쓰시오.

〈보기〉
유해성이란 물질이 가진 고유의 성질로 사람의 건강이나 환경에 좋지 않은 영향을 미치는 화학물질 고유의 성질을 말하며, ( )은 유해성이 있는 물질에 사람이나 환경에 노출되었을 때 실제로 피해를 입는 정도를 말한다.

11
다음 중 비이온 계면활성제의 종류가 아닌 것은?

① 폴리소르베이트 계열
② 소르비탄 계열
③ 다이메티콘코폴리올
④ 글리세릴모노스테아레이트
⑤ 알카놀아마이드

12
다음 중 계면활성제의 종류와 적용제품의 연결이 옳지 않은 것은?

① 비이온 계면활성제 - 기초화장품, 색조화장품
② 양이온 계면활성제 - 샴푸, 바디워시, 손 세척제 등 세정제품
③ 양쪽성 계면활성제 - 베이비 샴푸, 저자극 샴푸
④ 천연 계면활성제 - 기초화장품
⑤ 실리콘계 계면활성제 - 파운데이션, 비비크림 등

13
다음 중 에틸알코올(에탄올)의 특징과 거리가 먼 것은?

① 무색투명 휘발성액체이다.
② 에멀전의 유화안정제로 사용된다.
③ 비중이 20℃에서 0.794 정도이다.
④ 가용화제, 수렴, 청결제 등으로 이용된다.
⑤ 용제이다.

14
왁스에 대한 설명으로 적절하지 않은 것은?

① 왁스는 고급지방산과 고급알코올의 에스테르이다.
② 왁스는 대부분 고체이며, 고급지방산과 고급알코올의 종류에 따라 반고체이기도 하다.
③ 탄화수소 중에서 단단한 고체물질을 왁스로 함께 분류하고 있다.
④ 왁스는 출발물질에 따라 석유화학유래, 광물성, 동물성, 식물성, 합성으로 분류한다.
⑤ 기초화장품에서는 W/O제형과 W/Si제형에서 비수계 점증제로, 스틱제형에서는 스틱강도 유지를 위해 사용한다.

15
실리콘에 대한 설명으로 적절하지 않은 것은?

① 실리콘의 구성원소인 규소, 산소, 탄소, 수소 사이의 결합은 매우 안정하며 피부에 대하여 무반응성이다.
② 실리콘은 고분자 물질이며, 실리콘은 규소이며, 실리카는 이산화규소(모래)이며, 실리케이트는 실리카에 소량의 금속이 섞여 있는 물질이다.
③ 실리콘은 실록산 결합을 가지는 화합물이다.
④ 실리콘은 펴발림성이 우수하고 실키한 사용감, 발수성, 광택, 컨디셔닝, 무독성, 무자극성 등의 특징을 가진다.
⑤ 실리콘은 높은 표면장력으로 기포력이 뛰어나서 기능성화장품에 널리 사용된다.

16
다음 〈보기〉가 설명하는 색소는?

〈보기〉
물에 녹기 쉬운 염료를 알루미늄 등의 염이나 황산 알루미늄, 황산지르코늄 등을 가해 물에 녹지 않도록 불용화시킨 유기안료로 색상과 안정성이 안료와 염료의 중간이다.

① 타르색소
② 레이크
③ 염료
④ 안료
⑤ 천연색소

17
식물 등에서 향을 추출하는 방법이 아닌 것은?

① 냉각 압착법
② 수증기증류법
③ 흡착법
④ 미생물증식법
⑤ 용매추출법

18

천연향료 중 천연원료를 다양한 농도의 에탄올에 침지시켜 얻은 용액은?

① 발삼
② 팅크처
③ 레지노이드
④ 콘크리트
⑤ 앱솔루트

19

다음 화장품의 성분 중 활성성분으로 항균제·항진균제로 거리가 먼 것은?

① 징크피리치온 – 비듬억제, 탈모예방
② 살리살릭애씨드 – 비듬억제, 탈모예방
③ 클림바졸 – 비듬억제
④ 피록톤올아민 – 비듬억제
⑤ 레티놀 – 탈모예방

20

영·유아용 제품류이거나 어린이용 제품임을 화장품에 표시·광고하는 경우에는 전성분에 표시·기재하여야 하는 것은?

① 착향제
② 착색제
③ 보존제
④ 보습제
⑤ 독성

21

다음 중 보존제 원료의 원료명과 사용한도가 옳지 않은 것은?

① 벤질 알코올 : 1.0%(다만, 염모용제품류에 용제로 사용할 경우에는 10%)
② 징크피리치온 : 사용 후 씻어내는 제품에 0.5%
③ 클로로부탄올 : 0.5%
④ 페녹시에탄올 : 0.3%
⑤ 헥세티딘 : 사용 후 씻어내는 제품에 0.1%

22

일반적인 화장품의 사용방법으로 적절하지 않은 것은?

① 화장품 사용 시에는 깨끗한 손으로 사용한다.
② 사용 후 항상 밀봉하여 상온에서 보관한다.
③ 여러 사람이 함께 화장품을 사용하면 감염, 오염의 위험성이 있다.
④ 화장에 사용되는 도구는 항상 깨끗하게 사용한다.
⑤ 변질된 제품은 사용하지 않는다.

23

화장품 회수의무자가 회수계획서를 제출할 경우 첨부서류와 거리가 먼 것은?

① 등록필증 또는 신고필증
② 해당 품목의 제조·수입기록서 사본
③ 판매처별 판매량 기록
④ 판매처별 판매일자 기록
⑤ 회수사유를 적은 서류

24
화장품법상 화장품을 판매하거나 판매할 목적으로 제조·수입·보관 또는 진열하여서는 아니 되는 화장품이 아닌 것은?

① 사용기한 또는 개봉 후 사용기간을 위조·변조한 화장품
② 보건위생상 위해가 발생할 우려가 있는 비위생적인 조건에서 제조되었거나 시설기준에 적합하지 않은 시설에서 제조된 것
③ 효능·효과에 대한 심사를 받지 아니하거나 보고서를 제출하지 않은 기능성화장품
④ 등록하지 않은 화장품제조업자 제조한 화장품
⑤ 화장품에 사용할 수 없는 원료를 사용한 화장품

25
다음 품질관리기준서의 지침서와 그 기록양식의 연결이 잘못된 것은?

① 표준품 관리지침서 – 표준품 관리대장, 표준품 라벨 등
② 검체의 채취 및 보관 절차서 – 관리품 라벨 등
③ 미생물 시험 지침서 – 시액 및 시약라벨 등
④ 낙하균 측정 지침서 – 낙하균 시험기록서 등
⑤ 안정성 시험 지침서 – 안정성 시험 관리대장, 안정성 시험 표시 라벨 등

26
화장품의 유성원료인 왁스류 중 하나인 라놀린에 대한 설명으로 적합하지 않은 것은?

① 동물성 왁스 중 가장 많이 사용되고 있는 원료이다.
② 양의 털을 가공할 때 나오는 지방을 정제하여 얻는다.
③ 피부에 대한 친화성과 부착성, 포수성이 우수하여 크림이나 립스틱 등에 널리 사용되었다.
④ 피부 알레르기를 유발할 가능성이 있다는 단점이 있다.
⑤ 색상이나 냄새 등의 문제와 최근 동물성 원료의 기피로 사용량이 감소하고 있다.

27
다음 중 백색, 불투명화제, 자외선차단제 등의 작용을 하는 백색안료인 것은?

① 탤크
② 산화철
③ 징크옥사이드
④ 구아닌
⑤ 세리사이트

28
다음 중 화장품 제조작업소의 기준으로 적절하지 않은 것은?

① 제품의 오염을 방지하고 적절한 온도 및 습도를 유지할 수 있는 공기조화 시설 등 적절한 환기시설을 갖추어야 한다.
② 외부와 연결된 창문은 환기와 채광을 위하여 가능하면 잘 열리도록 설계하여야 한다.
③ 작업 소 내의 외관 표면은 가능한 매끄럽게 설계하고, 청소와 소독제의 부식성에 저항력이 있어야 한다.
④ 제조하는 화장품의 종류·제형에 따라 적절히 구획·구분되어 있어 교차오염 우려가 없도록 해야 한다.
⑤ 작업소는 환기가 잘되고 청결해야 한다.

29
세정제로서 단백질 응고 또는 변경에 의한 세포 기능 장해를 일으키는 물질이 아닌 것은?

① 알코올
② 페놀
③ 붕산
④ 포르말린
⑤ 알데하이드

30
우수화장품 제조 및 품질관리기준(CGMP)상의 보관관리에 관한 설명으로 틀린 것은?

① 원자재, 반제품 및 벌크제품은 품질에 나쁜 영향을 미치지 않은 조건에서 보관하여야 하며, 보관기한을 설정하여야 한다.
② 원자재, 반제품 및 벌크제품은 바닥과 벽에 닿지 아니하도록 보관하고, 선입선출에 의하여 출고할 수 있도록 보관하여야 한다.
③ 원자재, 시험 중인 제품 및 부적합품은 각각 구획된 장소에서 보관하여야 한다. 다만, 서로 혼동을 일으킬 우려가 없는 시스템에 의하여 보관되는 경우에는 그러하지 아니하다.
④ 설정된 보관기한이 지나면 사용의 적절성을 결정하기 위해 재평가시스템을 확립하여야 하며, 동 시스템을 통해 보관기한이 경과한 경우 사용하지 않도록 규정하여야 한다.
⑤ 보관조건은 각각의 원료와 포장재에 적합하여야 하고, 원료와 포장재가 재포장될 때 새로운 용기에는 새로운 내용과 형태의 라벨링을 부착하여야 한다.

31
다음 〈보기〉는 화장품의 효능효과 측정방법과 성분이다. 어떤 효능효과에 대한 설명인지를 쓰시오.

〈보기〉
가. 평가방법 : 피부의 전기전도도를 측정하거나 표피에서 손실되는 수분증발량을 측정한다.
나. 식품의약품안전처 고시성분 : 세라마이드

32
폴리올류로서 가장 널리 사용되는 보습제로 보습력이 다른 폴리올류에 비해 우수하나 많이 사용할 경우 끈적임이 심하게 남는 단점이 있는 폴리올류는?

33
다음 〈보기〉는 체질안료 중 하나에 대한 설명이다. 다음이 설명하는 것은?

〈보기〉
피부에 대한 부착성, 땀이나 피지의 흡수력이 우수하지만 매끄러운 느낌은 다소 떨어진다.

34
위해등급 해당 화장품 회수종료일에 대한 내용이다. ( ) 안에 들어갈 숫자는?

〈보기〉

회수의무자는 회수계획서 작성시 회수종료일을 위해성 등급이 '가'등급인 화장품의 경우 회수를 시작한 날부터 (　)일 이내로 정하여야 한다.

35
다음은 화장품 전성분 표시지침에 대한 내용이다. (　) 안에 들어갈 말로 적당한 것을 쓰시오.

〈보기〉

pH를 조절할 목적으로 사용되는 성분은 그 성분을 표시하는 대신 (　)의 생성물로 표시할 수 있다.

36
맞춤형화장품 작업장이 적합하지 않은 것은?

① 맞춤형화장품의 소분·혼합 장소와 판매·상담장소는 구분·구획이 권장된다.
② 적절한 환기시설이 권장된다.
③ 작업대, 바닥, 벽, 천장 및 창문은 청결하게 유지되어야 한다.
④ 작업실은 최소한 300m² 이상일 것이 권장된다.
⑤ 소분·혼합 전·후 작업자의 손세척 및 장비 세척을 위한 세척시설의 설치가 권장된다.

37
작업소의 위생에 대한 내용으로 적절하지 않은 것은?

① 곤충, 해충이나 쥐를 막을 수 있는 대책을 마련하고 정기적으로 점검·확인하여야 한다.
② 제조, 관리 및 보관구역 내의 바닥, 벽, 천장 및 창문은 항상 청결하게 유지되어야 한다.
③ 제조시설이나 설비는 적절한 방법으로 청소하여야 하며, 필요한 경우 위생관리 프로그램을 운영하여야 한다.
④ 제조시설이나 설비의 세척에 사용되는 세제 또는 소독제는 효능이 입증된 것을 사용하고 잔류하거나 적용하는 표면에 이상을 초래하지 아니하여야 한다.
⑤ 방충대책으로 벽, 파이프 구멍의 틈을 제외하고, 이외의 틈이 없도록 하고, 개방할 수 없는 창문을 만든다.

38
청소와 세척의 원칙으로 적합하지 않은 것은?

① 청소와 세척의 책임자를 명확하게 한다.
② 사용기구를 정해 놓는다.
③ 구체적인 절차보다는 상황에 유연하게 대처하는 것이 좋다.
④ 심한 오염에 대한 대처방법을 기재해 놓는다.
⑤ 판정기준을 정한다.

39
개인위생 점검에 대한 설명으로 적절하지 않은 것은?
① 작업자의 건강상태는 정기 및 수시로 파악된다.
② 작업자는 제품품질에 영향을 미칠 수 있다고 판단되는 질병에 걸렸거나 외상을 입었을 때 즉시 해당 부서장에게 그 사유를 보고하여야 한다.
③ 해당 부서장은 신고된 건강이상의 중대성에 따라 작업금지, 조퇴, 업무전환 등의 조치를 취한다.
④ 개인사물은 작업장 내에 보관하며 제품에 부정적 영향을 미칠 수 있는 물건은 최소화한다.
⑤ 작업 전 지정된 장소에서 손 소독을 실시하고 작업에 임한다.

40
제조설비 중 교반기 설치시의 고려사항으로 거리가 먼 것은?
① 교반의 목적   ② 액의 비중
③ 점도의 성질   ④ 혼합 상태
⑤ 혼합량

41
화장품 제조설비 중 분쇄기로서 임펠러가 고속으로 회전함에 따라 분쇄하는 방식의 믹서로 색조화장품 제조에 사용되는 믹서는?
① 헨셀믹서   ② 리본믹서
③ 아토마이저 ④ 비드밀
⑤ 제트밀

42
화장품 제조설비별 점검할 주요항목의 연결이 옳지 않은 것은?
① 제조탱크 – 내부의 세척상태 및 건조상태 등
② 공조기 – 펌프압력 및 가동상태
③ 회전기기 – 세척상태 및 작동유무, 윤활오일, 게이지 표시유무, 비상정지스위치 등
④ 밸브 – 밸브의 원활한 개폐유무
⑤ 정제수제조장치 – 전도도, UV램프 수명시간, 정제수 온도, 필터교체주기, 연수기 탱크의 소금량, 순환펌프 압력 및 가동상태 등

43
시험용검체의 용기에 기재할 사항으로 적절하지 않은 것은?
① 명칭 또는 확인코드   ② 제조번호
③ 검체의 양   ④ 검체 채취일자
⑤ 원료제조번호

44
우수화장품 제조 및 품질관리기준(CGMP) 상 공정관리에 관한 내용으로 적절하지 않은 것은?
① 제조공정 단계별로 적절한 관리기준이 규정되어야 하며, 그에 미치지 못한 모든 결과는 보고되고 조치가 이루어져야 한다.
② 벌크제품은 품질이 변하지 아니하도록 적당한 용기에 넣어 지정된 장소에서 보관해야 한다.
③ 벌크제품은 최대 보관기한을 설정하여야 한다.
④ 벌크제품의 용기에는 명칭 또는 확인코드, 식별번호 또는 관리번호, 완료된 공정명, 필요한 경우에는 보관조건 등이 표시되어야 한다.
⑤ 모든 벌크제품을 보관할 경우 적합한 용기를 사용해야 한다.

45
화장품 안전기준 등에 관한 규정상 비의도적으로 유래된 물질의 검출허용한도에서 납의 검출허용한도가 옳게 연결된 것을 모두 고른 것은?

〈보기〉
가. 점토를 원료로 사용한 분말제품 : 50µg/g 이하
나. 눈 화장용 크림제품 : 10µg/g 이하
다. 색조 화장용 제품 : 5µg/g 이하
라. 기초화장용 제품 : 20µg/g 이하

① 가, 나 ② 가, 다
③ 가, 라 ④ 나, 다
⑤ 다, 라

46
다음은 화장품 안전기준 등에 관한 규성 상 내용량 기준의 내용이다. ( ) 안에 들어갈 숫자로 정확한 것은?

〈보기〉
제품 3개를 가지고 시험할 때 그 평균 내용량이 표기량에 대하여 ( )% 이상이어야 한다. 다만, 화장비누의 경우 건조중량을 내용량으로 한다.

① 85 ② 87
③ 90 ④ 95
⑤ 97

47
다음 〈보기〉는 내용물 및 원료의 입고기준에 대한 설명이다. 틀린 것을 모두 고른 것은?

〈보기〉
가. 제조업자는 원자재 공급자에 대한 관리감독을 적절히 수행하여 입고관리가 철저히 이루어지도록 하여야 한다.
나. 입고된 원자재는 '적합', '부적합', '시험 중' 등으로 상태를 표시하여야 한다.
다. 내용물 및 원료의 식별번호를 확인한다.
라. 내용물 및 원료의 입고 시 품질관리 여부를 확인한다.

① 가, 나 ② 가, 다
③ 가, 라 ④ 나, 다
⑤ 나, 라

48
다음 〈보기〉에서 화학적 소독제에 대한 내용으로 적절하지 않은 것을 모두 고른 것은?

〈보기〉
가. 알코올 : 70%의 에탄올 사용
나. 과산화수소 : 5%의 수용액 사용
다. 석탄산 : 3%의 수용액 사용
라. 승홍수 : 3%의 수용액 사용

① 가, 나 ② 가, 다
③ 가, 라 ④ 나, 다
⑤ 나, 라

49
'CO-61326'이라는 원료코드명으로 볼 때, 원료의 종류는?
① 색소분체 파우더 ② 액제, 오일성분
③ 향 ④ 계면활성제
⑤ 점증제

50
화학적 소독제의 종류별 장단점으로 틀린 것은?
① 알코올은 세균 포자를 효과적으로 제거한다.
② 페놀은 조제하여 사용하며 세척이 필요하다.
③ 솔은 기름때 제거에 효과적이다.
④ 과산화수소는 피부보호가 필요하다.
⑤ 염소유도체는 금속표면과의 반응성으로 부식되고 빛과 온도에 예민하다.

51
일상의 취급 또는 보통 보존상태에서 외부로부터 고형의 이물이 들어가는 것을 방지하고 고형의 내용물이 손실되지 않도록 보호할 수 있는 용기는?
① 밀폐용기 ② 기밀용기
③ 밀봉용기 ④ 차광용기
⑤ 안전용기

52
화장품 안전기준 등에 관한 규정상 일반화장품에 대하여 비의도적 유래물질 검출허용한도 시험방법 중 유도결합플라즈마분광기를 이용하는 방법(ICP)이 적용되지 않는 물질은?
① 카드뮴 ② 포름알데하이드
③ 안티몬 ④ 니켈
⑤ 비소

53
벌크제품의 재보관에 대한 설명으로 적절하지 않은 것은?
① 여러번 재보관과 재사용을 반복하는 것이 제품 관리상 변질여부를 파악할 수 있어 권장된다.
② 뱃치마다 사용이 소량이며 여러 번 사용하는 벌크제품은 구입 시에 소량씩 나누어서 보관한다.
③ 변질되기 쉬운 벌크는 재사용하지 않는다.
④ 재보관 시에는 원래의 보관환경에서 보관한다.
⑤ 재보관된 벌크는 다음 제조 시 우선적으로 사용한다.

54
다음 중 안전용기 · 포장대상이 아닌 것은?
① 아세톤을 함유하는 네일 에나멜 리무버
② 어린이용 오일 등 개별포장 당 탄화수소류를 10% 이상 함유하고 운동점도가 21센티스톡스 이하인 비에멀젼타입의 액체상태의 제품
③ 개별 포장장 메틸살리실레이트를 5% 이상 함유하는 액체상태의 제품
④ 아세톤을 함유하는 네일 폴리시 리무버
⑤ 일회용 제품, 용기 입구 부분이 펌프 또는 방아쇠로 작동되는 분무용기제품, 압축 분무용기제품

55
제조설비와 기구 등의 관리 및 폐기에 관한 내용으로 적절하지 않은 것은?

① 제조설비는 주기적으로 점검하고 그 기록을 보관하여야 하며, 수리내역 및 부품 등의 교체이력을 설비이력대장에 기록한다.
② 설비점검 시 누유·누수·밸브 미작동 등이 발견되면 설비사용을 금지시키고 '점검 중' 표시를 한다.
③ 정밀점검 후 수리가 불가한 경우에는 폐기하고, 폐기 전까지 '폐기예정' 표시를 하여 설비가 사용되는 것을 방지한다.
④ 오염된 기구나 일부가 파손된 기구는 폐기한다.
⑤ 플라스틱 재질의 기구는 주기적으로 교체하는 것이 권장된다.

56
맞춤형화장품 작업장 내 직원의 위생에 대해 옳지 않은 것은?

① 소분·혼합할 때는 위생복과 위생모자를 착용하며 필요시에는 일회용 마스크를 착용한다.
② 소분·혼합 전에 손을 세척하고 필요시 소독한다.
③ 피부 외상이 있는 직원은 소분·혼합작업을 하지 않는다.
④ 소분·혼합하는 직원은 이물이 발생할 수 있는 베이스메이크업을 하지 않는다.
⑤ 질병이 있는 직원은 소분·혼합작업을 하지 않는다.

57
우수화장품 제조 및 품질관리기준상 화장품 작업장의 필수적 건물 기준으로 옳지 않은 것은?

① 제품이 보호되도록 할 것
② 청소가 용이하도록 할 것
③ 제품, 원료 및 자재 등의 혼동이 없도록 할 것
④ 위생관리 및 유지관리가 가능하도록 할 것
⑤ 제품의 제형, 현재 상황 및 청소 등을 고려하여 설계할 것

58
원료의 사용기한 확인 후 재평가방법으로 옳지 않은 것은?

① 보관기한이 지난 원료는 폐기처리한다.
② 보관기한을 결정하기 위한 문서화된 시스템을 확립한다.
③ 보관기한이 규정되어 있지 않은 원료는 품질 부분에서 적절한 보관기간을 정한다.
④ 원료의 사용기한은 사용 시 확인이 가능하도록 라벨에 표시한다.
⑤ 원칙적으로 원료공급처의 사용기한을 준수하고 보관기한을 설정한다.

59

보관 중인 포장재의 출고기준에 대한 내용으로 적절하지 않은 것은?

① 선입선출을 하지 못하는 특별한 경우가 있더라도 나중에 입고된 물품을 먼저 출고할 수 없다.
② 뱃치에서 취한 검체가 모든 합격기준에 부합할 때 뱃치가 불출될 수 있다.
③ 원자재는 시험결과 적합판정된 것만을 선입선출방식으로 출고해야 한다.
④ 불출된 원료와 포장재만이 사용되고 있음을 확인하기 위한 적절한 시스템이 확립되어야 한다.
⑤ 모든 보관소에서는 원칙적으로 선입선출의 절차가 이용되어야 한다.

60

원자재 용기 및 시험기록서의 필수적인 기재사항이 아닌 것은?

① 원자재 공급자가 정한 제품명
② 원자재 공급자명
③ 원자재 수령자명
④ 수령일자
⑤ 공급자가 부여한 제조번호 또는 관리번호

61

맞춤형화장품 판매업자의 준수사항으로 적절하지 않은 것은?

① 맞춤형화장품 판매업소마다 맞춤형화장품 조제관리사를 둘 것
② 둘 이상의 책임판매업자와 계약하는 경우 사전에 각각의 책임판매업자에게 고지한 후 계약을 체결하여야 하며, 맞춤형화장품 혼합·소분 시 책임판매업자와 계약한 사항을 준수할 것
③ 보건위생상 위해가 없도록 맞춤형화장품 혼합, 소분에 필요한 장소, 시설 및 기구를 정기적으로 점검하여 작업에 지장이 없도록 위생적으로 관리·유지할 것
④ 맞춤형화장품과 관련하여 안전성 정보에 대하여 신속히 식품의약품안전처장에게 보고할 것
⑤ 맞춤형화장품 판매 시 해당 맞춤형화장품의 혼합 또는 소분에 사용되는 내용물 및 원료, 사용 시의 주의사항에 대하여 소비자에게 설명할 것

62

맞춤형화장품 판매업자는 변경사유가 발생한 경우 변경서류를 제출하여야 하는 대상은?

① 행정안전부장관
② 식품의약품안전처장
③ 지방식품의약품안전청장
④ 시·도지사
⑤ 대한화장품협회장

63

피부는 표피, 진피, 피하지방으로 구성되어 있는바 진피에 존재하는 세포는?

① 섬유아세포
② 멜라닌형성세포
③ 각질형성세포
④ 랑거한스세포
⑤ 메르켈세포

64
다음 〈보기〉 중 진피 구성층을 모두 고른 것은?

〈보기〉
가. 유극층   나. 유두층
다. 망상층   라. 기저층

① 가, 나
② 가, 다
③ 가, 라
④ 나, 다
⑤ 나, 라

65
표피의 구성으로 피부의 가장 바깥쪽 위치한 약 15~25층의 납작한 무핵세포로 구성된 층은?

① 각질층
② 투명층
③ 과립층
④ 유극층
⑤ 기저층

66
표피층 중 유극층에 대한 특징과 거리가 먼 것은?

① 5~10층의 다각형 세포로 구성된다.
② 표피에서 가장 두꺼운 층으로 표피의 대부분을 차지한다.
③ 멜라닌형성세포가 존재한다.
④ 수분을 많이 함유하고 표피에 영양을 공급한다.
⑤ 림프액이 흐른다.

67
각질층에 존재하는 것으로 수분량을 일정하게 (15~20%) 유지되도록 돕는 역할을 하는 것은?

① 케라틴 단백질
② 천연보습인자
③ 세포 간 지질
④ 지방산
⑤ 스쿠알렌

68
대한선의 특징과 거리가 먼 것은?

① 99%가 수분이며, 1%는 NaCl, K, Ca, 젖산, 암모니아, 요산, 크레아틴 등이다.
② 성·인종을 결정짓는 물질을 함유하며 특히 흑인이 가장 많이 함유한다.
③ 정신적 스트레스에 반응한다.
④ 모공과 연결되어 있으며, 소한선보다 크며, 피하지방 가까이에 위치한다.
⑤ 온열성 발한, 정신성 발한, 미각성 발한 및 체온조절 기능을 가진다.

69
피지막의 조성 성분으로 적절하지 않은 것은?

① 트리글리세라이드
② 지방산
③ 스쿠알렌
④ 크레아틴
⑤ 왁스에스테르

70
모발의 구조에서 모간에 대한 설명으로 적절하지 않은 것은?

① 모간은 피부 내부에 있는 부분이다.
② 모간은 모표피, 모피질, 모수질로 구성된다.
③ 모표피는 모발의 가장 바깥쪽으로 모근에서 모발의 끝을 향해 비늘모양으로 겹쳐져 모피질을 보호한다.
④ 모피질은 모발의 85~90%를 차지하며, 멜라닌색소와 공기를 포함하여 모발을 지탱한다.
⑤ 모수질은 모발의 가장 안쪽의 층으로 각화세포로 이루어진다.

71
모발의 성장주기에 대한 설명으로 적절하지 않은 것은?

① 모발성장주기는 초기성장기, 성장기, 퇴행기, 휴지기로 구성된다.
② 성장기는 모발을 구성하는 세포의 성장이 빠르게 이루어진다.
③ 퇴행기에는 성장이 감소하고 모구 주위에 상피세포가 죽게 된다.
④ 휴지기에는 모낭이 위축되고 성장이 멈춘다.
⑤ 탈모환자는 성장기가 3~4개월로 감소하고, 퇴행기가 증가되어 전체 모발 중 성장기에 있는 모발의 수가 많다.

72
피지와 땀의 분비활동이 정상적인 피부로 피부 생리기능이 정상적이며 피부가 깨끗하고 표면이 매끄러운 피부는?

① 지성피부
② 중성피부
③ 건성피부
④ 복합성 피부
⑤ 민감성 피부

73
화장품의 품질관리 측면의 관능평가에 대한 설명으로 적절하지 않은 것은?

① 관능평가는 여러 가지 품질을 인간의 오감에 의하여 평가하는 제품검사를 말한다.
② 관능평가에서 기호형은 관능검사에 좋고 싫음을 주관적으로 판단하는 것이다.
③ 관능평가에서 분석형은 표준품 및 한도품 등 기준과 비교하여 합격품·불량품을 객관적으로 평가·선별하거나 사람의 식별력 등을 조사하는 것이다.
④ 사용감이란 원자재나 제품을 사용할 때 피부에서 느끼는 감각으로 매끄럽게 발리거나 바른 후 가볍거나 무거운 느낌, 밀착감, 청량감 등을 말한다.
⑤ 신제품의 개발단계 중 설계단계에서는 소비자의 기호성 조사하거나 참고품 등과 비교·검토하여 분석한다.

74
화장품 포장에 기재되는 표시사항으로 옳지 않은 것은?

① 사용 시의 주의사항
② 사용기한 또는 개봉 후 사용기간
③ 기초화장품 제품류의 보존제 함량
④ 내용물의 용량 또는 중량
⑤ 영업자의 상호 및 주소

75
화장품 제조에 사용된 성분의 표시기준 및 표시방법에 대한 설명으로 옳지 않은 것은?

① 글자의 크기는 5포인트 이상으로 한다.
② 화장품 제조에 사용된 함량이 많은 것부터 기재·표시한다.
③ 1% 이하로 사용된 성분, 착향제 또는 착색제는 순서에 상관없이 기재·표시할 수 있다.
④ 혼합원료는 혼합된 개별성분의 중화반응 효과를 기재한다.
⑤ 색조화장용 제품류, 눈 화장용 제품류, 두발염색용 제품류 또는 손발톱용 제품류에서 호수별로 착색제가 다르게 사용된 경우 '± 또는 +/-'의 표시 다음에 사용된 모든 착색제 성분을 함께 기재·표시할 수 있다.

76
식품의약품안전처 고시인 기능성 화장품 기준 및 시험방법 통칙에서 정하는 제형의 정의로 옳지 않은 것은?

① 로션제 : 유화제 등을 넣어 유성성분과 수성성분을 균질화하여 반고형상으로 만든 것을 말한다.
② 액제 : 화장품에 사용되는 성분을 용제 등에 녹여서 액상으로 만든 것을 말한다.
③ 겔제 : 액체를 침투시킨 분자량이 큰 유기분자로 이루어진 반고형상을 말한다.
④ 침적마스크제 : 액제, 로션제, 크림제, 겔제 등을 부직포 등의 지지체에 침적하여 만든 것을 말한다.
⑤ 에어로졸제 : 원액을 같은 용기 또는 다른 용기에 충진한 분사제의 압력을 이용하여 안개 모양, 포말상 등으로 분출하도록 만든 것을 말한다.

77
다음 중 유화제에 대한 설명으로 틀린 것은?

① 다량의 오일과 물을 계면활성제에 의해 균일하게 섞이는 것이다.
② 미셀입자가 가용화제보다 작아 가시광선이 통과되므로 투명하게 보인다.
③ 서로 섞이지 않는 두 액체 중에서 한 액체가 미세한 입자형태로 유화제를 사용하여 다른 액체에 분산되는 것을 이용한 제형이다.
④ 에멀젼, 영양크림, 수분크림 등이 있다.
⑤ 주요제조설비는 호모믹서이다.

78

용기소재가 반투명의 광택성이 있고 유연하여 눌러 짜는 병과 튜브, 마개, 패킹에 이용되는 고분자 소재는?

① 저밀도 폴리에틸렌
② 고밀도 폴리에틸렌
③ 폴리프로필렌(PP)
④ 폴리스티렌(PS)
⑤ 폴리염화비닐(PVC)

79

포장재의 종류와 특징의 연결이 적절하지 않은 것은?

① 알루미늄 – 가공성이 우수함
② 폴리스티렌 – 딱딱하고 내약품성, 내충격성이 우수함
③ 칼리 납유리 – 굴절률이 매우 낮음
④ AS 수지 – 투명, 광택, 내충격성, 내유성 우수함
⑤ 고밀도 폴리에틸렌 – 광택이 없고 수분 투과가 적음

80

화장품의 제형과 그에 속하는 제품의 연결이 옳지 않은 것은?

① 유화제형 – 크림, 유액, 영양액
② 가용화 제형 – 화장수, 향수
③ 유화분산제형 – 샴푸, 컨디셔너, 린스
④ 고형화 제형 – 립스틱, 립밤, 컨실러, 스킨커버
⑤ 파우더혼합 제형 – 페이스파우더, 팩트, 투웨이케익, 아이섀도우

81

관능평가 절차에 대한 설명으로 틀린 것은?

① 유화제품은 표준견본과 대조하여 내용물 표면의 매끄러움과 내용물의 흐름성, 내용물의 색이 유백색인지를 육안으로 확인한다.
② 색조제품은 표준견본과 내용물을 슬라이드 글라스에 각각 소량씩 묻힌 후 슬라이드 글라스로 눌러서 대조되는 색상을 육안으로 확인한다.
③ 색조제품은 손등 혹은 실제 사용부위에 발라서 색상을 확인할 수도 있다.
④ 향취는 비이커에 일정량의 내용물을 담고 코를 비이커에 가까이 대고 향취를 맡는다.
⑤ 사용감은 내용물을 손등에 문질러서 지속되는 시간 등을 측정한다.

82

화장품 안전성 관련 사항으로 옳지 않은 것은?

① 화장품 제조판매업자는 신속보고 되지 않은 화장품의 안전성 정보를 작성한 후 매 반기 종료 후 1월 이내에 식품의약품안전처장에게 보고하여야 한다.
② 화장품제조판매업자의 안전성 정보의 정기보고는 식품의약품안전처 홈페이지를 통해 보고하거나 전자파일과 함께 우편 · 팩스 · 정보통신망 등의 방법으로 할 수 있다.
③ 안전성 정보란 유해사례와 화장품 간의 인과관계 가능성이 있다고 보고된 정보로서 그 인과관계가 알려지지 아니하거나 입증자료가 불충분한 것을 말한다.
④ 유해사례란 화장품의 사용 중 발생한 바람직하지 않고 의도되지 않은 징후, 증상 또는 질병을 말하며, 해당 화장품과 반드시 인과관계를 가져야 하는 것은 아니다.

⑤ 화장품 제조판매업자는 중대한 유해사례 또는 이와 관련하여 식품의약품안전처장이 보고를 지시한 경우 그 정보를 알게 된 날로부터 15일 이내에 식품의약품안전처장에게 신속히 보고하여야 한다.

83
화장비누에 대한 설명으로 적절하지 않은 것은?
① 식물성 오일의 지방산과 가성소다를 반응시켜 천연비누를 제조한다.
② 천연비누에는 비누화반응의 부산물인 글리세린이 포함되어 있다.
③ 비누화반응 시에 알칼리로 가성가리를 사용하면 가성소다보다 더 단단한 비누를 얻을 수 있다.
④ 천연비누는 제조방법에 따라 MP, CP, HP로 분류할 수 있다.
⑤ 화장비누를 만드는 과정을 비누화(검화)라 한다.

84
맞춤형화장품 판매업 신고대상에 기록하여야 할 사항과 거리가 먼 것은?
① 맞춤형화장품조제관리사의 성명 및 생년월일
② 맞춤형화장품조제관리사의 주민등록번호 및 전화번호
③ 맞춤형화장품조제관리사의 자격증 번호
④ 맞춤형화장품판매업자의 성명 및 생년월일
⑤ 맞춤형화장품판매업자의 상호(법인인 경우에는 법인의 명칭)

85
혼합·소분에 필요한 도구 및 기기 중 용량체크 시에 사용되는 것은?
① 전자저울
② 분석용 저울
③ 점도계
④ 경도계
⑤ pH Meter

86
다음 중 맞춤형화장품판매업자 및 화장품조제관리사의 의무사항으로 가장 적합한 것은?
① 맞춤형화장품조제관리사는 화장품의 제조와 관련한 원료·자재·완제품 등에 대한 시험·검사·검정실시 방법 및 의무 등에 관하여 총리령으로 정하는 사항을 준수하여야 한다.
② 맞춤형화장품조제관리사는 화장품의 안전성 확보 및 품질관리에 관한 교육을 2년마다 받아야 한다.
③ 맞춤형화장품조제관리사는 총리령으로 정하는 바에 따라 화장품의 생산실적 또는 수입실적, 화장품의 제조과정에 사용된 원료의 목록 등을 식품의약품안전처장에게 보고하여야 한다.
④ 식품의약품안전처장은 국민 건강상 위해를 방지하기 위하여 필요하다고 인정하면 맞춤형화장품판매업자에게 화장품 관련 법령 및 제도에 관한 교육을 받을 것을 명할 수 있다.
⑤ 맞춤형화장품조제관리사는 화장품의 품질관리기준, 책임판매 후 안전관리기준, 품질검사 방법 및 실시의무, 안전성·유효성 관련 정보사항 등의 보고 및 안전대책마련 의무 등에 관하여 총리령으로 정하는 사항을 준수하여야 한다.

87
화장품의 생산·수입실적 및 원료목록 보고에 관한 규정상 화장품 책임판매업자가 화장품의 생산·수입실적 및 원료목록을 제출하여야 하는데, 생산실적 및 국내 제조 화장품 원료목록 보고를 제출하여야 하는 대상은?

① (사) 대한화장품협회
② 식품의약품안전처
③ 지방식품의약품안전청
④ 행정안전부
⑤ 시·도지사

88
맞춤형화장품에 대한 설명으로 적절하지 않은 것은?

① 맞춤형화장품의 내용물 및 원료의 입고 시 품질관리 여부를 확인하고 책임판매업자가 제공하는 품질성적서를 구비한다.
② 맞춤형화장품과 관련하여 안전성 정보에 대하여 신속히 식품의약품안전처에 보고한다.
③ 맞춤형화장품 판매 시 해당 맞춤형화장품의 혼합 또는 소분에 사용되는 내용물 및 원료, 사용 시의 주의사항에 대하여 소비자에게 설명한다.
④ 회수대상 맞춤형화장품으로 알게 되면, 신속히 책임판매업자에게 보고하고, 회수대상 맞춤형화장품을 구입한 소비자에게 적극적으로 회수조치를 취한다.
⑤ 맞춤형화장품 판매내역을 기록하고 유지한다.

89
다음 〈보기〉는 맞춤형화장품조제관리사 자격시험에 관한 내용이다. (   ) 안에 들어갈 숫자를 쓰시오.

─〈보기〉─
식품의약품안전처장은 맞춤형화장품조제관리사가 거짓이나 그 밖의 부정한 방법으로 시험에 합격한 경우에는 자격을 취소하여야 하며, 자격이 취소된 사람은 취소된 날부터 (   )년간 자격시험에 응시할 수 없다.

90
다음 〈보기〉가 설명하는 표피층은?

─〈보기〉─
2~5층의 방추형 세포로 구성되며, 케라토하이알린 과립이 존재하며 본격적인 각화과정이 시작되는 층으로 외부로부터 수분침투를 막는다.

91
다음 〈보기〉는 모발의 구조의 설명이다. 다음이 설명하는 모발의 구조는?

─〈보기〉─
피부 내부에 있는 부분으로 모낭과 모구로 구성되며, 모세포와 멜라닌 세포가 존재하며 세포분열이 시작되는 곳이다.

92
다음 〈보기〉는 관능평가 항목에 대해 시험방법이다. 이에 해당하는 시험항목을 쓰시오.

───〈 보기 〉───

육안과 현미경을 사용하여 유화상태(기포, 빙결여부, 응고, 분리현상, Gel화, 유화입자 크기 등)를 관찰한다.

93
다음 〈보기〉가 설명하는 화장품 원료는?

───〈 보기 〉───

점도를 유지하거나 제품의 안정성을 유지하기 위해 쓰이며 보습제, 계면활성제로서 일부 이용된다.

94
다음 〈보기〉는 화장품 제형성분의 물리적 특성이다. 이 내용이 설명하는 제형성분은?

───〈 보기 〉───

다량의 오일과 물을 계면활성제에 의해 균일하게 섞이는 것이며, 미셀입자가 상대적으로 커서 가시광선이 통과하지 못하므로 불투명하게 보이며, 에멀전, 영양크림, 수분크림 등이 있다.

95
다음 〈보기〉는 관능평가항목별 시험방법의 내용이다. 이에 해당하는 평가항목은?

───〈 보기 〉───

적당량을 손등에 펴 바른 다음 냄새를 맡으며, 원료의 베이스 냄새를 중점으로 하고 표준품과 비교하여 변취여부를 확인한다.

96
다음 〈보기〉가 설명하는 성분은?

───〈 보기 〉───

화장품에서 사용되고 있는 대표적인 방부제로서 안식향산이라고도 불리며, 박테리아 성장을 억제하며 곰팡이에 대한 항균력도 가지는 성분(물질)이다.

97
동식물에서 추출한 것으로 3중 나선구조이며, 보습작용이 우수하여 피부에 촉촉함을 부여하는 성분은?

98
다음 〈보기〉는 완제품의 보관용 검체의 보관에 관한 설명이다. ( ) 안에 들어갈 숫자를 차례대로 쓰시오.

〈보기〉

완제품의 보관용 검체는 적절한 보관조건 하에 지정된 구역 내에서 제조단위별로 사용기한 경과 후 (Ⓐ)년간 보관하여야 한다. 다만, 개봉 후 사용기간을 기재하는 경우에는 제조일로부터 (Ⓑ)년간 보관하여야 한다.

99
다음 〈보기〉는 유통화장품 안전관리기준 상 비의도적으로 유래된 물질의 검출허용한도이다. ( ) 안에 공통으로 들어갈 숫자는?

〈보기〉

가. 비소 : ( )μg/g 이하
나. 안티몬 : ( )μg/g 이하

100
다음은 맞춤형화장품조제관리사의 자격시험에 관한 내용이다. ( ) 안에 들어갈 말로 적당한 것을 쓰시오.

〈보기〉

맞춤형화장품조제관리사 자격시험의 시기, 절차, 방법, 시험과목, 자격증의 발급, 시험운영기관의 지정 등 자격시험에 필요한 사항은 ( )으로 정한다.

제3회 모의고사

제3회 모의고사

시험시간 120분 | 정답 및 해설 272p

시험과목	문항유형
화장품법의 이해	선다형 7문항 단답형 3문항
화장품 제조 및 품질관리	선다형 20문항 단답형 5문항
유통화장품의 안전관리	선다형 25문항
맞춤형화장품의 이해	선다형 28문항 단답형 12문항

01
화장품법상 기능성화장품의 정의로 옳지 않은 것은?

① 피부의 미백에 도움을 주는 제품
② 피부의 주름개선에 도움을 주는 제품
③ 피부를 곱게 태워주거나 적외선으로부터 피부를 보호하는 데에 도움을 주는 제품
④ 모발의 색상변화·제거 또는 영양공급에 도움을 주는 제품
⑤ 피부나 모발의 기능약화로 인한 건조함, 갈라짐, 빠짐, 각질화 등을 방지하거나 개선하는 데에 도움을 주는 제품

02
화장품법령상 색조화장품 제품류와 거리가 먼 것은?

① 메이크업 리무버
② 볼 연지
③ 리퀴드·크림·케이크 파운데이션
④ 메이크업 베이스
⑤ 메이크업 픽서티브

03

다음 중 화장품제조업 등록을 할 수 없는 자로 적절하지 않은 것은?

① 정신질환자
② 미성년자 및 피한정후견인
③ 마약류 중독자
④ 화장품법 또는 보건범죄 단속에 관한 특별조치법을 위반하여 금고 이상의 형을 선고받고 그 집행이 끝나지 아니하거나 그 집행을 받지 아니하기로 확정되지 않은 자
⑤ 등록이 취소되거나 영업소가 폐쇄된 날부터 1년이 지나지 않은 자

04

화장품 위해평가 가이드라인(식품의약품안전평가원)에 따른 화장품 안전의 일반사항에 대한 설명으로 적절하지 않은 것은?

① 화장품은 제품설명서, 표시사항 등에 따라 정상적으로 사용하거나 또는 예측가능한 사용조건에 따라 사용하였을 때 인체에 안전하여야 한다.
② 화장품은 소비자뿐만 아니라 화장품을 직업적으로 사용하는 전문가에게 안전해야 한다.
③ 화장품의 사용방법에 따라 피부흡수 또는 예측가능한 경구섭취에 의한 전신독성이 고려될 수 있다.
④ 제품에 대한 위해평가는 화장품 원료의 선정부터 사용기한까지 일반적으로 화장품의 위험성은 각 원료성분의 독성자료에 기초한다.
⑤ 독성자료는 식품의약품안전처의 고시나 대한화장품협회의 독성사전을 우선적으로 고려한다.

05

품질관리기준 상 화장품책임판매업자의 업무수행과 거리가 먼 것은?

① 화장품 제조업자가 화장품을 적정하고 원활하게 제조한 것임을 확인하고 기록하여야 한다.
② 제품의 품질 등에 관한 정보를 얻었을 때 해당 정보가 인체에 영향을 미치는 경우에는 그 원인을 밝히고, 개선이 필요한 경우에는 적정한 조치를 하고 기록하여야 한다.
③ 시장출하에 관하여 기록하여야 한다.
④ 제조번호별 품질검사를 철저히 한 후 그 결과를 기록하여야 한다.
⑤ 품질관리에 관한 기록을 작성하고 이를 해당 제품의 제조일로부터 3년간 보관하여야 한다.

06

화장품 제조업자, 화장품 책임판매업자, 맞춤형화장품 판매업자 등은 폐업 또는 휴업하려는 경우 신고하여야 하는 대상은?

① 식품의약품안전처장
② 지방식품의약품안전청장
③ 시·도지사
④ 대한화장품협회
⑤ 보건복지부장관

07
총리령으로 정하는 기능성 화장품으로 옳지 않은 것은?

① 피부에 멜라닌색소가 침착하는 것을 방지하여 기미·주근깨 등의 생성을 억제함으로써 피부의 미백에 도움을 주는 기능을 가진 화장품
② 피부에 침착된 멜라닌색소의 색을 엷게 하여 피부의 미백에 도움을 주는 기능을 가진 화장품
③ 피부에 탄력을 주어 피부의 주름을 완화 또는 개선하는 기능을 가진 화장품
④ 강한 햇볕을 방지하여 피부를 곱게 태워주는 기능을 가진 화장품
⑤ 코팅 등 물리적으로 모발을 굵게 보이게 하는 화장품

08
다음 〈보기〉는 책임판매관리자에 관련된 내용이다. ( ) 안에 들어갈 숫자를 쓰시오.

〈보기〉

상시근로자수가 ( )명 이하인 화장품 책임판매업을 경영하는 화장품 책임판매업자는 본인이 책임판매관리자의 직무를 수행할 수 있다.

09
다음 〈보기〉는 유기농화장품에 대한 설명이다. ( ) 안에 들어갈 숫자를 쓰시오.

〈보기〉

유기농화장품이란 유기농 원료, 동식물 그 유래 원료 등을 함유한 화장품으로서 식품의약품안전처장이 정하는 기준에 맞는 화장품을 말한다. 유기농화장품은 유기농 함량이 전체 제품에서 ( )% 이상이어야 하며, 유기농함량을 포함한 천연함량이 전체 제품에서 95% 이상으로 구성되어야 한다.

10
다음 〈보기〉는 화장품 책임판매업자가 안전성 보고를 하여야 하는 내용이다. ( ) 안에 들어갈 말로 적절한 기한을 쓰시오.

〈보기〉

화장품 책임판매업자는 화장품의 사용 중 발생하였거나 알게 된 유해사례 등 안전성 정보에 대하여 매 반기 종료 후 ( ) 이내에 식품의약품안전처장에게 보고해야 하며, 안전성에 대하여 보고할 사항이 없는 경우에는 '안전성 정보보고 사항 없음'으로 기재해서 보고한다.

11
다음 〈보기〉 중 양이온 계면활성제 종류를 모두 고른 것은?

〈보기〉

가. 세테아디모늄클로라이드
나. 암모늄라우릴설페이트
다. 다이스테아릴다이모늄클로라이드
라. 베헨트라이모늄클로라이드

① 가, 나, 다
② 가, 나, 라
③ 가, 다, 라
④ 나, 다, 라
⑤ 가, 나, 다, 라

12
계면활성제 중 대전방지제(anti-static) 효과가 큰 것은?

① 비이온 계면활성제
② 양이온 계면활성제
③ 음이온 계면활성제
④ 양쪽성 계면활성제
⑤ 실리콘계 계면활성제

13
다음 고급알코올 중 에멀전의 유화안정제로 사용되는 것이 아닌 것은?

① 미리스틸알코올
② 라우릴알코올
③ 스테아릴알코올
④ 세토스테아릴알코올
⑤ 베헤닐알코올

14
왁스 원료 중 석유가 출발물질인 것은?

① 파라핀 왁스
② 오조케라이트
③ 세레신
④ 몬탄왁스
⑤ 폴리에틸렌

15
보습제에 대한 설명으로 적절하지 않은 것은?

① 보습제는 피부의 수분량을 증가시켜주고 수분손실을 막아 주는 역할을 한다.
② 보습제는 분자 내에 수분을 잡아당기는 친수기가 주변으로부터 물을 잡아당기어 수소결합을 형성하여 수분을 유지시켜주는 휴멕턴트가 있다.
③ 보습제는 폐색막을 형성하여 수분증발을 막는 폐색제가 있다.
④ 휴멕턴트의 대표적인 폴리올은 어는 점 내림을 일으켜 동절기에 제품이 어는 것을 방지하며, 보존능력이 있다.
⑤ 폐색제는 우레아, 베타인, AHA 등이 대표적이다.

16
다음 중 타르색소에 대한 설명으로 적절하지 않은 것은?

① 타르색소는 석탄의 콜타르에 함유된 방향족 물질을 원료로 하여 합성한 색소이다.
② 타르색소는 색소 중 콜타르, 그 중간생성물에서 유래되었거나 유기합성하여 얻은 색소 및 그 레이크, 염, 희석제와의 혼합물이다.
③ 타르색소는 색상이 선명하고 미려해서 색조제품에 널리 사용된다.
④ 타르색소는 색소안전성이 높아 눈 주위, 영유아용 제품, 어린이용 제품에 널리 사용된다.
⑤ 타르색소에 대한 규제는 각 나라별로 조금씩 다르며, 타르색소에 해당되는 색소는 레이크와 염료이다.

17
식물 등에서 향을 추출하는 방법 중 열에 의해 성분이 파괴되는 경우에 이용되는 추출방법은?

① 냉각압착법
② 수증기증류법
③ 냉침법(흡착법)
④ 온침법(흡착법)
⑤ 용매추출법

18
다음 화장품의 활성성분 중 주름개선의 효과가 있는 것은?

① 덱스판테놀
② 레티놀
③ 비오틴
④ 엘-멘톨
⑤ 알부틴

19

피부의 미백에 도움을 주는 제품의 성분 및 함량 중 아닌 것은?

① 알부틴 : 2~5%
② 유용성 감초 추출물 : 0.05%
③ 아데노신 : 0.04%
④ 아스코빌글루코사이드 : 2%
⑤ 나이아신아마이드 : 2~5%

20

다음 〈보기〉는 기초화장품의 종류이다. 유분량이 큰 순서대로 나열한 것은?

〈보기〉
가. 유액
나. 영양크림
다. 마사지크림
라. 영양액

① 가>나>다>라
② 다>나>가>라
③ 나>가>라>다
④ 라>가>나>다
⑤ 나>라>가>다

21

화장품의 함유성분별 사용 시의 주의사항 문구로 적절하지 않은 것은?

① 과산화수소 및 과산화수소 생성물질 함유제품 : 눈에 접촉을 피하고 눈에 들어갔을 때에는 즉시 씻어낼 것
② 스테아린산아연 함유제품 : 사용 시 흡입되지 않도록 주의할 것
③ 포름알데하이드 0.5% 이상 검출된 제품 : 이 성분에 과민한 사람은 신중히 사용할 것
④ 실버나이트레이트 함유제품 : 눈에 접촉을 피하고 눈에 들어갔을 때는 즉시 씻어낼 것
⑤ 실리실릭애씨드 및 그 염류 함유제품 : 구진과 경미한 가려움이 보고되어 있음

22

화장품 사용 시의 주의사항으로 적절하지 않은 것은?

① 화장품 사용 시 또는 사용 후 직사광선에 의하여 사용부위에 이상증상이나 부작용이 있는 경우 전문의 등과 상담할 것
② 상처가 있는 부위 등에는 사용을 자제할 것
③ 어린이의 손에 닿지 않는 곳에 보관할 것
④ 직사광선을 피해서 보관할 것
⑤ 중량미달 등의 부적정 사항 발생시 즉시 반품 처리할 것

23

화장품회수의무자는 회수계획서를 작성시 위해성 등급이 '가'등급인 화장품의 회수종료일은?

① 회수를 시작한 날부터 10일 이내
② 회수를 시작한 날부터 15일 이내
③ 회수를 시작한 날부터 30일 이내
④ 회수를 통보한 날부터 10일 이내
⑤ 회수를 통보한 날부터 15일 이내

24
화장품법에서는 원칙적으로 동물실험을 실시한 화장품 또는 동물시험을 실시한 화장품 원료를 사용하여 제조 또는 수입한 화장품의 유통·판매를 금지하고 있다. 예외적으로 동물실험을 할 수 있도록 인정해주는 경우가 아닌 것은?

① 수입하려는 당사국의 법령에 따라 제품개발에 동물실험이 필요한 경우
② 화장품 수출을 위하여 수출 상대국의 법령에 따라 동물실험이 필요한 경우
③ 보존제, 색소, 자외선차단제 등 특별히 사용상의 제한이 필요한 원료에 대하여 그 사용기준을 지정한 경우
④ 동물대체시험법이 존재하지 아니하여 동물실험이 필요한 경우
⑤ 다른 법령에 따라 동물실험을 실시하여 개발된 원료를 화장품의 제조 등에 사용하는 경우

25
화장품 작업소 설비기준에 대한 내용으로 적절하지 않은 것은?

① 제품과 설비가 오염되지 않도록 배관 및 배수관을 설치하며, 배수관은 역류되지 않아야 하고, 항상 청결을 유지한다.
② 천장 주위의 대들보, 파이프, 덕트 등은 가급적 노출되도록 하여 구분이 되도록 하여야 한다.
③ 시설 및 기구에 사용되는 소모품은 제품의 품질에 영향을 주지 않도록 한다.
④ 시설 및 기구에 사용되는 소모품을 선택할 때에는 그 재질과 표면이 제품과의 상호작용을 검토하여 신중하게 골라야 한다.
⑤ 폐기물은 주기적으로 버려야 하며, 장기간 모아 놓거나 쌓아 두어서는 안된다.

26
유기합성 색소에 대한 설명으로 옳지 않은 것은?

① 화장품에 쓰이는 유기합성 색소는 염료, 안료, 레이크의 3종류가 있다.
② 염료는 물에 녹는 수용성 염료는 화장수, 로션, 샴푸 등의 착색에 사용된다.
③ 기름이나 알코올 등에 녹는 유용성 염료는 헤어 오일 등 유성화장품의 착색에 사용된다.
④ 유기안료는 물이나 기름 등의 용제에 용해되지 않는 유색분말로 색상이 선명하고 화려하여 제품의 색조를 조정한다.
⑤ 유기안료는 체질안료, 착색안료, 백색안료 등으로 구분된다.

27
자외선 차단효과 관련 설명으로 적절하지 않은 것은?

① 자외선차단 효과 평가방법은 피부에 인공 태양광선을 비추어 최소홍반량을 결정하고 피부에 자외선차단제를 도포한 후 같은 방법으로 인공 태양광선을 비추어 최소홍반량을 결정한다.
② 자외선차단지수는 자외선 차단제가 UV-B를 차단하는 정도를 나타내는 지수이다.
③ 자외선차단지수는 '제품을 바른 피부의 최소홍반량/제품을 바르지 않은 피부의 최소홍반량'이다.
④ 자외선차단지수란 도포 후의 최소홍반량을 도포 전의 최소홍반량으로 나눈 값으로 자외선차단지수가 높을수록 자외선 차단효과가 작다.
⑤ 자외선 산란제로는 징크옥사이드, 타이타늄다이옥사이드 등이 있다.

28

착향제 성분 중 알레르기 유발물질에 대한 설명으로 적절하지 않은 것은?

① 제조, 수입되는 화장품을 대상으로 화장품 성분 중 향료의 경우 향에 포함되어 있는 알레르기 유발성분의 표시의무화가 시행된다.
② 착향제는 '향료'로 표시할 수 있으나, 착향제 구성 성분 중 식품의약품안전처장이 고시한 알레르기 유발성분이 있는 경우에는 '향료'로만 표시할 수 없고 추가로 해당 성분의 명칭을 기재하여야 한다.
③ 표시대상성분은 화장품 사용 시의 주의사항 및 알레르기 유발성분 표시에 관한 규정에서 정한 25종의 유발성분이다.
④ 표시대상성분 중 25종의 알레르기 유발성분 중 사용 후 씻어내는 제품에는 0.001%를 초과하는 경우이다.
⑤ 표시대상성분 중 25종의 알레르기 유발성분 중 사용 후 씻어내지 않는 제품에서 0.001%를 초과하는 경우이다.

29

다음 중 위해평가에서 평가하여야 할 요소와 거리가 먼 것은?

① 화장품 제조에 사용된 성분
② 중금속, 환경오염물질 및 제조 · 보관과정에서 생성되는 물질 등 화학적 요인
③ 이물 등 물리적 요인
④ 세균 등 미생물적 요인
⑤ 낙하균의 측정

30

우수화장품 제조 및 품질관리기준(CGMP)상 보관 및 출고에 대한 설명으로 적절하지 않은 것은?

① 완제품은 적절한 조건하의 정해진 장소에서 보관하여야 하며, 주기적으로 재고 점검을 수행해야 한다.
② 완제품은 시험결과 적합으로 판정되고 품질보증부서 책임자가 출고 승인한 것만을 출고하여야 한다.
③ 출고는 선입선출방식으로 하되, 타당한 사유가 있는 경우에는 그러하지 아니하다.
④ 완제품 관리항목은 보관, 검체채취, 보관용 검체, 제품시험, 합격 · 출하판정, 출하 · 재고관리, 반품 등이다.
⑤ 출고할 제품은 원자재, 부적합품 및 반품된 제품과 구획된 장소에서 보관하여야 하며, 서로 혼동을 일으킬 우려가 없는 시스템에 의하여 보관되는 경우에도 또한 같다.

31

다음 〈보기〉는 화장품의 효능 · 효과 중 어떤 효과에 대한 평가방법과 성분인가?

〈 보기 〉

가. 평가방법 : 혈액의 단백질이 응고되는 정도를 관찰하여 효과를 평가한다.
나. 성분 : 에탄올

32
화장품에 사용되는 비타민으로서 피부유연 및 세포의 성장촉진, 항산화작용 등을 위한 사용목적인 것은?

33
다음 〈보기〉가 설명하는 체질안료는?

― 〈보기〉 ―
가. 매끄러운 감촉이 풍부하기 때문에 활석이라고도 한다.
나. 매끄러운 사용감과 흡수력이 우수하여 베이비파우더와 투웨이케이크 등 메이크업 제품에 많이 사용된다.

34
다음 〈보기〉는 위해등급 해당 화장품 회수의무자의 회수종료일에 관한 설명이다. (   ) 안에 들어갈 숫자는?

― 〈보기〉 ―
회수의무자는 회수계획서 작성 시 회수종료일을 위해성등급이 '나'등급 또는 '다'등급인 화장품의 경우 회수를 시작한 날부터 (   )일 이내로 정하여야 한다.

35
다음 〈보기〉는 화장품 전성분 표시지침에서 표시생략 성분 등에 대한 내용이다. (   ) 안에 들어갈 말을 쓰시오.

― 〈보기〉 ―
표시할 경우 기업의 정당한 이익을 현저히 해할 우려가 있는 성분의 경우에는 그 사유의 타당성에 대하여 식품의약품안전처장의 사전심사를 받은 경우에 한하여 (   )으로 기재할 수 있다.

36
화장품 작업장의 기준으로 적절하지 않은 것은?
① 건물을 제품의 제형을 고려하여 설계하여야 한다.
② 건물은 제품이 보호되도록 하여야 한다.
③ 건물은 현재상황 및 청소 등을 고려하여 설계하여야 한다.
④ 건물을 제품, 원료 및 자재 등의 혼동이 없도록 하여야 한다.
⑤ 건물은 청소가 용이하도록 하고 청정지역에 위치하며, 고가이어야 한다.

37
다음 중 세척제의 요건으로 적절하지 않은 것은?
① 안정성이 높을 것
② 세정력이 우수할 것
③ 헹굼이 용이할 것
④ 기구 및 장치의 재질에 부식성이 없을 것
⑤ 가격이 저렴할 것

38
청소와 세척의 원칙으로 적절하지 않은 것을 고른 것은?

① 세제를 사용할 경우 세제명을 정해 놓고 사용하는 세제명을 기록한다.
② 청소와 세척기록을 남긴다.
③ 청소결과를 표시한다.
④ 사용기구는 그때마다 적절히 사용한다.
⑤ 심한 오염에 대한 대처 방법을 기재해 놓는다.

39
작업장 출입을 위해 준수하여야 할 사항으로 적합하지 않은 것은?

① 생산, 관리 및 보관구역에 들어가는 담당 직원만 화장품의 오염을 방지하기 위한 규정된 작업복을 착용하여야 한다.
② 반지, 목걸이, 귀걸이 등 생산 중 과오 등에 의해 제품품질에 영향을 줄 수 있는 것은 착용하지 않는다.
③ 생산, 관리 및 보관구역 내에서는 먹기, 마시기, 껌 씹기, 흡연 등을 해서는 안되며, 또 음식, 음료수, 흡연물질, 개인약품 등을 보관해서는 안된다.
④ 작업 전 지정된 장소에서 손 소독을 실시하고, 작업에 임한다.
⑤ 운동 등에 의한 오염을 제거하기 위해서는 작업장 진입 전 샤워 설비가 비치된 장소에서 샤워 및 건조 후 입실한다.

40
고정된 고정자와 고속회전이 가능한 운동자 사이의 간격으로 내용물이 대류현상으로 통과되며 강한 전단력을 받는데, 이러한 전단력 즉 충격 및 대류에 의해서 균일하고 미세한 유화입자를 얻을 수 있는 믹서는?

① 호모믹서
② 리본믹서
③ 아지믹서
④ 헨셀믹서
⑤ 진공유화기

41
화장품 제조설비인 분쇄기의 하나로 스윙해머 방식의 고속회전 분쇄기는?

① 아토마이저
② 헨셀믹서
③ 제트밀
④ 비드밀
⑤ 콜로이드밀

42
설비 및 기구 등의 관리에서 설비별 점검할 주요항목에서 교반기, 호모믹서, 혼합기, 분쇄기 등의 점검항목과 거리가 먼 것은?

① 세척상태 및 작동유무
② UV램프수명시간
③ 윤활오일
④ 게이지 표시유무
⑤ 비상정지스위치

43
시험검체 채취 및 관리 등에 관한 설명으로 적절하지 않은 것은?

① 시험용 검체는 오염되거나 변질되지 않도록 채취하여야 한다.
② 검체를 채취한 후에는 원상태에 준하는 포장을 하여야 한다.
③ 사용되지 않은 물질은 실험실로 운반한다.
④ 검사결과가 규격에 적합한지 확인한다.
⑤ 검사결과가 부적합 할 때에는 일탈처리 절차를 진행한다.

44
검체채취방법 및 검사 등에 관련된 내용으로 적절하지 않은 것은?

① 원료에 대한 검체 채취계획을 수립하고 용기 및 기구를 확보한다.
② 검체채취 지역이 준비되어 있는지 확인하고, 대상원료를 그 지역으로 옮긴다.
③ 승인된 절차에 따라 검체를 채취하고, 검체 용기에 라벨링한다.
④ 시험용 검체는 오염되거나 변질되지 않도록 채취하고, 검체를 채취한 후에는 원상태에 준하는 포장을 하며, 검체가 채취되었음을 표시하는 것이 좋다.
⑤ 시험용 검체의 용기에는 명칭 또는 확인코드, 식별번호, 용량 및 특성 등을 기재한다.

45
화장품 안전기준 등에 관한 규정상 비의도적으로 유래된 물질의 검출 허용한도에서 니켈의 경우에 대한 내용으로 옳은 것을 모두 고른 것은?

〈보기〉
가. 눈 화장용 제품은 35µg/g 이하
나. 색조 화장용 제품은 30µg/g 이하
다. 어린이 화장용 제품은 5µg/g 이하
라. 기초화장용 제품은 5µg/g 이하

① 가, 나
② 가, 다
③ 가, 라
④ 나, 다
⑤ 나, 라

46
화장품 안전기준 등에 관한 규정상 내용량 기준에서 제품 3개를 가지고 시험할 때 그 평균 내용량이 표기량에 대하여 97% 이상이어야 한다. 이 기준치를 벗어날 때에 대한 것으로 옳은 것은?

① 기준치를 벗어날 경우 3개를 더 취하여 시험할 때 6개의 평균 내용량이 97% 이상이어야 한다.
② 기준치를 벗어날 경우 3개를 더 취하여 시험할 때 6개의 평균 내용량이 95% 이상이어야 한다.
③ 기준치를 벗어날 경우 3개를 더 취하여 시험할 때 6개의 평균 내용량이 99% 이상이어야 한다.
④ 기준치를 벗어날 경우 6개를 더 취하여 시험할 때 9개의 평균 내용량이 97% 이상이어야 한다.
⑤ 기준치를 벗어날 경우 6개를 더 취하여 시험할 때 9개의 평균 내용량이 99% 이상이어야 한다.

47
설비의 유지관리시의 주요사항으로 틀린 것은?
① 사후적 실시가 원칙이다.
② 설비마다 절차서를 작성한다.
③ 계획을 가지고 실행한다.
④ 책임내용을 명확히 한다.
⑤ 유지하는 기준을 절차서에 포함한다.

48
다음 〈보기〉는 이상적인 소독제의 조건이다. 옳은 것을 모두 고른 것은?

〈보기〉
가. 경제적이고 쉽게 이용할 수 있을 것
나. 사용농도에서 독성이 없을 것
다. 소독 전에 존재하던 미생물을 최소한 99.9% 이상 사멸시킬 것
라. 광범위한 항균 스펙트럼을 가질 것
마. 사용기간 동안 불활성을 유지할 것

① 가, 나, 마 ② 가, 다, 마
③ 가, 라, 마 ④ 가, 나, 다, 라
⑤ 가, 나, 다, 라, 마

49
검체의 보관 및 원료의 재평가에 대한 설명으로 적절하지 않은 것은?
① 재시험에 사용할 수 있을 정도로 충분한 양의 검체를 각각의 원료에 적합한 보관조건에 따라 물질의 특징 및 특성에 맞도록 보관한다.
② 과도한 열기, 추위, 햇빛 또는 습기에 노출되어 변질되는 것을 방지하고, 특수한 보관조건을 요하는 검체의 경우 적절하게 준수하고 모니터링한다.
③ 용기는 밀폐하고 청소와 검사가 용이하도록 충분한 간격으로 바닥과 떨어진 곳에 보관하고, 원료가 재포장될 경우 원래의 용기와 동일하게 표시한다.
④ 허용 가능한 보관기간을 결정하기 위한 문서화된 시스템을 확립하고, 적절한 보관기간을 정한다.
⑤ 사용기한이 정해진 원료는 사용기간이 경과하면 화장품 제조에 사용할 수 없으나, 사용기한이 정해지지 않은 원료는 기간의 정함이 없이 화장품사가 자체적 판단으로 사용할 수 있다.

50
작업장 위생유지를 위한 세제의 종류와 그 내용에 대한 설명으로 적합하지 않은 것은?
① 무기산과 약산성 세척제로는 염산, 황산, 인산, 초산, 구연산 등이 있다.
② 중성세척제로는 약한 계면활성제 용액과 같은 것이 있으며, 용해나 유화에 의한 제거를 한다.
③ 약알칼리 및 알칼리 세척제는 기름, 지방, 입자 등의 오염물질을 제거한다.
④ 부식성 알칼리 세척제로는 찌든 기름 제거에 효과적이다.
⑤ 알칼리성 세척제는 독성이 있어 환경 및 취급 문제가 있을 수 있다.

51
일상의 취급 또는 보통보존상태에서 액상 또는 고형의 이물 또는 수분이 침입하지 않고 내용물을 손실, 풍화, 조해 또는 증발로부터 보호할 수 있는 용기는?

① 밀폐용기 ② 기밀용기
③ 밀봉용기 ④ 차광용기
⑤ 안전용기

52
화장품 안전기준 등에 관한 규정상 일반화장품에 대하여 비의도적 유래물질 검출허용한도 시험방법 중 원자흡광도법(AAS)을 사용하지 않는 성분은?

① 납 ② 니켈
③ 비소 ④ 안티몬
⑤ 디옥산

53
벌크제품의 재보관에 대한 설명으로 적절하지 않은 것은?

① 남은 벌크를 재보관하고 재사용할 수 있다.
② 재보관 절차는 '밀폐 → 원래 보관환경에서 보관 → 다음 제조시에 우선적으로 사용'이다.
③ 재보관 시에는 내용을 명기하고 재보관임을 표시한 라벨 부착이 필수이다.
④ 변질 및 오염의 우려가 있으므로 여러번 재보관하는 벌크는 나누지 말고 일괄적으로 보관한다.
⑤ 변질되기 쉬운 벌크는 재사용하지 않는다.

54
검체의 채취방법 및 검사에 대한 내용으로 적절하지 않은 것은?

① 원료에 대한 검체 채취 계획을 수립하고 용기 및 기구를 확보한다.
② 검체 채취 지역이 준비되어 있는지 확인하고, 대상원료를 그 지역으로 옮긴다.
③ 승인될 절차에 따라 검체를 채취하고, 검체용기에 라벨링한다.
④ 시험용 검체는 오염되거나 변질되지 않도록 채취한다.
⑤ 검체를 채취한 후에는 재검체를 대비하여 임시포장을 한 후 검체가 채취되었음을 표시하는 것이 좋다.

55
다음 〈보기〉에서 칭량, 혼합, 소분 등에 사용되는 기구의 재질로 사용되는 것을 모두 고른 것은?

―〈보기〉―
가. 스테인레스 스틸   나. 플라스틱
다. 유리   라. 나무

① 가, 나 ② 가, 다
③ 가, 라 ④ 나, 다
⑤ 다, 라

56
맞춤형화장품 작업장의 권장시설 기준으로 적합하지 않은 것은?

① 맞춤형화장품의 소분·혼합장소와 판매·상담 장소는 구분·구획이 권장된다.
② 적절한 환기시설이 권장된다.
③ 작업대, 바닥, 벽, 천장 및 창문은 청결하게 유지되어야 한다.
④ 시험기구 및 도구를 비치하고 시험실을 별도로 구획하여야 한다.
⑤ 소분·혼합 전·후 작업의 손세척 및 장비세척을 위한 세척시설의 설치가 권장된다.

57
화장품 작업장의 작업소 적합성과 거리가 먼 것은?

① 제조하는 화장품의 종류, 제형에 따라 적절히 구획·구분되어 있어 교차오염 우려가 없을 것
② 환기가 잘 되고 청결하며, 외부와 연결된 창문은 환기를 위해 완전 개방이 가능해야 한다.
③ 수세실과 화장실은 접근이 쉬워야 하나 생산구역과 분리되어 있을 것
④ 작업소 전체에 적절한 조명을 설치하고, 조명이 파손될 경우를 대비한 제품을 보호할 수 있는 처리절차를 마련할 것
⑤ 각 제조구역별 청소 및 위생관리 절차에 따라 효능이 입증된 세척제 및 소독제를 사용할 것

58
내용물 및 원료의 사용기한 확인·판정에 대한 설명으로 틀린 것은?

① 원칙적으로 원료공급처의 사용기한을 준수하여 보관기한을 설정하여야 하며, 사용기한 내에서 자체적인 재시험 기간과 최대보관기한을 설정·준수해야 한다.
② 원료의 허용 가능한 보관기한을 결정하기 위한 문서화된 시스템을 확립해야 한다.
③ 물질의 정해진 보관기한이 지나면, 해당 물질을 재평가하여 사용적합성을 결정하는 단계들을 포함해야 한다.
④ 보관기한이 규정되어 있지 않은 원료는 최대한 보관해서 부패하지 않으면 사용할 수 있다.
⑤ 원료의 사용기한은 사용 시 확인이 가능하도록 라벨에 표시되어야 한다.

59
다음 우수화장품 품질관리기준(CGMP)에서 기준일탈 제품의 폐기처리순서가 옳게 나열된 것은?

〈보기〉

가. 시험성적서 기록을 검토하여 적합, 부적합, 보류를 판정·시험·검사·측정에서 기준일탈 결과 발생
나. 기준일탈 조사
다. 시험, 검사, 측정이 틀림없음을 확인
라. 기준일탈의 처리
마. 기준일탈 제품에 불합격 라벨(식별표시) 첨부
바. 부적합보관소에 격리보관
사. 종합적인 부적합의 원인조사 부적합품의 처리방법을 결정, 실행

① 가 → 나 → 다 → 라 → 마 → 바 → 사
② 나 → 다 → 가 → 라 → 마 → 바 → 사
③ 나 → 가 → 다 → 라 → 마 → 바 → 사
④ 라 → 다 → 나 → 가 → 마 → 바 → 사
⑤ 라 → 가 → 나 → 다 → 마 → 바 → 사

60
유통화장품 안전관리 시험방법 중 액체크로마토그래프법의 절대검량선법으로 시험하는 물질은?

① 니켈
② 디옥산
③ 포름알데하이드
④ 프탈레이트류
⑤ 카드뮴

61
맞춤형화장품 판매업자는 맞춤형화장품 판매내역을 작성·보관하여야 하는데 이의 내용과 거리가 먼 것은?

① 맞춤형화장품 식별번호
② 판매일자
③ 판매량
④ 사용기한 또는 개봉 후 사용기간
⑤ 판매단가 및 총판매액

62
맞춤형화장품 판매업자의 변경사유와 제출서류의 연결이 옳지 않은 것은?

① 법인 대표자의 변경의 경우 – 법인 등기사항증명서
② 맞춤형화장품 판매업자의 변경의 경우 – 양도·양수의 경우에는 이를 증명하는 서류, 상속의 경우에는 가족관계증명서
③ 맞춤형화장품 조제관리사 변경의 경우 – 변경할 맞춤형화장품 조제관리사의 자격증
④ 맞춤형화장품 사용계약을 체결한 책임판매업자 변경의 경우 – 책임판매업자와 체결한 계약서 사본
⑤ 맞춤형화장품 사용계약을 체결한 책임판매업자 변경의 경우 – 소비자 피해보상을 위한 보험계약서 사본

63
다음 피하지방에 존재하는 세포는?

① 멜라닌형성세포
② 각질형성세포
③ 섬유아세포
④ 지방세포
⑤ 랑게르한스세포

64
다음 중 표피의 각질층에 대한 내용으로 적절하지 않은 것은?

① 각질층의 두께는 약 10~15μm 정도이다.
② 각질층은 죽은 세포와 지질로 구성된다.
③ 각질층은 진피의 유두층으로부터 영양을 공급받는다.
④ 각질층에는 천연보습인자(NMF)가 존재한다.
⑤ 각질층은 수분이 10~20% 정도인데 10% 이하로 수분량이 떨어지면 건조함과 소양감을 느낀다.

65
피부의 기능에 대한 내용으로 적절하지 않은 것은?
① 물리적 자극에 대한 보호 : 압박, 충격, 마찰 등의 물리적 자극으로부터 보호
② 화학적 자극에 대한 보호 : 화학물질에 대한 저항성을 나타내어 보호
③ 미생물로부터의 보호 : 피부표면의 피지막은 약산성으로 세균발육 억제 및 미생물침입으로부터 보호
④ 자외선으로부터의 보호 : 멜라닌색소는 자외선을 산란시켜 신체를 보호
⑤ 호흡기능 : 폐를 통한 호흡 이외에 작지만 피부로도 호흡이 이루어짐

66
항원전달세포인 랑게르한스세포가 존재하는 표피층은?
① 각질층 ② 투명층
③ 과립층 ④ 유극층
⑤ 기저층

67
각질층에 존재하는 천연보습인자와 거리가 먼 것은?
① 유리아미노산
② 트리글리세라이드
③ 피롤리돈카복실릭애씨드(PCA)
④ 요소(우레아)
⑤ 알칼리금속

68
소한선(에크린선)에 대한 설명으로 거리가 먼 것은?
① 실뭉치 모양으로 진피 깊숙이 위치한다.
② 피부에 직접 연결되어 있다.
③ 입술, 음부, 손톱을 제외한 전신에 분포되어 있다.
④ 정신적 스트레스에 반응한다.
⑤ 구성성분으로는 지질, 수분, 단백질, 당질, 암모니아, 철분, 형광물질 등이다.

69
땀의 구성성분과 거리가 먼 것은?
① 물 ② 소금
③ 아미노산 ④ 크레아틴
⑤ 스쿠알렌

70
모간의 구성부분 중 모발의 85~90%를 차지하며, 멜라닌색소와 공기를 포함하여 모발을 지탱하는 것은?
① 모표피 ② 모피질
③ 모수질 ④ 모유두
⑤ 모낭

71
모발의 성장주기에 대한 설명으로 적절하지 않은 것은?
① 일반적으로 성인에서 탈모되는 양은 약 40~70개/day이며 병적인 탈모는 120개 이상/day이다.

② 모발에 존재하는 결합은 염결합, 시스틴 결합, 수소결합, 펩티드 결합이 있다.
③ 모발성장주기별 전체 모발의 양은 성장기, 퇴행기, 휴지기 순이다.
④ 성장기에는 모발을 구성하는 세포의 성장이 빠르게 이루어지며 평균 성장기는 3~10년이다.
⑤ 모발성장주기별 지속기간은 퇴행기가 가장 짧다.

72
다음 중 건성피부에 대한 설명이 아닌 것은?
① 유·수분량의 균형이 깨진 상태로 각질층 수분함유량이 10% 이하이다.
② 모공이 거의 보이지 않으며 잔주름이 많다.
③ 피부가 두껍고 피부결이 거칠다.
④ 건성피부, 표피수분부족 건성피부, 진피수분부족 건성피부로 나뉜다.
⑤ 세안 후 얼굴 당김을 느낀다.

73
화장품의 관능평가에서의 '사용감'에 포함되지 않는 내용은?
① 가벼움 ② 무거움
③ 밀착감 ④ 효능감
⑤ 청량감

74
화장품의 1차 포장 또는 2차 포장에 기재·표시하여야 하는 사항으로 거리가 먼 것은?
① 가격(화장품을 직접 판매하는 자가 표시)
② 기능성화장품의 경우 '기능성 화장품'이라는 글자 또는 기능성 화장품을 나타내는 도안으로서 대한화장품협회가 인정하는 도안
③ 영·유아용 제품류에서의 보존제 함량
④ 제조번호
⑤ 해당 화장품 제조에 사용된 모든 성분(인체에 무해한 소량 함유 성분 등 총리령으로 정하는 성분은 제외한다.)

75
화장품 제조에 사용된 성분의 표시기준 및 표시방법에 대한 설명으로 적절하지 않은 것은?
① 성분을 기재·표시할 경우 화장품 제조업자 또는 화장품 책임판매업자의 정당한 이익을 현저히 침해할 우려가 있을 때에는 화장품 제조업자 또는 화장품 책임판매업자는 식품의약품안전처장에게 그 근거자료를 제출해야 하고, 식품의약품안전처장이 정당한 이익을 침해할 우려가 있다고 인정하는 경우에는 기재·표시를 생략할 수 있다.
② 산성도(pH) 조절목적으로 사용되는 성분 또는 비누화반응을 거치는 성분은 그 성분을 표시하는 대신 중화반응 또는 비누화반응에 따른 생성물로 기재표시할 수 있다.
③ 착향제는 '향료'로 표시할 수 있다. 다만, 착향제의 구성성분 중 식품의약품안전처장이 정하여 고시한 알레르기 유발성분이 있는 경우에는 향료로 표시할 수 없고, 해당 성분의 명칭을 기재·표시해야 한다.
④ 화장품 제조에 사용된 함량이 많은 것부터 기재·표시한다. 다만, 1% 이하로 사용된 성분, 착향제 또는 착색제는 순서에 상관없이 기재·표시할 수 있다.
⑤ 색조화장용 제품류, 눈 화장용 제품류, 두발염색용 제품류 또는 손발톱용 제품류에서 호수별로 착색제가 다르게 사용된 경우 '± 또는 +/-'의 표시 다음에 사용된 모든 착색제 성분을 함께 기재·표시할 수 있다.

76
화장품의 제형 분류 중 서로 섞이지 않는 두 액체 중에서 한 액체가 미세한 입자 형태로 유화제(계면활성제)를 사용하여 다른 액체에 분산되는 것을 이용한 제형은?

① 유화제형
② 가용화 제형
③ 유화분산 제형
④ 고형화 제형
⑤ 파우더혼합 제형

77
다음 중 화장품의 산화방지를 위한 산화방지제가 아닌 것은?

① 토코페릴아세테이트
② 비에이치티(BHT)
③ 비에이치에이(BHA)
④ 티비에이치큐(TBHQ)
⑤ 디소듐이디티에이(디소듐 EDTA)

78
화장품 용기의 고분자 소재로 폴리프로필렌(PP)의 특징으로 적절하지 않는 것은?

① 반투명의 광택성이 있다.
② 반복되는 굽힘에 강하여 굽혀지는 부위를 얇게 성형하여 일체 경첩으로서 원터치 캡에 이용된다.
③ 내약품성이 우수하다.
④ 상온에서 내충격성이 작다는 단점이 있다.
⑤ 크림류 광구병, 캡류에 이용된다.

79
제품에 맞는 충진방법으로 적절하지 않은 것은?

① 충전용량을 확인할 것
② 포장인력 및 원가를 확인할 것
③ 포장기기의 포장능력을 확인할 것
④ 포장 가능한 크기를 확인할 것
⑤ 단위시간당 몇 개를 포장할 것인가를 확인할 것

80
맞춤형화장품 안전기준과 관련하여 소비자에게 설명하여야 하는 사항과 거리가 먼 것은?

① 혼합 또는 소분에 사용되는 내용물 및 원료
② 맞춤형화장품에 대한 사용 시 주의사항
③ 맞춤형화장품의 사용기한 또는 개봉 후 사용기간
④ 맞춤형화장품의 특징과 사용법
⑤ 맞춤형화장품의 제조업체의 생산규모

81
육안을 통한 관능평가에 사용되는 표준품과 그 기준에 대한 연결이 적절하지 않은 것은?

① 제품 표준견본 – 완제품의 개별포장에 관한 표준
② 벌크제품 표준견본 – 내용물을 제품용기에 충진할 때의 액면위치에 관한 표준
③ 레벨 부착 위치견본 – 완제품의 레벨 부착위치에 관한 표준
④ 색소원료 표준견본 – 색소의 색조에 관한 표준
⑤ 원료 표준견본 – 원료의 색상, 성상, 냄새 등에 관한 표준

82
맞춤형화장품의 유효성과 관련하여 주름개선 효력시험 방법인 것은?

① 멜라닌 생성 저해시험
② 엘라스타제 활성 억제시험
③ In vitro tyrosinase 활성 저해시험
④ In vitro DOPA 산화반응 저해시험
⑤ 자외선A 차단등급 시험

83
화장품 전성분 표시에 대한 설명으로 적절하지 않은 것은?

① 화장품에 사용된 함량 순으로 많은 것부터 기재한다.
② 혼합원료는 개개의 성분으로서 표시한다.
③ 1% 이하로 사용된 성분, 착향제 및 착색제는 순서에 상관없이 기재할 수 있다.
④ 립스틱 제품에서 홋수별로 착색제가 다르게 사용된 경우, 반드시 착색제를 홋수별로 각각 기재하여야 한다.
⑤ 착향제는 향료로 표시한다.

84
보존기간 중 제품의 안전성이나 가능성에 영향을 확인할 수 있는 품질관리상 중요한 항목 및 분해산물의 생성유무를 확인하는 시험은?

① 용기적합성 시험
② 가혹시험
③ 미생물학적 시험
④ 일반시험
⑤ 개봉 후 안정성시험

85
다음 〈보기〉 중 화장품제조업에 해당하는 경우를 모두 고른 것은?

〈보기〉
가. 화장품을 직접 제조하는 영업
나. 화장품 제조를 위탁받아 제조하는 영업
다. 화장품의 1차 포장하는 영업
라. 수입된 화장품을 유통·판매하는 영업

① 가, 나, 다
② 가, 나, 라
③ 가, 다, 라
④ 나, 다, 라
⑤ 가, 나, 다, 라

86
화장품책임판매업자의 준수사항 내용과 거리가 먼 것은?

① 화장품의 품질관리기준
② 책임판매 후 안전관리기준
③ 품질검사 방법 및 실시의무
④ 안정성 관련 정보사항 등의 보고
⑤ 안전성·유효성 관련 안전대책 마련의무

87
환경부 고시 분리배출 표시에 관한 지침상의 내용 중 분리배출 표시의 적용 예외 자재의 기준으로 정확하지 않은 것은?

① 각 자재의 표면적이 50제곱센티미터 미만인 자재
② 필름 자재의 경우 자재의 표면적이 100제곱센티미터 미만인 자재
③ 내용물의 용량이 10ml 또는 10g 이하인 자재
④ 소재·구조면에서 기술적으로 인쇄, 각인 또는 라벨부착 등의 방법으로 표시를 할 수 없는 자재
⑤ 사후관리 서비스 부품 등 일반소비자를 거치지 않고 의무생산자가 직접 회수·선별하여 배출하는 자재

88
제품종류별 포장방법에 관한 기준에서 인체 및 두발 세정용 제품류의 포장공간비율은?

① 5% 이하
② 10% 이하
③ 15% 이하
④ 20% 이하
⑤ 25% 이하

89
다음 〈보기〉는 화장품의 안전성 정보관리 규정의 내용의 어떤 용어의 설명이다. 설명하고 있는 용어를 쓰시오.

〈보기〉

화장품의 사용 중 발생한 바람직하지 않고 의도되지 않은 징후, 증상 또는 질병을 말하며, 해당 화장품과 반드시 인과관계를 가져야 하는 것은 아니다.

90
다음 〈보기〉가 설명하는 표피층은?

〈보기〉

5~10층의 다각형세포로 구성되며, 표피에서 가장 두꺼운 층이며, 면역기능을 담당하는 랑게르한스세포가 존재하며 림프액이 흘러 혈액순환 및 물질교환이 일어난다.

91
모간의 구성부분으로 모발의 가장 바깥쪽으로 모근에서 모발의 끝을 향해 비늘모양으로 겹쳐져 모피질을 보호하는 것은 무엇인지 쓰시오.

92
다음 〈보기〉는 화장품 안전기준 등에 관한 규정의 일부이다. ( ) 안에 공통으로 들어갈 숫자를 쓰시오.

〈보기〉

가. 사용금지 원료 사용 시 : 전 품목 판매(제조) 정지 ( )개월
나. 사용제한 기준 위반 시 : 해당 품목 판매(제조) 정지 ( )개월

93
다음 〈보기〉의 성분은 화장품 원료 중 어떤 원료인가?

―〈보기〉―
구아검, 폴리비닐알코올, 벤토나이트, 잔탄검, 젤라틴, 메틸셀룰로스, 알긴산염 등

94
다음 〈보기〉는 화장품 제형의 물리적 특성에 관한 내용이다. 이에 해당하는 제형성분은?

―〈보기〉―
물 또는 오일 성분에 안료 등 미세한 고체입자가 계면활성제에 의해 균일하게 혼합되는 기술로 파운데이션, 아이섀도, 마스카라, 아이라이너, 립스틱 등이 있다.

95
다음의 〈보기〉는 화장품 관능평가에 대한 설명이다. ( ) 안에 들어갈 말을 순서대로 쓰시오.

―〈보기〉―
관능평가에는 좋고 싫음을 주관적으로 판단하는 (Ⓐ)과 표준품 및 한도품 등 기준과 비교하여 합격품, 불량품을 객관적으로 평가, 선별하거나 사람의 식별력 등을 조사하는 (Ⓑ)의 2가지 종류가 있다.

96
다음 〈보기〉는 맞춤형화장품의 정의이다. ( ) 안에 들어갈 단어를 쓰시오.

―〈보기〉―
맞춤형화장품은 제조 또는 수입된 화장품 내용물에 다른 화장품의 내용물이나 식품의약품안전처장이 정하는 원료를 추가하여 혼합한 화장품 또는 제조 또는 수입된 화장품의 내용물을 ( )한 화장품이다.

97
다음 〈보기〉는 포장의 표시기준 및 표시방법에 관한 내용이다. ( ) 안에 공통으로 들어갈 적절한 말을 쓰시오.

―〈보기〉―
( )는 "향료"로 표시할 수 있다. 다만, ( )의 구성성분 중 식품의약품안전처장이 정하여 고시한 알레르기 유발성분이 있는 경우에는 향료로 표시할 수 없고, 해당 성분의 명칭을 기재·표시해야 한다.

98
다음 〈보기〉는 CGMP상의 시험관리에 관한 내용이다. ( ) 안에 들어갈 말로 적당한 것을 쓰시오.

―〈보기〉―
원자재, 반제품 및 완제품에 대한 적합기준을 마련하고, ( )로 시험기록을 작성·유지하여야 한다.

99
다음은 화장품 시험종류에 대한 내용이다. 무슨 시험에 관한 설명인가?

〈보기〉

화장품 원료 중의 혼재물을 시험하기 위하여 실시하는 시험이다. 이 시험의 대상이 되는 혼재물은 그 화장품 원료를 제조하는 과정 또는 저장하는 사이에 혼재가 예상되는 것, 또는 유해한 혼재물이다. 또 이물을 썼거나 예상되는 경우에도 이 시험을 한다.

100
다음 〈보기〉는 화장품영업자 중 누구의 의무사항인가?

〈보기〉

화장품의 품질관리기준, 책임판매 후 안전관리기준, 품질검사 방법 및 실시의무, 안전성·유효성 관련 정보사항 등의 보고 및 안전대책 마련의무 등에 관하여 총리령으로 정하는 사항을 준수하여야 한다.

제4회 모의고사

제4회 모의고사

시험과목	문항유형
화장품법의 이해	선다형 7문항 단답형 3문항
화장품 제조 및 품질관리	선다형 20문항 단답형 5문항
유통화장품의 안전관리	선다형 25문항
맞춤형화장품의 이해	선다형 28문항 단답형 12문항

01
다음 〈보기〉는 식품의약품안전처장이 정하는 천연화장품의 기준이다. (　) 안에 들어갈 말로 적절한 것은?

―〈보기〉―
천연화장품은 중량기준으로 천연함량이 전체 제품에서 (　)% 이상으로 구성되어야 한다.

① 10　　② 30
③ 50　　④ 85
⑤ 95

02
화장품의 유형별 특성에 대한 설명으로 적절하지 않은 것은?
① 목욕용 제품류 : 샤워, 목욕 시에 전신에 사용되는 사용 후 바로 씻어내는 제품류
② 두발용 제품류 : 모발의 색을 변화시키거나 탈색시키는 제품류

③ 기초화장용 제품류 : 피부의 보습·수렴·유연·영양공급·세정 등에 사용하는 스킨케어 제품류
④ 눈 화장용 제품류 : 눈 주위에 매력을 더하기 위해 사용하는 메이크업 제품류
⑤ 체모제거용 제품류 : 몸에 난 털을 제거하는 제모에 사용하는 제품류

03
다음 중 화장품 책임판매업 등록 혹은 맞춤형화장품 판매업 신고를 할 수 없는 자로 적절하지 않은 것은?

① 정신질환자 또는 마약류 중독자
② 등록이 취소된 날로부터 1년이 지나지 않은 자
③ 영업소가 폐쇄된 날부터 1년이 지나지 않은 자
④ 화장품법 또는 보건범죄 단속에 관한 특별조치법을 위반하여 금고 이상의 형을 선고 받고 그 집행이 끝나지 않은 자
⑤ 화장품법 또는 보건범죄 단속에 관한 특별조치법을 위반하여 금고 이상의 형을 선고 받고 그 집행을 받지 아니하기로 확정되지 않은 자

04
화장품의 성분의 안전에 대한 내용으로 적절하지 않은 것은?

① 화장품 성분은 화학물질 또는 천연물 등일 수 있으며, 경우에 따라 단독 또는 혼합물일 수 있다.
② 사용하고자 하는 성분은 식품의약품안전처장이 화장품의 제조에 사용할 수 없는 원료로 지정고시한 것이 아니어야 하고 또한 사용한도에 적합하여야 한다.
③ 결과적으로 최종제품의 안전성 평가는 성분평가에 전적으로 의존된다.
④ 화장품 성분의 화학구조에 따라 물리·화학적 반응 및 생물학적 반응이 결정되며 화학적 순도, 조성 내의 다른 성분들과의 상호작용 및 피부투과 등은 효능과 안전성 및 안정성에 영향을 미칠 수 있다.
⑤ 화장품 성분의 안전성은 노출조건에 따라 달라질 수 있다.

05
품질관리기준 상 책임판매관리자의 업무에 속하지 않은 것은?

① 품질관리 업무를 총괄할 것
② 품질관리 업무가 적정하고 원활하게 수행되는 것을 확인할 것
③ 품질관이 업무의 수행을 위하여 필요하다고 인정할 때에는 화장품 책임판매업자에게 문서로 보고할 것
④ 책임판매한 제품의 품질이 불량하거나 품질이 불량할 우려가 있는 경우 회수 등 신속한 조치를 하고 기록할 것
⑤ 품질관리 업무 시 필요에 따라 화장품 제조업자, 맞춤형화장품 판매업자 등 그 밖의 관계자에게 문서로 연락하거나 지시할 것

06

과징금 산정에 대한 일반기준의 설명으로 적절하지 않은 것은?

① 업무정지 1개월은 30일을 기준으로 한다.
② 판매업무 또는 제조업무의 정지처분을 갈음하여 과징금을 처분하는 경우에는 처분일이 속한 연도의 전년도 모든 품목의 1년간 총생산금액 및 총수입금액을 기준으로 한다.
③ 품목에 대한 판매업무 또는 제조업무의 정지처분을 갈음하여 과징금처분을 하는 경우에는 처분일이 속한 연도의 전년도 해당 품목의 1년간 총생산금액 및 총수입금액을 기준으로 한다.
④ 영업자가 신규로 품목을 제조 또는 수입하거나 휴업 등으로 1년간의 총생산금액 및 총수입금액을 기준으로 과징금을 산정하는 것이 불합리하다고 인정되는 경우에는 반기별 생산금액 및 수입금액을 기준으로 산정한다.
⑤ 해당 품목 판매업무 또는 광고업무의 정지처분을 갈음하여 과징금처분을 하는 경우에는 처분일이 속한 연도의 전년도 해당 품목의 1년간 총생산금액 및 총수입금액을 기준으로 하고, 업무정지 1일에 해당하는 과징금의 2분의 1의 금액에 처분기간을 곱하여 산정한다.

07

모발의 색을 변화시키거나(염모) 탈색시키는(탈염)제품을 고르면?

〈보기〉

가. 헤어 틴트(hair tints)
나. 헤어 컬러스프레이(hair color sprays)
다. 염모제
라. 헤어 컨디셔너(hair conditioners)
마. 헤어 토닉(hair tonics)
바. 헤어 그루밍 에이드(hair grooming aids)

① 가, 나, 다
② 가, 다, 라
③ 라, 마, 바
④ 다, 마, 바
⑤ 가, 나, 마

08

화장품 제조업자 또는 화장품 책임판매업자의 변경사유 발생시 행정구역 개편에 따른 소재지 변경의 경우에 대한 설명이다. (   ) 안에 들어갈 숫자를 쓰시오.

〈보기〉

화장품 제조업자 또는 화장품 책임판매업자는 변경사유가 발생한 날부터 30일 이내에 제출하여야 한다. 다만, 행정구역 개편에 따른 소재지 변경의 경우에는 (   )일 이내에 화장품 제조업 변경등록신청서 또는 화장품 책임판매업 변경등록 신청서에 화장품 제조업 등록필증 또는 화장품 책임판매업 등록필증과 해당 서류를 첨부하여 지방식품의약품안전청장에게 제출하여야 한다.

09
다음 〈보기〉가 설명하는 화장품을 쓰시오.

〈보기〉

유기농원료, 동식물 및 그 유래 원료 등을 함유한 화장품으로서 식품의약품안전처장이 정하는 기준에 맞는 화장품을 말한다.

10
다음은 안전성 보고의 신속보고해야 할 내용이다. 며칠 이내로 하여야 하는가?

〈보기〉

가. 중대한 유해사례 또는 이와 관련하여 식품의약품안전처장이 보고를 지시한 경우
나. 판매중지나 회수에 준하는 외국정부의 조치 또는 이와 관련하여 식품의약품안전처장이 보고를 지시한 경우

11
다음 중 음이온 계면활성제의 종류가 아닌 것은?

① 세틸다이메티콘코폴리올
② 소듐라우릴설페이트
③ 소듐라우릴설포네이트
④ 암모늄라우레스설페이트
⑤ 트라이에탄올아민라우릴설페이트

12
계면활성제 중 자극이 가장 작은 것은?

① 비이온 계면활성제
② 양이온 계면활성제
③ 음이온 계면활성제
④ 양쪽성 계면활성제
⑤ 실리콘계 계면활성제

13
고급지방산에 대한 설명으로 틀린 것은?

① 고급지방산은 R-COOH 화학식을 가지는 물질이다.
② 고급지방산은 알킬기의 분자량이 큰 것으로 탄소수가 3개 이상인 것을 말한다.
③ 고급지방산은 유화제형에서 에멀젼 안정화로 주로 사용된다.
④ 고급지방산은 폼 클렌징에서는 가성소다 혹은 가성가리와 비누화반응하는 데 사용된다.
⑤ 탄소사이의 결합이 단일결합이면 포화, 이중결합이면 불포화라고 한다.

14
광물유래 왁스 중 갈탄이 출발물질이며 탄소수가 24~30개인 탄화수소 혼합물 및 고급알코올, 탄소수가 20~30개인 고급지방산 에스테르인 왁스는?

① 세레신
② 몬탄왁스
③ 파라핀왁스
④ 오조케라이트
⑤ 마이크로크리스탈린왁스

15
화장품에 주요한 미생물 오염원 중 진균은?

① 대장균
② 녹농균
③ 황색포도상구균
④ 검정곰팡이
⑤ 칸디다 알비칸스

16
안료 중 출발물질이 광물성이 아닌 것은?

① 카올린
② 마이카
③ 세리사이트
④ 실리카
⑤ 징크옥사이드

17
식품 등에서 향을 추출하는 방법 중 열에 불안정한 향을 추출할 때 사용되는 방법은?

① 냉각 압착법
② 수증기증류법
③ 냉흡착법
④ 온흡착법
⑤ 용매추출법

18
화장품 활성성분 중 미백에 효과가 있어 도파(DOPA)의 산화억제를 하는 비타민C유도체의 종류가 아닌 것은?

① 에칠아스코르빌에텔
② 아스코르빌글루코사이드
③ 마그네슘아스코르빌포스페이트
④ 아스코르빌테트라이소팔미테이트
⑤ 글리시리진산

19
피부의 주름개선에 도움을 주는 제품의 성분 및 함량에 속하는 것이 아닌 것은?

① 레티놀 : 2,500IU/g
② 레티닐팔미테이트 : 10,000IU/g
③ 아데노신 : 0.04%
④ 나이아신아마이드 : 2~5%
⑤ 폴리에톡실레이트드레틴아마이드 : 0.05~0.2%

20
기초화장품 종류 중 영양크림에 대한 설명으로 적절하지 않은 것은?

① 세안 후 제거된 천연피지막의 회복
② 피부를 외부환경으로부터 보호
③ 피부의 생리기능을 도와줌
④ 피부에 유분과 수분을 공급
⑤ 활성성분이 피부트러블을 개선, 고점도

21
다음 착향제의 구성성분 중 알레르기 유발성분이 아닌 것은?

① 쿠마린
② 징크피리치온
③ 시트랄
④ 파네솔
⑤ 리모넨

22
고압가스를 사용하는 에어로졸 제품 중 무스의 경우 주의사항으로 맞는 것은?

① 같은 부위에 연속해서 3초 이상 분사하지 말 것
② 가능하면 인체에서 20cm 이상 떨어져서 사용할 것
③ 눈 주위 또는 점막 등에 분사하지 말 것
④ 분사가스는 직접 흡입하지 않도록 주의할 것
⑤ 정답 없음

23
화장품회수의무자가 회수계획서 작성 시 위해성등급이 '나'등급인 화장품의 경우 회수종료일은?

① 회수를 시작한 날부터 10일 이내
② 회수를 시작한 날부터 15일 이내
③ 회수를 시작한 날부터 30일 이내
④ 회수를 통보한 날부터 10일 이내
⑤ 회수를 통보한 날부터 15일 이내

24
화장품법상 판매하거나 판매할 목적으로 보관 또는 진열하지 말아야 하는 화장품이 아닌 것은?

① 등록하지 않은 자가 제조한 화장품
② 등록하지 않은 자가 제조·수입하여 유통·판매한 화장품
③ 등록하지 않은 자가 판매한 맞춤형화장품
④ 맞춤형 조제관리사를 두지 아니하고 판매한 맞춤형화장품
⑤ 판매의 목적이 아닌 제품의 홍보·판매촉진 등을 위하여 미리 소비자가 시험·사용하도록 제조 또는 수입된 화장품(소비자에게 판매하는 화장품에 한함)

25
착향제 성분 중 알레르기 유발물질 표시·기재 관련 세부 내용으로 적절하지 않은 것은?

① 알레르기 유발성분의 표시기준(0.01% 또는 0.001%)의 산출방법은 해당 알레르기 유발성분이 제품의 내용량에서 차지하는 함량의 비율로 계산한다.
② 알레르기 유발성분 표시 기준인 '사용 후 씻어내는 제품' 및 '사용 후 씻어내지 않는 제품'의 구분에서 '사용 후 씻어내는 제품'은 피부, 모발 등에 적용 후 씻어내는 과정이 필요한 제품을 말한다.
③ 알레르기 유발성분 함량에 따른 표시방법이나 순서를 별도로 정하고 있다.
④ 알레르기 유발성분임을 별도로 표시하거나 '사용 시의 주의사항'에 기재한다.
⑤ 식물의 꽃·잎·줄기 등에서 추출한 에센셜오일이나 추출물이 착향의 목적으로 사용되었거나 또는 해당 성분이 착향제의 특성이 있는 경우에는 알레르기 유발성분을 표시·기재하여야 한다.

26
무기안료에 대한 설명으로 적합하지 않은 것은?

① 무기안료는 광물성 안료라고 하며, 주로 천연에서 생산되는 광물을 분쇄하여 안료로 사용해 왔다.
② 무기안료는 석탄의 콜타르에 함유된 벤젠, 톨루엔, 나프탈렌, 안트레센 등 여러 종류의 방향족 화합물을 원료로 하여 합성한 색소이다.
③ 무기안료는 색상의 화려함이나 선명도가 유기안료에 비해 떨어진다.
④ 무기안료는 열에 강하고 유기 용매에 녹지 않으므로 화장품용 색소로 널리 사용된다.
⑤ 무기안료는 체질안료, 착색안료, 백색안료 등으로 구분할 수 있다.

27
왁스류 중에서 양의 털을 가공할 때 나오는 지방을 정제하여 얻으며, 피부에 대한 친화성과 부착성, 포수성이 우수하여 크림이나 립스틱 등에 널리 사용되는 유성원료는?

① 비즈왁스
② 라놀린
③ 호호바오일
④ 사이클로메티콘
⑤ 다이메틸폴리실록산

28
다음 중 위해평가방법으로 적절하지 않은 것은?

① 위해요소에 노출됨에 따라 발생할 수 있는 독성의 정도와 영향의 종류 등을 파악한다.
② 위해요소 및 이를 함유한 화장품의 사용에 따른 건강상 영향, 인체 노출 허용량 또는 수준 및 화장품 이외의 환경 등에 의하여 노출되는 위해요소의 양을 고려하여 사람에게 미칠 수 있는 위해의 정도와 발생빈도 등을 정량적 또는 정성적으로 예측한다.
③ 화장품의 사용을 통하여 노출되는 위해요소의 양 또는 수준을 정량적 또는 정성적으로 산출한다.
④ 위험성 결정에 제한이 있거나 신속한 위해평가가 요구될 경우 위험성 확인과 노출평가만으로 위해도를 예측할 수 있다.
⑤ 동물실험 결과, 동물대체 실험결과 등의 불확실성 등을 보정하여 인체 노출 허용량을 결정한다.

29
다음 중 회수의무자가 회수를 시작한 날로부터 15일 이내에 회수하여야 하는 것은?

① 안전용기·포장 등에 위반되는 화장품
② 화장품에 사용할 수 없는 원료를 사용한 화장품
③ 전부 또는 일부가 변패된 화장품
④ 병원성 미생물에 오염된 화장품
⑤ 이물이 혼입되었거나 부착된 화장품 중에서 보건위생상 위해를 발생할 우려가 있는 화장품

30
우수화장품 제조 및 품질관리기준(CGMP)상 보관관리에 대한 설명으로 적절하지 않은 것은?

① 특수한 보관조건은 적절하게 준수, 모니터링 되어야 한다.
② 원료와 포장재의 용기는 밀폐되어, 청소와 검사가 용이하도록 충분한 간격으로, 바닥과 떨어진 곳에 보관되어야 한다.
③ 원료와 포장재가 재포장될 경우, 원래의 용기와 동일하게 표시되어야 한다.
④ 재고의 회전을 보증하기 위한 방법이 확립되어야 하며, 특별한 경우를 제외하고 후입선출법에 따른다.
⑤ 원료 및 포장재의 관리는 허가되지 않거나 불합격 판정을 받거나, 아니면 의심스러운 물질의 허가되지 않은 사용을 방지할 수 있어야 한다.

31
다음 〈보기〉는 화장품의 효능효과에 대한 내용이다. ( ) 안에 들어갈 말을 쓰시오.

〈보기〉
( )효과는 각질층에 형광물질을 염색시킨 후 형광물질이 소멸되는 시간을 측정하여 평가하며, 성분으로는 하이알루론산, 젖산 등이 있다.

32
( )은 화장품에서 강력한 항산화작용과 콜라겐 생합성을 촉진하는 것으로 알려져 미백제품 등에 널리 사용되는 비타민이다. ( ) 안에 들어갈 말을 쓰시오.

33
우수화장품 제조 및 품질관리기준상 규정된 보관 조건 내에서 제품의 경시적 변화를 계획된 시기와 방법에 따라 측정하는 시험은?

34
다음 〈보기〉는 위해성 등급 해당 화장품의 회수 의무자의 회수계획 통보에 관한 설명이다. ( ) 안에 들어갈 숫자는?

〈보기〉
회수의무자는 회수대상화장품의 판매자, 그 밖에 해당 화장품을 업무상 취급하는 자에게 방문, 우편, 전화, 전보, 전자우편, 팩스 또는 언론매체를 통한 공고 등을 통하여 회수계획을 통보하여야 하며, 통보 사실을 입증할 수 있는 자료를 회수 종료일로부터 ( )년간 보관하여야 한다.

35
다음 〈보기〉는 화장품의 성분정보에 관한 내용이다. ( ) 안에 들어갈 말을 쓰시오.

〈보기〉
전성분표시에 사용되는 화장품 원료명칭은 대한화장품협회 성분사전에서 확인할 수 있다. 신규화장품 원료에 대한 전성분명(원료명칭)은 대한화장품협회 성분명표준화위원회에서 ( )를 통해 정하고 있다.

36
화장품 작업소로 적합하지 않은 것은?

① 제조하는 화장품의 종류·제형에 따라 적절히 구획·구분되어 있어 교차오염 우려가 없을 것
② 바닥, 벽, 천장은 가능한 청소하기 쉽게 낮게 설치하거나 좁게할 것
③ 환기가 잘되고 청결할 것
④ 외부와 연결된 창문은 가능한 열리지 않도록 할 것
⑤ 작업소 내의 외관 표면은 가능한 매끄럽게 설계할 것

37
소독제로 주로 사용되는 것은?

① 에탄올 30%
② 아이소프로필 알코올 30%
③ 에탄올 50%
④ 아이소프로필 알코올 50%
⑤ 에탄올 70%

38
화장품 작업장 내에서 근무하는 작업자의 위생에 대한 설명으로 적절하지 않은 것은?

① 직원은 작업 중의 위생관리상 문제가 되지 않도록 청정도에 맞는 적절한 작업복, 모자와 신발을 착용하고 필요할 경우는 마스크, 장갑을 착용한다.
② 적절한 위생관리 기준 및 절차를 마련하고 제조소 내의 모든 직원이 위생관리기준 및 절차를 준수할 수 있도록 교육훈련 해야 한다.
③ 제조구역별 접근권한이 없는 작업원 및 방문객은 가급적 제조, 관리 및 보관구역 내에 들어가지 않도록 하고, 불가피한 경우 사전에 직원 위생에 대한 교육 및 복장규정에 따르도록 하고 감독하여야 한다.
④ 피부에 외상이 있거나 질병에 걸린 직원은 건강이 양호해지거나 화장품의 품질에 영향을 주지 않는다는 의사의 소견이 있기 전까지는 화장품과 직접적으로 접촉되지 않도록 격리되어야 한다.
⑤ 작업소 및 보관소 내의 모든 직원은 화장품의 오염을 방지하기 위해 규정된 작업복을 착용해야 하며, 작업복은 미관상 문제로 검정색의 면재질이 좋다.

39
작업장 출입을 위해 준수하여야 할 사항으로 적합하지 않은 것은?

① 화장실을 이용한 작업자는 손 세척 또는 손 소독을 실시하고 작업실에 입실한다.
② 메이크업을 한 작업자는 화장품을 지운 후에 입실한다.
③ 작업 전 지정된 장소에서 손 소독을 실시하고 작업에 임한다.
④ 개인 사물은 지정된 장소에 보관하고, 작업실 내로 가지고 들어오지 않는다.
⑤ 운동 등에 의한 오염을 제거하기 위해서는 작업장 진입 전 샤워설비가 비치된 장소에서 샤워 및 건조 후 입실한다.

40
밀폐된 진공상태의 유화탱크에 용해탱크원료가 자동 주입된 후 교반속도, 온도조절, 시간조절, 탈포, 냉각 등이 컨트롤패널로 자동조작이 가능한 장치는?

① 호모믹서 ② 진공유화기
③ 초음파유화기 ④ 고압 호모게나이저
⑤ 콜로이드밀

41
화장품 제조설비 중 분쇄기의 하나로 건식 형태로 가장 작은 입자를 얻을 수 있는 장치는?

① 제트밀 ② 비드밀
③ 콜로이드밀 ④ 헨셀믹서
⑤ 아토마이저

42
우수화장품 제조 및 품질관리기준(CGMP) 상 입고관리에 관한 내용으로 적절하지 않은 것은?

① 제조업자는 원자재 공급자에 대한 관리감독을 적절히 수행하여 입고관리가 철저히 이루어지도록 하여야 한다.
② 원자재 용기에 제조번호가 없는 경우에는 식별번호를 부여하여 보관하여야 한다.
③ 원자재 입고절차 중 육안확인 시 물품에 결함이 있을 경우 입고를 보류하고 격리보관 및 폐기하거나 원자재 공급업자에게 반송하여야 한다.
④ 입고된 원자재는 '적합', '부적합', '검사 중' 등으로 상태를 표시하여야 한다.
⑤ 원자재의 입고 시 구매요구서, 원자재 공급업체 성적서 및 현품이 서로 일치하여야 한다.

43
검체의 보관과 관련한 내용으로 적절하지 않은 것은?

① 재시험에 사용할 수 있을 정도로 충분한 양의 검체를 각각의 원료에 적합한 보관조건에 따라 물질의 특성 및 특성에 맞도록 보관한다.
② 검체는 열기, 추위, 햇빛 또는 습기에 노출되어 변질되는 것을 방지하고, 특수한 보관조건을 요하는 검체의 경우 적절하게 준수하고 모니터링한다.
③ 용기는 검체 활용이 용이하도록 임시로 막아 보관한다.
④ 원료가 재포장될 경우 원래의 용기와 동일하게 표시한다.
⑤ 보관기간을 설정하여야 한다.

44
우수화장품 제조 및 품질관리기준(CGMP)상의 공정관리에 관한 설명으로 적절하지 않은 것은?

① 모든 벌크제품의 허용 가능한 보관기한을 확인할 수 있어야 한다.
② 보관기한의 만료일이 가까운 벌크제품부터 사용하도록 문서화된 절차가 있어야 한다.
③ 벌크제품은 완제품이나 포장재와 달리 변질 또는 변패성이 큰 것부터 사용한다.
④ 충전 공정 후 벌크가 사용하지 않은 상태로 남아 있고 차후 다시 사용할 것이라면 적절한 용기에 밀봉하여 식별정보를 표시해야 한다.
⑤ 벌크제품의 최대 보관기한이 가까워진 벌크제품은 완제품 제조하기 전에 품질이상, 변질여부 등을 확인하여야 한다.

45
화장품 안전기준 등에 관한 규정상 비의도적으로 유래된 물질의 검출허용한도에 대한 성분과 허용한도 기준의 연결이 옳지 못한 것은?

① 메탄올 : 물휴지의 경우 0.2%(v/v) 이하
② 포름알데하이드 : 물휴지의 경우 20µg/g 이하
③ 납 : 점토를 원료로 사용한 분말제품의 경우 50µg/g 이하
④ 니켈 : 눈 화장용 제품의 경우 35µg/g 이하
⑤ 수은 : 1µg/g 이하

46
화장품 안전기준 등에 관한 규정상 정확한 pH 기준은?

① 1.0~5.0　② 1.0~6.0
③ 2.0~8.0　④ 3.0~9.0
⑤ 6.0~12.0

47
다음 〈보기〉는 설비·기구의 구성재질관련 내용이다. 탱크에 관련된 사항을 모두 고른 것은?

〈보기〉
가. 다른 물질이 스며들어서는 안됨
나. 세제 및 소독제와 반응해서는 안됨
다. 젖은 부분 및 탱크와의 공존이 가능한지를 확인
라. 윤활제가 새서 제품을 오염시키지 않는지 확인

① 가, 나　② 가, 다
③ 가, 라　④ 나, 다
⑤ 나, 라

48
다음 〈보기〉는 단백질 응고 또는 변경에 의한 세포기능 장해 세정제의 종류이다. 이에 해당하는 것을 모두 고른 것은?

〈보기〉
가. 알코올
나. 알데하이드
다. 페놀
라. 클로르헥시딘
마. 옥시사이안화수소

① 가, 나, 다　② 가, 나, 라
③ 가, 다, 라　④ 가, 나, 마
⑤ 가, 다, 마

49
제조된 벌크제품의 재보관 시 유의점으로 적절하지 않은 것은?

① 원래 보관되었던 환경에서 보관한다.
② 다음 제조 시에 우선적으로 사용한다.
③ 변질되기 쉬운 벌크는 우선적으로 사용한다.
④ 여러 번 재보관하는 벌크는 조금씩 나누어 보관한다.
⑤ 기존처럼 완전히 밀폐하여 보관한다.

50
작업장별 위생상태에 대한 설명으로 적절하지 않은 것은?

① 물청소 후에는 물기를 자연 건조시키는 것이 오염원 방지를 위해 우수한 방법이다.
② 각 작업장별로 육안으로 청소상태를 확인하고, 이상이 있는 경우 즉시 개선 조치한다.

③ 칭량실은 월 1회 바닥, 벽, 문, 원료통, 저울, 작업대 등을 진공청소기, 걸레 등으로 청소한다.
④ 세균오염 또는 세균수 관리의 필요성이 있는 작업실을 정기적인 낙하균 시험을 수행하여 확인한다.
⑤ 작업장 및 보관소별 관리담당자는 오염발생 시 원인분석 후 이에 적절한 시설 또는 설비의 보수, 교체나 작업방법의 개선조치를 취하고 재발을 방지한다.

51
일상의 취급 또는 보통의 보존상태에서 기체 또는 미생물이 침입할 염려가 없는 용기는?

① 밀폐용기
② 기밀용기
③ 밀봉용기
④ 차광용기
⑤ 안전용기

52
화장품 안전기준 등에 관한 규정상 일반화장품에 대해서 비의도적 유래물질 검출허용한도 시험방법으로 그 종류와 시험방법의 연결이 잘못된 것은?

① 포름알데하이드 - 기체크로마토그래프법의 절대검량선법
② 메탄올 - 푹신아황산법
③ 납 - 유도결합플라즈마분광기를 이용하는 방법(ICP)
④ 수은 - 수은분석기를 이용한 방법
⑤ 디옥산 - 기체크로마토그래프법의 절대검량선법

53
우수화장품 제조 및 품질관리기준(CGMP)상 공정관리에 관한 내용으로 적합하지 않은 것은?

① 제조공정 단계별로 적절한 관리기준이 규정되어야 하며, 그에 미치지 못한 모든 결과는 보고되고 조치가 이루어져야 한다.
② 벌크제품은 품질이 변하지 아니하도록 적당한 용기에 넣어 지정된 장소에서 보관하여야 한다.
③ 모든 벌크제품을 보관 시에는 적합한 용기를 사용해야 한다. 또한 용기는 내용물의 변질을 막기 위하여 내용물을 확인할 수 없도록 한다.
④ 벌크제품의 최대보관기한은 설정하여야 하며, 최대 보관기한이 가까워진 벌크제품은 완제품을 제조하기 전에 품질이상, 변질여부 등을 확인하여야 한다.
⑤ 용기에 명칭 또는 확인코드, 제조번호, 완료된 공정명, 필요한 경우에는 보관조건 등을 표시해야 한다.

54
시험검체의 채취 시 시험용 검체의 용기에 표시하여야 하는 사항과 거리가 먼 것은?

① 명칭 또는 확인코드
② 식별번호 또는 관리번호
③ 검체 채취일자
④ 원료제조번호
⑤ 원료 보관조건

55
일반적으로 제조, 충진에 사용되는 교반기, 호모믹서, 혼합기, 디스퍼, 충전기 등의 재질은?

① 알루미늄
② 동 또는 구리
③ 스테인레스 스틸
④ 고탄성 재질
⑤ 플라스틱

56
화장품작업장의 건물기준으로 적절하지 않은 것은?

① 건물을 제품이 보호되도록 위치, 설계, 건축 및 이용되어야 한다.
② 건물을 청소가 용이하도록 하여야 한다.
③ 건물은 반드시 위생관리 및 유지관리가 가능하도록 하여야 한다.
④ 제품, 원료 및 자재 등의 혼동이 없도록 하여야 한다.
⑤ 건물은 제품의 제형, 현재상황 및 청소 등을 고려하여 설계하여야 한다.

57
화장품 작업장의 제조 및 품질관리에 필요한 설비기준으로 적절하지 않은 것은?

① 사용목적에 적합하고, 청소가 가능하며, 필요한 경우 위생·유지관리가 가능하여야 한다.
② 사용하지 않는 연결호스와 부속품은 청소 등 위생관리를 하며, 다습한 상태로 유지하고 먼지·얼룩 또는 다른 오염으로부터 보호하여야 한다.
③ 설비 등은 제품의 오염을 방지하고 배수가 용이하도록 설계·설치하며, 제품 및 청소 소독제와 화학반응을 일으키지 않아야 한다.
④ 설비 등의 위치는 원자재나 직원의 이동으로 인하여 제품의 품질에 영향을 주지 않도록 하여야 한다.
⑤ 제품과 설비가 오염되지 않도록 배관 및 배수관을 설치하며, 배수관은 역류되지 않아야 하고 청결을 유지하여야 한다.

58
내용물 및 원료의 입고기준에 관한 설명으로 맞는 것은?

① 판매업자는 원자재 공급자에 대한 관리감독을 적절히 수행하여 입고관리가 철저히 이루어지도록 하여야 한다.
② 원자재의 입고 시 구매요구서, 원자재 공급업체 성적서 및 현품이 서로 일치하여야 한다. 필요한 경우 운송관련 자료를 추가적으로 확인할 수 있다.
③ 원자재 용기에 제조번호가 없는 경우에는 따로 보관하여야 한다.
④ 원자재 입고절차 중 육안 확인 시 물품에 결함이 있는 경우 반드시 입고한 후 공급업자에게 반송하여야 한다.
⑤ 입고된 모든 원자재는 적합, 부적합 등으로 반드시 상태를 표시하여야 한다.

59
액상의 내용물을 담는 용기의 마개, 펌프, 패킹 등의 밀폐성을 시험하는 화장품 용기 시험방법은?

① 내용물 감량 시험방법
② 감압누설 시험방법
③ 낙하 시험방법
④ 접착력 시험방법
⑤ 크로스컷트 시험방법

60
공정관리에 대한 설명으로 옳지 않은 것은?

① 벌크제품은 품질이 변하지 아니하도록 적당한 용기에 넣어 지정된 장소에서 보관해야 한다.
② 벌크제품의 최대보관기한을 설정하여야 하며, 최대 보관기한이 가까워진 벌크제품은 완제품 제조하기 전에 품질이상, 변질여부 등을 확인하여야 한다.
③ 모든 벌크제품을 보관 시에는 적합한 용기를 사용해야 하며, 용기는 내용물을 분명히 확인할 수 있도록 표시되어야 한다.
④ 모든 벌크제품은 허용 가능한 보관기한을 확인할 수 있어야 하며, 보관기한의 만료일이 가까운 벌크제품부터 사용하도록 문서화된 절차가 있어야 한다.
⑤ 벌크제품은 후입선출되어야 하며, 충전 공정 후 벌크가 사용하지 않은 상태로 남아 있고 차후에 다시 사용할 것이라면, 적절한 용기에 밀봉하여 식별정보를 표시해야 한다.

61
맞춤형화장품 판매업자의 준수사항으로 혼합·소분 시 오염방지를 위한 안전관리기준의 내용과 거리가 먼 것은?

① 혼합·소분 전에는 손을 소독 또는 세정 할 것
② 혼합·소분 전에 일회용 장갑을 착용할 것
③ 혼합·소분 전에 사용되는 장비 또는 기기 등은 사용 전·후 세척할 것
④ 혼합·소분된 제품을 담을 용기의 오염여부를 사전에 확인할 것
⑤ 혼합·소분에 사용되는 원료에 대해 독성성분 포함여부를 시험할 것

62
맞춤형화장품 판매업자의 변경사유 발생 시 변경신고의 처리기간은?

① 즉시
② 3일
③ 5일
④ 7일
⑤ 10일

63
표피와 진피사이를 연결하여 표피가 진피에 고정되도록 하는 역할을 하는 것은?

① DEJ
② HLB
③ PCA
④ MED
⑤ NMF(천연보습인자)

64
다음 〈보기〉는 맞춤형화장품 판매업에 대한 설명이다. ( ) 안에 들어갈 말로 적당한 것은?

―〈보기〉―
맞춤형화장품 판매업을 하려는 자는 총리령으로 정하는 바에 따라 식품의약품안전처장에게 ( )하여야 한다.

① 신고　　　　② 등록
③ 인가신청　　④ 허가신청
⑤ 통보

65
피부의 감각기능에 있어서 피부에 가장 많이 분포하는 감각은?

① 촉각　　　　② 압각
③ 통각　　　　④ 온각
⑤ 냉각

66
다음 〈보기〉 중 표피층의 하나인 유극층의 특징으로 옳은 것을 모두 고른 것은?

―〈보기〉―
가. 표피에서 가장 두꺼운 층으로 표피의 대부분을 차지한다.
나. 면역기능을 담당하는 랑게르한스세포가 존재한다.
다. 수분을 많이 함유하고 표피에 영양을 공급한다.
라. 림프액이 흘러 혈액순환 및 물질교환이 이루어진다.

① 가, 나, 다　　② 가, 나, 라
③ 가, 다, 라　　④ 나, 다, 라
⑤ 가, 나, 다, 라

67
진피 중 모세혈관이 분포하여 표피에 영양을 공급하며, 기저층의 세포분열을 돕는 층은?

① 투명층　　　② 유두층
③ 망상층　　　④ 과립층
⑤ 유극층

68
다음 〈보기〉 중 대한선의 특징을 모두 고른 것은?

―〈보기〉―
가. 모공과 연결되어 있음
나. 정신적 스트레스에 반응함
다. 구성성분은 99%가 수분임
라. 특정부위에 존재함(겨드랑이, 배꼽주위, 유두주위, 성기주위, 귀 주위 등)

① 가, 나, 다　　② 가, 나, 라
③ 가, 다, 라　　④ 나, 다, 라
⑤ 가, 나, 다, 라

69
다음 중 소한선에 대한 설명으로 적절하지 않은 것은?

① 공포・고통과 같은 감정에 의해 분비된다.
② 진피하부나 피하지방 경계부위에 위치한다.
③ 2~3백만개의 땀샘이 존재한다.
④ 몸 전체에 분비한다. 다만, 입술, 생식기는 제외된다.
⑤ 손바닥과 발바닥, 이마 부위에 풍부하게 존재하며 냄새가 거의 없다.

70
모발의 구조에서 모근에 대한 설명으로 적절하지 않은 것은?

① 피부 내부에 있는 부분이다.
② 모낭과 모구로 구성된다.
③ 모세포와 멜라닌 세포가 존재한다.
④ 모낭은 모근의 아래쪽 둥근 모양이다.
⑤ 모유두는 모구의 중심부에 모발의 영양을 관장하는 혈관이나 신경이 분포한다.

71
화장품에서 탈모방지 기능성 화장품의 주성분과 거리가 먼 것은?

① 덱스판테놀 ② 비오틴
③ 라놀린 ④ 엘-멘톨
⑤ 징크피리치온

72
각질층이 얇고 작은 자극에도 민감하게 반응하는 피부유형은?

① 지성피부 ② 민감성 피부
③ 건성피부 ④ 복합성 피부
⑤ 중성피부

73
화장품 중 기초제품인 크림의 핵심 품질요소와 거리가 먼 것은?

① 탁도 ② 변취
③ 분리(성상) ④ 표면굳음
⑤ 점도변화

74
기능성화장품 중 의약외품에서 기능성 화장품으로 전환된 품목이 아닌 것은?

① 탈모 증상의 완화에 도움을 주는 화장품. 다만, 코팅 등 물리적으로 모발을 굵게 보이게 하는 제품은 제외한다.
② 여드름성 피부를 완화하는 데 도움을 주는 화장품. 다만, 인체세정용 제품류로 한정한다.
③ 아토피성 피부로 인한 건조함 등을 완화하는 데 도움을 주는 화장품
④ 튼살로 인한 붉은 선을 엷게 하는 데 도움을 주는 화장품
⑤ 피부에 탄력을 주어 피부의 주름을 완화 또는 개선하는 기능을 가진 화장품

75
화장품 제조에 사용된 성분의 기재·표시에서 호수별로 착색제가 다르게 사용된 경우 '± 또는 +/-'의 표시 다음에 사용된 모든 착색제 성분을 함께 기재·표시할 수 있는 제품류가 아닌 것은?

① 색조화장품 제품류 ② 눈 화장용 제품류
③ 두발염색용 제품류 ④ 기초화장용 제품류
⑤ 손발톱용 제품류

76
제형의 종류 중 물에 대한 용해도가 아주 작은 물질을 가용화제(계면활성제)를 이용하여 용해도 이상으로 녹게 하는 것을 이용한 제형은?

① 유화제형 ② 가용화 제형
③ 유화분산 제형 ④ 고형화 제형
⑤ 파우더혼합 제형

77
다음 중 유용성 보존제가 아닌 것은?
① 프로필라벤
② 부틸파라벤
③ 페녹시에탄올
④ 벤질알코올
⑤ 메틸파라벤

78
화장품 용기의 고분자 소재 중 폴리스티렌(PS)의 특징과 거리가 먼 것은?
① 딱딱하고 투명하다.
② 성형 가공성이 작다는 단점이 있다.
③ 내약품성·내충격성이 나쁘다.
④ 치수 안정성이 우수하다.
⑤ 팩트, 스틱 용기에 이용된다.

79
혼합·소분 시 오염방지를 위한 안전관리기준의 내용으로 적절하지 않은 것은?
① 혼합·소분 전에는 손을 소독 또는 세정하거나 일회용 장갑을 착용한다.
② 혼합·소분에 사용되는 장비 또는 기기 등은 사용 전·후 세척한다.
③ 혼합·소분된 제품을 담을 용기의 오염여부를 사전에 확인 후 항상 소독하여 사용한다.
④ 원료 및 내용물이 변성이 생기지 않도록 한다.
⑤ 사용금지 또는 사용제한성분 여부를 체크한다.

80
화장품 제조에 사용된 성분의 기재·표시방법으로 적절하지 않은 것은?
① 화장비누의 경우에는 수분을 포함한 중량과 건조중량을 기재·표시하여야 한다.
② 제조번호는 사용기한과 쉽게 구별되도록 기재·표시해야 한다.
③ 개봉 후 사용기간을 표시하는 경우에는 병행 표기해야 하는 제조연월일도 각각 구별이 가능하도록 기재·표시하여야 한다.
④ 사용기한은 '사용기한' 또는 '까지' 등의 문자와 '연월일'을 소비자가 알기 쉽도록 기재·표시하여야 한다. 단순히 '연월'로 표시하여서는 아니 된다.
⑤ 개봉 후 사용기간은 '개봉 후 사용기간'이라는 문자와 '○○월' 또는 '○○개월'을 조합하여 기재·표시하거나, 개봉 후 사용기간을 나타내는 심벌과 기간을 기재·표시할 수 있다.

81
피부는 흡수기능이 있다. 이에 대한 설명으로 틀린 것은?
① 피부의 수분량이 많을 때 흡수율이 높다.
② 피부의 온도가 높을 때 흡수율이 높다.
③ 혈액순환이 빠를 때 흡수율이 높다.
④ 유효성분의 입자가 작을 때 흡수율이 높다.
⑤ 유효성분이 수용성일 때 흡수율이 높다.

82
자외선차단제와 관련된 용어의 설명으로 틀린 것은?

① 자외선차단지수(SPF)는 UVB를 차단하는 제품의 차단효과를 나타내는 지수로서, 자외선차단제품을 도포하지 않고 얻은 최소홍반량을 자외선차단제품을 도포하여 얻은 최소홍반량으로 나눈 값이다.
② 최소홍반량이란 UVB를 사람의 피부에 조사한 후 16~24시간의 범위 내에, 조사영역의 전 영역에 홍반을 나타낼 수 있는 최소한의 자외선 조사량을 말한다.
③ 최소지속형 즉시흑화량은 UVA를 사람의 피부에 조사한 후 2~24시간의 범위 내에, 조사영역의 전 영역에 희미한 흑화가 인식되는 최소자외선조사량을 말한다.
④ 자외선 A 차단지수란 UVA를 차단하는 제품의 차단효과를 나타내는 지수로 자외선 A 차단제품을 도포하여 얻은 최소지속형 즉시흑화량을 자외선 A 차단제품을 도포하지 않고 얻은 최소지속형 즉시흑화량으로 나눈 값이다.
⑤ 자외선 A 차단등급은 UVA 차단효과의 정도를 나타내며, 약칭은 PA라고 한다.

83
화장품 제조 및 품질관리에서 정기적으로 점검을 해야 하는 대상과 거리가 먼 것은?

① 제품의 품질에 영향을 줄 수 있는 검사 · 측정 · 시험장비
② 공정관리실
③ 제조시설
④ 정제수 제조장치
⑤ 시험시설 및 시험기구

84
정상두피의 특징 및 판독법으로 틀린 것은?

① 두피의 톤 : 청백색의 투명톤으로 연한 살색을 띤다.
② 모공상태 : 선명한 모공라인이 열려져 있고 각질 비듬이 없다.
③ 모단위수 : 모든 모공 내에 모발이 3~4개 존재한다.
④ 수분함량 : 10~15% 정도이다.
⑤ 피지량이 적당하며 윤기가 있다.

85
화장품에 사용할 수 없는 원료(사용금지 원료)를 사용한 경우 처벌의 내용으로 옳은 것은?

① 해당 품목의 판매(제조) 정지 3개월
② 해당 품목의 판매(제조) 정지 6개월
③ 해당 품목의 판매(제조) 정지 1년
④ 전 품목의 판매(제조) 정지 3개월
⑤ 전 품목의 판매(제조) 정지 6개월

86
화장품의 유효성 또는 기능을 입증하는 자료로 가장 적절하지 않은 것은?

① 세포 내 콜라겐 생성시험
② 광독성 및 광감각성 시험자료
③ 엘라스타제 활성 억제시험
④ 세포 내 콜라게나제 활성 억제시험
⑤ In vitro tyrosinase 활성저해 시험

87
화장품 바코드 표시 및 관리요령에서 바코드 표시를 생략할 수 있는 내용량 기준은?

① 내용량이 10ml 이하 또는 10g 이하인 제품의 용기 또는 포장
② 내용량이 15ml 이하 또는 15g 이하인 제품의 용기 또는 포장
③ 내용량이 20ml 이하 또는 20g 이하인 제품의 용기 또는 포장
④ 내용량이 30ml 이하 또는 30g 이하인 제품의 용기 또는 포장
⑤ 내용량이 50ml 이하 또는 50g 이하인 제품의 용기 또는 포장

88
제품의 종류별 포장방법에 관한 기준에서 포장공간비율이 10~25% 이하로 규정되어 있다. 최소판매단위의 제품을 2개 이상 함께 포장하여 보호·고정 또는 상품가치 보존을 하기 위하여 완충재 또는 고정재의 사용이 필요한 경우의 포장공간비율은?

① 30% 이하　　② 35% 이하
③ 40% 이하　　④ 45% 이하
⑤ 50% 이하

89
다음 〈보기〉는 화장품 안전성 정보관리규정상의 용어에 대한 설명이다. 무엇에 대한 내용인가?

〈보기〉
유해사례와 화장품 간의 인과관계 가능성이 있다고 보고된 정보로서 그 인과관계가 알려지지 아니하거나 입증자료가 불충분한 것을 말한다.

90
다음 〈보기〉가 설명하는 표피층은?

〈보기〉
표피의 가장 아래층에 위치하며 단층의 원주형 세포로 구성되며, 모세혈관으로부터 영양분과 산소를 공급받아 세포분열을 통해 새로운 세포를 형성하며, 멜라닌형성세포가 존재한다.

91
모간의 구성부분으로 모발의 85~90%를 차지하며 멜라닌 색소와 공기를 포함하여 모발을 지탱하는 것은 무엇인가?

92
다음 〈보기〉는 화장품의 생산실적 보고에 관한 설명이다. (　) 안에 들어갈 숫자로 정확한 것을 쓰시오.

〈보기〉
화장품책임판매업자는 지난해의 생산실적 또는 수입실적과 화장품의 제조과정에 사용된 원료의 목록 등을 식품의약품안전처장이 정하는 바에 따라 매년 (　)말까지 식품의약품안전처장이 정하여 고시하는 바에 따라 대한화장품협회 등의 화장품업 단체를 통하여 식품의약품안전처장에게 보고하여야 한다.

93
다음 〈보기〉가 설명하는 화장품 원료는?

― 〈보기〉 ―
건조하고 각질이 일어나는 피부를 진정시키고, 피부를 부드럽고 매끄럽게 하는 성분으로 흡수성이 높은 수용성 물질이다.

94
화장품의 제형 중 유화제 등을 넣어 유성성분과 수성성분을 균질화하여 점액상으로 만든 것은?

95
다음 〈보기〉는 관능평가 시험방법이다. 이에 해당하는 관능평가항목은?

― 〈보기〉 ―
시료를 실온이 되도록 방치한 후 점도측정 용기에 시료를 넣고 시료의 점도 범위에 적합한 Spindle을 사용하여 점도를 측정한다. 점도가 높을 경우 경도를 측정한다.

96
다음 〈보기〉는 화장품책임판매업자의 보고사항이다. ( ) 안에 들어갈 말을 쓰시오.

― 〈보기〉 ―
화장품책임판매업자는 총리령으로 정하는 바에 따라 화장품의 생산실적 또는 수입실적, 화장품의 제조과정에 사용된 원료의 목록 등을 (　　)에게 보고하여야 한다. 이 경우 원료의 목록에 관한 보고는 화장품의 유통·판매 전에 하여야 한다.

97
다음 〈보기〉는 안전성 정보의 정기보고에 대한 내용이다. ( ) 안에 들어갈 말을 쓰시오.

― 〈보기〉 ―
화장품제조판매업자가 안전성 정보의 정기보고는 식품의약품안전처 (　　)를 통해 보고하거나 전자파일과 함께 우편·팩스·정보통신망 등의 방법으로 할 수 있다.

98
다음은 우수화장품 제조 및 품질관리기준 상의 보관 및 출고에 관련된 설명이다. ( ) 안에 들어갈 말을 쓰시오.

― 〈보기〉 ―
출고할 제품은 원자재, 부적합품 및 반품된 제품과 (　　)된 장소에서 보관하여야 한다. 다만, 서로 혼동을 일으킬 우려가 없는 시스템에 의하여 보관되는 경우에는 그러하지 아니할 수 있다.

99
다음 〈보기〉는 화장품 포장의 기재·표시 등에 관한 내용이다. ( ) 안에 공통으로 들어갈 숫자는?

〈보기〉

다음에 해당하는 1차 포장 또는 2차 포장에는 화장품의 명칭, 화장품 책임판매업자의 상호, 가격, 제조번호와 사용기한 또는 개봉 후 사용기간만을 기재·표시한다.

가. 내용량이 ( )ml 이하 또는 ( )g 이하인 화장품의 포장
나. 판매의 목적이 아닌 제품의 선택 등을 위하여 미리 소비자가 시험·사용하도록 제조 또는 수입된 화장품의 포장

100
다음 〈보기〉가 설명하는 것은 무엇에 대한 것인가?

〈보기〉

가. 진피의 망상층에 위치하며 모낭선에 연결되어 피지막을 형성한다.
나. 피부를 보호하고 외부의 이물질 침입을 억제하며, 피부와 모발을 윤기 있고 부드럽게 한다.
다. 모발 생성과정에서 가장 먼저 생긴다.

제5회
모의고사

제5회 모의고사

시험시간 120분 | 정답 및 해설 292p

시험과목	문항유형
화장품법의 이해	선다형 7문항 단답형 3문항
화장품 제조 및 품질관리	선다형 20문항 단답형 5문항
유통화장품의 안전관리	선다형 25문항
맞춤형화장품의 이해	선다형 28문항 단답형 12문항

01

다음 〈보기〉는 유기농화장품에 대한 식품의약품안전처장의 기준이다. ( ) 안에 차례대로 들어갈 숫자로 정확한 것은?

〈보기〉

유기농화장품은 유기농 함량이 전체 제품에서 (Ⓐ)% 이상이어야 하며, 유기농 함량을 포함한 천연함량이 전체 제품에서 (Ⓑ)% 이상으로 구성되어야 한다.

① Ⓐ - 10%, Ⓑ - 10%
② Ⓐ - 10%, Ⓑ - 50%
③ Ⓐ - 10%, Ⓑ - 85%
④ Ⓐ - 10%, Ⓑ - 95%
⑤ Ⓐ - 10%, Ⓑ - 100%

02
다음 중 화장품책임판매업의 내용이 아닌 것은?

① 화장품 제조업자가 화장품을 직접 제조하여 유통·판매하는 영업
② 화장품 제조업자에게 위탁하여 제조된 화장품을 유통·판매하는 영업
③ 화장품의 포장을 하는 영업
④ 수입된 화장품을 유통·판매하는 영업
⑤ 수입대행형 거래를 목적으로 화장품을 알선·수여하는 영업

03
다음 중 화장품의 품질요소로 적절하지 않은 것은?

① 책임성
② 안전성
③ 안정성
④ 사용성
⑤ 유효성

04
화장품 안정성시험 가이드라인 상 다음 〈보기〉의 내용의 시험은?

―〈보기〉―
화장품 사용 시에 일어날 수 있는 오염 등을 고려한 사용기한을 설정하기 위하여 장기간에 걸쳐 물리·화학적, 미생물학적 안정성 및 용기 적합성을 확인하는 시험을 말한다.

① 장기보존시험
② 가속시험
③ 가혹시험
④ 노출시험
⑤ 개봉 후 안정성 시험

05
책임판매 후 안전관리기준 상 안전관리정보가 아닌 것은?

① 화장품의 품질
② 안정성
③ 안전성
④ 유효성
⑤ 그 밖에 적정 사용을 위한 정보

06
과징금 부과대상의 세부기준으로 적절하지 않은 것은?

① 내용량 시험이 부적합한 경우로서 인체에 유해성이 있다고 인정된 경우
② 제조업자 또는 제조판매업자가 자진회수계획을 통보하고 그에 따라 회수한 결과 국민보건에 나쁜 영향을 끼치지 않은 것으로 확인된 경우
③ 포장 또는 표시만의 공정을 하는 제조업자가 해당 품목의 제조 또는 품질검사에 필요한 시설 및 기구 중 일부가 없거나 화장품을 제조하기 위한 작업소의 기준을 위반한 경우
④ 제조업자 또는 제조판매업자가 변경등록을 하지 않은 경우
⑤ 식품의약품안전처장이 고시한 사용기준 및 유통화장품 안전관리 기준을 위반한 화장품 중 부적합 정도 등이 경미한 경우

07
안정성 시험에 대한 설명으로 옳지 않은 것은?

① 장기 보존시험은 화장품의 저장조건에서 사용 기한을 설정하기 위하여 장기간에 걸쳐 물리·화학적, 미생물학적 안정성 및 용기 적합성을 확인하는 시험이다.
② 가혹시험은 가혹조건에서 화장품의 분해과정 및 분해산물 등을 확인하기 위한 시험이다.
③ 가속시험의 측정주기는 2주 ~ 3개월이다.
④ 개봉 후 안정성 시험은 3로트 이상 선정하되 시중에 유통할 제품과 동일한 처방, 제형 및 포장용기를 사용한다.
⑤ 개봉 후 안정성 시험의 측정주기는 6개월 이상이다.

08
다음은 변경등록신청서 제출에 관한 내용이다. ( ) 안에 들어갈 숫자를 쓰시오.

〈보기〉

화장품제조업자 또는 화장품 책임판매업자는 변경사유가 발생한 날부터 ( )일 이내에 화장품 제조업 변경등록신청서 또는 화장품 책임판매업 변경등록신청서에 화장품 제조업 등록필증 또는 화장품 책임판매업 등록필증과 해당 서류를 첨부하여 지방식품의약품안전청장에게 제출하여야 한다.

09
다음 〈보기〉의 용어는 어떤 영업자에 대한 설명인가?

〈보기〉

취급하는 화장품의 품질 및 안전 등을 관리하면서 이를 유통·판매하거나 수입대행형 거래를 목적으로 알선·수여하는 영업

10
제품별 안전성 자료를 최종 제조·수입된 제품의 사용기한이 만료되는 날부터 얼마나 보관하여야 하는가?

11
다음 〈보기〉 중 양쪽성 계면활성제의 종류를 모두 고른 것은?

〈보기〉

가. 다이스테아릴다이모늄클로라이드
나. 코카미도프로필베타인
다. 코코암포글리시네이트
라. 다이메티콘코폴리올

① 가, 나
② 가, 다
③ 가, 라
④ 나, 다
⑤ 나, 라

12
물 속에 계면활성제를 투입하면 계면활성제의 소수성에 의해 계면활성제가 친유부를 공기쪽으로 향하여 기체와 액체 표면에 분포하고 표면이 포화되어 더 이상 계면활성제가 표면에 있을 수 없으면 물 속에서 자체적으로 친유부가 물과 접촉하지 않도록 계면활성제가 회합을 하게 되는데 이 회합체의 이름은?

① HLB
② 미셀
③ 홍반
④ 알킬기
⑤ 토닉

13
고급지방산은 탄소수가 6개 이상인 것으로 고급지방산 중 탄소수가 가장 많은 것은?

① 라우릭애씨드
② 미리스틱애씨드
③ 팔미틱애씨드
④ 베헤닉애씨드
⑤ 아라키딕애씨드

14
왁스의 동·식물 유래 원료와 출발물질의 연결이 옳지 않은 것은?

① 밀납 – 벌집
② 라놀린 – 양피지선
③ 경납 – 향유고래
④ 카르나우바왁스 – 과피추출
⑤ 칸데리라왁스 – 칸데리라나무

15
보존제 물질 중 미생물의 세포벽에 있는 효소의 활성을 봉쇄하는 역할을 하는 것은?

① 파라벤
② 페녹시에탄올
③ 벤질알코올
④ 소르빈산
⑤ 포다슘소르베이트

16
다음 안료 중 무기안료 중 합성안료가 아닌 것은?

① 징크옥사이드
② 티타늄디옥사이드
③ 마그네슘카보네이트
④ 비스머스옥시클로라이드
⑤ 징크스테아레이트

17
식물 등에서 향을 추출하는 방법 중 대부분의 에센셜 오일(정유) 생산에 사용하는 방법으로 페퍼민트 오일, 파인 오일, 라벤더 오일 등이 대표적인 것은?

① 냉각 압착법
② 수증기증류법
③ 냉흡착법
④ 온흡착법
⑤ 용매추출법

18
화장품 활성성분 중 콜라겐, 엘라스틴을 생성하는 섬유아세포의 증식을 유도하여 주름개선 효과를 주는 성분은?

① 아데노신 ② 클림바졸
③ 세라마이드 ④ 알로에
⑤ 징크피리치온

19
체모를 제거하는 기능을 가진 제품의 성분명은?

① 살리실릭애씨드 ② 덱스판테놀
③ 징크피리치온 ④ 엘-멘톨
⑤ 치오글리콜산 80%

20
색조화장품 중 파운데이션의 기능과 거리가 먼 것은?

① 피부결점 커버
② 피부색을 밝게 하고 번들거림을 방지
③ 건조한 외부환경으로부터 피부보호
④ 자외선 차단, 피부색 보정
⑤ 피부요철 보정(얼굴의 윤곽을 수정)

21
우수화장품 제조 및 품질관리기준(CGMP)상 보관관리에 대한 설명으로 적합하지 않은 것은?

① 원자재, 반제품 및 벌크제품은 품질에 나쁜 영향을 미치지 않은 조건에서 보관하여야 하며, 보관기한을 설정하여야 한다.
② 원자재, 반제품 및 벌크제품은 바닥과 벽에 닿지 아니하도록 보관하고, 선입선출에 의하여 출고할 수 있도록 보관하여야 한다.
③ 원자재, 시험 중인 제품 및 부적합품은 각각 구획된 장소에서 보관하여야 한다.
④ 보관조건은 각각의 원료와 포장재의 세부요건에 따라 적절한 방식으로 정의되어야 한다.
⑤ 원료와 포장재의 용기는 청소와 검사가 용이하도록 개봉이 쉽게 밀폐하지 않아야 한다.

22
화장품법상 회수대상 화장품으로 적절하지 않은 것은?

① 화장품의 전부 또는 일부가 변패된 화장품
② 화장품에 사용할 수 없는 원료를 사용한 화장품
③ 등록을 하지 않은 자가 판매한 맞춤형화장품
④ 사용한도가 지정된 원료를 사용한도 초과하여 사용한 화장품
⑤ 맞춤형화장품 조제관리사를 두지 아니하고 판매한 맞춤형화장품

23
화장품 회수의무자의 회수절차 관련 내용으로 적절하지 않은 것은?

① 회수의무자는 위해등급의 어느 하나에 해당하는 화장품에 대하여 회수대상화장품이라는 사실을 안 날부터 5일 이내에 회수계획서를 지방식품의약품안전청장에게 제출하여야 한다.

② 회수의무자는 회수계획서 작성시 회수종료일을 위해성등급이 '가'등급인 화장품은 회수를 시작한 날부터 15일 이내이다.
③ 회수의무자는 회수계획서 작성시 회수종료일을 위해성등급이 '나'등급인 화장품은 회수를 시작한 날부터 30일 이내이다.
④ 회수의무자는 회수계획서 작성시 회수종료일을 위해성등급이 '다'등급인 화장품은 회수를 시작한 날부터 45일 이내이다.
⑤ 회수의무자는 회수계획서 제출기한까지 회수계획서의 제출이 곤란하다고 판단되는 경우에는 지방식품의약품안전청장에게 그 사유를 밝히고 제출기한 연장을 요청하여야 한다.

24
품질부서 불만처리담당자가 기록·유지하여야 할 사항과 거리가 먼 것은?

① 불만접수연월일
② 제품품질등급표
③ 불만제기자의 이름과 연락처
④ 제품명, 제조번호 등을 포함한 불만내용
⑤ 불만조사 및 추적조사 내용, 처리결과 및 향후 대책

25
작업소의 설비기준에 대한 설명으로 적절하지 않은 것은?

① 제조에 필요한 설비는 사용목적에 적합하고, 청소가 가능하며, 필요한 경우 위생·유지관리가 가능하여야 한다.
② 사용하지 않는 연결호스와 부속품은 청소 등 위생관리를 하며, 건조한 상태로 유지하고, 먼지나 얼룩 또는 다른 오염으로부터 보호한다.
③ 설비 등은 제품의 오염을 방지하고 배수가 용이하도록 설계·설치하며, 제품 및 청소 소독제와 화학반응을 일으키지 않아야 한다.
④ 설비 등의 위치는 원자재나 직원의 이동으로 인하여 제품의 품질에 영향을 주지 않도록 한다.
⑤ 제품과 설비가 오염되지 않도록 배관 및 배수관을 교차설치하여야 한다.

26
화장품의 보관관리에 대한 내용으로 적절하지 않은 것은?

① 원자재의 입고 시 구매요구서, 원자재 공급업체 성적서 및 현품이 서로 일치하지 않을 수 있다.
② 완제품은 시험결과 적합으로 판정되고, 품질보증부서 책임자가 출고 승인한 것만을 출고하여야 한다.
③ 설정된 보관기한이 지나면 사용의 적절성을 결정하기 위해 재평가시스템을 확립하여야 하며, 동 시스템을 통해 보관기한이 경과한 경우 사용하지 않도록 규정하여야 한다.
④ 재고의 신뢰성을 보증하고, 모든 중대한 모순을 조사하기 위해 주기적인 재고조사가 시행되어야 한다.
⑤ 화장품 제조업자는 원자재 공급자에 대한 관리감독을 적절히 수행하여 입고관리가 철저히 이루어지도록 하여야 한다.

27
유성원료의 종류와 그 특징의 연결이 옳지 않은 것은?

① 식성 오일 – 수분증발을 억제하고 사용감을 향상시킨다.
② 동물성 오일 – 생리활성은 우수하지만, 색상이나 냄새가 좋지 않고, 쉽게 산화되어 변질되므로 화장품 원료로 널리 이용되지는 않는다.
③ 광물성 오일 – 원유에서 추출한 고급 탄화수소로 무색 투명하고 냄새가 없으며 산패나 변질의 문제가 없다.
④ 실리콘 오일 – 화학적으로 고급지방산에 고급 알코올이 결합된 에스터 화합물이다.
⑤ 고급지방산 – 동물성 유지의 주성분이며 일반적으로 R-COOH 등으로 표시되는 화합물로 천연의 유지와 밀납 등에 에스터류로 함유되어 있다.

28
원료 품질 검사성적서 인정기준이 아닌 것은?

① 제조업체의 원료에 대한 자가품질검사 또는 공인검사기관 성적서
② 제조판매업체의 원료에 대한 자가품질검사 또는 공인검사기관 성적서
③ 원료업체의 원료에 대한 공인검사기관 성적서
④ 원료업체의 원료에 대한 자가품질검사 시험성적서 중 대한화장품협회의 원료공급자의 검사결과 신뢰기준 자율규약 기준에 적합한 것
⑤ 식품의약품안전처의 심사평가서

29
우수화장품 제조 및 품질관리기준(CGMP)상의 보관관리에 관한 설명으로 적절하지 않은 것은?

① 보관조건은 각각의 원료와 포장재의 세부요건에 따라 적절한 방식으로 정의되어야 한다.
② 보관조건은 각각의 원료와 포장재에 적합하여야 하고, 과도한 열기, 추위, 햇빛 또는 습기에 노출되어 변질되는 것을 방지할 수 있어야 한다.
③ 재고의 회전을 보증하기 위한 방법이 확립되어 있어야 하므로 특별한 경우를 제외하고 가장 오래된 재고가 제일 먼저 불출되도록 선입선출한다.
④ 원료 및 포장재의 보관환경으로는 출입제한, 오염방지, 방충·방서, 온도·습도 등이다.
⑤ 원료와 포장재의 용기는 개방되어 청소와 검사가 용이하도록 가급적 붙이고, 바닥과 떨어진 곳에 보관되어야 한다.

30
회수의무자는 위해성 등급이 '가'등급인 화장품은 회수를 시작한 날부터 ㉮ 이내에 하여야 한다. ㉮의 일수는?

① 10일   ② 15일
③ 30일   ④ 60일
⑤ 120일

31
다음 〈보기〉의 성분은 자외선 차단 효과를 갖는다. 두 성분을 아우르는 용어를 쓰시오.

―〈보기〉―
산화아연(징크옥사이드), 이산화타이타늄(타이타늄다이옥사이드)

32
화장품에서 사용되는 비타민으로 피부세포의 신진대사 촉진과 피부 저항력의 강화, 피지분비의 억제효과 등이 있는 것으로 알려진 것은?

33
우수화장품 제조 및 품질관리기준 상 규정된 보관 온도 내에서 벌크(혹은 제품)의 변화를 계획된 시기와 방법에 따라 측정하는 시험은?

34
다음 〈보기〉는 위해성 등급 해당 화장품의 회수의무자가 폐기한 경우이다. ( ) 안에 들어갈 숫자는?

―〈보기〉―
폐기를 한 회수의무자는 폐기확인서를 작성하여 ( )년간 보관하여야 한다.

35
천연향료 중 신선한 식물성 원료를 비수용매로 추출하여 얻은 특징적인 냄새를 지닌 추출물을 콘크리트라고 하며, 건조된 식물성 원료를 비수용매로 추출하여 얻은 특징적인 냄새를 지닌 추출물을 ( )라고 한다. ( )에 들어갈 말은?

36
화장품 작업소의 기준으로 적합하지 않은 것은?
① 제품의 품질에 영향을 주지 않는 소모품을 사용할 것
② 각 제조구역별 청소 및 위생관리 절차에 따라 효능이 입증된 세척제 및 소독제를 사용할 것
③ 제품의 오염을 방지하고 적절한 온도 및 습도를 유지할 수 있는 공기조화시설 등 적절한 환기시설을 갖출 것
④ 작업소 전체에 적절한 조명을 설치하고, 조명이 파손될 경우를 대비한 제품을 보호할 수 있는 처리절차를 마련할 것
⑤ 수세실과 화장실은 접근이 쉬워야 하므로 생산구역과 가까이 배치할 것

37
다음 소독제의 조건으로 적절하지 않은 것은?
① 사용기간 동안 활성을 유지할 것
② 경제적일 것
③ 사용농도에서 독성이 없을 것
④ 최대한 좁은 항균 스펙트럼을 가질 것
⑤ 불쾌한 냄새가 남지 않도록 할 것

38
우수화장품 제조 및 품질관리기준(CGMP)상 직원의 위생에 대한 내용으로 적합하지 않은 것은?

① 피부에 외상이 있거나 질병이 걸린 직원은 타 부서로 이동시킨다.
② 작업소 및 보관소 내의 모든 직원은 화장품의 오염을 방지하기 위해 규정된 작업복을 착용해야 한다.
③ 적절한 위생관리 기준 및 절차를 마련하고 제조소 내의 모든 직원을 이를 준수하여야 한다.
④ 제조구역별 접근권한이 없는 작업원 및 방문객은 가급적 제조, 관리 및 보관구역 내에 들어가지 않도록 해야 한다.
⑤ 적절한 위생관리 기준 및 절차를 마련하고, 제조소 내의 모든 직원이 위생관리 기준 및 절차를 준수할 수 있도록 교육훈련 해야 한다.

39
개인위생과 관련하여 작업복 관리에 관한 설명으로 적절하지 않은 것은?

① 작업자는 작업종류 혹은 청정도에 맞는 적절한 작업복, 모자와 작업화를 착용하고 필요한 경우는 마스크, 장갑을 착용한다.
② 작업복은 주기적으로 세탁하거나 오염 시에 세탁한다.
③ 작업복을 작업장 내에 세탁기를 설치하여 세탁하거나 외부업체에 의뢰하여 세탁한다.
④ 세탁 시에 작업복의 훼손여부를 점검하여 폐기한다.
⑤ 작업장 내에 세탁기가 설치된 경우라도 화장실에 세탁기를 설치할 것을 권장한다.

40
나노분산, 혼합물 용해 및 추출 등에 사용되며 균질화 및 유화에 사용되는 제조설비는?

① 진공유화기　② 초음파유화기
③ 고압 호모게나이저　④ 콜로이드밀
⑤ 리포좀

41
화장품 제조설비 중 분체나 슬러리상 내용물을 분산, 분쇄시키는데 사용되며 립스틱의 컬러베이스를 제조할 때 주로 사용되는 것은?

① 롤러(3롤밀)　② 콜로이드밀
③ 볼 밀　④ 비드밀
⑤ 제트밀

42
우수화장품 제조 및 품질관리기준(CGMP) 상 입고관리에 관한 내용으로 적절하지 않은 것은?

① 외부로부터 반입되는 모든 원료와 포장재는 관리를 위해 표시를 하여야 한다.
② 원자재 입고절차 중 육안확인 시 물품에 결함이 있을 경우 '결함'이라는 라벨링을 한 후 입고한다.
③ 원료 및 포장재의 용기는 물질과 뱃치정보를 확인할 수 있는 표시를 부착해야 한다.
④ 모든 원료와 포장재는 화장품 제조업자가 정한 기준에 따라서 품질을 입증할 수 있는 검증자료를 공급자로부터 공급받아야 한다.

⑤ 화장품의 제조와 포장에 사용되는 모든 원료 및 포장재의 부적절하고 위험한 사용, 혼합 또는 오염을 방지하기 위하여 해당 물질의 검증, 확인, 보관, 취급 및 사용을 보장할 수 있도록 절차가 수립되어 외부로부터 공급된 원료 및 포장재는 규정된 완제품질 합격판정기준을 충족시켜야 한다.

43
우수화장품 제조 및 품질관리기준(CGMP)상 출고관리에 관한 내용으로 적절하지 않은 것은?

① 원자재는 시험결과 적합판정된 것만을 선입선출방식으로 출고해야 한다.
② 오직 승인된 자만이 원료 및 포장재의 불출 절차를 수행할 수 있다.
③ 나중에 입고된 물품이 사용기한이 짧은 경우라도 공급자의 승인 없이 먼저 입고된 물품보다 먼저 출고할 수 없다.
④ 뱃치에서 취한 검체가 모든 합격 기준에 부합할 때 뱃치가 불출될 수 있다.
⑤ 원료와 포장재는 불출되기 전까지 사용을 금지하는 격리를 위해 특별한 절차가 이행되어야 한다.

44
벌크제품의 재보관에 관한 세부적인 사항으로 적절하지 않은 것은?

① 남은 벌크를 재보관하고 재사용할 수 있다.
② 재보관 시에는 내용을 명시하고 재보관임을 표시한 라벨 부착이 필수적이다.
③ 일반적으로 재보관은 권장하지 않는다.
④ 뱃치마다 소량이며 여러 번 사용하는 벌크제품은 구입 시에 나누어 통합보관하여 개봉횟수를 줄인다.
⑤ 변질되기 쉬운 벌크는 재사용하지 않는다.

45
화장품 안전기준 등에 관한 규정상 비의도적으로 유래된 물질의 검출 허용한도에서 그 성분과 검출허용한도의 연결이 잘못된 것은?

① 포름알데하이드 : 2,000μg/g 이하, 다만 물휴지는 20μg/g 이하이다.
② 카드뮴은 5μg/g 이하이다.
③ 비소는 10μg/g 이하이다.
④ 디옥산은 100μg/g 이하이다.
⑤ 프탈레이트류는 종류별로 각각 100μg/g 이하이다.

46
화장품 안전기준 등에 관한 규정상 액, 로션, 크림 및 이와 유사한 제형의 액상제품의 pH 기준은 3.0~9.0이어야 한다. 이에 해당하지 않는 것은?

① 영·유아용 샴푸
② 눈 화장용 제품류
③ 색조화장용 제품류
④ 면도용 제품류(셰이빙 크림, 셰이빙 로션 제외)
⑤ 두발용 제품류(샴푸, 린스 제외)

47

다음 〈보기〉는 설비세척의 원칙이다. 적절하지 않은 것을 모두 고른 것은?

〈보기〉
가. 가능하면 세제를 사용하여 청결하게 할 것
나. 온수세척이 증기세척보다 좋다.
다. 분해할 수 있는 설비는 분해해서 세척한다.
라. 세척 후에는 반드시 판정한다.

① 가, 나
② 가, 다
③ 가, 라
④ 나, 다
⑤ 나, 라

48

다음 〈보기〉가 유발시키는 세포기능의 장해는 어떤 작용으로 세포기능 장해기능을 유발시키는가?

〈보기〉
가. 할로겐화합물   나. 과산화수소
다. 과망간산칼륨   라. 아이오딘
마. 오존

① 단백질 응고 또는 변경에 의한 세포기능 장해
② 산화에 의한 세포기능 장해
③ 원형질 중의 단백질과 결합하여 세포기능 장해
④ 세포벽과 세포막 파괴에 의한 세포기능 장해
⑤ 효소계 저하에 의한 세포기능 장해

49

다음 〈보기〉는 화학적 세척제의 특징을 설명한 것이다. 어느 유형의 세척제에 대한 내용인가?

〈보기〉
가. 용해나 유화에 의한 오염물질 제거
나. 독성은 낮으나 부식성이 있음
다. 약한 계면활성제 용액 등이 대표적임

① 무기산 세척제
② 약산성 세척제
③ 중성 세척제
④ 알칼리 세척제
⑤ 부식성 알칼리 세척제

50

작업장 위생유지를 위한 세제의 설명으로 적절하지 않은 것은?

① 무기산과 약산성 세척제는 pH 0.2~5.5 정도이다.
② 중성세척제의 pH는 5.5~8.5 정도이다.
③ 알칼리성 세척제로는 수산화암모늄, 탄산나트륨, 염산 또는 인산 등이 있다.
④ 부식성 알칼리 세척제로는 찌든 기름 등의 오염물질을 제거한다.
⑤ 알칼리는 비누화, 가수분해를 촉진한다.

51
용기의 종류와 관련된 설명으로 적절하지 않은 것은?

① 밀폐용기란 일상의 취급 또는 보통 보존상태에서 외부로부터 고형의 이물이 들어가는 것을 방지하고, 고형의 내용물이 손실되지 않도록 보호할 수 있는 용기를 말한다.
② 기밀용기란 일상의 취급 또는 보통보존상태에서 액상 또는 고형의 이물 또는 수분이 침입하지 않고 내용물을 손실, 풍화, 조해 또는 증발로부터 보호할 수 있는 용기이다.
③ 밀봉용기란 일상의 취급 또는 보통의 보존상태에서 기체 또는 미생물이 침입할 염려가 없는 용기이다.
④ 밀폐용기로 규정되어 있는 경우에는 밀봉용기도 밀폐용기로 쓸 수 있다.
⑤ 기밀용기로 규정되어 있는 경우에는 밀봉용기도 기밀용기로 쓸 수 있다.

52
화장품 안전기준 등에 관한 규정상 일반화장품에 대하여 비의도적 유래물질 검출허용한도 시험방법과 그 검출물질의 연결이 옳지 않은 것은?

① 디부틸프탈레이트 : 기체크로마토그래프-수소염이온화검출기를 이용한 방법
② 포름알데하이드 : 액체크로마토그래프법의 절대검량선법
③ 디옥산 : 기체크로마토그래프법의 절대검량선법
④ 납 : 디티존법
⑤ 메탄올 : 유도결합플라즈마-질량분석기를 이용한 방법(ICP-MS)

53
완제품 보관소의 보관조건으로 거리가 먼 것은?

① 출입제한
② 경비강화
③ 오염방지
④ 방충·방서
⑤ 온도·습도·차광

54
원료 및 포장재의 확인 시 포함되어야 할 정보로 거리가 먼 것은?

① 인도문서와 포장에 표시된 품목·제품명
② CAS번호(적용이 가능한 경우)
③ 기록된 양
④ 계약된 가격
⑤ 공급자명

55
설비세척의 원칙으로 옳지 않은 것은?

① 위험성이 없는 용제로 세척한다.
② 가능하면 세제를 사용하여 온수세척을 권장한다.
③ 브러시 등으로 문질러 지우는 것을 고려한다.
④ 분해할 수 있는 설비는 분해해서 세척한다.
⑤ 세척 후는 반드시 '판정'한다.

56
화장품 작업소에 대해 적절하지 않은 것은?

① 제조하는 화장품의 종류, 제형에 따라 적절히 구획, 구분되어 있어 교차오염 우려가 없을 것
② 바닥, 벽, 천장은 가능한 청소하기 쉽게 매끄럽게 표면을 지니고 소독제 등의 부식성에 저항력이 있을 것
③ 외부와 연결된 창문은 가능한 열리지 않도록 할 것
④ 작업소 내의 외관표면은 미끄러지지 않도록 가능하면 요철바닥으로 하고, 청소·소독제의 부식성에 저항력이 있을 것
⑤ 수세실과 화장실은 접근이 쉬워야 하나 생산구역과 분리되어 있을 것

57
작업소 위생에 대한 설명으로 적절하지 않은 것은?

① 곤충, 해충이나 쥐를 막을 수 있는 대책을 마련하고 정기적으로 점검·확인하여야 한다.
② 제조, 관리 및 보관구역 내의 바닥, 벽, 천장 및 창문은 항상 청결하게 유지되어야 한다.
③ 제조시설이나 설비의 세척에 사용되는 세제 또는 소독제는 효능이 입증된 것을 사용하고 잔류성이 높은 것이 좋다.
④ 제조시설이나 설비는 적절한 방법으로 청소하여야 하며, 필요한 경우 위생관리 프로그램을 운영하여야 한다.
⑤ 방충·방서절차는 '현상파악 → 제조시설의 방충방서체제 확립 → 방충방서체제 유지 → 모니터링 → 방충방서체제 보완 → 모니터링' 순으로 한다.

58
이상적인 소독제의 조건으로 적절하지 않은 것은?

① 제품이나 설비와 반응하지 않아야 한다.
② 5분 이내의 짧은 처리에도 효과를 보여야 한다.
③ 사용농도에서 광범위한 항균 스펙트럼을 갖는 소독제의 독성은 허용된다.
④ 소독 전에 존재하던 미생물을 최소한 99.9% 이상 사멸시켜야 한다.
⑤ 사용상의 용이성이 있고 경제적이어야 한다.

59
유통화장품 안전관리에 관한 규정상 미생물 검출 허용한도로 적합한 것은?

① 총호기성생균수 : 유아용 제품류 및 눈 화장용 제품류의 경우 500개/ml 이하
② 세균 및 진균수 : 기타 화장품의 경우 각각 100개/ml 이하
③ 황색포도상구균 : 기타 화장품의 경우 1,000개/ml 이하
④ 대장균 : 기타 화장품의 경우 1,000개/ml 이하
⑤ 황색포도상구균 : 물휴지의 경우 각각 100개/ml 이하

60
유통화장품 안전관리기준에 따른 비의도적으로 유래된 물질의 검출 허용한도항목 중 프탈레이트류에 해당하는 것을 모두 고른 것은?

〈보기〉
가. 디부틸프탈레이트
나. 부틸벤질프탈에이트
다. 디에칠헥실프탈레이트
라. 프로파틸나이트레이트
마. 폴딘메틸설페이드

① 가, 나, 다 ② 가, 나, 라
③ 가, 라, 마 ④ 나, 다, 라
⑤ 나, 라, 마

61
맞춤형화장품 판매업자의 준수사항으로 적절하지 않은 것은?

① 맞춤형화장품 판매 시 해당 맞춤형화장품의 혼합 또는 소분에 사용되는 내용물 및 원료, 사용 시의 주의사항에 대하여 소비자에게 설명하여야 한다.
② 맞춤형화장품의 내용물 및 원료의 입고 시 품질관리 여부를 확인하고 책임판매업자가 제공하는 품질성적서를 구비하여야 한다.
③ 맞춤형화장품과 관련하여 안정성 정보에 대하여 제조업자에게 신속히 보고하여야 한다.
④ 판매 중인 맞춤형화장품이 회수대상화장품의 기준 및 위해성 등급의 어느 하나에 해당함을 알게 된 경우 신속히 책임판매업자에게 보고하여야 한다.
⑤ 보건위생상 위해가 없도록 맞춤형화장품 혼합·소분에 필요한 장소, 시설 및 기구를 정기적으로 점검하여 작업에 지장이 없도록 위생적으로 관리·유지하여야 한다.

62
맞춤형화장품 조제관리사의 변경신고 처리기간은?

① 즉시 ② 5일
③ 7일 ④ 10일
⑤ 15일

63
DEJ(Dermal Epidemal Junction)은 표피와 진피 사이를 연결하여 표피가 진피에 고정되도록 하는 역할과 건강한 피부를 유지하는데 필요한 피부대사를 돕고 있다. 이의 구성성분을 모두 고른 것은?

〈보기〉
가. 라미닌   나. 콜라겐Ⅶ
다. 피브로넥틴   라. 피롤리돈산

① 가, 나 ② 가, 라
③ 가, 나, 다 ④ 나, 다, 라
⑤ 가, 나, 다, 라

64
다음 〈보기〉는 맞춤형화장품 판매업에 대한 설명이다. ( ) 안에 들어갈 말로 적당한 것은?

―〈보기〉―
맞춤형화장품 판매업을 신고한 자는 총리령으로 정하는 바에 따라 맞춤형화장품의 혼합·소분 업무에 종사하는 자 즉 ( )를 두어야 한다.

① 책임판매관리자
② 맞춤형화장품 조제관리사
③ 원료확인 시험연구원
④ 혼합작업 전문가
⑤ 소분작업 전문가

65
피부의 감각기능 중 진피의 망상층에 위치하는 것을 모두 고른 것은?

―〈보기〉―
가. 통각   나. 촉각
다. 온각   라. 냉각
마. 압각

① 가, 나, 다   ② 가, 다, 라
③ 가, 라, 마   ④ 나, 라, 마
⑤ 다, 라, 마

66
다음 표피층 중 기저층의 특징과 거리가 먼 것은?
① 표피에서 가장 두꺼운 층으로 수분을 많이 함유하고 표피에 영양을 공급한다.
② 표피의 가장 아래층에 위치하며 단층의 원주형 세포로 구성된다.
③ 모세혈관으로부터 영양분과 산소를 공급받아 세포분열을 통해 새로운 세포를 형성한다.
④ 멜라닌형성세포가 존재한다.
⑤ 각질형성세포와 메르켈세포가 존재한다.

67
진피 유두층에 대한 설명으로 적절하지 않은 것은?
① 표피와 진피와의 경계인 물결 모양의 탄력조직으로 돌기(유두)를 형성한다.
② 혈관과 신경종말이 존재하며 모세혈관을 통해 기저세포에 산소와 영양을 공급한다.
③ 미세한 섬유질(콜라겐)과 섬유 사이의 빈 공간으로 이루어진다.
④ 모세혈관이 분포하여 표피에 영양을 공급하며, 기저층의 세포분열을 돕는다.
⑤ 주로 손·발바닥, 입술, 눈두덩이에 존재한다.

68
소한선(에크린선)에 대한 설명으로 적절하지 않은 것은?

① 구성성분은 지질, 수분, 단백질, 당질, 암모니아, 철분, 형광물질 등이다.
② 모공과 연결되어 있다.
③ 체온조절을 한다.
④ 입술, 음부, 손톱을 제외한 전신에 분포한다.
⑤ '손바닥·발바닥>이마>뺨>몸통>팔>다리' 순서로 분포한다.

69
대한선(아포크린선)에 대한 설명으로 적절하지 않은 것은?

① 대한선은 모낭에 연결하여 분비된다.
② 대한선은 공포·고통과 같은 감정에 의해 분비된다.
③ 대한선에서 분비되는 땀에 의해 땀 냄새가 난다.
④ 땀 냄새를 일으키는 물질은 2-메틸페놀, 4-메틸페놀 등으로 알려져 있다.
⑤ 손바닥, 발바닥, 이마부위에 풍부하게 존재한다.

70
모근 중 모구의 중심부에 모발의 영양을 관장하는 혈관이나 신경이 분포하는 것은?

① 모표피 ② 모표질
③ 모유두 ④ 모수질
⑤ 모낭

71
다음 〈보기〉 중 탈모치료제를 모두 고른 것은?

―〈보기〉―
가. 미녹시딜   나. 피나스테리드
다. 두타스테리드 라. 덱스판테놀

① 가, 나, 다   ② 가, 나, 라
③ 가, 다, 라   ④ 나, 다, 라
⑤ 가, 나, 다, 라

72
피부유형 중 표피성 잔주름이 많은 피부는?

① 지성피부   ② 건성피부
③ 중성피부   ④ 여드름피부
⑤ 복합성피부

73
화장품 중 메이크업제품 중 파운데이션의 핵심 품질요소와 거리가 먼 것은?

① 변취   ② 증발
③ 분리(성상) ④ 표면굳음
⑤ 점(경)도변화

74
총리령으로 정하는 기능성 화장품 중 '질병의 예방 및 치료를 위한 의약품이 아님'이라는 문구를 기재하여야 하는 기능성화장품이 아닌 것은?

① 탈모 증상의 완화에 도움을 주는 화장품. 다만, 코팅 등 물리적으로 모발을 굵게 보이게 하는 제품은 제외한다.
② 여드름성 피부를 완화하는 데 도움을 주는 화장품. 다만, 인체세정용 제품류로 한정한다.
③ 아토피성 피부로 인한 건조함 등을 완화하는 데 도움을 주는 화장품
④ 튼살로 인한 붉은 선을 엷게 하는 데 도움을 주는 화장품
⑤ 피부에 침착된 멜라닌색소의 색을 엷게 하여 피부의 미백에 도움을 주는 기능을 가진 화장품

75
화장품 포장의 표시기준 및 표시방법에 대한 설명으로 적절하지 않은 것은?

① 화장품 제조업자 또는 화장품 책임판매업자의 주소는 등록필증에 적힌 소재지 또는 반품·교환업무를 대표하는 소재지를 기재·표시하여야 한다.
② 화장품제조업자와 화장품 책임판매업자와 맞춤형화장품 판매업자는 각각 구분하여 기재·표시하여야 한다. 다만, 화장품 제조업자와 화장품 책임판매업자가 같은 경우는 화장품 제조업자 또는 화장품 책임판매업자로, 화장품 책임판매업자 및 맞춤형화장품 판매업자로 한꺼번에 기재·표시할 수 있다.
③ 공정별로 2개 이상의 제조소에서 생산된 화장품의 경우에는 일부 공정을 수탁한 화장품 제조업자의 상호 및 주소의 기재·표시를 생략할 수 있다.
④ 착향제의 구성성분 중 식품의약품안전처장이 정하여 고시한 알레르기 유발성분이 있는 경우에는 '향료'로 기재·표시해야 한다.
⑤ 화장품의 1차 포장 또는 2차 포장의 무게가 포함되지 않은 용량 또는 중량을 기재·표시해야 한다.

76
제형의 유형 중 분산매가 유화된 분산질에 분산되는 것을 이용한 제형은?

① 유화 제형
② 가용화 제형
③ 유화분산 제형
④ 고형화 제형
⑤ 계면활성제혼합 제형

77
다음 중 점증제가 아닌 것은?

① 소르비톨
② 잔탄검
③ 알진
④ 카보머
⑤ 하이드록시에틸셀룰로오스

78
화장품 고분자 소재 용기 중 유백색의 광택이 없고 수분 투과가 적어 화장수, 유액 등에 사용되는 소재는?

① 저밀도 폴리에틸렌
② 고밀도 폴리에틸렌
③ 폴리프로필렌
④ 폴리스티렌
⑤ 폴리염화비닐

79
배합금지 및 사용제한 사항 확인 및 배합에 관한 설명으로 틀린 것은?

① 제품상담을 통해 맞춤형화장품에 배합하기로 한 화장품 원료가 유통화장품 안전관리에 관한 기준에서 규정한 화장품에 사용할 수 없는 원료인지 소분·혼합 전에 맞춤형화장품 조제관리사는 확인한다.
② 제품상담을 통해 맞춤형화장품에 배합하기로 한 화장품 원료가 유통화장품 안전관리에 관한 기준에서 규정한 사용한도 원료인지 소분·혼합 전에 맞춤형화장품 조제관리사는 확인한다.
③ 제품상담을 통해 맞춤형 화장품에 배합하기로 한 화장품 원료가 기능성 화장품의 효능·효과를 나타내는 원료인지 소분·혼합 전에 맞춤형화장품 조제관리사는 확인한다.
④ 유통화장품 안전관리에 관한 기준에서 규정한 사용한도 원료가 내용물에서 사용한도 이상 배합되어 있는지 소분·혼합 전에 맞춤형 화장품 조제관리사는 확인한다.
⑤ 유통화장품 안전관리에 관한 기준에서 규정한 원산지확인, 농도와 점도 등에 대해 소분·혼합 전에 맞춤형화장품 조제관리사는 확인한다.

80
화장품 가격표시제실시요령의 내용으로 적절하지 않은 것은?

① 화장품을 판매하는 자에게 당해 품목의 공장도가격을 표시하도록 함으로써 소비자의 보호와 공정한 거래를 도모함을 목적으로 한다.
② 가격표시의무자란 화장품을 일반 소비자에게 판매하는 자를 말한다.
③ 판매가격표시 대상은 국내에서 제조되거나 수입되어 국내에서 판매되는 모든 화장품으로 한다.
④ 화장품을 일반소비자에게 소매점포에서 판매하는 경우 소매업자가 표시의무자가 된다.
⑤ 판매가격표시 의무자는 매장 크기에 관계없이 가격표시를 하지 아니하고 판매하거나 판매할 목적으로 진열·전시하여서는 안된다.

81
제형의 물리적 특성 중 가용화제의 특징으로 맞는 것을 모두 고른 것은?

〈보기〉
가. 물에 소량의 오일을 넣고 계면활성제에 의해 용해된다.
나. 미셀입자가 커서 가시광선이 통과하지 못하므로 불투명하게 보인다.
다. 화장수, 향수, 헤어토닉, 네일 에나멜 등이 있다.

① 가
② 가, 나
③ 가, 다
④ 나, 다
⑤ 가, 나, 다

82
장기보존시험의 조건으로 적절하지 않은 것은?

① 로트의 선정 : 시중에 유통할 제품과 동일한 처방, 제형 및 포장용기를 사용하며, 10로트 이상에 대하여 시험하는 것을 원칙으로 한다.
② 보존조건 : 제품의 유통조건을 고려하여 적절한 온도·습도·시험기간 및 측정시기를 설정하여 시험한다.
③ 시험기간 : 6개월 이상 시험하는 것을 원칙으로 하나, 화장품 특성에 따라 따로 정할 수 있다.
④ 측정시기 : 시험개시 때와 첫 1년간은 3개월마다, 그 후 2년까지는 6개월마다, 2년 이후부터는 1년에 1회 시험한다.
⑤ 일반화장품의 경우 : 화장품 종류 및 구성성분이 매우 다양하므로 제품유형 및 제형에 따라 적절한 안정성시험항목을 설정한다.

83
화장품의 성분 중 무기안료의 특징은?

① 내광성, 내열성이 우수하다.
② 선명도와 착색력이 뛰어나다.
③ 유기용매에 잘 녹는다.
④ 유기안료에 비해 색의 종류가 다양하다.
⑤ 색상이 다양하며 물에 용해된다.

84
관능평가항목별 시험방법 중 다음 〈보기〉가 설명하는 항목은?

―〈보기〉―
적당량을 손등에 펴 바른 다음 냄새를 맡으며, 원료의 베이스 냄새를 중점으로 하고 표준품과 비교하여 변취 여부를 확인한다.

① 탁도(침전) ② 변취
③ 분리(입도) ④ 점(경)도변화
⑤ 증발·표면굳음

85
혼합·소분 시 오염방지를 위한 안전관리기준으로 적절하지 않은 것은?

① 혼합된 제품을 담을 용기의 오염여부를 사전에 확인하여야 한다.
② 소분된 제품을 담을 용기의 오염여부를 사전에 확인하여야 한다.
③ 혼합·소분에 사용되는 장비는 사용 전·후에 세척하여야 한다.
④ 혼합·소분에 사용되는 기기 등은 사용 전에 세척하며, 사용 후에는 소독하여야 한다.
⑤ 혼합·소분 전에는 손을 소독 또는 세정하거나 일회용 장갑을 착용하여야 한다.

86
화장품제조업 또는 화장품책임판매업의 금지를 명하거나 그 업무의 전부 또는 일부에 대한 정지를 명할 수 있는 경우가 아닌 것은?

① 화장품 제조업 또는 화장품책임판매업의 변경사항 등록을 하지 않은 경우
② 시설의 위생이 완벽하지 않은 경우
③ 맞춤형화장품판매업의 변경신고를 하지 않은 경우
④ 국민보건에 위해를 끼쳤거나 끼칠 우려가 있는 화장품을 제조·수입한 경우
⑤ 제품별 안전성 자료를 작성 또는 보관하지 않은 경우

87
식품의약품안전처 고시규정인 화장품 바코드 표시 및 관리요령에 대한 내용으로 옳지 않은 것은?

① 화장품 바코드 표시대상품목은 국내에서 제조되거나 수입되어 국내에 유통되는 모든 화장품을 대상으로 한다.
② 화장품 바코드 표시대상품목에는 기능성 화장품도 포함된다.
③ 내용량이 15ml 이하 또는 15g 이하인 제품의 용기 또는 포장은 바코드표시를 생략할 수 있다.
④ 견본품, 시공품 등 비매품에 대하여는 화장품 바코드 표시를 생략할 수 있다.
⑤ 화장품 바코드 표시는 국내에서 화장품을 제조 또는 위탁제조하는 화장품제조업자가 한다.

88
화장품 원료의 순도시험에 대한 설명으로 적절하지 않은 것은?

① 순도시험이란 화장품 원료 중의 혼재물을 시험하기 위하여 실시하는 시험이다.
② 순도시험은 다른 시험항목과 더불어 화장품 원료의 순도를 규정하는 시험이다.
③ 순도시험의 대상이 되는 혼재물은 그 화장품 원료를 제조하는 과정 또는 저장하는 사이에 혼재가 예상되는 것 또는 유해한 혼재물이다.
④ 이물을 썼거나 예상되는 경우에도 순도시험을 한다.
⑤ 순도시험의 순서는 맛, 냄새, 용해상태, 색 순으로 한다.

89
다음 〈보기〉는 안전성 정보보고에 대한 내용이다. ( ) 안에 들어갈 정확한 숫자를 쓰시오.

〈보기〉
화장품 제조판매업자는 중대한 유해사례 또는 이와 관련하여 식품의약품안전처장이 보고를 지시한 경우나 판매중지 또는 회수에 준하는 외국정부의 조치 또는 이와 관련하여 식품의약품안전처장이 보고를 지시한 경우 보고서를 그 정보를 알게 된 날로부터 ( )일 이내에 식품의약품안전처장에게 신속히 보고하여야 한다.

90
다음 〈보기〉가 설명하는 진피층은?

〈보기〉
표피와 진피와의 경계인 물결모양의 탄력조직으로 돌기를 형성하며, 혈관과 신경종말이 존재하며 모세혈관을 통해 기저세포에 산소와 영양을 공급한다. 이는 미세한 섬유질과 섬유 사이의 빈 공간으로 이루어진다.

91
모간의 구성부분으로 모발의 가장 안쪽의 층으로 각화세포로 이루어진 것은 무엇인가?

92
다음 〈보기〉는 비의도적으로 유래된 사실이 객관적으로 확인되고 기술적으로 완전한 제거가 불가능한 경우의 해당물질의 검출허용한도의 예시이다. ( ) 안에 들어갈 숫자는?

〈보기〉
가. 비소와 안티몬 : 10μg/g 이하
나. 물휴지의 경우 폼알데하이드 : ( )μg/g 이하
다. 다이옥산 : 100μg/g 이하

93
다음 〈보기〉의 성분은 어떤 화장품 원료의 성분인가?

〈보기〉
폴리올(글리세린, 프로필렌글리콜), 천연보습인자(아미노산, 무기염, 젖산염), 고분자 보습제(하이알론사염, 콘드로이틴 황산염)가 있다.

94
화장품의 제형 중 화장품에 사용되는 성분을 용제 등에 녹여서 액상으로 만든 제형은?

95
제품의 종류별 포장방법에 관한 기준 중 인체 및 두발 세정용 제품류의 포장공간 비율은 몇 % 이하인가?

96
다음 〈보기〉는 맞춤화장품 표시·기재사항을 설명한 것이다. 무엇인가?

〈보기〉
소분에 사용되는 원료의 제조번호와 혼합기록을 포함하여 맞춤형화장품 판매업자가 부여한 번호

97
다음 〈보기〉가 설명하는 화장품 안정성 시험은?

―〈보기〉―
화장품 사용 시에 일어날 수 있는 오염 등을 고려한 사용기한을 설정하기 위하여 장기간에 걸쳐 물리·화학적, 미생물학적 안정성 및 용기적합성을 확인하는 시험을 말한다.

98
다음 〈보기〉는 우수화장품 제조 및 품질관리기준 상의 입고관리의 일부분에 대한 설명이다. ( ) 안에 들어갈 말은?

―〈보기〉―
원자재 용기에 제조번호가 없는 경우에는 ( )를 부여하여 보관하여야 한다.

99
다음 〈보기〉는 화장품 포장의 표시기준 및 표시방법에 대한 설명이다. ( ) 안에 들어갈 말을 쓰시오.

―〈보기〉―
산성도(pH)조절 목적으로 사용되는 성분은 그 성분을 표시하는 대신 ( )반응에 따른 생성물로 기재·표시할 수 있고, 비누화반응을 거치는 성분은 비누화반응에 따른 생성물로 기재·표시할 수 있다.

100
다음 〈보기〉는 맞춤형화장품의 표시·기재사항이다. ( )에 알맞은 말을 쓰시오.

―〈보기〉―
가. 명칭
나. 가격
다. 식별번호
라. 사용기한 또는 개봉 후 ( )
마. 영업자의 상호 및 주소(책임판매업자, 맞춤형화장품 판매업자)

제 **6** 회

모의고사

제6회 모의고사

시험과목	문항유형
화장품법의 이해	선다형 7문항 단답형 3문항
화장품 제조 및 품질관리	선다형 20문항 단답형 5문항
유통화장품의 안전관리	선다형 25문항
맞춤형화장품의 이해	선다형 28문항 단답형 12문항

시험시간 120분 정답 및 해설 302p

01
화장품법상 맞춤형화장품의 정의이다. (   ) 안에 차례대로 들어갈 말로 적절한 것은?

〈보기〉

가. 제조 또는 수입된 화장품의 내용물에 다른 화장품의 내용물이나 식품의약품안전처장이 정하는 원료를 추가하여 (   )한 화장품
나. 제조 또는 수입된 화장품의 내용물을 (   )한 화장품

① 가 - 배합, 나 - 추가
② 가 - 배합, 나 - 분리
③ 가 - 혼합, 나 - 소분
④ 가 - 혼합, 나 - 추가
⑤ 가 - 배합, 나 - 소분

02
다음 〈보기〉 중 화장품제조업에 속하는 것을 모두 고른 것은?

〈보기〉
가. 화장품을 직접 제조하는 영업
나. 화장품 제조를 위탁받아 제조하는 영업
다. 화장품의 포장을 하는 영업(2차 포장 포함)
라. 제조 또는 수입된 화장품의 내용물을 소분하는 영업

① 가, 나
② 가, 다
③ 가, 라
④ 나, 다
⑤ 다, 라

03
화장품의 안전성에 관련된 설명으로 틀린 것은?
① 유해사례는 화장품의 사용 중 발생한 바람직하지 않고 의도되지 않은 징후, 증상 또는 질병을 말하며, 당해 화장품과 반드시 인과관계를 가져야 한다.
② 실마리정보란 유해사례와 화장품 간의 인과관계 가능성이 있다고 보고된 정보로서 그 인과관계가 알려지지 아니하거나 입증자료가 불충분한 것을 말한다.
③ 안정성 정보는 화장품과 관련하여 국민보건에 직접 영향을 미칠 수 있는 안전성·유효성에 관한 새로운 자료, 유해사례 정보 등을 말한다.
④ 유해성이란 물질이 가진 고유의 성질로 사람의 건강이나 환경에 좋지 않은 영향을 미치는 화학물질 고유의 성질을 말하며, 위해성이란 유해성이 있는 물질이 사람이나 환경이 노출되었을 때 실제로 피해를 입는 정도를 말한다.
⑤ 모든 물질은 물질 자체에 독성을 지닐 수 있으나 해당 물질의 적정한 사용에 따라 인체에 끼치는 영향이 결정되는 것으로 유해성이 큰 물질이라도 노출되지 않으면 위해성이 낮으며, 유해성이 작은 물질이라도 노출량이 많으면 큰 위해성을 갖는다고 볼 수 있다.

04
다음 중 안정성시험의 종류에 속하지 않은 것은?
① 장기보존시험
② 성분독성시험
③ 가속시험
④ 가혹시험
⑤ 개봉 후 안정성시험

05
수입한 화장품에 대하여 수입관리기록서를 작성하는데 포함될 내용과 거리가 먼 것은?
① 원료성분의 규격 및 함량
② 제조국, 제조회사명 및 제조회사의 소재지
③ 기능성 화장품 심사결과 통지서 사본
④ 제조 및 판매증명서
⑤ 식별번호 및 관리번호

06
과징금 부과대상 세부기준에 관한 내용으로 옳지 않은 것은?

① 제조판매업자가 안전성 및 유효성에 관한 심사를 받지 않거나 그에 관한 보고서를 식품의약품안전처장에게 제출하지 않고 기능성 화장품을 제조 또는 수입하였으나 유통·판매에는 이르지 않은 경우
② 기재·표시를 위반한 경우
③ 제조업자 또는 제조판매업자가 이물질이 혼입 또는 부착된 화장품을 판매하거나 판매의 목적으로 제조·수입·보관 또는 진열하였으나 인체에 유해성이 없다고 인정되는 경우
④ 기능성 화장품에서 기능성을 나타나게 하는 주원료의 함량이 심사 또는 보고한 기준치에 대해 10% 미만으로 부족한 경우
⑤ 식품의약품안전처장이 고시한 사용기준 및 유통화장품 안전관리 기준을 위반한 화장품 중 부적합 정도 등이 경미한 경우

07
〈보기〉는 과징금 부과대상 세부기준이다. (   ) 안에 들어갈 알맞은 것을 고르면?

〈보기〉
기능성 화장품에서 기능성을 나타나게 하는 주원료의 함량이 심사 또는 보고한 기준치에 대해 (   )% 미만으로 부족한 경우

① 5
② 10
③ 15
④ 20
⑤ 25

08
다음은 화장품 영업자의 폐업 및 휴업신고에 대한 설명이다. (   ) 안에 들어갈 말을 쓰시오.

〈보기〉
영업자가 폐업 또는 휴업하거나 휴업 후 그 업을 재개하려는 경우에는 화장품 책임판매업 등록필증, 화장품 제조업 등록필증 또는 맞춤형화장품 판매업 신고필증(폐업 또는 휴업의 경우만 해당한다.)을 첨부하여 신고서를 (   )에게 제출하여야 한다.

09
화장품의 유형 중 피부의 보습, 수렴, 유연, 영양공급, 세정 등에 사용하는 스킨케어 제품은 어느 유형에 속하는지 쓰시오.

10
다음 〈보기〉는 위해평가과정이다. (   ) 안에 들어갈 말은?

〈보기〉
가. 위험성 확인과정
나. 위험성 결정과정
다. 노출평가과정
라. (   )결정과정

11
다음 〈보기〉 중 실리콘계 계면활성제의 종류를 모두 고른 것은?

―〈보기〉―
가. 레시틴
나. 피이지-10 다이메티콘
다. 다이메티콘코폴리올
라. 세틸다이메티콘코폴리올
마. 리솔레시틴

① 가, 나, 다
② 가, 나, 라
③ 가, 나, 마
④ 나, 다, 라
⑤ 다, 라, 마

12
화장품에서 계면활성제의 종류 및 그 사용량을 결정하는데 사용되는 값은?

① 미셀
② HLB
③ SPF
④ MED
⑤ R-OH

13
고급지방산 중 포화지방산이 아닌 것은?

① 라우릭애씨드
② 미리스틱애씨드
③ 올레익애씨드
④ 팔미틱애씨드
⑤ 스테아릭애씨드

14
탄화수소 중 화장품에서 오일로 사용되는 것을 모두 고른 것은?

―〈보기〉―
가. 미네랄오일
나. 페트롤라툼
다. 스쿠알란
라. 폴리부텐
마. 하이드로제네이티드폴리부텐

① 가, 나, 다
② 가, 나, 라
③ 가, 나, 마
④ 나, 다, 라
⑤ 나, 라, 마

15
다음 중 포름알데히드 계열의 보존제가 아닌 것은?

① 디엠디엠하이단토인
② 엠디엠하이단토인
③ 이미다졸리디닐우레아
④ 디아졸리디닐우레아
⑤ 포타슘소르베이트

16
고분자 합성안료로 피부잔주름, 흉터보정, 부드러운 사용감 등의 특징을 갖는 원료는?

① 폴리메틸메타크릴레이트
② 티타늄디옥사이드
③ 세리사이트
④ 마그네슘카보네이트
⑤ 카올린

17

천연향료 중 정유라고도 부르는 것으로 식물성 원료로부터 얻은 생성물은?

① 에센셜 오일
② 올레오레진
③ 앱솔루트
④ 발삼
⑤ 레지노이드

18

화장품 활성성분 중 미백효과 성분으로 티로시나제 활성억제 물질은?

① 유용성 감초추출물
② 레티닐팔미테이트
③ 덱스판테놀
④ 살리실릭애씨드
⑤ 세라마이드

19

여드름성 피부를 완화하는데 도움을 주는 제품의 성분 및 함량으로 맞는 것은?

① 치오글리콜산 80% : 3.0~4.5%
② 살리실릭애씨드 : 0.5%
③ 징크피리치온액 80% : 1.0%
④ 레티놀 : 0.5%
⑤ 알부틴 : 2~5%

20

색조화장품의 종류와 기능의 연결이 적절하지 않은 것은?

① 메이크업베이스 – 인공피지막을 형성하여 피부보호
② 쿠션, 비비크림 – 피부색 정돈, 자외선 차단
③ 파운데이션 – 색소침착을 방지, 피부색 정돈
④ 스킨커버 – 피부결점 커버, 피부색 보정
⑤ 파우더 – 피부색을 밝게 하고 번들거림 방지

21

우수화장품 제조 및 품질관리기준(CGMP)상 보관관리에 대한 세부적인 사항으로 적절하지 않은 것은?

① 특수한 보관조건은 적절하게 준수, 모니터링 되어야 한다.
② 보관조건은 각각의 원료와 포장재에 적합하여야 한다.
③ 재고의 회전을 보증하기 위한 방법이 확립되어야 한다.
④ 원료 및 포장재의 특징 및 특성에 맞도록 보관, 취급되어야 한다.
⑤ 원료와 포장재가 재포장될 때에는 새로운 용기에 새롭게 라벨링을 하여야 한다.

22

화장품을 회수하거나 회수하는 데에 필요한 조치를 하려는 영업자는 해당 화장품이 유통 중인 사실을 알게 된 경우 판매중지 등의 조치를 언제까지 하여야 하는가?

① 5일 이내   ② 10일 이내
③ 15일 이내   ④ 30일 이내
⑤ 즉시

23
화장품회수의무자는 회수계획을 통보하여야 하며, 통보사실을 입증할 수 있는 자료를 언제까지 보관하여야 하는가?

① 회수시작일로부터 1년간
② 회수시작일로부터 2년간
③ 회수시작일로부터 3년간
④ 회수종료일로부터 1년간
⑤ 회수종료일로부터 2년간

24
내부감사에 대한 설명으로 틀린 것은?

① 품질보증체계가 계획된 사항에 부합하는지를 주기적으로 검증하기 위하여 내부감사를 실시하여야 한다.
② 감사자는 감사대상과는 독립적이어야 하며 자신의 업무에 대해서도 철저한 감사를 하여야 한다.
③ 감사결과는 기록되어 경영책임자 및 피감자 부서의 책임자에게 공유되어야 하고 감사 중에 발견된 결함에 대하여 시정조치를 하여야 한다.
④ 감사자는 시정조치에 대한 후속 감사활동을 행하고 이를 기록하여야 한다.
⑤ 감사자는 자격부여 대상으로 일정한 자격기준이 있고 이 자격기준에 적합한 자가 감사자가 될 수 있다.

25
재료 및 완제품 등을 보관 시 유의사항으로 틀린 것은?

① 원료 보관소와 칭량실은 구획되어 있어야 한다.
② 엎지르거나 흘리는 것을 방지하고, 즉각적으로 치우는 시스템과 절차를 시행한다.
③ 바닥은 깨끗하고 부스러기가 없는 상태로 유지한다.
④ 원료용기는 실제로 칭량하는 원료인 경우를 제외하고는 적합하게 뚜껑을 덮어 놓는다.
⑤ 모든 드럼의 윗부분은 이송 후 또는 개봉 후 검사하고 깨끗하게 한다.

26
다음 광물성 안료인 원료와 용도의 연결로 옳지 않은 것은?

① 카올린(고령토) – 클레이라고도 하며, 친수성으로 피부 부착력이 우수하고, 땀이나 피지의 흡수력이 우수하다.
② 마이카(운모) – 백색의 분말로 탄성이 풍부하여 사용감이 좋고 피부에 대한 부착성도 우수하다. 뭉침현상을 일으키지 않고 자연스러운 광택을 부여한다.
③ 탤크(활석) – 백색의 분말로 매끄러운 사용감과 흡수력이 우수하고 투명성을 향상시킨다.
④ 실리카 – 석영에서 얻어지는 흡수성이 강한 구상 분체로 비수계 점증제로 사용된다.
⑤ 징크옥사이드 – 백색의 분말로 피부보호, 진정작용, 무정형의 특징을 갖는다.

27
무기안료의 사용 특성에 따른 분류가 옳지 않게 된 것은?

① 백색안료 – 이산화타이타늄, 산화아연
② 착색안료 – 황색산화철, 흑색산화철, 적색산화철, 군청
③ 체질안료 – 탤크, 카올린, 마이카, 탄산칼슘, 탄산마그네슘, 무수규산
④ 진주광택안료 – 옥토크릴렌, 시녹세이트
⑤ 특수기능안료 – 질화붕소, 포토크로믹 안료, 미립자 타이타늄다이옥사이드

28
화장품 사용 시의 주의사항으로 적절하지 않은 것은?

① 화장품 사용 시 또는 사용 후 부작용이 있는 경우 책임판매업자와 상담할 것
② 상처가 있는 부위 등에는 사용을 자제할 것
③ 어린이의 손에 닿지 않는 곳에 보관할 것
④ 직사광선을 피해서 보관할 것
⑤ 화장품 사용 시 또는 사용 후 이상증상이 있는 경우 전문의 등과 상담할 것

29
우수화장품 제조 및 품질관리기준(CGMP)에서 요구하는 문서관리에 대한 설명으로 적절하지 않은 것은?

① 원본 문서는 품질보증부서에서 보관하여야 한다.
② 문서를 개정할 때에는 개정사유 및 개정연월일 등을 기재하고 별도로 개정번호를 지정하지는 않는다.
③ 모든 기록문서는 적절한 보존기간이 규정되어야 한다.
④ 작업자는 작업과 동시에 문서로 기록하여야 하며, 지울 수 없는 잉크로 작성하여야 한다.
⑤ 기록문서를 수정하는 경우에는 수정하려는 글자 또는 문장 위에 선을 긋고 수정사유, 수정연월일 및 수정자의 서명을 기록한다.

30
화장품 원료 등의 위해평가 과정으로 거리가 먼 것은?

① 위험성 확인과정
② 위험성 결정과정
③ 노출 평가과정
④ 위해도 결정과정
⑤ 위해원인 규명·치유과정

31
다음 〈보기〉가 설명하는 수성원료를 쓰시오.

―〈보기〉―
가. 화장품에서는 수렴, 청결, 살균제, 사용화제 등으로 이용되고 있다.
나. 스킨 토너류 제품에 사용되어 수렴효과와 청량감을 부여한다.
다. 네일제품에서는 가용화제로 사용하기도 한다.

32
다음 〈보기〉가 설명하는 색소는?

〈보기〉
가. 물이나 기름, 알코올 등에 용해되고, 화장품 기제 중에 용해상태로 존재하며 색을 부여할 수 있는 물질을 뜻한다.
나. 물이나 오일에 녹기 때문에 메이크업화장품에 거의 사용하지 않고 화장수, 로션, 샴푸 등의 착색에 사용된다.

33
다음 〈보기〉는 화장품 안전기준 등과 관련된 내용이다. ( ) 안에 들어갈 말로 적절한 것을 쓰시오.

〈보기〉
식품의약품안전처장은 국내외에서 유해물질이 포함되어 있는 것으로 알려지는 등 국민보건상 위해 우려가 제기되는 화장품 원료 등의 경우에는 ( )으로 정하는 바에 따라 위해요소를 신속히 평가하여 그 위해여부를 결정하여야 한다.

34
다음은 우수화장품 제조 및 품질관리기준(CGMP)상의 보관관리에 관한 내용이다. ( ) 안에 들어갈 말로 적절한 것은?

〈보기〉
원자재, 반제품 및 벌크제품은 바닥과 벽에 닿지 아니하도록 보관하고 ( )에 의하여 출고할 수 있도록 보관하여야 한다.

35
다음 〈보기〉는 향료에 대한 설명이다. ( ) 안에 들어갈 말을 쓰시오.

〈보기〉
천연향료는 식물의 꽃·과실·종자·가지·껍질·뿌리 등에서 추출한 식물성 향료와 동물의 피지선 등에서 채취한 동물성 향료로 분류한다. 또한 합성향료는 관능기의 종류에 따라 합성한 것으로 약 4,000개가 있다. ( )는 천연향료와 합성향료를 섞은 향료이다.

36
화장품 제조 및 품질관리에 필요한 설비로 적합하지 않은 것은?

① 사용목적에 적합할 것
② 청소가 가능할 것
③ 필요한 경우 위생·유지관리가 가능할 것. 다만 자동화시스템 도입한 경우는 예외
④ 사용하지 않는 연결 호스와 부속품은 청소 등 위생관리를 할 것
⑤ 사용하지 않는 연결 호스는 건조한 상태로 유지할 것

37
소독제의 조건으로 적절하지 않은 것은?

① 5분 이내의 짧은 처리에도 효과를 보일 것
② 소독 전에 존재하던 미생물을 최소한 80% 이상 사멸시킬 것
③ 쉽게 이용할 수 있을 것
④ 대상 미생물의 종류와 수를 고려할 것
⑤ 미생물 사멸에 필요한 작용시간 및 작용의 지속성을 고려할 것

38
화장품 작업장 내 직원의 위생과 관련된 내용으로 적절하지 않은 것은?

① 작업복은 주기적으로 세탁하고 정기적으로 교체하거나 훼손 시에는 즉시 교체한다.
② 작업복은 오염여부를 쉽게 확인할 수 있는 밝은색의 폴리에스터 재질이 권장된다.
③ 신규직원에 대하여 위생교육을 실시하며, 기존직원에 대해서는 필요시에 교육을 실시한다.
④ 작업복 등을 목적과 오염도에 따라 세탁을 하고 필요에 따라 소독한다.
⑤ 작업 전에 복장점검을 하고 적절하지 않을 경우 시정한다.

39
설비 및 기구위생과 관련한 세척에 대한 설명으로 적합하지 않은 것은?

① 소독은 제품의 잔류물과 흙, 먼지, 기름때 등의 오염물을 제거하는 과정이다.
② 화장품 제조를 위해 제조설비의 세척과 소독은 문서화된 절차에 따라 수행한다.
③ 세척과 소독주기는 주어진 환경에서 수행된 작업의 종류에 따라 결정한다.
④ 세척기록은 잘 보관해야 하며, 세척 및 소독된 모든 장비는 건조시켜 보관하는 것이 제조설비의 오염을 방지할 수 있다.
⑤ 세척완료 후 세척상태에 대한 평가를 실시하고 세척완료 라벨을 설비에 부착한다.

40
제조설비 중 혼합기의 유형 중 회전형의 종류가 아닌 것은?

① 원통형
② 리본형
③ 피라미드형
④ 이중 원추형
⑤ V-형

41
화장품제조설비로 고정자 표면과 고속 운동자의 작은 간격에 액체를 통과시켜 전단력에 의해 분산·유화가 일어나는 장치는?

① 콜로이드밀
② 제트밀
③ 비드밀
④ 볼 밀
⑤ 아토마이저

42
우수화장품 제조 및 품질관리기준(CGMP)상 입고관리에서 원자재 용기 및 시험기록서의 필수적인 기재사항과 거리가 먼 것은?

① 원자재 공급자가 정한 제품명
② 식별번호
③ 수령일자
④ 원자재 공급자명
⑤ 공급자가 부여한 제조번호 또는 관리번호

43
우수화장품 제조 및 품질관리기준(CGMP)상 보관 및 출고에 관한 내용으로 적절하지 않은 것은?

① 완제품은 시험결과 적합으로 판정되고 품질보증부서 책임자가 출고를 승인한 것만을 출고하여야 한다.
② 완제품은 적절한 조건하의 정해진 장소에서 보관하여야 하며, 주기적으로 재고점검을 수행하여야 한다.
③ 출고할 제품은 원자재, 부적합품 및 반품된 제품과 구획된 장소에서 보관하여야 하며, 서로 혼동을 일으킬 우려가 없는 시스템에 의하여 보관되는 경우라도 또한 같다.
④ 출고는 선입선출방식으로 하되, 타당한 사유가 있는 경우에는 그러하지 아니할 수 있다.
⑤ 시장 출하 전에 모든 완제품은 설정된 시험방법에 따라 관리되어야 하고, 합격판정 기준에 부합하여야 한다.

44
벌크제품의 재보관에 대한 설명으로 적절하지 않은 것은?

① 변질되기 쉬운 벌크는 재사용하지 않는다.
② 여러 번 재보관하는 벌크는 조금씩 나누어서 보관한다.
③ 재보관된 벌크제품은 다음 제조 시에 우선적으로 사용한다.
④ 재보관 시에는 원래 보관환경과 달리해서 보관해야 한다.
⑤ 재보관 시에는 내용을 명기하고 재보관임을 표시한 라벨 부착이 필수다.

45
화장품 안전기준 등에 관한 규정상 비의도적으로 유래된 물질의 검출 허용한도에서 그 검출허용한도가 정확하게 '10μg/g 이하'인 것을 모두 고른 것은?

〈보기〉
가. 비소
나. 안티몬
다. 카드뮴
라. 포름알데하이드

① 가, 나
② 가, 다
③ 가, 라
④ 나, 다
⑤ 나, 라

46
화장품안전기준 등에 관한 규정상 화장비누의 유리알칼리 성분한도로 옳은 것은?

① 유리알칼리 0.1% 이하
② 유리알칼리 0.3% 이하
③ 유리알칼리 0.5% 이하
④ 유리알칼리 1.0% 이하
⑤ 유리알칼리 3.0% 이하

47
다음 〈보기〉는 작업소 유지관리에 관한 내용이다. 틀린 것을 모두 고른 것은?

〈보기〉
가. 결함발생 및 정비 중인 설비는 즉시 교체하여야 한다.
나. 세척한 설비는 다음 사용 시까지 오염되지 아니하도록 관리하여야 한다.
다. 부득이한 경우 유지관리작업을 위해 제품에 영향을 줄 수 있다.
라. 모든 제조관련 설비는 승인된 자만이 접근 사용하여야 한다.

① 가, 나
② 가, 다
③ 가, 라
④ 나, 다
⑤ 나, 라

48
다음은 화학적 소독제의 특징이다. 어느 유형의 소독제인가?

〈보기〉
가. 우수한 소독효과
나. 잔류효과가 있음
다. 사용농도에서는 독성이 없음
라. 단점으로 포자에 효과가 없고 얼룩이 남아 사용 후 세척이 필요함

① 양이온 계면활성제
② 과산화수소
③ 아이오도포
④ 페놀
⑤ 염소유도체

49
'CO-21345'라는 원료코드명이다. 어떤 원료인가?

① 색소분체 파우더
② 액제, 오일성분
③ 향
④ 계면활성제
⑤ 점증제

50
작업장별 위생상태에 대한 설명으로 적절하지 않은 것은?

① 작업실 내에서 음식을 휴대 또는 섭취하거나 흡연하여서는 안된다.
② 소독시에는 기계, 기구류, 내용물 등에 오염이 되지 않도록 하여야 한다.
③ 바닥의 경우 멸균된 대걸레나 수건으로 바닥을 1차적으로 닦은 후 소독한 대걸레로 재차 청소한다.
④ 반제품 작업실은 품질 저하를 방지하기 위하여 적절한 실내온도를 유지한다.
⑤ 천장의 청소방법은 안전을 위하여 가능한 소독제를 뿜어 처리한다.

51
자재검사에 대한 설명으로 틀린 것은?

① 자재의 기본사양 적합성과 청결성을 확보하기 위하여 매 입고시에 무작위 추출한 검체에 대하여 육안검사를 실시하고 그 기록을 남긴다.
② 자재의 외관검사에는 재질의 확인, 용량, 치수 및 용기외관의 상태 검사뿐만 아니라 인쇄 내용도 검사한다.
③ 인쇄내용은 소비자에게 제품에 대한 정확한 정보를 전달하는데 목적이 있으므로 입고 검수 시 반드시 검사해야 한다.
④ 위생적 측면에서 자재외부 및 내부에 먼지, 티 등의 이물질 혼입 여부도 검사해야 한다.
⑤ 식품의약품안전처는 화장품 용기(자재)시험에 대한 단체 표준 14개를 제정하였다.

52
우수화장품 제조 및 품질관리기준(CGMP)상의 폐기처리에 관한 설명으로 적절하지 않은 것은?

① 품질에 문제가 있거나 회수·반품된 제품의 폐기 또는 재작업 여부는 품질보증책임자에 의해 승인되어야 한다.
② 재작업의 대상은 제조일로부터 1년이 경과되었거나 사용기한이 1년 미만 남아 있는 경우이다.
③ 재입고할 수 없는 제품의 폐기처리규정을 작성하여야 하며, 폐기대상은 따로 보관하고 규정에 따라 신속하게 폐기하여야 한다.
④ 오염된 포장재나 표시사항이 변경된 포장재는 폐기한다.
⑤ 원료와 자재, 벌크제품과 완제품이 적합판정 기준을 만족시키지 못할 경우 '기준일탈제품'이 된다.

53
보관용 검체에 대한 내용으로 적절하지 않은 것은?

① 보관용 검체는 재시험이나 고객불만 사항의 해결을 위하여 사용한다.
② 제품을 그대로 보관하며, 각 뱃치를 대표하는 검체를 보관한다.
③ 일반적으로 각 뱃치별로 제품시험을 2번 실시할 수 있는 양을 보관한다.
④ 제품이 가장 안정한 조건에서 보관한다.
⑤ 사용기한 경과 후 1년간 또는 개봉 후 사용기간을 기재하는 경우에는 개봉일로부터 1년간 보관한다.

54
우수화장품 제조 및 품질관리기준(CGMP)상 입고관리에 관한 설명으로 적절하지 않은 것은?

① 원료 및 포장재의 용기는 물질과 뱃치 정보를 확인할 수 있는 표시를 부착해야 한다.
② 제품을 정확히 식별하고 혼동의 위험을 없애기 위해 라벨링을 하여야 한다.
③ 외부로부터 반입되는 모든 원료와 포장재는 관리를 위해 표시를 하여야 한다.
④ 입고된 원료와 포장재는 적합, 부적합, 검사 중에 따라 각각의 구분된 공간에 별도로 보관되어야 한다.
⑤ 제품의 품질에 영향을 줄 수 있는 결함을 보이는 원료와 포장재는 즉각적으로 폐기 또는 반품되어야 한다.

55
작업자의 작업복 관리에 관한 설명으로 적절하지 않은 것은?

① 작업자는 작업종류 혹은 청정도에 맞는 적절한 작업복, 모자와 작업화를 착용하고 필요할 경우에는 마스크, 장갑을 착용한다.
② 작업복은 주기적으로 세탁하거나 오염 시에 세탁한다.
③ 작업복 세탁 시 작업복의 훼손여부를 점검하여 훼손된 작업복은 수선 후 착용한다.
④ 작업복을 작업장 내에 세탁기를 설치하여 세탁하거나 외부업체에 의뢰하여 세탁한다.
⑤ 작업복의 정기 교체주기를 정해야 하며, 작업복은 먼지가 발생하지 않는 무진 재질의 소재로 되어야 한다.

56
다음 중 작업소 시설에 대한 적절하지 않은 것은?

① 작업소 전체에 적절한 조명을 설치하고, 조명이 파손될 경우를 대비한 제품을 보호할 수 있는 처리절차를 마련할 것
② 제품의 오염을 방지하고 적절한 온도 및 습도를 유지할 수 있는 공기조화시설 등 적절한 환기시설을 갖출 것
③ 각 제조구역별 청소 및 위생관리 절차에 따라 효능이 입증된 세척제 및 소독제를 사용할 것
④ 제품의 품질에 영향을 주지 않는 소모품을 사용할 것
⑤ 수세실과 화장실은 동일 장소에 배치하여 이동거리를 최소화할 것. 특히 생산구역과 같이 할 것

57
설비의 청소와 소독에 대한 설명으로 적절하지 않은 것은?

① 세제와 소독제는 적절한 라벨을 통해 명확하게 확인되어야 한다.
② 세제와 소독제는 원료, 자재 또는 제품의 오염을 방지하기 위해서 적절히 선정, 보관, 관리 및 사용되어야 한다.
③ 같은 제품의 연속적인 뱃치의 생산 또는 지속적인 생산에 할당 받은 설비가 있는 곳의 생산 작동을 위해 설비는 연속적으로 한번에 세척하여야 한다.
④ 설비는 적절히 세척을 해야 하고 필요한 때는 소독을 해야 한다.
⑤ 설비 세척의 원칙(절차서)에 따라 세척하고, 판정하고 그 기록을 남겨야 한다.

58
작업장의 위생유지 관리활동으로 틀린 것은?

① 작업장은 적절한 소독제를 사용하여 수시로 소독한다.
② 작업장은 수시로 청소하여 청결하게 유지하고, 외부에서 오염이 안 되도록 방충 및 방서 장치를 설치해 관리한다.
③ 포장 라인 주위에 부득이하게 충전 노즐을 비치할 경우 보관함에 UV램프를 설치하여 멸균 처리한다.
④ 이동설비의 소독을 위하여 세척실은 UV램프를 점등하여 세척실 내부를 멸균하고, 이동설비는 세척 후 세척사항을 기록한다.
⑤ 물청소 후에는 물기를 제거하지 않고 자연건조 시킨다.

59
용기의 종류와 그 기능의 연결이 옳지 않은 것은?

① 밀폐용기 – 외부로부터 고형의 이물이 들어가는 것을 방지
② 기밀용기 – 액상 또는 고형의 이물 또는 수분이 침입하지 않고 내용물을 손실, 풍화, 조해 또는 증발로부터 보호
③ 밀봉용기 – 기체 또는 미생물이 침입할 염려가 없는 용기
④ 차광용기 – 광선의 투과를 방지하는 용기
⑤ 압축용기 – 고형의 내용물이 손실되지 않도록 보호할 수 있는 용기

60
설비별 점검할 주요항목의 연결이 잘못된 것은?

① 공조기 : 필터압력, 송풍기운전상태, 구동밸브의 장력, 베어링 오일, 이상소음, 진동유무 등
② 회전기기(교반기, 호모믹스, 혼합기, 분쇄기) : 정제수 온도, 필터교체주기, 연수기 탱크의 소금량, 순환펌프 압력 및 가동상태 등
③ 저장탱크 : 내부의 세척상태 및 건조상태 등
④ 밸브 : 밸브의 원활한 개폐유무
⑤ 제조탱크 : 내부의 세척상태 및 건조상태 등

61
맞춤형화장품의 내용물 및 원료의 입고 시 누가 제공하는 품질성적서를 구비하여야 하는가?

① 식품의약품안전처장
② 화장품 제조업자
③ 화장품 책임판매업자
④ 화장품 시험연구소 소장
⑤ 대한화장품협회장

62
맞춤형화장품 판매업 변경사유 중 신고관청을 달리하는 맞춤형화장품 판매업소의 소재지변경의 경우 변경서류 제출기관은?

① 식품의약품안전처장
② 기존 소재지 관할 지방식품의약품안전청장
③ 새로운 소재지 관할 지방식품의약품안전청장
④ 대한화장품 협회장
⑤ 시·도지사

63
피부의 재생주기는 20세 기준으로 대략 어느 정도인가?

① 10~14일　　② 15~20일
③ 20~25일　　④ 25~30일
⑤ 30~60일

64
다음 〈보기〉는 맞춤형화장품조제관리사 자격시험에 관련된 내용이다. ( ) 안에 들어갈 숫자로 정확한 것은?

〈보기〉
식품의약품안전처장은 맞춤형화장품 조제관리사가 거짓이나 그 밖의 부정한 방법으로 시험에 합격한 경우에는 자격을 취소하여야 하며, 자격이 취소된 사람은 취소된 날부터 ( )년간 자격시험에 응시할 수 없다.

① 1　　② 2
③ 3　　④ 5
⑤ 10

65
표피층 중 투명층에 대한 설명으로 적절하지 않은 것은?

① 2~3층의 편평한 세포로 구성되어 있다.
② 손바닥, 발바닥과 같은 특정부위에만 존재한다.
③ 수분을 흡수하고 죽은 세포로 구성된다.
④ 각화가 시작되는 층이다.
⑤ 엘라이딘이라는 반유동성 물질을 함유하고 있어 투명하게 보인다.

66
다음 〈보기〉 중 기저층에 존재하는 세포 모두를 고른 것은?

〈보기〉
가. 멜라닌형성세포
나. 각질형성세포(케라티노사이트)
다. 촉각상피세포(메르켈세포)
라. 랑게르한스세포

① 가, 나, 다
② 가, 나, 라
③ 가, 다, 라
④ 나, 다, 라
⑤ 가, 나, 다, 라

67
진피 망상층의 특징과 거리가 먼 것은?

① 교원섬유와 탄력섬유가 존재한다.
② 피지선이 존재한다.
③ 수분을 끌어당기는 초질(하이알루로닉애씨드)이 존재한다.
④ 혈관이 존재한다.
⑤ 열격리, 충격흡수, 영양저장소의 기능을 한다.

68
다음 신체부분 중 피지선이 없는 곳은?

① 목 부위
② 등 부위
③ 손바닥
④ 입술
⑤ 귀두

69
피지성분 중 가장 많은 함유되어 있는 성분은?

① 트리글리세라이드
② 왁스에스테르
③ 지방산
④ 스쿠알렌
⑤ 콜레스테롤

70
일반적으로 모발의 구성성분이 아닌 것은?

① 케라틴
② 수분
③ 지질
④ 라놀린
⑤ 멜라닌

71
두피의 말초혈관을 확장시켜 모발이 성장하는 데 필요한 영양분이 원활히 공급되도록 돕는 것은?

① 미녹시딜
② 덱시판테놀
③ 징크피리치온
④ 비오틴
⑤ 엘-멘톨

72
모공이 넓고 피부결이 거칠고 피부가 두꺼운 피부유형은?

① 지성피부
② 건성피부
③ 중성피부
④ 복합성 피부
⑤ 민감성 피부

73
관능평가 항목별 시험방법의 연결이 옳지 않은 것은?

① 탁도 : 탁도 측정용 10ml 바이알에 액상제품을 담은 후 Turbidity Meter를 이용한 현탁도를 측정한다.
② 변취 : 적당량을 손등에 펴 바른 다음 냄새를 맡으며, 원료의 베이스 냄새를 중점으로 하고 표준품과 비교하여 변취 여부를 확인한다.
③ 분리(성상) : 육안과 현미경을 사용하여 유화 상태를 관찰한다.
④ 점(경)도변화 : 시료를 실온이 되도록 방치한 후 점(경)도 측정용기에 시료를 넣고, 시료의 점(경)도 범위에 적합한 Spindle을 사용하여 점도를 측정하며, 점도가 낮을 경우 경도를 측정한다.
⑤ 증발·표면굳음에서의 무게측정 : 시료를 실온으로 식힌 후 시료 보관 전후의 무게 차이를 측정한다.

74
화장품 1차 포장에 필수 기재항목과 거리가 먼 것은?

① 화장품의 명칭
② 영업자의 상호
③ 화장품의 가격
④ 제조번호
⑤ 사용기한 또는 개봉 후 사용기간

75
화장품 포장의 표시기준 및 표시방법에 대한 내용으로 적합하지 않은 것은?

① 사용기한은 '사용기한' 또는 '까지' 등의 문자와 '연월일'을 소비자가 알기 쉽도록 기재·표시해야 한다. 다만, '연월'로 표시하는 경우 사용기한을 넘지 않는 범위에서 기재·표시하여야 한다.
② 화장비누의 경우에는 포장의 무게가 포함되지 않은 건조중량으로 기재·표시하여야 한다.
③ 산성도 조절목적으로 사용되는 성분 또는 비누화반응을 거치는 성분은 그 성분을 표시하는 대신 중화반응 또는 비누화반응에 따른 생성물로 기재·표시할 수 있다.
④ 화장품 제조에 사용된 함량이 많은 것부터 기재·표시한다.
⑤ 혼합원료는 혼합된 개별성분의 명칭을 기재·표시한다.

76
화장품 제형 중 오일과 왁스에 안료를 분산시켜서 고형화시킨 제형은?

① 고형화 제형
② 유화 제형
③ 가용화 제형
④ 유화분산 제형
⑤ 파우더혼합 제형

77
다음 향수의 구비조건으로 적절하지 않은 것은?

① 향에 특징이 있어야 한다.
② 향의 확산성이 좋아야 한다.
③ 향의 강도가 강해야 한다.
④ 향의 지속성이 있어야 한다.
⑤ 시대유행에 맞는 향이어야 한다.

78
화장품 고분자 용기소재로 내충격성을 향상시켜 팩트 등의 내충격성이 필요한 제품에 이용되는 소재는?

① 폴리에틸렌테레프탈레이트
② 폴리염화비닐
③ 폴리프로필렌
④ 고밀도 폴리에틸렌
⑤ ABS 수지

79
다음 향취 중 수컷 사향노루의 사향샘에서 만들어지는 향은?

① 워터리
② 프루티
③ 머스크
④ 푸제르
⑤ 시프레

80
화장품 포장의 세부적인 표시기준 및 표시방법에 대한 내용으로 적절하지 않은 것은?

① 화장품의 명칭은 다른 제품과 구별할 수 있도록 표시된 것으로 같은 화장품 책임판매업자의 여러 제품에서 공통으로 사용하는 명칭을 포함한다.
② 화장품제조업자 또는 화장품책임판매업자의 주소는 등록필증에 적힌 소재지 또는 반품·교환업무를 대표하는 소재지를 기재·표시하여야 한다.
③ 화장품제조업자, 화장품 책임판매업자, 맞춤형화장품 판매업자는 각각 구분하여 기재·표시하여야 한다.
④ 공정별로 2개 이상의 제조소에서 생산된 화장품의 경우에는 일부 공정을 수탁한 화장품 제조업자의 상호 및 주소도 같이 기재·표시한다.
⑤ 수입화장품의 경우에는 추가로 기재·표시하는 제조국의 명칭, 제조회사명 및 그 소재지를 국내 화장품제조업자와 구분하여 기재·표시하여야 한다.

81
다음 〈보기〉는 고분자 용기소재 중 어느 것에 대한 설명인가?

〈 보기 〉
가. 주로 크림류 광구병이나 캡류에 이용된다.
나. 반복되는 굽힘에 강하여 굽혀지는 부위를 얇게 성형하여 일체 경첩으로서 원터치 캡에 이용된다.
다. 반투명의 광택성을 가지며, 내약품성이 우수하다.

① 저밀도 폴리에틸렌
② 고밀도 폴리에틸렌
③ 폴리프로필렌
④ 폴리스티렌
⑤ 폴리염화비닐

82
안정성 시험의 장기보존시험 및 가속시험의 세부항목과 거리가 먼 것은?

① 물리적 시험
② 화학적 시험
③ 미생물학적 시험
④ 용기의 적합성
⑤ 광안전성 시험

83
다음 중 맞춤형화장품 범위가 아닌 것은?

① 원료와 원료의 배합
② 반제품과 반제품의 배합
③ 반제품과 원료의 배합
④ 완제품의 소분
⑤ 화장품 제조를 위탁받아 제조

84
혼합·소분 시 오염방지를 위한 안전관리기준이 아닌 것은?

① 혼합·소분 전에는 손을 소독 또는 세정하거나 일회용 장갑을 착용한다.
② 혼합·소분에 사용되는 장비 또는 기기 등은 사용 전·후 세척한다.
③ 혼합·소분된 제품을 담을 용기는 같은 제품일 경우 재사용한다.
④ 원료 및 내용물이 변성이 생기지 않도록 한다.
⑤ 유통기한을 확인한 후 내용물을 조제한다.

85
물 또는 오일 성분에 미세한 고체입자가 계면활성제에 의해 균일하게 혼합된 상태를 무엇이라고 하는가?

① 가용화
② 유화
③ 분산
④ 반응
⑤ 산화

86
다음 〈보기〉 중 맞춤형화장품판매업자의 준수사항으로 옳은 것을 모두 고른 것은?

―〈보기〉―
- 가. 맞춤형화장품판매업소마다 맞춤형화장품 조제관리사를 두어야 한다.
- 나. 맞춤형화장품 혼합·소분 시 책임판매업자와 계약한 사항을 준수해야 한다.
- 다. 둘 이상의 책임판매업자와 계약하는 경우 사전에 각각의 책임판매업자에게 고지한 후 계약을 체결하여야 한다.
- 라. 맞춤형화장품의 사용기한 또는 개봉 후 사용기간은 맞춤형화장품의 혼합 또는 소분에 사용되는 내용물의 사용기한 또는 개봉 후 사용기간을 초과할 수 없다.

① 가, 나, 다
② 가, 나, 라
③ 가, 다, 라
④ 나, 다, 라
⑤ 가, 나, 다, 라

87
포장재, 원료, 내용물 등의 재고관리에 관한 설명으로 적절하지 않은 것은?

① 포장재는 생산계획 또는 포장계획에 따라 적절한 시기에 포장재가 제조되어 공급되어야 한다.
② 포장재 수급담당자는 생산계획과 포장계획에 따라 포장에 필요한 포장재의 소요량 및 재고량을 파악한다.
③ 일반적인 원료의 발주에서 원료의 가격변동을 고려하여 최대 발주량을 산정하여 발주한다.
④ 내용물의 경우 생산계획 또는 포장계획에 따라 적절한 시기에 반제품, 벌크제품이 제조되어 공급되어야 한다.
⑤ 벌크제품은 설정된 최대보관기한 내에 충진하여 벌크제품의 재고가 증가하지 않도록 관리한다.

88
화장품 원료의 종류와 그 특성에 대한 설명이 옳지 않은 것은?

① 수성원료란 제품의 10% 이상을 차지하는 매우 중요한 성분이다.
② 유성원료란 피부의 수분손실을 조절하며, 피부흡수력을 좋게 한다.
③ 계면활성제란 유·수성분의 경계면에 흡착해 성질을 변화시키는 물질이다.
④ 보습제는 점도를 유지하거나 제품의 안정성을 유지하기 위해 사용되는 물질이다.
⑤ 기능성 원료란 미백, 주름개선, 탄력, 보습 등의 특징 기능을 하는 효능 성분이다.

89
다음 〈보기〉는 제품의 포장재질·포장방법에 관한 기준 등에 관한 규칙의 내용이다. ( ) 안에 들어갈 말은?

―〈보기〉―
화장품류의 ( )는 10~15%이하, 포장횟수는 2차 이내로 유지해야 한다.

90
다음 〈보기〉가 설명하는 진피층은?

― 〈보기〉 ―
그물모양의 결합조직으로 진피의 대부분을 이루며 피하조직과 연결되어 있으며, 혈관, 림프관, 한선, 피지선, 모낭 등이 존재한다.

91
모근의 구성부분으로 모구의 중심부에 모발의 영양을 관장하는 혈관이나 신경이 분포되어 있는 곳을 무엇이라고 하는가?

92
다음 〈보기〉는 1차 포장에 표시하여야 할 사항이다. (　) 안에 들어갈 말은?

― 〈보기〉 ―
가. 화장품의 명칭
나. 영업자의 상호
다. (　)
라. 사용기한 또는 개봉 후 사용기간

93
다음 〈보기〉의 성분은 화장품의 어떤 원료의 성분인가?

― 〈보기〉 ―
파라벤, 다이아졸리디닐우레아, 이미다졸리디닐우레아, 페녹시에탄올, 페노닙 등이 있다.

94
화장품의 제형 중 유화제 등을 넣어 유성성분과 수성성분을 균질화하여 반고형상으로 만든 제형은?

95
다음 〈보기〉는 사용금지 원료를 사용할 경우의 처벌내용이다. (　) 안에 들어갈 말은?

― 〈보기〉 ―
사용금지 원료를 사용한 경우에는 (　) 판매(제조) 정지 3개월의 처벌을 받는다.

96
다음 〈보기〉가 설명하는 제형을 쓰시오.

― 〈보기〉 ―

물에 오일성분이 계면활성제에 의해 우윳빛으로 백탁화된 상태로 계면활성제는 오일 방울의 표면에 흡착되어 오일들이 서로 뭉쳐지는 것을 방지하고 오일과 물이 계면활성제에 균일하게 섞이는 제형

97
다음 〈보기〉가 설명하는 신체의 기관은?

― 〈보기〉 ―

신체의 외부표면을 덮고 있는 조직으로 물리적, 화학적으로 외부환경으로부터 신체를 보호하는 동시에 전신의사에 필요한 생화학적 기능을 영위하는 생명유지에 불가결한 기관이다.

98
다음 〈보기〉는 우수화장품 제조 및 품질관리기준상의 용어이다. 무엇인가?

― 〈보기〉 ―

충진(1차 포장) 이전의 제조단계까지 끝낸 제품을 말한다.

99
다음 〈보기〉는 화장품안정성시험 가이드라인상의 장기보존시험 조건 중 측정시기에 대한 내용이다. (   ) 안에 들어갈 숫자는?

― 〈보기〉 ―

측정시기는 시험개시 때와 첫 1년간은 (   )마다, 그 후 2년까지는 6개월마다, 2년 이후부터는 1년에 1회 시험한다.

100
다음은 화장품법상 영업의 종류에 따른 조건의 설명표이다. (   ) 안에 들어갈 말을 쓰시오.

영업의 종류	영업등록 및 신고(총리령)	구비조건
화장품제조업	식품의약품안전처장에 등록	시설기준
화장품 책임판매업	식품의약품안전처장에 등록	( )
맞춤형화장품 판매업	식품의약품안전처장에 신고	맞춤형화장품 조제관리사

제7회
모의고사

제7회 모의고사

시험시간 120분 정답 및 해설 312p

시험과목	문항유형
화장품법의 이해	선다형 7문항 단답형 3문항
화장품 제조 및 품질관리	선다형 20문항 단답형 5문항
유통화장품의 안전관리	선다형 25문항
맞춤형화장품의 이해	선다형 28문항 단답형 12문항

01
화장품법상 용어의 정의로 옳지 않은 것은?

① 안전용기·포장 : 만 13세 미만의 어린이가 개봉하기 어렵게 설계·고안된 용기나 포장을 말한다.
② 사용기한 : 화장품이 제조된 날부터 적절한 보관상태에서 제품이 고유의 특성을 간직한 채 소비자가 안정적으로 사용할 수 있는 최소한의 기한을 말한다.
③ 1차 포장 : 화장품 제조 시 내용물과 직접 접촉하는 포장용기를 말한다.
④ 표시 : 화장품의 용기·포장에 기재하는 문자·숫자·도형 또는 그림 등을 말한다.
⑤ 광고 : 라디오, 텔레비전, 신문, 잡지, 음성, 음향, 영상, 인터넷, 인쇄물, 간판, 그 밖의 방법에 의하여 화장품에 대한 정보를 나타내거나 알리는 행위를 말한다.

02
다음 〈보기〉는 화장품 영업자의 등록 및 신고에 관한 내용이다. ( ) 안에 들어갈 말로 적절한 것은?

〈보기〉
화장품 제조업자, 화장품 책임판매업자는 소재지를 관할하는 지방식품의약품안전청장에게 (Ⓐ)하고, 맞춤형화장품 판매업자도 맞춤형화장품 판매업소의 소재지를 관할하는 지방식품의약품안전청장에게 (Ⓑ)한다.

① Ⓐ – 등록, Ⓑ – 등록
② Ⓐ – 등록, Ⓑ – 신고
③ Ⓐ – 신고, Ⓑ – 등록
④ Ⓐ – 신고, Ⓑ – 신고
⑤ Ⓐ – 등록, Ⓑ – 허가신청

03
화장품 책임판매업자는 화장품의 사용 중 발생하였거나 알게 된 유해사례 등 안전성 정보에 대하여 매 반기 종료 후 얼마 이내에 식품의약품안전처장에게 보고해야 하는가?

① 10일
② 15일
③ 1개월
④ 3개월
⑤ 6개월

04
안정성 시험에서 장기보존시험, 가속시험, 개봉 후 안정성시험의 시험항목과 거리가 먼 것은?

① 물리적 안정성
② 화학적 안정성
③ 미생물학적 안정성
④ 노출에 대한 안정성
⑤ 용기 적합성

05
성분의 함유가 0.5% 이상 된 제품의 경우는 해당 품목의 안정성 시험자료를 최종 제조된 제품의 사용기한이 만료되는 날부터 1년간 보존하여야 한다. 이에 해당하지 않은 성분은?

① 효소
② 아스코빅애씨드
③ 토코페롤
④ 에틸렌
⑤ 과산화화합물

06
향을 몸에 지니거나 뿌리는 제품으로 옳지 않은 것은?

① 향수
② 분말향
③ 향낭
④ 콜롱(cologne)
⑤ 버블 배스(bubble baths)

07
면도용 제품류로 옳지 않은 것은?

① 애프터셰이브 로션(aftershave lotions)
② 남성용 탤컴(talcum)
③ 프리셰이브 로션(preshave lotions)
④ 셰이빙 크림(shaving cream)
⑤ 데오도런트

08
다음 〈보기〉는 화장품업의 폐업 및 휴업 등에 대한 설명이다. ( ) 안에 들어갈 숫자는?

〈보기〉

영업자(화장품 제조업자, 화장품 책임판매업자, 맞춤형화장품 판매업자)는 폐업 또는 휴업하려는 경우나 휴업 후 그 업을 재개하려는 경우에는 식품의약품안전처장에게 신고하여야 한다. 다만, 휴업기간이 ( )개월 미만이거나 그 기간 동안 휴업하였다가 그 업을 재개하는 경우에는 예외이다.

09
다음 〈보기〉에 해당하는 영업은 무엇인가?

〈보기〉

가. 제조 또는 수입된 화장품의 내용물에 다른 화장품의 내용물을 혼합한 화장품을 판매하는 영업
나. 제조 또는 수입된 화장품의 내용물에 식품의약품안전처장이 정하여 고시하는 원료를 추가하여 혼합한 화장품을 판매하는 영업
다. 제조 또는 수입된 화장품의 내용물을 소분한 화장품을 판매하는 영업

10
다음 〈보기〉는 화장품 안전의 일반사항에 대한 설명이다. ( ) 안에 들어갈 말을 쓰시오.

〈보기〉

독성자료는 ( )가이드라인 등 국제적으로 인정된 프로토콜에 따른 시험을 우선적으로 고려할 수 있으며, 과학적으로 타당한 방법으로 수행된 자료이면 활용이 가능하다. 또한 국제적으로 입증된 동물대체시험법으로 시험한 자료도 활용 가능하다.

11
다음 계면활성제의 종류 중 천연 계면활성제는?

① 코코암포글리시네이트
② 베헨트라이모늄클로라이드
③ 레시틴
④ 소듐라우릴설페이트
⑤ 피이지-10 다이메티콘

12
계면활성제의 분류는 HLB의 값에 따라 분류하는데 친유형(W/O) 유화제로 사용되는 HLB의 값은?

① 1~3
② 4~6
③ 7~9
④ 8~18
⑤ 15~18

13
유지에 대한 설명으로 적절하지 않은 것은?

① 유지는 오일과 지방을 합쳐서 부르는 말로 탄소수가 많은 고급지방산의 글리세린 에스테르(트리글리세라이드)로 피부를 부드럽게 하는 유연제(에몰리언트)로 사용되며 수분의 증발도 억제하여 보습효과를 준다.
② 고급지방산의 종류에 따라 액체인 오일이나 고체인 지방으로 분류되며, 탄소수가 증가할수록 지방에 가까워진다.
③ 글리세린에 결합된 고급지방산 중 포화지방산의 양이 많으면 지방이 된다.
④ 글리세린에 결합된 고급지방산 중 불포화지방산의 양이 많으면 오일이 된다.
⑤ 포화지방산의 양이 많아서 낮은 온도에서 고상으로 변하는 코코넛 오일은 지방으로 분류된다.

14
탄화수소 중 피부에 바르면 폐색막을 형성하는 원료는?

① 폴리부텐류
② 미네랄오일
③ 스쿠알렌
④ 스쿠알란
⑤ 하이드로제네이티드폴리부텐

15
다음 금속이온봉쇄제에 대한 설명으로 틀린 것은?

① 금속이온봉쇄제(킬레이팅제)는 칼슘과 철 등과 같은 금속이온이 작용할 수 없도록 격리시키는 역할을 한다.
② 금속봉쇄제는 제형 중에서 0.03%~0.10% 사용된다.
③ 금속이온봉쇄제로는 이디티에이, 디소듐이디티에이, 트리소듐이디티에이, 테트라소듐이디티에이 등이 있다.
④ 화장품에서 주로 사용되는 금속이온봉쇄제는 트리소듐이디티에이이다.
⑤ 금속이온봉쇄제는 제품의 향과 색상이 변하지 않도록 보존능력을 향상시키는데 도움을 주는 물질이다.

16
체질안료 중 피지흡수 작용을 하는 안료는?

① 보론나이트라이드
② 폴리메틸메타크릴레이트
③ 하이드록시아파타이트
④ 티타늄디옥사이드
⑤ 구아닌

17
천연향료 중 주로 휘발성이면서 수지 성분으로 이루어진 삼출물은?

① 올레오레진
② 발삼
③ 앱솔루트
④ 레지노이드
⑤ 팅크처

18
화장품 활성성분 중 멜라노좀 이동 방해를 통해 미백효과를 주는 성분은?

① 덱스판테놀
② 레티닐팔미테이트
③ 아스코르빌테트라이소팔미테이트
④ 나이아신아마이드(니코틴산아마이드)
⑤ 아데노신

19
탈모증상 완화에 도움을 주는 성분과 거리가 먼 것은?

① 덱스판테롤　② 비오틴
③ 엘-멘톨　④ 살리실릭애씨드
⑤ 징크피리치온

20
세정화장품의 종류 중 미세한 알갱이가 모공 속에 있는 노폐물과 피부의 오래된 각질을 제거하는 기능을 가진 것은?

① 클렌징 크림　② 클렌징 로션
③ 페이셜 스크럽제　④ 폼 클렌징
⑤ 클렌징 워터

21
원료, 포장재의 보관환경과 거리가 먼 것은?

① 출입제한　② 오염방지
③ 방충·방서　④ 온도, 습도
⑤ 적정수량 보충

22
위해성 등급이 '가'등급인 화장품은?

① 화장품에 사용할 수 없는 원료를 사용한 화장품
② 안전용기, 포장에 위반되는 화장품
③ 전부 또는 일부가 변패된 화장품
④ 병원성 미생물에 오염된 화장품
⑤ 신고를 하지 않은 자가 판매한 맞춤형화장품

23
화장품 회수 관련 내용으로 적절하지 않은 것은?

① 회수계획을 통보받은 자는 회수대상화장품을 회수의무자에게 반품하고, 회수확인서를 작성하여 회수의무자에게 송부하여야 한다.
② 폐기를 한 회수의무자는 폐기확인서를 작성하여 1년간 보관하여야 한다.
③ 회수의무자는 회수대상화장품의 회수를 완료한 경우에는 회수종료신고서를 지방식품의약품안전청장에게 제출하여야 한다.
④ 회수의무자가 회수계획을 보고하기 전에 맞춤형화장품 판매업자가 위해 맞춤형화장품을 구입한 소비자로부터 회수조치를 완료한 경우 회수의무자는 회수계획통보 및 회수대상화장품의 반품 및 회수확인서 작성 등의 조치를 생략할 수 있다.
⑤ 회수의무자는 회수한 화장품을 폐기하려는 경우에는 폐기신청서를 지방식품의약품안전청장에게 제출하여야 한다.

24
문서관리에 관한 설명으로 틀린 것은?

① 제조업자는 우수화장품 제조 및 품질보증에 대한 목표와 의지를 포함한 관리방침을 문서화하며 전 작업원들이 실행하여야 한다.
② 모든 문서의 작성 및 개정·승인·배포·회수 또는 폐기 등 관리에 관한 사항이 포함된 문서관리규정을 작성하고 유지하여야 한다.
③ 문서는 작업자가 알아보기 쉽도록 작성하여야 하며, 작성된 문서에는 권한을 가진 사람의 서명과 승인연월일이 있어야 한다.
④ 문서의 작성자·검토자 및 승인자는 서명을 등록한 후 사용하여야 한다.
⑤ 문서를 개정할 때에는 개정사유 및 개정연월일 등을 기재하고 권한을 가진 사람의 승인을 받으면, 개정번호의 지정은 필요하지 않다.

25
화장품 보관방법에 대한 설명으로 적절하지 않은 것은?

① 누구나 명확히 구분할 수 있게 혼동될 염려가 없도록 구분하여 보관한다.
② 보관장소는 항상 청결하며, 정리·정돈되어 있어야 하고, 출고는 별도 지시가 없는 한 선입선출방식을 원칙으로 한다.
③ 방서·방충 시설을 갖춘 곳에서 보관한다.
④ 제품명 및 시험 전·후의 시험번호별 구분을 명확히 하여 보관한다.
⑤ 단위 포장을 해체하여 출고하면 보관상 문제가 많으므로 전체 포장으로 출고한다.

26
작업소의 기준으로 틀린 것은?

① 각 제조 구역별 청소 및 위생관리 절차에 따라 효능이 입증된 세척제 및 소독제를 사용해야 한다.
② 바닥, 벽, 천장은 소독제의 부식성에 저항력이 있어야 한다.
③ 제품의 품질에 영향을 주지 않는 소모품을 사용해야 한다.
④ 조제하는 화장품의 종류와 제형에 따라 구분하기 보다는 통합하는 것이 효율적이다.
⑤ 세척실과 화장실은 접근이 쉬워야 하나, 생산구역과 분리되어 있어야 한다.

27
다음 화장품의 성분 중에서 항균, 미백, 주름개선, 비듬개선, 탈모치료 등에 도움을 주는 활성 성분의 원료와 기능의 연결이 옳지 않은 것은?

① 징크피리치온 – 비듬억제, 탈모예방
② 레티놀 – 주름개선, 지용성
③ 알로에 – 염증완화, 진정작용, 상처치유
④ 아데노신 – 항산화, 콜라겐합성 촉진
⑤ 닥나무추출물, 알부틴 – 미백

28
착향제 성분 중 알레르기 유발물질에 대한 설명으로 적절하지 않은 것은?

① 알레르기 유발성분을 포함하여 기존 유통품의 표시·기재사항을 변경하고자 한다면 원료목록 보고 시에도 해당 성분을 포함하는 것이 적절하다.
② 책임판매업자는 알레르기 유발성분이 기재된 제조증명서나 제품표준서를 구비하여야 한다.
③ 원료목록 보고 시 알레르기 유발성분을 제품에 표시하는 경우 원료목록 보고에 성분정보는 생략해도 된다.
④ 알레르기 유발성분이 제품에 포함되어 있음을 입증하는 제조사에서 제공한 신뢰성이 있는 자료를 보관하여야 한다.
⑤ 착향제의 구성성분 중 식품의약품안전처장이 정하여 고시한 알레르기 유발성분이 있는 경우에는 향료로 표시할 수 없고, 해당 성분의 명칭을 기재·표시하여야 한다.

29
원료와 자재의 보관관리 방법으로 가장 적절한 것은?

① 보관소의 공간확보를 위해 벽에 가급적 붙여서 보관한다.
② 원료 보관소 온도는 상온으로 한다.
③ 바닥에 적재하지 않고 파렛트 위에 보관한다.
④ 햇빛이 비치도록 창문을 차광하지 않는다.
⑤ 원료는 공간확보를 위해 파렛트 위에 여러 로트를 함께 보관한다.

30
위해평가의 대상이 아닌 것은?

① 국제기구가 인체의 건강을 해칠 우려가 있다고 인정하여 판매할 목적으로 제조 또는 진열을 금지하거나 제한한 화장품
② 외국정부가 인체의 건강을 해칠 우려가 있다고 인정하여 판매의 목적으로 진열을 금지한 화장품
③ 국내외의 연구, 검사기관에서 원료 또는 성분이 변형 또는 변질이 의심된다고 발표한 화장품
④ 새로운 원료·성분이 생산된 경우 안전성에 대한 기준 및 규격이 없어 인체의 건강을 해칠 우려가 있는 화장품
⑤ 새로운 기술에 대한 안정성에 대한 기준이 없어 인체의 건강을 해칠 우려가 있는 화장품

31
화장품에서 쓰이는 수성원료로서 보습제 및 동결을 방지하는 원료로 사용되고 있으며 글리세린, 프로필렌글리콜, 부틸렌글리콜 등이 화장품에서 주로 사용된다. 이것은 무엇인가?

32
다음 〈보기〉의 안료는?

〈보기〉
가. 물이나 기름 등의 용제에 용해되지 않는 유색분말로 색상이 선명하고 화려하여 제품의 색조를 조정한다.
나. 립스틱과 같이 선명한 색상이 필요한 경우 이용된다.

33
다음은 화장품 안전기준 등에 관련된 내용이다. ( ) 안에 들어갈 말은?

―〈보기〉―

( )은 보존제, 색소, 자외선차단제 등과 같이 특별히 사용상의 제한이 필요한 원료에 대하여는 그 사용기준을 지정하여 고시하여야 하며, 사용기준이 지정·고시된 원료 외의 보존제, 색소, 자외선차단제 등은 사용할 수 없다.

34
화장품의 원료, 포장재, 반제품 및 벌크제품의 취급 및 보관방법에 대해서 규정하고 있는 식품의약품안전처고시규정은?

35
다음 〈보기〉는 천연향료 중 하나이다. ( ) 안에 들어갈 말로 적절한 것을 쓰시오.

―〈보기〉―

( )오일은 정유라고도 하는 것으로 수증기증류법, 냉각압착법, 건식증류법으로 생성된 식물성 원료로부터 얻은 생성물로 페퍼민트오일, 로즈오일, 라벤더오일 등이 있다.

36
제조 및 품질관리에 필요한 설비가 적합하지 않은 것은?

① 설비 등은 제품의 오염을 방지하고 배수가 용이하도록 설계·설치할 것
② 설비 등은 제품 및 청소 소독제와 화학반응을 하여 안정적일 것
③ 설비 등의 위치는 원자재나 직원의 이동으로 인하여 제품의 품질에 영향을 주지 않도록 할 것
④ 용기는 먼지나 수분으로부터 내용물을 보호할 수 있을 것
⑤ 제품과 설비가 오염되지 않도록 배관 및 배수관을 설치할 것

37
소독제 선택시의 고려사항과 거리가 먼 것은?

① 대상 미생물의 종류의 크기와 모양
② 항균 스펙트럼의 범위
③ 미생물 사멸에 필요한 작용시간, 작용의 지속성
④ 물에 대한 용해성 및 사용방법의 간편성
⑤ 잔류성 및 잔류하여 제품에 혼입될 가능성

38
화장품 작업장 내 직원의 위생에 대한 설명으로 적합하지 않은 것은?

① 직원은 작업 중의 위생관리상 문제가 되지 않도록 청정도에 맞는 적절한 작업복, 모자와 신발을 착용하고 필요할 경우는 마스크, 장갑을 착용한다.
② 명백한 질병 또는 노출된 피부에 상처가 있는 직원은 증상이 회복되거나 의사가 제품품질에 영향을 끼치지 않을 것이라고 진단할 때까지 제품과 직접적인 접촉을 하여서는 안된다.
③ 작업 전에 복장점검을 하고 적절하지 않은 경우에도 상황에 따라 출입을 허용한다.
④ 직원은 별도의 지역에 의약품을 포함한 개인적인 물품을 보관해야 하며, 음식·음료수 및 흡연구역 등은 제조 및 보관지역과 분리된 지역에서만 섭취하거나 흡연하여야 한다.
⑤ 적절한 위생관리 기준 및 절차를 마련하고 제조소 내의 모든 직원은 이를 준수해야 한다.

39
설비세척의 원칙으로 적절하지 않은 것은?

① 위험성이 없는 용제로 세척한다.
② 가능한 한 세제를 사용하는 것이 세척에 유용하다.
③ 증기세척을 권장한다.
④ 브러시 등으로 문질러 지우는 것을 고려한다.
⑤ 분해할 수 있는 설비는 분해해서 세척한다.

40
제조설비 중 혼합기 중 고정형을 모두 고른 것은?

〈보기〉
가. 스크루형   나. 피라미드형
다. 리본형   라. 정입방형

① 가, 나   ② 가, 다
③ 가, 라   ④ 나, 다
⑤ 나, 라

41
화장품 제조설비 중 탱크 속의 볼이 탱크와 회전하면서 충돌 또는 마찰 등에 의해서 분산되는 장치로 실험실용부터 생산용이 있으나, 최근에는 생산성, 소음, 설치공간 등 단점으로 잘 사용하고 있지 않은 것은?

① 볼 밀   ② 제트밀
③ 비드밀   ④ 콜로이드밀
⑤ 3롤 밀

42
우수화장품 제조 및 품질관리기준(CGMP)상 원료와 포장재의 관리에 필요한 사항과 거리가 먼 것은?

① 중요도의 분류
② 제조업자 또는 책임판매업자 결정
③ 보관환경 설정
④ 사용기한 설정
⑤ 정기적 재고관리

43
우수화장품 제조 및 품질관리기준(CGMP)상 보관 및 출고에서 완제품 관리항목과 거리가 먼 것은?

① 보관
② 검체채취
③ 원료성분 함량
④ 출하
⑤ 재고관리

44
화장품 안전기준 등에 관한 규정상 비의도적으로 유래된 물질의 검출허용한도로 틀린 것은?

① 납 : 점토를 원료로 사용한 분말제품은 50μg/g 이하
② 니켈 : 눈 화장용제품은 35μg/g 이하
③ 비소 : 10μg/g 이하
④ 수은 : 5μg/g 이하
⑤ 안티몬 : 10μg/g 이하

45
화장품 안전기준 등에 관한 규정상 미생물 한도 기준으로 적절하지 않은 것은?

① 총호기성 생균수 : 영·유아용 제품류의 경우 500개/g 이하
② 총호기성 생균수 : 눈 화장용 제품류의 경우 200개/g 이하
③ 세균수 : 물휴지의 경우 100개/g 이하
④ 진균수 : 물휴지의 경우 100개/g 이하
⑤ 세균수 : 기타 화장품의 경우 1,000개/g 이하

46
퍼머넌트 웨이브용 및 헤어스트레이트너 제품 중 시스테인류가 주성분인 제품의 제1제 시험항목으로 옳지 않은 것은?

① pH
② 산성
③ 시스테인
④ 환원 후의 환원성물질(시스틴)
⑤ 중금속(시험기준 : 20μg/g 이하)

47
다음 〈보기〉는 작업자 위생관리를 위한 복장 청결상태의 판단으로 적절하지 않은 것을 모두 고른 것은?

〈보기〉

가. 생산, 관리 및 보관구역에 들어가는 모든 직원은 화장품의 오염을 방지하기 위한 규정된 작업복을 착용하고, 일상복이 작업복 밖으로 노출되지 않도록 한다.
나. 작업 전 지정된 장소에서 손소독을 실시하고 작업에 임하며 손소독은 70%의 과산화수소로 소독한다.
다. 반지, 목걸이, 귀걸이 등 생산 중 과오 등에 의해 제품 품질에 영향을 줄 수 있는 것은 착용하지 아니한다.
라. 화장실을 이용한 작업자는 손세척이나 손소독보다는 제품의 안전을 위해 장갑을 착용하여야 한다.

① 가, 나
② 가, 다
③ 가, 라
④ 나, 다
⑤ 나, 라

48
다음 〈보기〉가 설명하는 물리적 소독방법은?

〈보기〉
가. 제품과의 적합성이 우수하고 사용성이 용이함
나. 긴 파이프에 사용이 가능하고 부식성이 없음
다. 출구 모니터링이 간단하고 효과적임

① 스팀소독
② 온수소독
③ 냉수소독
④ 직열소독
⑤ 자연건조소독

49
원자재 용기에 제조번호가 없는 경우 무엇으로 대체할 수 있는가?

① 식별번호
② 상품번호
③ 원료성분코드
④ 관리번호
⑤ 사용기한

50
화학적 소독제 중 염소유도체가 아닌 것은?

① 치아염소산나트륨
② 치아염소산칼륨
③ 치아염소산리튬
④ 염소가스
⑤ 아이소프로필알코올

51
화장품 용기 시험방법의 종류와 그 내용의 연결이 옳지 않은 것은?

① 내용물 감량 시험방법 – 화장품 용기에 충진된 내용물의 건조 감량을 측정하기 위한 시험방법
② 감압누설 시험방법 – 기체의 내용물을 담는 용기의 마개, 펌프, 패킹 등의 밀폐성을 시험하는 방법
③ 내용물에 의한 용기마찰 시험방법 – 용기 표면의 인쇄문자, 핫스탬핑, 증착 및 코팅막 등의 내용물에 의한 용기 마찰 시험방법
④ 내용물에 의한 용기의 변형 시험방법 – 내용물에 의한 용기의 변형을 측정하는 시험방법
⑤ 내용물에 의한 용기의 변형을 측정하는 방법 – 내용물이 충진된 용기 및 용기를 이루는 각종 재료들의 내한성, 내열성 시험방법

52
우수화장품 제조 및 품질관리기준(CGMP)상의 폐기처리에 관한 설명으로 적절하지 않은 것은?

① 원료와 자재, 벌크제품과 완제품이 적합판정 기준을 만족시키지 못할 경우 '기준일탈제품'이 된다.
② 기준일탈 제품이 발생했을 때는 미리 정한 절차를 따라 확실한 처리를 하고 실시간 내용을 모두 문서에 남긴다.
③ 기준일탈이 된 완제품 또는 벌크제품은 재작업할 수 있다.
④ 재작업 처리의 실시는 품질보증책임자가 결정한다.
⑤ 재작업시 제품 안전성과 유효성시험을 실시하는 것이 바람직하다.

53
우수화장품 제조 및 품질관리기준(CGMP)상 보관 및 출고에 대한 설명으로 적절하지 못한 것은?

① 완제품은 적절한 조건하의 정해진 장소에서 보관하여야 하며, 주기적으로 재고점검을 수행해야 한다.
② 완제품은 시험결과 적합으로 판정되고 품질보증부서 책임자가 출고 승인한 것만을 출고하여야 한다.
③ 출고는 선입선출방식으로 하되, 타당한 사유가 있는 경우에는 그러지 아니할 수 있다.
④ 시장 출하 전에 모든 완제품은 설정된 시험방법에 따라 관리되어야 하고, 합격판정 기준에 부합하여야 한다.
⑤ 완제품 검체채취는 생산부서에 하며, 제품시험 및 그 결과의 판정은 품질관리부서가 실시하는 것이 일반적이다.

54
원료 및 포장재의 구매 시 고려하여야 할 사항으로 거리가 먼 것은?

① 요구사항을 만족하는 품목과 서비스를 지속적으로 공급할 수 있는 능력평가를 근거로 한 공급자의 체계적 선정과 승인
② 합격판정기준에 대한 문서화된 기술조항의 수립
③ 결함이나 일탈 발생 시의 조치에 대한 문서화된 기술조항의 수립
④ 가격의 불합리 등의 반환조치에 대한 문서화된 기술조항의 수립
⑤ 운송조건에 대한 문서화된 기술조항의 수립

55
작업자의 작업장 출입을 위해 준수해야 할 사항으로 적절하지 않은 것은?

① 생산, 관리 및 보관구역에 들어가는 모든 직원은 화장품의 오염을 방지하기 위한 규정된 작업복을 착용하고, 일상복이 작업복 밖으로 노출되지 않도록 한다.
② 반지, 목걸이, 귀걸이 등 생산 중 과오 등에 의해 제품 품질에 영향을 줄 수 있는 것은 착용하지 아니한다.
③ 개인사물은 지정된 장소에 보관하고, 작업실 내로 가지고 들어오지 않는다.
④ 베이스메이크업 및 포인트메이크업을 한 작업자는 화장품을 지우고 샤워를 한 후 입실한다.
⑤ 운동 등에 의한 오염을 제거하기 위해서는 작업장 진입 전 샤워설비가 비치된 장소에서 샤워 및 건조 후 입실한다.

56
화장품 제조 및 품질관리에 필요한 설비에 대한 설명으로 적합하지 않은 것은?

① 사용목적에 적합하고, 청소가 가능하며 필요한 경우 위생, 유지관리가 가능하여야 하며, 자동화시스템을 도입한 경우 또한 같다.
② 사용하지 않는 연결호스와 부속품은 청소 등 위생관리를 하며, 건조한 상태로 유지하고 먼지, 얼룩 또는 다른 오염으로부터 보호하여야 한다.
③ 설비 등은 제품의 오염을 방지하고 배수가 용이하도록 설계·설치하며, 제품 및 청소 소독제와 화학반응을 일으키지 않도록 하여야 한다.
④ 설비 등의 위치는 원자재나 직원의 이동으로 인하여 제품의 품질에 영향을 주지 않도록 하여야 한다.
⑤ 제품과 설비가 오염되지 않도록 배관 및 배수관을 설치하며, 배수관의 역류를 대비하여 마른 걸레를 항시 준비한다.

57
세척확인 방법으로 틀린 것은?

① 세척확인 방법으로 육안확인, 천으로 문질러 부착물로 확인, 린스액의 화학분석방법 등이 있다.
② 흰 천이나 검은 천으로 설비 내부의 표면을 닦아내고 천 표면의 잔류물 유무로 세척결과를 판정한다.
③ 천은 무직포가 바람직하다.
④ 천의 색깔, 천의 크기 등은 일정한 규격품을 사용한다.
⑤ 린스 정량법은 상대적으로 복잡한 방법이지만 수치로서 결과를 확인할 수 있다.

58
설비세척의 원칙으로 옳지 않은 것은?

① 브러시 등으로 문질러 지우는 것을 고려한다.
② 분해할 수 있는 설비는 분해해서 세척하는 것이 좋다.
③ 세척 전에는 반드시 '판정'을 한다.
④ 판정 후의 설비는 건조·밀폐해서 보존한다.
⑤ 세척의 유효기간을 만든다.

59
안전용기, 포장 대상 품목으로 적절하지 않은 것은?

① 아세톤을 함유하는 네일 에나멜 리무버
② 아세톤을 함유하는 네일 폴리시 리무버
③ 어린이용 오일 등 개별포장 당 탄화수소류를 10% 이상 함유하고 운동점도가 21센티스톡스 이하인 비엘멀젼 타입의 액체상태의 상품
④ 개별 포장 당 메틸살리실레이트를 5% 이상 함유하는 액체상태의 제품
⑤ 개별 포장 당 프탈레이트류를 10% 이상 함유하는 액체상태의 제품

60
입고관리에 관한 내용으로 적절하지 않은 것은?

① 제조업자는 원자재 공급자에 대한 관리감독을 적절히 수행하여 입고관리가 철저히 이루어지도록 하여야 한다.
② 원자재의 입고 시 구매요구서, 원자재 공급업체 성적서 및 현품이 서로 일치하여야 한다.
③ 원자재 용기에 제조번호가 없는 경우에는 사용기한을 부여하여 보관하여야 한다.
④ 원자재 입고절차 중 육안확인 시 물품에 결함이 있을 경우 입고를 보류하고 격리보관 및 폐기하거나 원자재 공급업자에게 반송하여야 한다.
⑤ 입고된 원자재는 '적합', '부적합', '검사 중' 등으로 상태를 표시하여야 한다. 다만, 동일 수준의 보증이 가능한 다른 시스템이 있다면 대체할 수 있다.

61
판매 중인 맞춤형화장품이 화장품법령상 회수대상화장품의 기준 및 위해성 등급의 어느 하나에 해당함을 알게 된 경우 신속히 누구에게 보고하여야 하는가?

① 식품의약품안전처장
② 화장품 제조업자
③ 책임판매업자
④ 대한화장품협회장
⑤ 시·도지사

62
피부의 구성성분 중 가장 큰 비중을 차지하는 것은?

① 물
② 단백질
③ 지질
④ 탄수화물
⑤ 비타민

63
피부의 기능과 그 내용으로 옳지 않은 것은?

① 보호기능 – 물리적·화학적 자극과 미생물과 자외선으로부터 신체기관을 보호 및 수분손실 방지
② 각화기능 – 29일을 주기로 각질이 떨어져 나감
③ 분비기능 – 땀 분비를 통해 신체의 온도조절 및 노폐물을 배출함
④ 면역기능 – 메르켈세포와 신경말단 조직이 역할함
⑤ 호흡기능 – 폐를 통한 호흡 이외에 작지만 피부로도 호흡이 이루어짐

64
지방식품의약품안전청장은 화장품 책임판매업 등록신청이 등록요건을 갖춘 경우에는 화장품 책임판매업 등록대장에 기재하여야 할 사항으로 적절하지 않은 것은?

① 등록번호 및 등록연월일
② 화장품책임판매업자의 성명 및 생년월일
③ 화장품책임판매업자의 상호
④ 화장품책임판매업소의 소재지
⑤ 책임판매의 유형 및 취급상품 가격

65
투명층의 세포구성형태는?
① 납작한 무핵세포로 구성된다.
② 편평한 세포로 구성된다.
③ 방추형 세포로 구성된다.
④ 다각형 세포로 구성된다.
⑤ 단층의 원주형세포로 구성된다.

66
표피층의 층의 종류와 그 특징의 연결이 옳지 않은 것은?
① 각질층 - 피부의 가장 바깥쪽에 위치한 약 15~25층의 납작한 무핵세포로 구성된다.
② 투명층 - 2~3층의 편평한 세포로 구성되며, 손바닥·발바닥과 같은 특정부위에만 존재한다.
③ 과립층 - 표피의 대부분을 차지하며 표피에서 가장 두꺼운 층이다.
④ 유극층 - 면역기능을 담당하는 랑게르한스세포가 존재한다.
⑤ 기저층 - 표피의 가장 아래층에 위치하며, 진피의 유두층으로부터 영양을 공급받는다.

67
다음 진피 망상층에 대한 설명으로 적절하지 않은 것은?
① 그물 모양의 결합조직을 갖는다.
② 진피의 대부분을 이루며 피하조직과 연결되어 있다.
③ 혈관, 림프관, 한선, 피지선, 모낭, 모세혈관이 존재한다.
④ 교원섬유, 탄력섬유를 생산하는 섬유아세포가 존재한다.
⑤ 소한선과 대한선이 존재한다.

68
피하지방층의 특징과 거리가 먼 것은?
① 피하지방을 생산하여 체온조절기능
② 외부의 충격으로부터 몸을 보호하는 기능
③ 수분조절기능, 영양소저장기능
④ 피하지방의 두께에 따라 비만도가 결정
⑤ 수분을 끌어당기는 초질(하이알루로닉애씨드)이 존재

69
다음 중 여드름에 대한 설명으로 틀린 것은?
① 여드름은 심상성좌창으로 사춘기에 발생하는 모낭피지선의 만성 염증성 질환이다.
② 여드름은 면포, 구진, 농포형성을 특징으로 하는 질환이다.
③ 여드름의 발생부위는 코의 양쪽, 이마, 등, 가슴, 볼 등이다.
④ 여드름은 염증의 유무에 따라 비염증성과 염증성 여드름으로 분류할 수 있다.
⑤ 염증성 여드름에는 면포가 대표적이다.

70
모발의 구성성분에 대한 설명으로 틀린 것은?

① 모발의 안쪽에는 모발 무게에 85~90%를 차지하는 모피질과 모수질이 있다.
② 모피질에는 피질세포, 케라틴, 멜라닌이 존재한다.
③ 멜라닌은 티로신으로부터 만들어진다.
④ 검정색과 갈색을 나타내는 멜라닌은 페오멜라닌이다.
⑤ 모발의 색은 유멜라닌과 페오멜라닌의 구성비에 의해 결정된다.

71
비듬에 대한 설명으로 적절하지 않은 것은?

① 비듬은 표피세포의 각질화에 의해 떨어져 나온 조각으로 피지나 땀, 먼지 등이 붙어 있다.
② 비듬의 발생빈도는 성별이나 계절, 연령 등에 따라 차이를 보이며 피부가 건조해지기 쉬운 겨울철에 비듬 발생이 쉽다.
③ 비듬은 성별로 볼 때, 여성이 압도적으로 비듬의 양이 많아 남성의 3배 정도 된다.
④ 비듬이 심해지면 탈모의 원인이 되며 비듬 원인균은 말라세시아라는 진균이다.
⑤ 비듬치료에 도움이 되는 기능성 화장품 주성분은 징크피리치온, 피록톤올아민, 살리실릭 애씨드 등이 있다.

72
코와 이마 부위는 피지가 많고 모공이 큰 경우가 많으며, 볼 부위에는 피지가 적고 모공이 거의 보이지 않는 피부 유형은?

① 민감성 피부
② 복합성 피부
③ 여드름 피부
④ 모세혈관 확장피부
⑤ 지루성 피부

73
소비자(일반 패널)에 의한 제품평가시험으로 소비자의 판단에 영향을 미칠 수 있고 제품의 효능에 대한 인식을 바꿀 수 있는 상품명, 디자인, 표시사항 등의 정보를 제공하지 않은 제품사용시험은?

① 맹검 사용 시험
② 비맹검 사용 시험
③ 의사의 감독 하에서 실시하는 시험
④ 전문가 패널에 의한 시험
⑤ 직업적 전문가 관리 하에 실시하는 시험

74
화장품의 1차 포장 또는 2차 포장에 기재·표시하여야 하는 내용으로 적절하지 않은 것은?

① 기재사항을 화장품의 용기 또는 포장에 표시할 때 제품의 명칭, 영업자의 상호는 시각장애인을 위한 점자 표시를 병행할 수 있다.
② 기재·표시는 다른 문자 또는 문장보다 쉽게 알아 볼 수 있는 곳에 하여야 한다.
③ 기재·표시는 읽기 쉽고 이해하기 쉬운 한글로 정확히 기재·표시하여야 한다.
④ 1차 포장 필수 기재항목은 화장품의 명칭, 영업자의 상호, 식별번호, 사용기한 또는 개봉 후 사용기간 등이다.
⑤ 기재·표시는 한자 또는 외국어를 함께 기재할 수 있다.

75
실증자료가 있으면 표시·광고할 수 있는 표현으로서 실증자료가 인체적용 시험자료 제출이 아니고 기능성 화장품에서 해당 기능을 실증한 자료를 제출하면 되는 경우는?

① 여드름성 피부에 사용 적합
② 피부노화 완화효과
③ 일시적 셀룰라이트 감소효과
④ 피부혈행 개선효과
⑤ 콜라겐 증가, 감소 또는 활성화효과

76
다음 중 계면활성제 혼합 제형 제품에 속하지 않은 것은?

① 샴푸
② 컨디셔너
③ 파운데이션
④ 바디워시
⑤ 손 세척제

77
혼합·소분활동 상 작업원 및 작업장과 시설·기구 등에 대한 설명으로 적절하지 않은 것은?

① 작업장과 시설·기구를 정기적으로 점검하여 위생적으로 유지관리한다.
② 원료 및 내용물은 가능한 품질에 영향을 미치지 않는 장소에 보관한다.
③ 사용기한이 경과한 원료 및 내용물은 조제에 사용하지 않도록 관리한다.
④ 세제 또는 세척제는 잔류성이 좋아 오랫동안 지속되어야 효과가 좋으므로 잔류성이 커야 한다.
⑤ 피부 외상이나 질병이 있는 작업원은 회복 전까지 혼합·소분행위를 말아야 한다.

78
화장품 유리용기 소재로 화장수, 유액용 병에 많이 이용되는 소재는?

① 장식용 유리
② 강화유리
③ 소다석회 유리
④ 칼리 납유리
⑤ 유백유리

79
향수의 구성요소와 거리가 먼 것은?

① 에틸알코올
② 산화방지제
③ 에탄올아민
④ 금속이온봉쇄제
⑤ 향과 색소

80
화장품 포장의 기재·표시 및 화장품의 가격표시 상의 준수사항 등에 대한 설명으로 적절하지 않은 것은?

① 한글로 읽기 쉽도록 기재·표시하여야 한다.
② 한자 또는 외국어를 함께 적을 수 있다.
③ 수출용 제품 등의 경우에는 그 수출대상국의 언어로 적을 수 있다.
④ 화장품의 성분을 표시하는 경우에는 표준화된 일반명을 사용하여야 한다.
⑤ 가격은 제조업체가 제시한 것을 표시하여야 한다.

81
제품에 맞는 충진방법으로 적절하지 않은 것은?

① 충전용량을 확인할 것
② 포장인력 및 원가를 확인할 것
③ 포장기기의 포장능력을 확인할 것
④ 포장 가능한 크기를 확인할 것
⑤ 단위시간 당 몇 개를 포장할 것인가를 확인할 것

82
맞춤형화장품 판매업자의 준수사항으로 옳지 않은 것은?

① 혼합·소분시 오염방지를 위하여 안전관리기준을 준수할 것
② 판매 중인 맞춤형화장품이 회수대상 화장품의 기준 및 위해성 등급 중 어느 하나에 해당함을 알게 된 경우 신속히 책임판매업자에게 보고하고, 회수대상 맞춤형화장품을 구입한 소비자에게 적극적으로 회수조치를 할 것
③ 맞춤형화장품과 관련하여 안전성 정보에 대하여 신속히 책임판매업자에게 보고할 것
④ 책임판매업자와 맞춤형화장품판매업자가 동일한 경우 반드시 품질성적서를 구비할 것
⑤ 맞춤형화장품 판매 시 해당 맞춤형화장품의 혼합 또는 소분에 사용되는 내용물 및 원료, 사용 시의 주의사항에 대하여 소비자에게 설명할 것

83
다음 〈보기〉에서 교원섬유에 대한 설명으로 옳은 것을 모두 고른 것은?

〈보기〉
가. 피부에 탄력성, 신축성, 보습성을 부여
나. 진피의 90%를 차지(콜라겐으로 구성)
다. 진피 내 섬유성분과 세포 사이를 채우는 무정형의 물질
라. 피부장력 제공 및 상처치유에 도움

① 가, 나, 다
② 가, 다, 라
③ 나, 다, 라
④ 가, 나, 라
⑤ 가, 나, 다, 라

84
화장품제조업자 및 화장품책임판매업자의 상호 및 주소에 대한 설명으로 적절하지 않은 것은?

① 화장품제조업자 또는 화장품책임판매업자의 주소는 등록필증에 적힌 소재지 또는 반품·교환업무를 대표하는 소재지를 기재·표시하여야 한다.
② 화장품제조업자와 화장품책임판매업자가 다른 경우 각각 구분하여 기재·표시해야 한다.
③ 화장품제조업자와 화장품책임판매업자가 같은 경우라도 각각 기재하여야 한다.
④ 공정별로 2개 이상의 제조소에서 생산된 화장품의 경우에는 일부 공정을 수탁한 화장품제조업자의 상호 및 주소의 기재·표시를 생략할 수 있다.
⑤ 수입화장품의 경우에는 추가로 기재·표시하는 제조국의 명칭, 제조회사명 및 그 소재지를 국내 화장품제조업자와 구분하여 기재·표시해야 한다.

85
카모마일에서 추출하며, 항염, 항알레르기, 상처치유 작용의 특징이 있어 민감성 피부나 여드름 피부에 사용하는 원료는?

① 아줄렌
② 살리실산
③ 알부틴
④ 비타민A
⑤ 리모넨

86
다음 중 등록을 취소하거나 영업소 폐쇄에 대한 설명으로 가장 적절한 것은?

① 화장품제조업 또는 화장품책임판매업의 변경사항 등록서를 분실한 경우
② 법을 위반하여 판매하거나 판매의 목적으로 제조·수입·보관 또는 진열한 경우
③ 화장품의 안전용기·포장기준에 관한 교육을 참여하지 않은 경우
④ 피부에 영향을 줄 수 있는 화장품을 사용한 경우
⑤ 제품별 사용방법 자료를 보관하지 않은 경우

87
원료, 포장재, 내용물 등의 재고관리에 관한 내용으로 적절하지 않은 것은?

① 내용물의 경우 재고조사를 통해 기록상의 재고와 실제 보유하고 있는 재고를 대조하여 정확한 완제품 재고량을 파악한다.
② 벌크제품의 내용물은 설정된 최대보관기한 내에 충진하여 벌크제품의 재고가 증가하지 않도록 관리한다.
③ 원료의 발주는 원료의 수급기간을 고려하여 최소 발주량을 산정해 발주한다.
④ 원료의 경우 발주되어 입고된 원료는 시험 후, 적합 판정된 것만을 선입선출 방식으로 출고한다.
⑤ 포장재의 경우 사용기한이나 사용한도 등에 따라 포장재가 제조되어 공급되도록 관리한다.

88
화장품에 사용상의 제한이 필요한 원료 및 그 사용기준에서 살균보조제의 내용과 거리가 먼 것은?

① 메틸아이소티아졸리논(MIT) : 사용 후 씻어내는 제품에 0.0015%, 그 외 제품에는 사용금지이다.
② 메틸클로로아이소티아졸리논(CMIT) : 사용 후 씻어내는 제품에 0.0015%, 그 외 제품에는 사용금지이다.
③ 징크피리치온 : 사용 후 씻어내는 제품에 0.5%, 그 외 제품에는 사용금지이다.
④ 징크옥사이드 : 25%
⑤ 페녹시에탄올 : 1%

89
다음 〈보기〉는 화장품 안전성 정보의 정기보고에 대한 내용이다. ( ) 안에 들어갈 숫자를 쓰시오.

〈보기〉

화장품 제조판매업자는 신속보고 되지 않은 화장품의 안전성 정보를 매 반기 종료 후 ( )월 이내에 식품의약품안전처장에게 보고하여야 한다.

90
다음 〈보기〉가 설명하는 한선의 종류는?

〈보기〉

모공과 직접 연결되어 있으며, 단백질 함유가 많고 특유의 독특한 체취를 발생시키며, 정신적 스트레스에 반응하며, 아포크린선이라고도 한다.

91
모근의 구성부분으로 모근을 둘러싸고 있는 조직으로 피지선과 연결되어 있는 것은?

92
다음 〈보기〉는 화장품책임판매업자의 준수사항의 일부이다. ( ) 안에 들어갈 말로 적절한 것을 쓰시오.

〈보기〉

다음에 해당하는 성분을 0.5% 이상 함유하는 제품의 경우에는 해당 품목의 안정성시험자료를 최종 제조된 제품의 사용기한이 만료되는 날부터 1년간 보존한다.

가. 레티놀 및 그 유도체
나. 아스코빅애씨드 및 그 유도체
다. ( )
라. 과산화화합물
마. 효소

93
다음 〈보기〉가 설명하는 화장품 원료는?

〈보기〉
미백, 주름개선, 탄력, 보습 등의 특징 기능을 하는 효능성분으로 피부에 트러블을 일으키지 않으면서 최대한 효능을 낼 수 있는 적정량을 사용하도록 식품의약품안전처에서 관리감독하고 있는 성분이다.

94
화장품의 제형 중 균질하게 분말상 또는 미립상으로 만든 제형으로 부형제 등을 사용할 수 있는 제형은?

95
다음 〈보기〉는 혼합과 교반장치에 대한 내용이다. ( ) 안에 들어갈 말로 적절한 것을 쓰시오.

〈보기〉
혼합기는 제품에 영향을 미치게 되는데 많은 경우에 제품의 ( )에 영향을 미친다.

96
다음 〈보기〉는 화장품제조업 또는 화장품책임판매업의 금지를 명하거나 그 업무의 전부 또는 일부에 대한 정지를 명할 수 있는 경우에 대한 내용이다. ( ) 안에 들어갈 숫자는?

〈보기〉
화장품제조업을 등록하려는 자가 총리령으로 정하는 시설기준을 갖추지 않은 경우 등록을 취소하거나 영업소 폐쇄를 명하거나, 품목의 제조·수입 및 판매의 금지를 명하거나 ( )의 범위에서 기간을 정하여 그 업무의 전부 또는 일부에 대한 정지를 명할 수 있다.

97
다음 〈보기〉는 표피구조층별 구성세포이다. ( ) 안에 들어갈 말은?

〈보기〉
가. 각질층 : 약 15~20층의 납작한 무핵세포로 구성
나. 투명층 : 2~3층의 편평한 세포로 구성
다. 과립층 : 2~5층의 방추형 세포로 구성
라. 유극층 : 5~10층의 ( )세포로 구성
마. 기저층 : 단층의 원주형 세포로 구성

98
다음 〈보기〉는 우수화장품 제조 및 품질관기기준 상의 용어이다. 무엇인가?

〈보기〉
규정된 합격판정 기준에 일치하지 않는 검사, 측정 또는 시험결과를 말한다.

99
다음 〈보기〉는 진피의 구성섬유에 대한 설명이다. 설명하고 있는 섬유는?

― 〈보기〉 ―
가. 피부에 탄력성, 신축성, 보습성을 부여한다.
나. 진피의 90% 이상 차지하며 콜라겐으로 구성된다.
다. 피부장력 제공 및 상처치유에 도움이 된다.

100
다음 〈보기〉는 화장품의 피부 흡수에 관한 내용이다. ( ) 안에 들어갈 말로 적절한 것을 쓰시오.

― 〈보기〉 ―
화장품의 피부흡수 경로에서 세포와 세포 사이를 통과하여 흡수하기 때문에 분자량이 적을수록 피부흡수율이 ( ). 또한 광물성 오일보다 동물성 오일이 피부흡수력이 높다.

제8회 모의고사

제8회 모의고사

시험과목	문항유형
화장품법의 이해	선다형 7문항 단답형 3문항
화장품 제조 및 품질관리	선다형 20문항 단답형 5문항
유통화장품의 안전관리	선다형 25문항
맞춤형화장품의 이해	선다형 28문항 단답형 12문항

시험시간 120분 · 정답 및 해설 322p

01
화장품법상 화장품 책임판매업이란?
① 화장품의 전부 또는 일부를 제조하는 영업을 말한다.
② 취급하는 화장품의 품질 및 안전 등을 관리하면서 이를 유통·판매하거나 수입대행형 거래를 목적으로 알선·수여하는 영업을 말한다.
③ 맞춤형화장품을 판매하는 영업을 말한다.
④ 화장품 제조업체로부터 인수받은 제품을 책임지고 판매하는 영업을 말한다.
⑤ 화장품제조업으로부터 인수받은 제품을 도매점에 배급하고 관리하는 영업을 말한다.

02
다음 중 화장품 제조업 등록신청시에 구비서류로 적절하지 않은 것은?

① 화장품 제조업 등록신청서
② 대표자의 전문의 및 의사진단서(정신질환자, 마약류 중독자가 아님을 증명)
③ 건축물관리대장 혹은 부동산임대차계약서
④ 품질관리기준서
⑤ 시설명세서

03
다음 중 중대한 유해사례에 해당하는 경우가 아닌 것은?

① 사망을 초래하거나 생명을 위협하는 경우
② 입원 또는 입원기간의 연장이 필요한 경우
③ 지속적 또는 중대한 불구나 기능저하를 초래하는 경우
④ 후천적 기형 또는 이상을 초래하는 경우
⑤ 기타 의학적으로 중요한 상황

04
다음 중 가혹시험에 해당하는 내용은?

① 성상, 유수상분리, 유화상태, 융점, 균등상태, 점도, pH, 향취변화, 경도, 비중 등 물리적 시험
② 화학적 시험
③ 현탁발생 여부, 유제와 크림제의 안정성 결여
④ 살균보존제 및 유효성분시험
⑤ 미생물한도 및 용기 적합성시험

05
책임판매관리자의 자격기준으로 옳지 않은 것은?

① 학사 이상의 학위를 취득한 사람으로서 이공계 학과, 향장학, 화장품과학, 한의학, 한약학과 등을 전공한 사람
② 의사(약사는 불가)
③ 대학 등에서 학사 이상의 학위를 취득한 사람으로서 간호학과, 간호과학과, 건강간호학과를 전공하고 화학·생물학·생명과학·유전학·유전공학·향장학·화장품과학·의학·약학 등 관련 과목을 20학점 이상 이수한 사람
④ 식품의약품안전처장이 정하여 고시하는 전문교육과정을 이수한 사람(화장비누, 흑채, 제모왁스)
⑤ 화장품 제조 또는 품질관리 업무에 2년 이상 종사한 경력이 있는 사람

06

화장품법상 200만원 이하의 벌금에 처하는 경우가 아닌 것은?

① 화장품제조업자는 화장품의 제조와 관련된 기록·시설·기구 등 관리 방법, 원료·자재·완제품 등에 대한 시험·검사·검정 실시 방법 및 의무 등에 관하여 총리령으로 정하는 사항을 준수하지 않은 자
② 화장품책임판매업자는 화장품의 품질관리기준, 책임판매 후 안전관리기준, 품질 검사 방법 및 실시 의무, 안전성·유효성 관련 정보사항 등의 보고 및 안전대책 마련 의무 등에 관하여 총리령으로 정하는 사항을 준수하지 않은 자
③ 맞춤형화장품판매업자(제3조의2제1항에 따라 맞춤형화장품판매업을 신고한 자를 말한다. 이하 같다)는 소비자에게 유통·판매되는 화장품을 임의로 혼합·소분한 자
④ 맞춤형화장품판매업자는 맞춤형화장품 판매장 시설·기구의 관리 방법, 혼합·소분 안전관리기준의 준수 의무, 혼합·소분되는 내용물 및 원료에 대한 설명 의무, 안전성 관련 사항 보고 의무 등에 관하여 총리령으로 정하는 사항을 준수하지 않은 자
⑤ 제13조(부당한 표시·광고 행위 등의 금지)를 위반한 자

07

〈보기〉는 벌칙(형사처벌)에 대한 설명이다. ( )안에 공통으로 들어갈 것을 고르면?

〈보기〉

제3조의6(자격증 대여 등의 금지)을 위반한 자, 제4조의2(영유아 또는 어린이 사용 화장품의 관리)제1항을 위반한 자, 제9조(안전용기·포장 등)를 위반한 자, 제13조(부당한 표시·광고 행위 등의 금지)를 위반한 자, 제16조(판매 등의 금지)제1항제2호·제3호 또는 같은 조 제2항을 위반한 자, 제14조(표시·광고 내용의 실증 등)제4항에 따른 중지명령에 따르지 아니한 자는 ( )년 이하의 징역 또는 ( )천만원 이하의 벌금에 처한다.

① 1
② 2
③ 3
④ 4
⑤ 5

08

다음 〈보기〉는 화장품의 영업자에 대한 과징금 산정기준의 내용이다. ( ) 안에 들어갈 말로 적절한 것을 쓰시오.

〈보기〉

과징금의 산정은 판매업무 또는 제조업무의 정지처분을 갈음하여 과징금처분을 하는 경우에는 처분일 속한 연도의 전년도 ( ) 품목의 1년간 총생산금액 및 총수입금액을 기준으로 한다.

09
다음은 화장품 영업자의 등록 및 신고에 대한 내용이다. ( ) 안에 들어갈 말을 차례대로 쓰시오.

〈보기〉
화장품 제조업자, 화장품 책임판매업자는 소재지를 관할하는 지방식품의약품안전청장에게 (Ⓐ)하고, 맞춤형화장품 판매업자도 맞춤형화장품 판매업소의 소재지를 관할하는 지방식품의약품안전청장에게 (Ⓑ)한다.

10
다음 〈보기〉는 안정성시험의 한 종류이다. ( ) 안에 들어갈 말을 쓰시오.

〈보기〉
개봉 후 안정성 시험은 화장품 사용 시에 일어날 수 있는 오염 등을 고려한 ( )을 설정하기 위하여 장기간에 걸쳐 물리·화학적, 미생물학적 안정성 및 용기 적합성을 확인하는 시험을 말한다.

11
계면활성제 중 피부자극이 적고, 기초화장품류에서 가용화제, 유화제 등으로 사용되는 것은?
① 비이온 계면활성제
② 양이온 계면활성제
③ 음이온 계면활성제
④ 양쪽성 계면활성제
⑤ 실리콘계 계면활성제

12
고급알코올에 대한 설명으로 적절하지 않은 것은?
① 알코올은 R-OH화학식을 가지는 물질이다.
② 알코올은 하이드록시기(-OH)의 숫자에 따라 1가, 2가, 다가알코올(폴리올)로 분류된다.
③ 알킬기의 탄소수가 1~3개인 알코올은 유용성이다.
④ 탄소수가 적은 알코올을 저급알코올이라고 한다.
⑤ 탄소수가 많은 알코올을 고급알코올이라고 한다.

13
식물성 오일의 특징과 거리가 먼 것은?
① 피부에 대한 친화성이 우수하다.
② 피부흡수가 느리다.
③ 산패되기 쉽다.
④ 특이취가 있다.
⑤ 가벼운 사용감을 가진다.

14
분자량이 크지 않아 사용감이 가볍고 유화도 잘되어 화장품에서 오일로 널리 사용되는 것은?
① 에스테르 오일
② 폴리에틸렌
③ 스쿠알렌
④ 제팬왁스
⑤ 폴리부텐

15
다음 중 산화방지제로 적절하지 않은 것은?
① BHT
② BHA
③ 토코페롤
④ 라놀린
⑤ 이데베논

16
다음 중 무기계 착색안료가 아닌 것은?
① 산화철
② 레이크
③ 울트라마린 블루
④ 크롬옥사이드 그린
⑤ 망가네즈바이올렛

17
천연향료로서 실온에서 콘크리트, 포마드 또는 레지노이드를 에탄올로 추출해서 얻은 향기를 지닌 생성물은?
① 에센셜 오일
② 올레오레진
③ 앱솔루트
④ 발삼
⑤ 팅크처

18
화장품 활성성분 중 감초에서 추출한 물질로 염증완화, 항알레르기 작용을 주는 성분은?
① 알란토인
② 세라마이드
③ 글리시리진산
④ 알로에
⑤ 아데노신

19
화장품의 성분정보는 무엇을 통해 알 수 있는가?
① 식품의약품안전처장의 고시규정
② 지방식품의약품안전청장의 발표
③ 보건복지부령
④ 총리령
⑤ 대한화장품협회 성분사전

20
세정화장품 중 비누화반응에 의해 제조되며, 강력한 세정력, 피부보습 제공, 저자극으로 건조함과 피부가 땅기는 것을 방지하는 제품은?
① 폼 클렌징
② 클렌징 크림
③ 클렌징 로션
④ 클렌징 오일
⑤ 클렌징 워터

21
원료 및 포장재의 보관관리에 대한 세부사항으로 적절하지 않은 것은?
① 수시로 재고조사를 할 것
② 재고회전을 보증하기 위한 방법을 확립할 것
③ 특별한 경우를 제외하고 가장 오래된 재고가 제일 먼저 불출되도록 선입선출할 것
④ 원료, 포장재의 보관환경을 적절히 할 것
⑤ 재포장시 원래의 용기와 동일하게 표시할 것

22
다음 중 '나'등급 위해성화장품은?
① 유통화장품 안전관리기준에 적합하지 않은 화장품(내용량의 기준에 관한 부분은 제외, 기능성 화장품의 기능성을 나타나게 하는 주원료 함량이 기준치에 부적합한 경우는 제외)
② 사용기한 또는 개봉 후 사용기한을 위조·변조한 화장품
③ 화장품 제조업자 또는 화장품 책임판매업자 스스로 국민보건에 위해를 끼칠 우려가 있어 회수가 필요하다고 판단한 화장품
④ 맞춤형화장품 조제관리사를 두지 아니하고 판매한 맞춤형화장품
⑤ 등록을 하지 않은 자가 제조한 화장품 또는 제조·수입하여 유통·판매한 화장품

23
위해화장품의 공표시 포함될 내용과 거리가 먼 것은?
① 제품명
② 회수사유
③ 회수계획수량
④ 회수대상화장품의 제조번호
⑤ 사용기한 또는 개봉 후 사용기간

24
문서관리에 관한 설명으로 틀린 것은?
① 원본문서는 작성부서에서 보관하여야 하며, 사본은 작업자가 접근하기 쉬운 장소에 비치·사용하여야 한다.
② 문서의 인쇄본 또는 전자매체를 이용하여 안전하게 보관해야 한다.
③ 작업자는 작업과 동시에 문서에 기록하여야 하며, 지울 수 없는 잉크로 작성하여야 한다.
④ 모든 기록문서는 적절한 보존기간이 규정되어야 한다.
⑤ 기록의 훼손 또는 소실에 대비하기 위해 백업파일 등 자료를 유지하여야 한다.

25
제한이 있거나 신속한 위해평가가 요구될 경우 화장품의 위해평가가 아닌 것은?
① 국제기구 및 신뢰성 있는 국내·외 위해평가기관 등에서 평가한 위험성 확인 및 위험성 결정결과를 준용하거나 인용할 수 있다.
② 위험성 결정이 어려울 경우 위험성 확인만으로도 위해도를 예측할 수 있다.
③ 화장품의 사용에 따른 사망 등의 위해가 발생하였을 경우, 위험성 확인만으로 위해도를 예측할 수 있다.
④ 노출평가 자료가 불충분하거나 없는 경우 활용 가능한 과학적 모델을 토대로 노출평가를 실시할 수 있다.
⑤ 특정집단에 노출 가능성이 클 경우 어린이 및 임산부 등 민감집단 및 고위험집단을 대상으로 위해평가를 실시할 수 있다.

26
화장품 제조시설의 세척확인방법으로 적절하지 않은 것은?

① 육안으로 확인한다.
② 손으로 문질러 묻어 나오는 것을 확인한다.
③ 백색 천으로 문질러 부착물로 확인한다.
④ 검은색 천으로 문질러 부착물로 확인한다.
⑤ 린스액의 화학분석을 통하여 확인한다.

27
기능성화장품 성분과 그 기능의 연결이 옳지 않은 것은?

① 징크옥사이드 – 자외선으로부터 피부보호
② 덱스판테놀 – 탈모증상 완화
③ 살리실릭애씨드 – 여드름성 피부완화
④ 알부틴 – 피부의 미백에 도움
⑤ 나이아신아마이드 – 피부의 주름개선

28
색조화장은 베이스메이크업(기초화장)과 포인트메이크업(색조화장)으로 분류되는데 베이스메이크업에 해당되는 제품에 속하지 않은 것은?

① 립스틱
② 파운데이션
③ 프라이머
④ 파우더류
⑤ 쿠션

29
다음 중 위해평가의 대상으로 옳은 것은?

① 판매자가 인체의 건강을 해칠 우려가 있다고 인정하여 판매할 목적으로 제조 또는 진열을 금지하거나 제한한 화장품
② 외국정부가 식용이 불가하다고 인정하여 판매의 목적으로 진열을 금지한 화장품
③ 국내외 연구·검사기관에서 인체의 건강을 해칠 우려가 있는 원료 또는 성분 등이 검출된 화장품
④ 새로운 원료·성분이 생산된 경우 식용이 불가하여 인체의 건강을 해칠 우려가 있는 화장품
⑤ 새로운 작업자에 대한 안정성에 대한 기준이 없어 인체의 건강을 해칠 우려가 있는 화장품

30
화장품 제조시설의 기준을 모두 고른 것은?

〈보기〉
가. 제품이 보호되도록 할 것
나. 청소가 용이하도록 할 것
다. 필요한 경우 위생관리 및 유지관리가 가능하도록 할 것
라. 제품, 원료 및 포장재 등과의 혼동이 없도록 할 것

① 가
② 가, 나
③ 가, 나, 다
④ 나, 다, 라
⑤ 가, 나, 다, 라

31
다음 〈보기〉가 설명하는 유성원료인 오일은?

―〈보기〉―
고급탄화수소로 무색 투명하고, 냄새가 없으며, 산패나 변질의 문제가 없다. 하지만 유성감이 강하고 피부 호흡을 방해할 수 있어 보통 식물성 오일이나 다른 오일과 혼합하여 사용된다.

32
다음 〈보기〉가 설명하는 안료는?

―〈보기〉―
가. 광물성 안료이다.
나. 빛이나 열에 강하고 유기용매에 녹지 않으므로 화장품용 색소로 널리 사용된다.
다. 마스카라의 색소에 주로 사용되고 있다.

33
다음 〈보기〉는 성분표시에 관한 내용이다. ( ) 안에 들어갈 말로 적절한 것을 쓰시오.

―〈보기〉―
착향제 구성성분 중 식품의약품안전처장이 고시한 알레르기 유발성분이 있는 경우에는 ( )로만 표시할 수 없고 추가로 해당 성분의 명칭을 기재한다.

34
다음 〈보기〉는 사용한도 원료 즉, 사용상의 제한이 필요한 원료에 대한 내용이다. ( ) 안에 들어갈 말로 적절한 것을 쓰시오.

―〈보기〉―
사용상의 제한이 필요한 원료에는 보존제, 자외선차단제, ( ), 기타원료가 있으며 화장품 안전기준 등에 관한 규정 별표2에서 규정하고 있다.

35
다음 〈보기〉는 안료에 대한 설명이다. ( ) 안에 들어갈 말로 적절한 것은?

―〈보기〉―
색조화장품에 사용되는 안료는 파우더의 사용감과 제형을 구성하는 기능의 ( )안료와 색을 표현하는 백색안료, 착색안료, 펄안료로 구분할 수 있다.

36
제조 및 품질관리에 필요한 설비로 적합하지 않은 내용은?

① 시설 및 기구에 사용되는 소모품은 제품의 품질에 영향을 주지 않도록 할 것
② 천정 주위의 대들보, 파이프, 덕트 등은 가급적 노출되지 않도록 설계할 것
③ 파이프는 받침대 등으로 고정하고 벽에 부착하여 설치할 것
④ 배수관은 역류되지 않아야 하고 청결을 유지할 것
⑤ 용기는 먼저 수분으로부터 내용물을 보호할 수 있을 것

37
소독제 선택시의 고려사항으로 적합하지 않은 것은?

① 종업원의 안전성 고려
② 법 규제 및 소요비용
③ pH, 온도, 사용하는 물리적 환경 요인의 약제에 미치는 영향
④ 내성균의 출현 양
⑤ 적용장치의 종류, 설치장소 및 사용하는 표면의 상태

38
우수화장품 제조 및 품질관리기준 상 안전위생의 교육훈련을 받지 않은 사람들이 제조, 관리, 보관구역으로 출입하는 경우에는 안전 위생 교육훈련 자료에 따라 출입 전에 교육훈련을 실시한다. 교육훈련 내용과 거리가 먼 것은?

① 직원용 안전대책
② 작업위생 규칙
③ 작업복 등의 착용
④ 손 씻는 절차
⑤ 작업시간 및 생산규모

39
설비 세척의 원칙으로 적절하지 않은 것은?

① 세척을 할 경우 가능하면 세제세척을 권장한다.
② 세척 후에는 반드시 '판정'한다.
③ 판정 후의 설비는 건조·밀폐해서 보존한다.
④ 세척의 유효기간을 정한다.
⑤ 세척 후에는 세척 완료 여부를 확인할 수 있는 표시를 한다.

40
제조설비 중 혼합기로서 드럼의 회전에 의해 드럼 내부의 혼합물을 1/2, 1/4, 1/8, …, 1/n 등과 같이 연속적으로 세분화하여 혼합이 이루어지며, 가장 균질한 혼합이 이루어지는 혼합기는?

① 원추형 혼합기
② V-형 혼합기
③ 피라미드형 혼합기
④ 리본형 혼합기
⑤ 정입방형 혼합기

41
교반기 중 디스퍼라고도 하는 것은?

① 프로펠러형 믹서
② 임펠러형 믹서
③ 저면형 교반기
④ 측면형 교반기
⑤ 아지믹서

42
원료 및 포장재의 정보확인사항과 거리가 먼 것은?

① 인도문서와 포장에 표시된 품목·제품명
② 수령자 명
③ 공급자가 부여한 뱃치 정보(만약 다르다면 수령시 주어진 뱃치 정보)
④ 기록된 양
⑤ CAS번호(적용 가능한 경우)

43
우수화장품 제조 및 품질관리기준(CGMP)상 보관 및 출고 관련 사항으로 적절하지 않은 것은?

① 완제품 검체채취는 품질관리부서가 실시하는 것이 일반적이다.
② 제품시험 및 그 결과 판정은 품질관리부서의 업무이다.
③ 제품시험을 책임지고 실시하기 위해서는 검체 채취를 실험실에서 직접 채취한다.
④ 시장 출하 전에 모든 완제품은 설정된 시험방법에 따라 관리되어야 하고, 합격판정 기준에 부합하여야 한다.
⑤ 검체 채취자에게는 검체 채취 절차 및 검체 채취 시의 주의사항을 교육·훈련시켜야 한다.

44
화장품 안전기준 등에 관한 규정상 비의도적으로 유래된 물질의 검출 허용한도로 잘못된 것은?

① 카드뮴 : 5μg/g 이하
② 디옥산 : 100μg/g 이하
③ 메탄올 : 0.2(v/v)% 이하
④ 포름알데하이드 : 100μg/g 이하
⑤ 프탈레이트류 : 총합으로서 100μg/g 이하

45
화장품 안전기준 등에 관한 규정상 미생물한도 기준에서 검출되지 않아야 하는 미생물을 모두 고른 것은?

〈보기〉
가. 호기성 생균
나. 세균 및 진균
다. 대장균
라. 녹농균 및 황색포도상구균

① 가, 나
② 가, 다
③ 가, 라
④ 나, 라
⑤ 다, 라

46
다음 〈보기〉 중 부적합품인 원료, 자재, 벌크제품 및 완제품에 대한 폐기관련 사항에 대한 설명이다. 틀린 것을 모두 고른 것은?

〈보기〉
가. 품질에 문제가 있거나 회수·반품된 제품의 폐기 또는 재작업 여부는 품질보증책임자에게 신고하여야 한다.
나. 재작업은 그 대상이 변질·변패 또는 병원미생물에 오염된 경우이다.
다. 오염된 포장재나 표시사항이 변경된 포장재는 수정 후 재사용한다.
라. 제조일로부터 1년이 경과하거나 사용기한이 6개월 이상 남아 있는 경우 재작업 대상이다.

① 가
② 가, 나
③ 가, 나, 다
④ 가, 나, 다, 라
⑤ 정답 없음

47
다음 〈보기〉 중 화학적 소독제와 그 용도의 연결이 적절하지 않은 것을 모두 고른 것은?

―〈보기〉―
가. 알코올 : 미용도구, 손소독
나. 승홍수 : 피부상처소독
다. 폼알데하이드 : 화장실·쓰레기통·도자기류 등 소독
라. 생석회 : 화장실·하수도 소독

① 가, 나
② 가, 다
③ 가, 라
④ 나, 다
⑤ 나, 라

48
입고된 포장재의 관리기준에 대한 내용으로 적절하지 않은 것은?

① 원자재, 시험 중인 제품 및 부적합품은 통합하여 보관하되 반출이 쉽도록 라벨링한다.
② 원자재, 반제품 및 벌크제품은 품질에 나쁜 영향을 미치지 않은 조건에서 보관하여야 하며 보관기한을 설정하여야 한다.
③ 원자재, 반제품 및 벌크제품은 바닥과 벽에 붙여서 안정감 있게 보관한다.
④ 설정된 보관기한이 지나면 사용의 적절성을 결정하기 위해 재평가시스템을 확립하여야 한다.
⑤ 포장재의 출고는 선입선출방식으로 하여야 한다.

49
다음 기구 중 혼합과 교반장치의 구성재질에 대한 설명으로 적절하지 않은 것은?

① 젖은 부분 및 탱크와의 공존이 가능한지를 확인한다.
② 기구들과 제품과 원료가 직접 접하지 않도록 분리장치를 제공한다.
③ 믹서는 봉인과 개스킷에 의해서 제품과의 접촉으로부터 분리되어 있는 내부패킹과 윤활제를 사용한다.
④ 온도, pH 및 압력과 같은 작동조건의 영향에 대해서도 확인한다.
⑤ 정기적으로 계획된 유지관리와 점검은 봉함, 개스킷 및 패킹이 유지되는지 확인한다.

50
혼합·소분 시 위생관리 규정으로 적절한 것은?

① 혼합·소분 전에 손은 물로 소독을 실시한다.
② 혼합·소분 전 장갑은 순면장갑으로 재활용하여 착용이 가능하다.
③ 혼합·소분된 제품을 담을 용기의 소독은 과산화수소 30% 수용액으로 실시한다.
④ 장비 또는 기기 등은 정기적으로 세척하므로 너무 잦은 소독은 좋지 않다.
⑤ 혼합·소분 전 손 소독을 하는 경우 에탄올 70%의 수용액으로 실시한다.

51
화학적 소독방법에 대한 설명으로 옳지 않은 것은?

① 알코올은 세척이 필요하며 사용이 어렵고 단독사용이 불가능하다.
② 페놀은 세정작용이 우수하고 탈취작용이 있다.
③ 솔은 세정작용이 우수하고 탈취작용이 있으며 기름때 제거에 효과적이다.
④ 인산은 피부보호가 필요하며, 산성조건 하에서 사용해야 한다.
⑤ 과산화수소는 유기물 소독에 효과적이다.

52
우수화장품 제조 및 품질관리기준(CGMP)상의 폐기처리에서 '재작업'에 대한 내용으로 옳지 않은 것은?

① 재작업이란 뱃치 전체 또는 일부에 추가처리를 하여 부적합품을 적합품으로 다시 가공하는 일이다.
② 기준일탈이 된 완제품 또는 벌크제품은 재작업을 할 수 없다.
③ 재작업 실시 시에는 발생한 모든 일들을 재작업 제조기록서에 기록한다.
④ 재작업은 해당 재작업의 절차를 상세하게 작성한 절차서를 준비해서 실시한다.
⑤ 재작업 처리의 실시는 품질보증책임자가 결정한다.

53
우수화장품 제조 및 품질관리기준(CGMP)상의 출고관리에서 원칙적으로 선입선출방식으로 출고하여야 한다. 다음 〈보기〉 중 선입선출방식의 예외가 인정되는 경우를 모두 고른 것은?

〈보기〉
가. 나중에 입고된 물품이 사용기한이 짧은 경우
나. 선입선출을 하지 못하는 특별한 사유가 있을 경우
다. 경영진의 과반수 찬성으로 의사결정된 경우
라. 공급자의 요구가 있는 경우

① 가, 나
② 가, 다
③ 가, 라
④ 나, 라
⑤ 다, 라

54
원료와 포장재의 관리에 필요한 사항과 거리가 먼 것은?

① 중요도 분류
② 가격대 구분
③ 공급자 결정
④ 보관환경 설정
⑤ 사용기한 결정

55
건강상의 문제가 있는 작업자는 화장품과 직접 접촉하는 작업을 해서는 안된다. 그에 해당하지 않는 자는?

① 전염성 질환의 발생 또는 그 위험이 있는 자
② 콧물 등 분비물이 심하여 화장품을 오염시킬 가능성이 있는 자
③ 화농성 회상 등에 의하여 화장품을 오염시킬 가능성이 있는 자
④ 과도한 음주로 인한 숙취자로 작업 중 과오를 일으킬 가능성이 있는 자
⑤ 화장품에 대한 이해부족 등으로 작업을 시킬 수 없는 자

56
작업소의 위생에 대한 설명으로 적절하지 않은 것은?

① 곤충, 해충이나 쥐를 막을 수 있는 대책을 마련하고 정기적으로 점검·확인하여야 한다.
② 제조·관리 및 보관구역 내의 바닥, 벽, 천장 및 창문은 항상 청결하게 유지되어야 한다.
③ 제조시설이나 설비의 세척에 사용되는 세제 또는 소독제는 효능이 입증된 것을 사용하여야 한다.
④ 제조시설이나 설비의 세척에 사용되는 세제 또는 소독제는 효능을 지속하기 위해 잔류성이 오래 유지될 수 있는 제품이어야 한다.
⑤ 제조시설이나 설비는 적절한 방법으로 청소하여야 하며, 필요한 경우 위생관리 프로그램을 운영하여야 한다.

57
직원의 위생관리 기준 및 절차의 내용과 거리가 먼 것은?

① 직업의 작업시 복장
② 직원의 건강상태 확인
③ 직원에 의한 제품의 오염방지에 관한 사항
④ 직원의 손 씻는 방법
⑤ 직원의 근무태도와 근무시간

58
다음 중 직원의 위생에 대한 내용으로 틀린 것은?

① 작업소 및 보관소 내의 모든 직원은 화장품의 오염을 방지하기 위해 규정된 작업복을 착용하여야 한다.
② 피부에 외상이 있거나 질병에 걸린 직원이라도 화장품과 직접적으로 접촉되지 않으면 상관없다.
③ 제조구역별 접근 권한이 없는 작업원 및 방문객은 가급적 제조, 관리 및 보관구역 내에 들어가지 않도록 한다.
④ 적절한 위생관리 기준 및 절차를 마련하고 제조소 내의 모든 직원은 이를 준수해야 한다.
⑤ 음식물 등을 반입해서는 아니 된다.

59
벌크제품 보관 시 용기에 표시해야 할 사항으로 거리가 먼 것은?

① 명칭 또는 확인코드
② 공급자명
③ 제조번호
④ 완료된 공정명
⑤ 필요한 경우에는 보관조건

60
유통화장품 안전관리 시험방법 중 푹신아황산법은 무엇을 확인하기 위한 검사방법인가?

① 납
② 니켈
③ 비소
④ 카드뮴
⑤ 메탄올

61
맞춤형화장품 판매업자의 준수사항으로 적합하지 않은 것은?

① 둘 이상의 책임판매업자와 계약하는 경우 사전에 대표 책임판매업자에게 고지한 후 계약을 체결하여야 한다.
② 보건위생상 위해가 없도록 맞춤형화장품 혼합·소분에 필요한 장소, 시설 및 기구를 정기적으로 점검하여 작업에 지장이 없도록 위생적으로 관리·유지하여야 한다.
③ 맞춤형화장품과 관련하여 안전성 정보에 대하여 신속히 책임판매업자에게 보고하여야 한다.
④ 맞춤형화장품의 내용물 및 원료의 입고 시 품질관리 여부를 확인하고 책임판매업자가 제공하는 품질성적서를 구비하여야 한다.
⑤ 맞춤형화장품 판매 시 해당 맞춤형화장품의 혼합 또는 소분에 사용되는 내용물 및 원료, 사용 시의 주의사항에 대하여 소비자에게 설명하여야 한다.

62
피부에 대한 설명으로 적절하지 않은 것은?

① 피부는 신체기관 중 가장 큰 기관이다.
② 피부는 성인기준 총면적이 1.5~2m²이다.
③ 피부는 물 70%, 단백질 25~27%, 지질 2%, 탄수화물 1%, 기타 비타민, 효소, 호르몬, 미네랄 등으로 구성되어 있다.
④ 피부의 pH는 5.5~8.5의 중성이다.
⑤ 피부 속으로 들어갈수록 pH는 증가한다.

63
피부의 기능과 그 연결이 옳지 않은 것은?

① 면역기능 – 랑게르한스세포는 바이러스, 박테리아 등을 포획하여 림프로 보내 외부로 배출한다.
② 분비기능 – 땀 분비를 통해 신체의 온도조절 및 노폐물을 배출한다.
③ 비타민D 합성 – 자외선을 통해 피지성분인 콜라겐을 통해 합성된다.
④ 체온조절기능 – 땀분비를 통해 체온을 조절한다.
⑤ 감각전달기능 – 신경말단 조직과 메르켈세포가 감각을 전달한다.

64
화장품 안전성 정보관리 규정에 따른 화장품의 안정성과 관련된 내용으로 적절하지 않은 것은?

① 화장품 안전성 정보관리 규정의 목적은 화장품의 취급·사용 시 인지되는 안전성 관련 정보를 체계적이고 효율적으로 수집·검토·평가하여 적절한 안전대책을 강구함으로써 국민 보건상의 위해를 방지하기 위함이다.
② 유해사례란 화장품의 사용 중 발생한 바람직하지 않고 의도되지 않은 징후, 증상 또는 질병을 말하며, 해당 화장품과 반드시 인과관계를 가져야 한다.
③ 실마리정보란 유해사례와 화장품 간의 인과관계 가능성이 있다고 보고된 정보로서 그 인과관계가 알려지지 아니하거나 입증자료가 불충분한 것을 말한다.
④ 안전성정보란 화장품과 관련하여 국민보건에 직접 영향을 미칠 수 있는 안전성·유효성에 관한 새로운 자료, 유해사례 정보 등을 말한다.
⑤ 화장품제조판매업자는 중대한 유해사례 또는 이와 관련하여 식품의약품안전처장이 보고를 지시한 경우 그 정보를 알게 된 날로부터 15일 이내에 식품의약품안전처장에게 신속히 보고를 하여야 한다.

65
표피 중 엘라이딘이라는 반유동성 물질을 함유하고 있는 층은?

① 각질층　　② 투명층
③ 과립층　　④ 유극층
⑤ 기저층

66
표피층의 유형과 그 특징으로 거리가 먼 것은?

① 각질층 – 라멜라 구조를 가지며, 수분손실을 막아주며 자극으로부터 피부보호 및 세균침입을 방어한다.
② 투명층 – 2~3층의 편평한 세포로 구성되어 있으며, 주로 손바닥·발바닥에 존재한다.
③ 과립층 – 케라토하이알린과립이 존재하며, 본격적인 각화과정이 시작된다.
④ 유극층 – 표피에서 가장 두꺼운 층으로 표피의 대부분을 차지한다.
⑤ 기저층 – 림프액이 흘러 혈액순환 및 물질교환이 이루어진다.

67
다음 중 진피 망상층에 존재하지 않는 것은?

① 모세혈관　　② 피지선
③ 혈관　　　　④ 소한선
⑤ 대한선

68
큰 피지선이 존재하는 곳이 아닌 것은?

① 얼굴의 T-zone　　② 목 부위
③ 손바닥　　　　　　④ 등 부위
⑤ 가슴 부위

69
여드름을 유발하는 화장품 원료와 거리가 먼 것은?
① 미네랄 오일
② 페트롤라툼(바세린)
③ 라놀린
④ 올레익애씨드
⑤ 레조르시놀

70
모발형태와 웨이브의 결정은?
① 멜라닌의 결합형태에 따라
② 유멜라닌과 페오멜라닌의 구성비에 따라
③ 멜라닌의 함량에 따라
④ 디설파이드 결합에 따라
⑤ 멜라닌과 디설파이드 비율에 따라

71
비듬에 관한 내용으로 적절하지 않은 것은?
① 비듬이 심해지면 탈모의 원인이 된다.
② 비듬의 원인균은 황색포도상구균이다.
③ 비듬의 발생빈도는 성별이나 계절, 연령 등에 따라 차이를 보인다.
④ 비듬은 피부가 건조해지기 쉬운 겨울에 비듬 발생이 쉽다.
⑤ 비듬치료에 도움이 되는 기능성 화장품 주성분은 징크피리치온이 대표적이다.

72
피부유형별 발생원인의 연결이 옳지 않은 것은?
① 표피수분부족 건성피부 – 외부환경에 의해 발생
② 진피수분부족 건성피부 – 심한 다이어트, 과다한 자외선과 공해에 의한 진피손상 등의 원인
③ 지성피부 – 날씨에 따른 온도변화, 자외선 등의 요인
④ 모세혈관확장피부 – 추위, 바람, 알코올, 자외선 등이 요인
⑤ 여드름피부 – 모공입구의 폐쇄로 피지 배출이 잘 안되어 발생

73
맞춤형화장품 관련 내용으로 틀린 것은?
① 기존화장품 또는 수입화장품의 소분, 대용량 벌크제품을 개인에게 판매할 수 있도록 소량으로 소분할 수 있다.
② 2020년 1월 1일부터 화장품 착향제 구성성분 중 알레르기 유발성분의 표시가 의무화되었다.
③ 제품 선택 시 특정성분에 알레르기가 있는 소비자에게 도움을 주기 위한 안전정보의 제공을 목적으로 한다.
④ 화장품에 사용된 착향제 구성성분 중 알레르기를 유발할 수 있는 성분이 포함된 경우 이를 표기한다.
⑤ 사용 후 씻어내는 제품에는 0.1% 초과시 표기하고, 사용 후 씻어내지 않은 제품에는 0.01% 초과시 표기한다.

74
1차 포장 또는 2차 포장에는 화장품의 명칭, 화장품 책임판매업자의 상호, 가격, 제조번호와 사용기한 또는 개봉 후 사용기간만을 기재·표시할 수 있는 기준으로 옳은 것은?

① 내용량이 10ml 이하 또는 10g 이하인 화장품의 포장
② 내용량이 20ml 이하 또는 20g 이하인 화장품의 포장
③ 내용량이 30ml 이하 또는 30g 이하인 화장품의 포장
④ 내용량이 50ml 이하 또는 50g 이하인 화장품의 포장
⑤ 내용량이 100ml 이하 또는 100g 이하인 화장품의 포장

75
실증자료가 있으면 표시·광고를 할 수 있는 표현이다. 표시·광고할 수 있는 표현과 실증자료의 연결이 옳지 않은 것은?

① 여드름성 피부에 사용이 적합 – 인체 적용시험 자료 제출
② 콜라겐 증가, 감소 또는 활성화 – 기능성화장품에서 해당 기능을 실증한 자료제출
③ 부기, 다크서클 완화 – 인체 적용시험 자료 제출
④ 피부노화 완화 – 기능성 화장품에서 해당 기능을 실증한 자료제출
⑤ 피부혈행 개선 – 인체 적용시험 자료 제출

76
파우더혼합 제형이란 안료, 펄, 바인더, 향을 혼합한 제형으로 이에 해당하는 제품이 아닌 것은?

① 페이스파우더
② 비비크림
③ 투웨이케익
④ 치크브러쉬
⑤ 아이섀도우

77
혼합·소분활동에 적절한 행동이 아닌 것은?

① 세척한 시설·기구는 건조시에 오염의 위험이 있으므로 다음 사용 시까지 가능한 간격을 적게하여 건조 전에 바로 사용하는 것이 좋다.
② 소분 전에는 손을 소독 또는 세정하거나 일회용 장갑을 착용한다.
③ 혼합·소분에 사용되는 시설·기구 등은 사용 전후에 세척한다.
④ 세제·세척제는 잔류하거나 표면에 이상을 초래하지 않는 것을 사용한다.
⑤ 원료 및 내용물은 가능한 품질에 영향을 미치지 않는 장소에 보관한다.

78
화장품 유리용기로 투명도가 높고 빛의 굴절률이 매우 크며 크리스탈유리라고도 부르는 것으로 고급향수병에 사용되는 유리는?

① 장식용 유리
② 소다석회 유리
③ 칼리 납유리
④ 유백유리
⑤ 강화유리

79
유화분산에 대한 설명으로 틀린 것은?

① W/O에멀젼은 외상이 오일이다.
② W/Si에멀젼은 외상이 실리콘으로 친유성인 피부표면과의 친화도가 높아서 부드러운 사용감을 준다.
③ W/Si에멀젼은 발수력이 있어 화장이 오래 지속되어 화장붕괴가 일어나지 않아 색조화장품에 많이 응용되는 제형이다.
④ 실리콘은 특유의 실키한 사용감으로 끈적이지 않는다.
⑤ 휘발성 실리콘은 화장이 뭉치는 단점이 있다.

80
화장품의 제조에 사용된 성분의 기재 · 표시를 생략하려는 경우로 옳은 것을 모두 고른 것은?

〈보기〉

가. 소비자가 모든 성분을 즉시 확인할 수 있도록 포장에 전화번호나 홈페이지 주소를 적을 것
나. 모든 성분이 적힌 책자 등의 인쇄물을 판매업소에 늘 갖추어 둘 것
다. 내용량이 10ml 이하 또는 10g 이하인 화장품의 포장
라. 판매의 목적이 아닌 제품의 선택 등을 위하여 미리 소비자가 시험 · 사용하도록 제조 또는 수입된 화장품의 포장

① 가, 나
② 가, 다
③ 가, 라
④ 나, 다
⑤ 나, 라

81
염모제의 제2제는?

① 암모늄하이드록사이드
② 과산화수소
③ 에탄올아민
④ 디에탄올아민
⑤ 컨디셔닝 성분

82
다음 중 화장품의 유성원료가 아닌 것은?

① 오일류
② 정제수
③ 고급지방산류
④ 고급알코올류
⑤ 탄화수소류

83
다음 〈보기〉 중 중대한 유해사례에 해당하는 항목을 모두 고른 것은?

〈보기〉

가. 사망을 초래하거나 생명을 위협하는 경우
나. 일시적인 부작용을 초래하는 경우
다. 오 사용으로 인한 트러블의 경우
라. 선천적 기형 또는 이상을 초래하는 경우

① 가, 나
② 가, 다
③ 가, 라
④ 나, 다
⑤ 나, 라

84
관능검사에 대한 설명으로 적절하지 않은 것은?

① 화장품 관능검사란 화장품의 적합한 관능 품질을 확보하기 위하여 외관·색상검사를 평가하는 것을 말한다.
② 화장품의 관능검사란 화장품의 적합한 관능 품질을 확보하기 위하여 향취 검사, 사용감 검사를 평가하는 것을 말한다.
③ 관능검사란 여러 가지 품질을 인간의 오감에 의하여 평가하는 제품검사를 말한다.
④ 기호형이란 관능검사에는 좋고 싫음을 객관적으로 판단하는 것을 말한다.
⑤ 분석형이란 표준품 및 한도품 등 기준과 비교하여 합격품, 불량품을 객관적으로 평가·선별하거나 사람의 식별력 등을 조사하는 유형이다.

85
점도를 측정할 때의 우레보데형 점도계의 점도 단위로 맞는 것은?

① cSt
② PS
③ cP
④ eps
⑤ ml

86
맞춤형화장품 안전성의 입증자료에 대해 적절하지 않은 것은?

① 단회투여독성시험자료
② 1차 피부자극시험자료
③ 안점막자극 또는 기타 점막자극시험자료
④ 피부감작성시험자료
⑤ 효력시험자료

87
화장품 고분자 소재의 용기 중 딱딱하고 유리에 가까운 투명성과 광택성을 가지며, PVC보다 고급스런 이미지의 화장수, 유액, 샴푸, 린스 병으로 이용되는 것은?

① 폴리염화비닐
② 폴리에틸렌테레프탈레이트
③ 저밀도 폴리에틸렌
④ 고밀도 폴리에틸렌
⑤ 폴리프로필렌

88
혼합·소분 시 오염방지를 위한 안전관리기준의 준수사항으로 옳지 않은 것은?

① 혼합·소분 전에는 손을 소독 또는 세정하거나 일회용 장갑을 착용한다.
② 혼합·소분에 사용되는 장비 또는 기기 등은 사용 전·후 세척한다.
③ 혼합·소분된 제품을 담을 용기의 오염여부를 사전에 확인 후 바로 사용한다.
④ 원료 및 내용물이 변성이 생기지 않도록 한다.
⑤ 유통기한을 확인한 후 내용물을 조제한다.

89
다음 〈보기〉는 안정성 시험의 어떤 유형에 대한 설명이다. 무슨 시험의 내용인지 쓰시오.

〈보기〉
화장품의 저장조건에서 사용기한을 설정하기 위하여 장기간에 걸쳐 물리·화학적, 미생물학적 안정성 및 용기 적합성을 확인하는 시험을 말한다.

90
다음 〈보기〉가 설명하는 한선의 종류는?

─〈보기〉─
피부에 직접 연결되어 있으며 약산성의 무색·무취이며 체온조절 및 발한에 관련되어 있으며 에크린선이라고도 한다.

91
자율신경계에 영향을 받으며 외부의 자극에 의해 수축되는 것으로, 속눈썹, 눈썹, 겨드랑이를 제외한 대부분의 모발에 존재하는 것은?

92
맞춤형화장품의 혼합 또는 소분에 사용되는 내용물 및 원료의 제조번호와 혼합·소분 기록을 포함하여 맞춤형화장품판매업자가 부여한 번호를 무엇이라고 하는가?

93
다음은 화장품 원료인 착향제에 대한 설명이다. ( ) 안에 들어갈 말을 쓰시오.

─〈보기〉─
착향제란 향을 내는 성분으로 무향료, 무향 제품이 있으며, 착향제 구성성분 중 식품의약품안전처장이 고시한 알레르기 유발성분 ( )종이 있는 경우에는 향료로만 표시할 수 없고, 추가로 해당 성분의 명칭을 기재한다. 이처럼 향료로만 표시할 수 없고 해당 성분의 명칭을 기재하여야 하는 기준은 '사용 후 씻어내는 제품에서는 0.01% 초과, 사용 후 씻어내지 않는 제품에서는 0.001% 초과하는 경우'에이다.

94
화장품의 제형 중 원액을 같은 용기 또는 다른 용기에 충전한 분사제의 압력을 이용하여 안개모양, 포말상 등으로 분출하도록 만든 제형은?

95
다음 〈보기〉는 맞춤형화장품에 대한 설명이다. ( ) 안에 들어갈 단어를 쓰시오.

─〈보기〉─
맞춤형화장품은 제조 또는 수입된 화장품의 내용물에 다른 화장품의 내용물이나 식품의약품안전처장이 정하는 ( )를 추가하여 혼합한 화장품이다.

96
다음 〈보기〉의 내용은 무슨 평가에 관한 설명인가?

―〈보기〉―

사람에게 적용 시 효능효과 등 기능을 입증할 수 있는 자료로서, 관련 분야 전문의사, 연구소 또는 병원 기타 관련기관에서 5년 이상 해당 시험경력을 가진 자의 지도 및 감독 하에 수행평가된 자료

97
다음 〈보기〉는 천연화장품 및 유기농화장품의 기준에 관한 규정의 내용이다. ( ) 안에 공통으로 들어갈 단어는?

―〈보기〉―

가. 천연화장품은 ( ) 기준으로 천연함량이 전체 제품에서 95% 이상으로 구성되어야 한다.
나. 유기농화장품은 ( ) 기준으로 유기농함량이 전체제품에서 10% 이상이어야 하며, 유기농함량을 포함한 천연함량이 전체 제품에서 95% 이상으로 구성되어야 한다.

98
다음 〈보기〉는 내수성 자외선 차단지수 관련 내용이다. ( ) 안에 들어갈 말은?

―〈보기〉―

침수 후의 자외선차단지수가 침수 전의 자외선차단지수의 최소 ( )% 이상을 유지하면 내수성자외선차단지수를 표시할 수 있다.

99
다음 〈보기〉의 내용인 안정성시험별 시험항목은?

―〈보기〉―

가. 제품과 용기 사이의 상호작용
나. 용기의 제품흡수, 부식
다. 용기의 화학적 반응

100
다음 〈보기〉는 보습제의 조건이다. ( ) 안에 들어갈 말로 적절한 것은?

―〈보기〉―

가. 적절한 보습력이 있을 것
나. 환경 변화에 흡습력이 영향을 받지 않을 것
다. 피부친화성이 높은 것
라. 응고점이 ( ), 휘발성이 없을 것
마. 다른 성분과 잘 섞일 것

제9회
모의고사

제9회 모의고사

시험과목	문항유형
화장품법의 이해	선다형 7문항 단답형 3문항
화장품 제조 및 품질관리	선다형 20문항 단답형 5문항
유통화장품의 안전관리	선다형 25문항
맞춤형화장품의 이해	선다형 28문항 단답형 12문항

시험시간 120분 정답 및 해설 333p

01
화장품법령상 인체세정용 제품류에 속하지 않는 것은?

① 식품접객업의 영업소에서 손을 닦는 용도 등으로 사용할 수 있도록 포장된 물티슈
② 액체비누 및 화장비누
③ 폼 클렌저
④ 외음부 세정제
⑤ 바디 클렌저

02
다음 중 화장품 책임판매업 등록신청시 구비서류로 적합하지 않은 것은?

① 화장품 책임판매업 등록신청서
② 품질관리기준서
③ 대표자의 전문의 및 의사진단서(정신질환자 또는 마약류의 중독자가 아님을 증명)
④ 제조판매 후 안전관리 기준서
⑤ 품질검사 위·수탁계약서

03
화장품법령상 화장품의 안전성 자료를 작성 및 보관하여야 하는 대상제품류를 모두 고른 것은?

―〈보기〉―
가. 영유아용 제품류
나. 어린이용 제품류
다. 눈 화장용 제품류
라. 기능성화장품 제품류

① 가, 나
② 가, 다
③ 가, 라
④ 나, 다
⑤ 다, 라

04
화장품을 바르기 전 후의 피부의 전기전도도를 측정하거나 피부로부터 증발하는 수분량인 경피수분손실량(TEWL)을 측정하여 평가하는 것은?

① 수렴효과
② 보습효과
③ 미백효과
④ 주름개선효과
⑤ 자외선차단효과

05
다음 화장품 영업자의 의무에 대한 설명으로 적절하지 않은 것은?

① 화장품 제조업자는 화장품의 제조와 관련된 기록·시설·기구 등 관리방법, 원료·자재·완제품 등에 대한 시험·검사·검정 실시방법 및 의무 등에 관하여 총리령으로 정하는 사항을 준수하여야 한다.
② 화장품 책임판매업자는 화장품의 품질관리기준, 책임판매 후 안전관리기준, 품질검사방법 및 실시의무, 안전성·유효성 관련 정보사항 등의 보고 및 안전대책 마련의무 등에 관하여 총리령으로 정하는 사항을 준수하여야 한다.
③ 맞춤형화장품 판매업자는 맞춤형화장품 판매장 시설·기구의 관리방법, 혼합·소분 안전관리기준의 준수의무, 혼합·소분되는 내용물 및 원료에 대한 설명의무 등에 관하여 총리령으로 정하는 사항을 준수하여야 한다.
④ 책임판매관리자는 총리령으로 정하는 바에 따라 화장품의 생산실적 또는 수입실적, 화장품의 제조과정에 사용된 원료목록 등을 식품의약품안전처장에게 보고하여야 한다. 이 경우 원료의 목록에 관한 보고는 화장품의 유통·판매 전에 하여야 한다.
⑤ 식품의약품안전처장은 국민 건강상 위해를 방지하기 위하여 필요하다고 인정하면 화장품 제조업자, 화장품 책임판매업자 및 맞춤형화장품 판매업자에게 화장품 관련 법령 및 제도에 관한 교육을 받을 것을 명할 수 있다.

06
〈보기〉에서 200만원 이하의 벌금에 처하는 경우를 모두 고르면?

〈보기〉

가. 영업자는 제9조, 제15조 또는 제16조제1항에 위반되어 국민보건에 위해(危害)를 끼치거나 끼칠 우려가 있는 화장품이 유통 중인 사실을 알게 된 경우에는 지체 없이 해당 화장품을 회수하거나 회수하는 데에 필요한 조치를 하여야 하는데 이를 위반한 자
나. 제1항에 따라 해당 화장품을 회수하거나 회수하는 데에 필요한 조치를 하려는 영업자는 회수계획을 식품의약품안전처장에게 미리 보고하여야 하는데 이를 위반한 자
다. 제14조(표시·광고 내용의 실증 등)제4항에 따른 중지명령에 따르지 아니한 자
라. 제3조의6(자격증 대여 등의 금지)을 위반한 자

① 가, 나 ② 다, 라
③ 가, 라 ④ 나, 라
⑤ 나, 다

07
〈보기〉는 행정처분에 대한 설명이다. ( )안에 들어갈 알맞은 것을 고르면?

〈보기〉

식품의약품안전처장은 등록을 취소하거나 영업소 폐쇄를 명하거나, 품목의 제조·수입 및 판매의 금지를 명하거나 ( )년의 범위에서 기간을 정하여 그 업무의 전부 또는 일부에 대한 정지를 명할 수 있다.

① 1 ② 2
③ 3 ④ 4
⑤ 5

08
다음 〈보기〉는 과태료부과에 대한 일반기준에 대한 내용이다. ( ) 안에 들어갈 숫자를 쓰시오.

〈보기〉

식품의약품안전처장은 해당 위반행위의 정도, 위반횟수, 위반행위의 동기와 그 결과 등을 고려하여 과태료 금액의 ( )의 범위 안에서 그 금액을 늘리거나 줄일 수 있다.

09
다음 〈보기〉는 화장품 제조업등록을 할 수 없는 자이다. ( ) 안에 들어갈 숫자는?

〈보기〉

가. 정신질환자, 마약류 중독자
나. 피성년후견인 또는 파산선고를 받고 복권되지 않은 자
다. 화장품법 또는 보건범죄 단속에 관한 특별조치법을 위반하여 금고 이상의 형을 선고받고 그 집행이 끝나지 아니하거나 그 집행을 받지 아니하기로 확정되지 않은 자
라. 등록이 취소되거나 영업소가 폐쇄된 날부터 ( )년이 지나지 않은 자

10
다음 〈보기〉는 일반화장품의 유효성시험항목이다. 어떤 효과에 대한 설명인가?

〈보기〉

혈액의 단백질이 응고되는 정도를 관찰하여 평가한다.

11
계면활성제 중 살균·소독작용이 있으며 대전방지효과와 모발에 대한 컨디셔닝 효과가 있어 헤어컨디셔너, 린스 등에 사용되는 것은?

① 비이온 계면활성제
② 실리콘계 계면활성제
③ 음이온 계면활성제
④ 양이온 계면활성제
⑤ 양쪽성 계면활성제

12
탄소수가 적은 알코올을 저급알코올이라고 하고, 탄소수가 많은 것을 고급알코올이라고 하는데 다음 중 저급알코올에 해당하는 종류를 모두 고른 것은?

〈보기〉
가. 에틸알코올
나. 이소프로필알코올
다. 부틸알코올
라. 세틸알코올
마. 라우릴알코올

① 가, 나, 다
② 가, 나, 라
③ 가, 다, 라
④ 다, 라, 마
⑤ 가, 나, 다, 라, 마

13
다음 중 동물성 오일의 특징과 거리가 먼 것은?

① 사용감이 무겁다.
② 특이취가 있다.
③ 산패되기 쉽다.
④ 피부흡수가 느리다.
⑤ 피부에 대한 친화성이 우수하다.

14
탄화수소 중 합성에 의해 만들어지며 끈적거리는 사용감으로 립글로스 제형에서 부착력과 광택을 주는 데 사용되는 물질은?

① 폴리부텐류
② 미네랄오일
③ 스쿠알렌
④ 페트롤라툼
⑤ 스쿠알란

15
다음 중 천연색소의 종류가 아닌 것은?

① 카민
② 타르색소
③ 카라멜
④ 안토시아닌류
⑤ 커큐민

16
백색안료로 불투명화제이며 자외선차단제로 작용하는 원료는?

① 구아닌
② 하이포산틴
③ 징크옥사이드
④ 레이크
⑤ 폴리메틸메타크릴레이트

17
천연향료 중 벤조익 및 신나믹 유도체를 함유하고 있는 천연 올레오레진은?

① 팅크처
② 레지노이드
③ 콘크리트
④ 발삼
⑤ 앱솔루트

18
화장품 활성성분 중 피부 표면에 라멜라 상태로 존재하여 피부에 수분을 유지시켜 주는 역할을 하는 성분은?

① 세라마이드
② 알란토인
③ 아데노신
④ 레티놀
⑤ 데스판테놀

19
화장품 전성분 표시지침(식품의약품안전처 고시)의 내용으로 적절하지 않은 것은?

① 전성분이란 제품표준서 등 처방계획에 의해 투입·사용된 원료의 명칭으로서 혼합원료의 경우에는 그것을 구성하는 개별성분의 명칭을 말한다.
② 전성분 표시는 모든 화장품을 대상으로 한다.
③ 성분의 명칭은 대한화장품협회장이 발간하는 화장품 성분사전에 따른다.
④ 전성분을 표시하는 글자의 크기는 5포인트 이상으로 한다.
⑤ 성분의 표시는 화장품에 사용된 함량순으로 많은 것부터 기재하며 착향제나 착색제도 같은 방법으로 기재한다.

20
화장품 안전기준 등에 관한 규정상 사용할 수 없는 원료에서 광우병 발병이 보고된 지역의 특정위험물질 유래성분의 부위로 적절하지 않은 것은?

① 뇌
② 눈
③ 귀
④ 태반
⑤ 비장

21
우수화장품 제조 및 품질관리기준(CGMP)상 보관 및 출고에 대한 설명으로 적합하지 않은 것은?

① 완제품은 적절한 조건하에서 정해진 장소에서 보관하며 수시로 재고점검을 하여야 한다.
② 완제품은 시험결과 적합으로 판정되고 품질보증부서 책임자가 출고 승인한 것만을 출고하여야 한다.
③ 출고는 선입선출방식으로 하되 타당한 사유가 있는 경우에는 그러하지 아니할 수 있다.
④ 출고할 제품은 원자재, 부적합품 및 반품된 제품과 구획된 장소에서 보관하여야 한다.
⑤ 완제품 관리항목은 보관, 검체채취, 보관용 검체, 제품시험, 합격·출하판정, 출하, 재고관리, 반품 등이다.

22
다음 중 '다'등급 위해성화장품이 아닌 것은?
① 이물이 혼입되었거나 부착된 화장품 중에서 보건위생상 위해를 발생할 우려가 있는 화장품
② 화장품에 사용할 수 없는 원료를 사용한 화장품
③ 사용기한 또는 개봉 후 사용기간을 위조·변조한 화장품
④ 전부 또는 일부가 변패한 화장품
⑤ 병원성 미생물에 오염된 화장품

23
위해 화장품 회수를 공표한 영업자가 지방식품의약품안전청장에게 통보해야 하는 사항이 아닌 것은?
① 공표일
② 공표반응
③ 공표매체
④ 공표횟수
⑤ 공표문 사본 또는 내용

24
위탁관리에 관한 내용으로 적합하지 않은 것은?
① 화장품제조 및 품질관리에 있어 공정 또는 시험의 일부위탁과 관련한 문서화된 절차를 수립·유지해야 한다.
② 제조업무 위탁 시 우수화장품 제조 및 품질관리기준(CGMP) 적합판정된 업소를 우선적으로 선택하여 위탁제조한다.
③ 위탁업체는 수탁업체의 계약 수행능력을 평가하고 그 업체가 계약을 수행하는데 필요한 시설 등을 갖추고 있는지 확인한다.
④ 위탁업체는 수탁업체에 대해 문서로 계약을 체결하고 정확한 작업이 이뤄질 수 있도록 수탁업체에 관련 정보를 전달한다.
⑤ 보안상 수탁업체의 제조기록, 시험기록, 점검기록 등은 위탁업체에서 이용이 불가능하다.

25
위해평가 절차의 내용으로 옳은 것은?
① 위해평가결과에 대하여 보건복지부 규정에 따라야 한다.
② 보건복지부장관은 위해평가를 하여 결과보고서를 작성한다.
③ 위해평가과정에서 무조건 관계 전문가의 의견을 청취한다.
④ 위해평가 결과에 대하여 식품의약품안전처 화장품 정책규정에 따라야 한다.
⑤ 위해평가 결과에 대해 화장품 분야 소위원회의 심의·의결을 거쳐야 한다.

26
위해평가에서 평가하여야 할 위해요소로 적합하지 않는 것은?
① 화장품 제조에 사용된 성분
② 화장품 용량대비 가격의 적절성
③ 중금속, 환경오염물질 및 제조·보관과정에서 생성되는 물질 등 화학적 요인
④ 이물 등 물리적 요인
⑤ 세균 등 미생물적 요인

27
화장품 전성분 표시지침에 대한 내용으로 표시 생략 성분 등에 관한 설명으로 틀린 것은?

① 제조과정 중 제거되어 최종 제품에 남아 있지 않은 성분은 표시하지 아니할 수 있다.
② 착향제는 향료로 표시할 수 있다.
③ pH조절목적으로 사용되는 성분은 그 성분을 표시하는 대신 중화반응의 생성물로 표시할 수 있다.
④ 원료자체에 이미 포함되어 있는 안정화제, 보존제 등으로 제품 중에서 그 효과가 발휘되는 것보다 적은 양으로 포함되어 있는 부수성분과 불순물은 표시하지 않을 수 있다.
⑤ 표시할 경우 기업의 정당한 이익을 현저히 해할 우려가 있는 성분의 경우에는 그 사유의 타당성에 대하여 식품의약품안전처장의 사전심사를 받은 경우에 한하여 표시를 생략할 수 있다.

28
세정화장품의 종류와 기능에 대한 설명으로 적절하지 않은 것은?

① 클렌징 크림은 유분량이 매우 많은 크림으로 피지와 메이크업을 피부로부터 제거한다.
② 클렌징 로션은 유분량이 클렌징 크림에 비해 많이 포함되어 있어 피부에 부담이 크나 퍼짐성이 좋다.
③ 클렌징 워터는 세정용 화장수로 옅은 메이크업을 지우거나 화장 전에 피부를 닦아낼 때 사용한다.
④ 클렌징 오일은 포인트메이크업을 제거할 때 사용되며 이의 성분은 미네랄오일, 에스테르오일 등이다.
⑤ 페이셜 스크럽제는 미세한 알갱이가 모공 속에 노폐물과 피부의 오래된 각질을 제거한다.

29
화장품의 안전기준 등에 관한 설명으로 적절하지 않은 것은?

① 식품의약품안전처장은 화장품의 제조 등에 사용할 수 없는 원료를 지정하여 고시하여야 한다.
② 식품의약품안전처장은 보존제, 색소, 자외선차단제 등과 같이 특별히 사용상의 제한이 필요한 원료에 대하여는 그 사용기준을 지정하여 고시하여야 하며, 사용기준이 지정·고시된 원료 외의 보존제, 색소, 자외선차단제 등은 사용할 수 없다.
③ 식품의약품안전처장은 국내외에서 유해물질이 포함되어 있는 것으로 알려지는 등 국민보건상 위해 우려가 제기되는 화장품 원료 등의 경우에는 총리령으로 정하는 바에 따라 위해요소를 신속히 평가하여 그 위해여부를 결정하여야 한다.
④ 식품의약품안전처장은 위해평가가 완료된 경우에는 해당 화장품 원료 등을 화장품의 제조에 사용할 수 없는 원료로 지정하거나 그 사용기준을 지정하며, 지정·고시된 원료의 사용기준의 안전성을 정기적으로 검토할 필요는 없다.
⑤ 식품의약품안전처장은 그 밖에 유통화장품 안전관리 기준을 정하여 고시할 수 있다.

30
원료와 자재 등의 보관관리에 대한 설명으로 적절하지 않은 것은?

① 원자재, 시험중인 제품 및 부적합품은 각각 구획된 장소에서 보관하여야 한다.
② 보관조건은 각각의 원료와 포장재의 세부 요건에 따라 적절한 방식으로 정의되어야 한다.
③ 원자재, 반제품 및 벌크제품은 품질에 나쁜 영향을 미치지 아니하는 조건에서 보관하여야 하며 보관기한을 설정하여야 한다.
④ 원료 및 포장재는 정기적으로 재고조사를 실시하여야 한다.
⑤ 원료와 포장재의 용기는 청소와 검사가 용이하도록 개방되어 있어야 한다.

31
다음 〈보기〉가 설명하는 오일은?

―〈보기〉―
화학적으로 합성되며, 무색 투명하고 냄새가 거의 없으며, 퍼짐성이 우수하고 가볍게 발라지며, 피부 유연성과 매끄러움, 광택을 부여한다. 색조화장품의 내수성을 높이고 모발 제품에 자연스러운 광택을 부여한다.

32
무기안료 중 색조 외에 피복력을 조정하기 위해 사용되는 안료는?

33
다음 〈보기〉는 알레르기 유발성분 표시대상 기준이다. ( ) 안에 들어갈 숫자는?

―〈보기〉―
사용 후 씻어내는 제품에서 0.01% 초과, 사용 후 씻어내지 않는 제품에서 ( ) 초과하는 경우이다.

34
다음 〈보기〉에서 ( ) 안에 들어갈 말로 적절한 것을 쓰시오.

―〈보기〉―
화장품법 시행규칙에서는 맞춤형화장품 판매업자가 맞춤형화장품의 내용물 및 원료의 입고 시 품질관리 여부를 확인하고 ( )가 제공하는 품질성적서를 구비하도록 요구하고 있다.

35
화장품 원료의 하나에 대한 설명이다. 다음 〈보기〉에서 ( ) 안에 들어갈 말로 적절한 것을 쓰시오.

―〈보기〉―
분자 내에 하이드록시기를 가지고 있어 이 하이드록시기의 수소를 다른 물질에 주어 다른 물질을 환원시켜 산화를 막는 물질을 ( )라 한다.

36
작업소의 위생에 대한 내용으로 적절하지 않은 것은?
① 곤충·해충이나 쥐를 막을 수 있는 대책을 마련하고 정기적으로 점검·확인할 것
② 제조·관리 및 보관 구역 내의 바닥, 벽, 천장 및 창문은 항상 청결하게 유지할 것
③ 제조시설이나 설비의 세척에 사용되는 세제 또는 소독제는 효능이 입증된 것으로 사용할 것
④ 제조설비는 반드시 위생관리 프로그램을 운영하여야 한다.
⑤ 제조시설은 적절한 방법으로 청소할 것

37
작업소의 청소와 소독에 대한 설명으로 적합하지 않은 것은?
① 세제와 소독제는 적절한 라벨을 통해 명확하게 확인되어야 한다.
② 세제와 소독제는 원료, 자재 또는 제품의 오염을 방지하기 위해서 적절히 선정, 보관, 관리 및 사용되어야 한다.
③ 설비는 적절히 세척해야 하고, 필요할 때에는 소독을 해야 한다.
④ 설비세척의 원칙에 따라 세척하고, 판정하며 그 기록을 남겨야 한다.
⑤ 제조하는 제품의 전환 시나 연속해서 제조하고 있을 때에는 오염의 원인이 될 수 있으므로 세척과 소독을 하지 않는다.

38
우수화장품 제조 및 품질관리기준(CGMP) 상 직원의 위생에 관한 내용으로 방문객 또는 안전위생의 교육훈련을 받지 않은 직원이 화장품 제조, 관리, 보관을 실시하고 있는 구역으로 출입하는 일은 피해야 하는데 부득이 방문객이 출입하는 경우 출입기록을 남겨야 하는데 출입기록에 포함되는 내용과 거리가 먼 것은?
① 소속
② 연령
③ 성명
④ 방문목적과 입출시간
⑤ 동행자 성명

39
설비 및 기구의 재질에 대한 설명으로 적절하지 않은 것은?
① 제조에 사용되는 기구는 스테인레스 스틸 #304 혹은 #316 재질을 사용한다.
② 충진에 사용되는 기구는 스테인레스 스틸 #304 혹은 #316 재질을 사용한다.
③ 칭량에 사용되는 기구는 이물이 발생하지 않고 원료 및 내용물과 반응성이 없는 스테인레스 스틸 혹은 플라스틱으로 제작된 것을 사용한다.
④ 혼합 및 소분에 사용되는 기구는 이물이 발생하지 않고 원료 및 내용물과 반응성이 없는 스테인레스 스틸 혹은 플라스틱으로 제작된 것을 사용한다.
⑤ 혼합 및 소분에 사용되는 기구는 이물이 발생하지 않고 원료 및 내용물과 반응성이 없는 유리재질로 제작된 것을 사용한다.

40
제조설비 중 혼합기의 한 유형으로 드럼 내에 개방된 스쿠루가 자전 및 공전을 동시에 진행하면서 투입된 원료에 복잡한 혼합운동이 이루어지는 장치는?

① V-형 혼합기
② 원추형 혼합기
③ 리본믹서
④ 피라미드형 혼합기
⑤ 정입방형 혼합기

41
다음 중 분쇄기의 유형과 특징의 연결이 옳지 않은 것은?

① 리본믹서 – 대류확산 및 전단작용을 반복하여 작업
② 헨셀믹서 – 색조화장품 제조에 사용
③ 아토마이저 – 스윙해머방식의 고속회전 분쇄기
④ 비드밀 – 이산화티탄과 산화아연을 처리하는 데 주로 사용
⑤ 제트밀 – 입자끼리 충돌시켜 분쇄하는 방식으로 건식형태로 가장 작은 입자를 얻을 수 있는 장치

42
우수화장품 제조 및 품질관리기준(CGMP)상의 입고관리에 관한 내용으로 적절하지 않은 것은?

① 원료 및 포장재의 용기는 물질과 뱃치 정보를 확인할 수 있는 표시를 부착해야 한다.
② 한 번에 입고된 원료와 포장재는 입고된 날짜별로 각각 구분하여 관리하여야 한다.
③ 외부로부터 반입되는 모든 원료와 포장재는 관리를 위해 표시를 하여야 한다.
④ 입고된 원료와 포장재는 검사 중, 적합, 부적합에 따라 각각의 구분된 공간에 별도로 보관되어야 한다.
⑤ 모든 원료와 포장재는 화장품 제조업자가 정한 기준에 따라서 품질을 입증할 수 있는 검증자료를 공급자로부터 공급받아야 한다.

43
보관용 검체에 대한 내용으로 적합하지 않은 것은?

① 보관용 검체는 재시험이나 고객불만 사항의 해결을 위하여 사용한다.
② 제품을 그대로 보관하며, 각 뱃치를 대표하는 검체를 보관한다.
③ 일반적으로 각 뱃치별로 제품시험을 1회 실시할 수 있는 양을 보관하며, 더 필요시 추가 검체채취한다.
④ 제품이 가장 안정한 조건에서 보관한다.
⑤ 사용기한 경과 후 1년간 또는 개봉 후 사용기간을 기재하는 경우에는 제조일로부터 3년간 보관한다.

44
화장품 안전기준 등에 관한 규정상 비의도적으로 유래된 물질의 검출허용한도로 적절하지 않은 것은?

① 프탈레이트류(디부틸프탈레이트, 부틸벤질프탈레이트 및 디에칠헥실프탈레이트에 한함) : 각각 100㎍/g 이하
② 포름알데하이드 : 물휴지의 경우 20㎍/g 이하
③ 메탄올 : 물휴지의 경우 0.002%(v/v)이하
④ 니켈 : 색조화장용 제품의 경우 30㎍/g 이하
⑤ 디옥산 : 100㎍/g 이하

45
화장품 안전기준 등에 관한 규정상 영·유아용 제품류의 경우 총호기성 생균수의 검출허용한도는?

① 100개/g 이하   ② 200개/g 이하
③ 500개/g 이하   ④ 1,000개/g 이하
⑤ 2,000개/g 이하

46
다음 〈보기〉 중 안전용기·포장대상의 예외적인 경우를 모두 고른 것은?

〈보기〉
가. 일회용 제품
나. 용기 입구 부분이 펌프 또는 방아쇠로 작동되는 분무용기
다. 압축분무용기 제품
라. 에어로졸 제품

① 가
② 가, 나
③ 가, 나, 다
④ 가, 나, 다, 라
⑤ 정답 없음

47
다음 〈보기〉 중 작업시설의 기준으로 적절하지 않은 것을 모두 고른 것은?

〈보기〉
가. 환기가 잘되고 청결할 것
나. 바닥, 벽, 천장은 가능한 미끄러지지 않도록 요철표면으로 마감할 것
다. 외부와의 연결된 창문은 가능한 환기가 잘 되도록 개방될 것
라. 제품의 오염을 방지하고 적절한 온도 및 습도를 유지할 수 있는 공기조화시설 등 적절한 환기시설을 갖출 것

① 가, 나   ② 가, 다
③ 가, 라   ④ 나, 다
⑤ 나, 라

48
다음 〈보기〉의 화학적 세척의 특징이다. 이에 해당하는 세척제 유형은?

〈보기〉
가. 독성과 부식성에 주의할 것
나. 오염물의 가수분해 시 효과가 좋음
다. 찌든 기름제거에 효과적임

① 무기산 세척제
② 약산성 세척제
③ 중성 세척제
④ 알칼리 세척제
⑤ 부식성 알칼리 세척제

49
작업장의 청소도구의 사용 후 관리방법으로 적절하지 않은 것은?

① 대걸레는 건조한 상태로 보관한다.
② 젖은 수건은 세척 후 바로 말린다.
③ 진공청소기의 필터는 정해진 주기에 교체한다.
④ 청소도구는 항상 지정된 장소에 보관한다.
⑤ 멸균수건은 깨끗한 도구함에 넣어서 보관한다.

50
원료코드 기재방법에서 'CO-1234'에서 'CO'는 회사명, 맨 앞자리 숫자는 화장품원료의 종류, 나머지 숫자는 원료가 들어온 순으로 순번을 매긴다. 화장품원료의 종류를 나타내는 숫자로 '5'가 의미하는 원료는?

① 미용성분 ② 색소분체 파우더
③ 방부제 ④ 향
⑤ 점증제

51
화장품 용기 시험방법 중 화장품 용기의 포장재료인 유리, 금속 및 플라스틱의 유기 및 무기코팅막 및 도금의 밀착성을 시험하는 방법은?

① 라벨 접착력 시험방법
② 용기의 내열성 및 내한성 시험방법
③ 크로스컷트 시험방법
④ 낙하시험 방법
⑤ 유리병 표면 알칼리 용출량 시험방법

52
화장품 유형별 시험항목 중 공통시험항목을 모두 고른 것은?

〈보기〉
가. 비의도적 유래물질 검출허용한도
나. pH기준
다. 미생물한도
라. 내용량
마. 유리알칼리

① 가, 나, 다 ② 가, 나, 라
③ 가, 다, 라 ④ 가, 나, 마
⑤ 다, 라, 마

53
우수화장품 제조 및 품질관리기준(CGMP)상의 출고관리에 관한 설명으로 적절하지 않은 것은?

① 원자재는 시험결과 적합판정된 것만을 선입선출방식으로 출고해야 한다.
② 오직 승인된 자만이 원료 및 포장재의 불출절차를 수행할 수 있다.
③ 모든 물품은 원칙적으로 선입선출 방법으로 출고하며, 이는 절대적이다.
④ 뱃치에서 취한 검체가 모든 합격 기준에 부합할 때 뱃치가 불출될 수 있다.
⑤ 원료와 포장재는 불출되기 전까지 사용을 금지하는 격리를 위해 특별한 절차가 이행되어야 한다.

54
원자재 용기 및 시험기록서의 필수적 기재사항이 아닌 것은?

① 원자재 공급자가 정한 제품명
② 원자재 공급자명
③ 수령일자
④ 공급자가 부여한 제조번호 또는 관리번호
⑤ 수령자가 부여한 식별번호

55
설비 및 기구의 세척에 대한 설명으로 적절하지 않는 것은?

① 세척은 오염 미생물의 수를 허용수준 이하로 감소시키기 위해 수행하는 절차이다.
② 화장품 제조를 위해 제조설비의 세척과 소독은 문서화된 절차에 따라 수행한다.
③ 세척기록은 잘 보관해야 하며, 세척 및 소독된 모든 장비는 건조시켜 보관하는 것이 제조설비의 오염을 방지할 수 있다.
④ 세척과 소독주기는 주어진 환경에서 수행된 작업의 종류에 따라 결정한다.
⑤ 세척완료 후 세척상태에 대한 평가를 실시하고 세척완료 라벨을 설비에 부착한다.

56
세제(세척제)의 설명으로 적합하지 않은 것은?

① 세척제는 접촉면에서 바람직하지 않은 오염물질을 제거하기 위해 사용하는 화학물질이다.
② 세제용 화학물질 혼합액으로 용매, 산, 염기, 세제 등이 주로 사용된다.
③ 세제는 환경문제와 작업자의 건강문제로 인해 지용성 세정제가 많이 사용된다.
④ 세척제는 안전성이 높아야 하고 세정력이 우수하며 헹굼이 용이하여야 한다.
⑤ 세척제는 기구 및 장치의 재질에 부식성이 없고 가격이 저렴해야 한다.

57
제조설비 중 혼합기에 대한 설명으로 적절하지 않은 것은?

① 혼합기는 회전형과 고정형으로 나뉜다.
② 회전형은 용기 자체가 회전하는 것으로 원통형, 이중 원추형, 정입방형, 피라미드형, V-형 등이 있다.
③ 고정형은 용기가 고정되어 있고 내부에서 스크루형, 리본형 등의 교반장치가 회전한다.
④ 가장 균질한 혼합이 이루어지는 방식은 리본 믹서이다.
⑤ 원추형 혼합기는 드럼 내에 개방된 스크루가 자전 및 공전을 동시에 진행하면서 투입된 원료에 복잡한 혼합운동이 이루어진다.

58
입고된 포장재의 관리기준으로 적절하지 않은 것은?

① 원자재, 반제품 및 벌크제품은 품질에 나쁜 영향을 미치지 않은 조건에서 보관하여야 하며 보관기한을 설정하여야 한다.
② 원자재, 반제품 및 벌크제품은 바닥과 벽에 붙여서 안정감 있게 보관하여야 한다.
③ 원자재, 시험중인 제품 및 부적합품은 각각 구획된 장소에서 보관하여야 한다.
④ 설정된 보관기한이 지나면 사용의 적절성을 결정하기 위해 재평가시스템을 확립하여야 한다.
⑤ 선입선출에 의하여 출고할 수 있도록 보관하여야 한다.

59
보관 및 출고에 대한 설명으로 옳지 않은 것은?

① 완제품은 적절한 조건하의 정해진 장소에서 보관하여야 하며, 주기적으로 재고점검을 수행하여야 한다.
② 완제품은 시험결과 적합으로 판정되고 품질보증부서 책임자가 출고 승인한 것만을 출고하여야 한다.
③ 출고할 제품은 원자재, 부적합품 및 반품된 제품과 통합된 장소에서 보관하여야 한다.
④ 모든 완제품은 포장 및 유통을 위해 불출되기 전, 해당 제품이 규격서를 준수하고, 지정된 권한을 가진 자에 의해 승인된 것임을 확인하는 절차서가 수립되어야 한다.
⑤ 시장 출하 전에, 모든 완제품은 설정된 시험방법에 따라 관리되어야 하고, 합격판정 기준에 부합하여야 한다.

60
안전관리기준 중 내용량 기준에 대한 설명이다. 제품 3개를 가지고 시험할 때 그 평균 내용량이 표기량에 대하여 (   )% 이상으로 한다. (   ) 안에 들어갈 숫자는?

① 85
② 90
③ 95
④ 97
⑤ 100

61
맞춤형화장품 판매업자의 준수사항으로 옳지 않은 것은?

① 맞춤형화장품 판매내역을 작성·보관하여야 한다.
② 맞춤형화장품 판매업소마다 책임판매관리자를 두어야 한다.
③ 맞춤형화장품과 관련하여 안전성 정보에 대하여 신속히 책임판매업자에게 보고하여야 한다.
④ 혼합·소분 시 오염방지를 위하여 안전관리기준을 준수하여 한다.
⑤ 책임판매업자와 맞춤형화장품 판매업자가 동일한 경우에는 책임판매업자가 제공하는 품질성적서 구비를 생략할 수 있다.

62
피부의 pH는?

① 약산성
② 강산성
③ 중성
④ 약알칼리
⑤ 강알칼리

63
다음 〈보기〉 중 피부의 기능인 것을 모두 고른 것은?

〈보기〉
가. 비타민E의 생성기능
나. 호흡기능
다. 해독기능
라. 면역기능

① 가, 나, 다
② 가, 나, 라
③ 가, 다, 라
④ 나, 다, 라
⑤ 가, 나, 다, 라

64
다음 〈보기〉는 각질층의 주성분이다. 맞는 것을 모두 고른 것은?

〈보기〉
가. 케라틴단백질   나. 엘라이딘
다. 천연보습인자   라. 케라토하이알린
마. 세포 간 지질

① 가, 나, 다
② 가, 나, 라
③ 가, 다, 라
④ 가, 다, 마
⑤ 나, 다, 라

65
표피층 중 본격적인 각화과정이 시작되며, 외부로부터 수분침투를 막는 수분저지막이 있는 층은?

① 각질층
② 투명층
③ 과립층
④ 유극층
⑤ 기저층

66
표피층의 유형별 특징과 거리가 먼 것은?

① 각질층 – 죽은 세포의 지질로 구성된다.
② 투명층 – 2~3층의 편평한 세포로 구성되며 엘라이딘이라는 반유동성 물질을 함유한다.
③ 과립층 – 2~5층의 방추형 세포로 구성되며, 두께는 약 20~60㎛ 정도이다.
④ 유극층 – 5~10층의 다각형 세포로 구성되며 표피에서 가장 두꺼운 층이다.
⑤ 기저층 – 15~25층의 납작한 무핵세포로 구성되며 주성분은 케라틴단백질, 천연보습인자, 세포 간 지질 등이다.

67
각질층에 존재하는 천연보습인자(NMF)는 수분량을 일정하게 유지되도록 돕는 역할을 하는데 이의 구성성분 중 가장 비중이 큰 것은?

① 유리아미노산
② 피롤리돈카복실릭애씨드
③ 젖산염
④ 당류, 유기산 기타물질
⑤ 구연산

68
피지선 중 독립피지선이 존재하는 곳이 아닌 것은?

① 입술
② 등
③ 성기
④ 유두
⑤ 귀두

69
여드름의 치료에 사용되는 성분이 아닌 것은?

① 벤조일퍼옥사이드
② 레조르시놀(1,3-디옥시벤젠, 2%)
③ 살리실릭애씨드
④ 올레익애씨드
⑤ 인삼 추출물

70
모발의 구성성분에 대한 내용으로 적절하지 않은 것은?

① 모발은 모근과 모간으로 분리되고 모근에는 모유두, 모모세포, 색소세포, 모세혈관이 있는 모구가 위치하고 있다.
② 모유두는 모구 아래쪽에 위치하며 작은 말발굽 모양으로 모발성장을 위해 영양분을 공급해주는 혈관과 신경이 몰려 있다.
③ 모발의 등전점은 pH 3.0~5.0으로 pH가 등전점보다 높으면 (+) 전하를, pH가 등전점 보다 낮으면 (-) 전하를 띤다.
④ 모발의 바깥쪽은 모소피(큐티클)가 5도 경사로 모발의 뿌리까지 덮어서 모피질을 보호하며, 케라틴이 모소피(모표피)의 주요성분이다.
⑤ 케라틴을 구성하는 아미노산인 시스틴(황이 있는 아미노산)에 있는 디설파이드결합에 의해 모발형태와 웨이브가 결정된다.

71
피지와 땀의 분비가 적어서 피부표면이 건조하고 윤기가 없으며 피부노화에 따라 피지와 땀의 분비량이 감소하여 더 건조해지는 피부는?

① 건성피부   ② 지성피부
③ 복합성 피부 ④ 중성피부
⑤ 지루성 피부

72
피부측정항목과 측정방법의 연결이 옳지 않은 것은?

① 피부탄력도 - 피부에 음압을 가했다가 원래 상태로 회복되는 정도를 측정한다.
② 피부두께 - 전기전도도를 통해 피부의 두께를 측정한다.
③ 피부유분 - 카트리지 필름을 피부에 일정시간 밀착시킨 후, 카트리지 필름의 투명도를 통해 피부의 유분량을 측정한다.
④ 피부표면 - 잔주름, 굵은 주름, 거칠기, 각질, 모공크기, 다크서클, 색소침착 등을 현미경과 비젼프로그램을 통해 관찰한다.
⑤ 피부색 - 피부의 색상을 측정하여 L*(밝기), a*(빨강-녹색), b*(노랑-청색)으로 나타낸다.

73
착향제(향료) 구성성분 중 알레르기를 유발할 수 있는 성분이 포함된 경우 이를 표기하여야 하는데 다음 중 식품의약품안전처 고시 알레르기 유발성분이 아닌 것은?

① 리날룰   ② 시트로넬롤
③ 라놀린   ④ 시트랄
⑤ 신남일

74

화장품 포장 시 기재·표시와 관련된 설명으로 옳지 않은 것은?

① 내용량이 10ml 이하 또는 10g 이하인 화장품의 포장에는 화장품의 명칭, 화장품 책임판매업자의 상호, 가격, 제조번호와 사용기한 또는 개봉 후 사용기간만을 기재·표시할 수 있다.
② 판매의 목적이 아닌 제품의 선택 등을 위하여 미리 소비자가 시험·사용하도록 제조 또는 수입된 화장품의 포장에는 화장품의 명칭, 화장품 책임판매업자의 상호, 가격, 제조번호와 사용기한 또는 개봉 후 사용기간만을 기재·표시할 수 있다.
③ 판매의 목적이 아닌 제품의 선택 등을 위하여 미리 소비자가 시험·사용하도록 제조 또는 수입된 화장품의 포장에서 가격 대신 견본품이나 비매품으로 표시할 수 있다.
④ 전성분 표시할 때 제조과정 중에 제거되어 최종 제품에는 남아 있지 않은 성분은 기재·표시를 생략할 수 있다.
⑤ 전성분 표시할 때 안정화제, 보존제 등 원료 자체에 들어 있는 부수성분으로서 그 효과가 나타나게 하는 양보다 적은 양이 들어 있는 성분은 별도표시를 하여야 한다.

75

화장품 표시·광고 시 준수사항으로 적절하지 않은 것은?

① 의약품으로 잘못 인식할 우려가 있는 내용, 제품의 명칭 및 효능·효과 등에 대한 표시·광고를 하지 말 것
② 기능성 화장품, 천연 화장품 또는 유기농 화장품이 아님에도 불구하고 제품의 명칭, 제조방법, 효능·효과 등에 관하여 기능성화장품, 천연화장품 또는 유기농 화장품으로 잘못 인식할 우려가 있는 표시·광고를 하지 말 것
③ 외국제품을 국내제품으로 또는 국내제품을 외국제품으로 잘못 인식할 우려가 있는 표시·광고를 하지 말 것
④ 경쟁상품과 비교하는 표시·광고는 비교대상 및 기준을 분명히 밝히고 객관적으로 확인될 수 있는 사항이라도 표시·광고하지 말 것
⑤ 저속하거나 혐오감을 주는 표현·도안·사진 등을 이용하는 표시·광고를 하지 말 것

76

에멀전은 외상의 종류에 따라 O/W 에멀전, W/O 에멀전, 다중에멀전으로 분류되는데 다음 중 O/W 에멀전에 해당되는 제품은?

① 크림, 로션
② 콜드크림
③ 선크림
④ 비비크림
⑤ 클렌징 크림

77
충진 및 포장에 대한 내용으로 적절하지 않은 것은?

① 충진은 빈 공간을 채우거나 빈 곳에 집어넣어서 채운다는 의미로, 화장품의 경우 일정한 규격의 용기에 내용물을 넣어 채우는 작업을 말한다.
② 충진기에는 피스톤방식 충진기, 파우치방식 충진기, 파우더 충진기, 카톤 충진기, 액체 충진기, 튜브 충진기가 있다.
③ 파우치방식 충진기는 용량이 큰 액상타입의 제품인 샴푸, 린스, 컨디셔너의 충진에 사용된다.
④ 선크림, 폼 클렌징 등 튜브용기는 튜브충진기로 충진한다.
⑤ 2차 포장이란 제품 포장 시 내용물과 직접 접촉하는 1차 포장용기를 보호하거나 제품의 가치를 향상시키기 위해 행하는 포장을 말한다.

78
화장품 유리용기로 무색 투명한 유리 속에 무색의 미세한 결정이 분산되어 빛을 흩어지게 하여 유백색으로 보이는 유리는?

① 소다 석회유리
② 강화유리
③ 장식용 유리
④ 칼리납유리
⑤ 유백유리

79
다음 중 에멀전 안정화제는?

① 고급알코올
② 프로필파라벤
③ 소르비탄계열
④ 레시틴
⑤ 엘라스틴

80
다음 〈보기〉 중 가격대신에 견본품이나 비매품으로 표시할 수 있는 경우를 모두 고른 것은?

〈보기〉
가. 판매의 목적이 아닌 제품의 선택 등을 위하여 미리 소비자가 시험·사용하도록 제조된 화장품의 포장
나. 판매의 목적이 아닌 제품의 선택 등을 위하여 미리 소비자가 시험·사용하도록 수입된 화장품의 포장
다. 내용량이 10ml 이하 또는 10g 이하인 화장품의 포장
라. 유아용제품 또는 어린이용제품류

① 가, 나
② 가, 다
③ 가, 라
④ 나, 다
⑤ 나, 라

81
펌제(퍼머넌트 웨이브)의 제1제(환원제)의 성분이 아닌 것은?

① 치오글라이콜릭애씨드
② 과산화수소
③ 시스테인
④ 알칼리제
⑤ 컨디셔닝

82
화장품 포장의 표시기준 및 표시방법에 대한 설명으로 틀린 것은?

① 화장품의 명칭 : 다른 제품과 구별할 수 있도록 표시된 것으로서 같은 화장품책임판매업자의 여러 제품에서 공통으로 사용하는 명칭을 포함한다.
② 화장품제조업자 및 화장품책임판매업자의 상호 및 주소 : 공정별로 2개 이상의 제조소에서 생산된 화장품의 경우 화장품제조업자의 상호 및 주소는 2곳 모두 기재ㆍ표시하여야 한다.
③ 화장품 제조에 사용된 성분 : 화장품 제조에 사용된 함량이 많은 것부터 기재ㆍ표시한다. 다만, 1% 이하로 사용된 성분, 착향제 또는 착색제는 순서에 상관없이 기재ㆍ표시할 수 있다.
④ 착향제는 '향료'로 표시할 수 있다. 다만, 착향제의 구성성분 중 식품의약품안전처장이 정하여 고시한 알레르기 유발성분이 있는 경우에는 향료로 표시할 수 없고, 해당 성분의 명칭을 기재ㆍ표시해야 한다.
⑤ 산성도 조절목적으로 사용되는 성분 : 그 성분을 표시하는 대신 중화반응에 따른 생성물로 기재ㆍ표시할 수 있고, 비누화반응을 거치는 성분은 비누화반응에 따른 생성물로 기재ㆍ표시할 수 있다.

83
맞춤형화장품의 원료 및 제형의 물리적 특성으로 두 물질의 경계면에 흡착해 성질을 변화시키는 물질로 물과 기름을 잘 섞이게 하는 유화제와 소량의 기름을 물에 녹게 하는 가용화제는?

① 유성원료
② 수성원료
③ 보습제
④ 점증제
⑤ 계면활성제

84
맞춤형화장품의 원료 및 내용물의 재고파악에 대한 설명으로 틀린 것은?

① 원료의 발주량을 미리 파악하기 어려우므로 대량 발주하여 원료를 확보한다.
② 화장품원료의 입고 및 출고관리를 통하여 관리한다.
③ 제조지시서에 의한 사용량 예측을 통해 발주관리를 한다.
④ 선입선출에 따라 원료의 적정재고를 유지ㆍ관리할 수 있다.
⑤ 맞춤형화장품의 내용물 및 원료의 입고 시 품질관리 여부를 확인한다.

85
관능검사 시 착색제의 색조에 관한 표준이 되는 것은?

① 제품색조 표준견본
② 레벨부착 위치견본
③ 원료 표준견본
④ 원료색조 표준견본
⑤ 향료 표준견본

86
다음 안정성 시험별 특징에 대한 설명으로 가장 적합하지 않은 것은?

① 화장품의 저장방법 및 사용기한을 설정하기 위하여 경시변화에 따른 품질의 안정성을 평가하는 시험이다.
② 적절한 보관, 운반, 사용조건에서 화장품의 물리적, 화학적, 미생물학적 안정성 및 내용물과 용기 사이의 적합성을 보증할 수 있는 조건에서 시험을 실시한다.
③ 정상적으로 제품 사용 시 미생물 증식을 억제하는 능력이 있음을 증명하는 미생물학적 시험으로 개봉 후 안정성시험에서는 생략된다.
④ 물리적 시험은 비중, 융점, 경도, pH, 유화상태, 점도 등에 대해 시험한다.
⑤ 화학적 시험은 시험 불가용성 성분, 에터 불용 및 에탄올 가용성 성분, 에터 및 에탄올 가용성 불검화물, 에터 및 에탄올 가용성 검화물, 에터 가용 및 에탄올 불용성 불검화물, 에터 가용 및 에탄올 불용성 검화물, 증발 잔류물, 에탄올 등에 대해 시험한다.

87
화장품의 고형화 제형에 대한 설명으로 적절하지 않은 것은?

① 화장품의 고형화 제형은 립스틱, 립밤, 컨실러, 데오도런트가 있다.
② 고형화 제형을 구성하는 성분은 왁스, 페이스상, 오일, 색소, 보존제, 산화방지제, 향 등이다.
③ 대표적인 고형화 제형인 립스틱에서는 제형이 불안정하면 발한, 발분이 발생할 수 있다.
④ 발분이란 립스틱 표면 밑에 있는 오일이 립스틱 표면으로 이동하는 것을 말한다.
⑤ 발한의 원인은 왁스와 오일의 낮은 혼화성 때문이다.

88
화장품책임판매업자의 준수사항 중 수입한 화장품에 대하여 기록하여 보관하여야 하는 사항이 아닌 것은?

① 제품명 또는 국내에서 판매하려는 명칭
② 원료성분의 규격 및 함량
③ 제조국, 제조회사명 및 제조회사의 소재지
④ 수입가격 및 실제판매가격
⑤ 제조 및 판매증명서

89
다음 〈보기〉는 안정성시험의 한 종류이다. 어떤 시험에 대한 내용인지 안정성시험의 종류를 쓰시오.

─〈보기〉─
장기보존시험의 저장조건을 벗어난 단기간의 가속조건이 물리·화학적, 미생물학적 안정성 및 용기 적합성에 미치는 영향을 평가하기 위한 시험을 말한다.

90
감각기능 중 피부에 가장 많이 분포하는 것을 쓰시오.

91
피부유형분석방법 중 모공, 예민도, 혈액순환 등을 육안 또는 피부분석기를 이용하여 판독하는 방법은?

92
다음 〈보기〉가 설명하는 화장품 원료는?

― 〈보기〉 ―

제품의 10% 이상을 차지하는 매우 중요한 성분으로 대부분 정제수를 사용하며, 정제수는 세균과 금속이온이 제거된 상태를 말한다.

93
색소 중 물 또는 오일에 녹는 것으로 화장품 자체에 시각적인 색상효과를 부여하기 위해 사용되는 것은?

94
화장품의 제형 중 액제, 로션제, 크림제, 겔제 등을 부직포 등의 지지체에 침적하여 만든 제형은?

95
다음 〈보기〉는 화장품의 안전성 확보를 위해 교육을 받을 직원이 둘 이상이 있을 경우에 대한 내용이다. ( ) 안에 들어갈 단어를 쓰시오.

― 〈보기〉 ―

화장품 관련 법령 및 제도에 관한 교육을 받아야 할 자가 둘 이상의 장소에서 화장품제조업, 화장품책임판매업 또는 맞춤형화장품판매업을 하는 경우에는 종업원 중에서 ( )으로 정하는 자를 책임자로 지정하여 교육을 받게 할 수 있다.

96
다음 〈보기〉가 설명하는 용어는?

― 〈보기〉 ―

UVB를 사람의 피부에 조사한 후 16~24시간의 범위 내에, 조사영역의 전 영역에 홍반을 나타낼 수 있는 최소한의 자외선 조사량을 말한다.

97
다음 〈보기〉가 설명하는 용어(단위)는?

〈보기〉
급성 노출 시에 반수의 실험동물에서 치사를 유발할 수 있는 농도(ppm=mg/L)

98
다음 〈보기〉는 화장품 바코드 표시 및 관리요령에 대한 내용이다. 공통으로 (   ) 안에 들어갈 숫자는?

〈보기〉
내용량이 (   )ml 이하 또는 (   )g 이하인 제품의 용기 또는 포장이나 견본품, 시공품 등 비매품에 대하여는 화장품 바코드 표시를 생략할 수 있다.

99
다음 〈보기〉는 가속시험 조건에 대한 내용이다. (   ) 안에 들어갈 숫자는?

〈보기〉
가. 로트의 선정 : 장기보존시험 기준에 따름
나. 보존조건 : 유통경로나 제형특성에 따라 적절한 시험조건 설정, 일반적으로 장기보존시험의 지정저장온도보다 (   )℃ 이상 높은 온도에서 시험
다. 시험기간 : 6개월 이상 시험하는 것을 원칙으로 하나 필요시 조정할 수 있음
라. 측정시기 : 시험개시 때를 포함하여 최소 3번을 측정함
마. 시험항목 : 장기보존시험조건에 따름

100
다음 〈보기〉는 식품의약품안전처장 고시 화장품 안전기준 등에 관한 규정의 내용이다. (   ) 안에 들어갈 말을 쓰시오.

〈보기〉
식품의약품안전처장은 화장품의 제조 등에 사용할 수 없는 원료를 지정하여 고시하여야 한다. 사용기준이 지정·고시된 원료 외의 보존제, 색소, (   ) 등은 사용할 수 없다.

제 10회
모의고사

제10회 모의고사

⏱ 시험시간 120분   🎯 정답 및 해설 343p

시험과목	문항유형
화장품법의 이해	선다형 7문항 단답형 3문항
화장품 제조 및 품질관리	선다형 20문항 단답형 5문항
유통화장품의 안전관리	선다형 25문항
맞춤형화장품의 이해	선다형 28문항 단답형 12문항

01
화장품법령상 두발 염색용 제품류에 속하지 않은 것은?

① 헤어 틴트
② 헤어 토닉
③ 염모제
④ 헤어 컬러스프레이
⑤ 탈염·탈색용 제품류

02
맞춤형화장품 판매업 신고 시의 구비서류로 적절하지 않은 것은?

① 맞춤형화장품 판매업자신고서
② 맞춤형화장품 조제관리사의 자격증 원본
③ 맞춤형화장품 혼합 또는 소분에 사용되는 내용물 및 원료를 제공하는 책임판매업자와 체결한 계약서 사본
④ 소비자피해보상을 위한 보험계약서 사본
⑤ 대표자의 전문의 및 의사진단서(정신질환자 또는 마약류 중독자가 아님을 증명)

03
영유아 또는 어린이 사용화장품은 화장품의 안전성 자료를 작성 및 보관하여야 하는데 이에 관련된 자료의 작성범위와 거리가 먼 것은?

① 제품 및 제조방법에 대한 설명자료
② 화장품의 안정성 평가자료
③ 제품의 효능에 대한 증명자료
④ 제품의 효과에 대한 증명자료
⑤ 화장품의 안전성 평가자료

04
화장품 영업자를 대상으로 실시하는 감시에서 '수시감시'에 대한 내용이 아닌 것은?

① 고발, 진정, 제보 등으로 제기된 위법사항에 대한 점검
② 준수사항, 품질, 표시광고, 안전기준 등 모든 영역
③ 수거품에 대한 유통화장품 안전관리 기준에 적합여부 확인
④ 불시점검이 원칙이고 문제제기 사항을 중점적으로 관리함
⑤ 정보수집, 민원, 사회적 현안 등에 따라 즉시 점검이 필요하다고 판단되는 사항, 연중감시

05
다음 중 화장품 제조업자의 변경등록 사유와 거리가 먼 것은?

① 책임판매관리자의 변경
② 화장품 제조업자의 변경(법인인 경우에는 대표자의 변경)
③ 화장품 제조업자의 상호변경(법인인 경우에는 법인의 명칭변경)
④ 제조소의 소재지 변경
⑤ 제조유형의 변경

06
〈보기〉는 개인정보보호에 관한 벌칙에 대한 설명이다. (   )안에 공통으로 들어갈 알맞은 것은?

〈보기〉
정보주체의 동의를 받지 아니하고 개인정보를 제3자에게 제공한 자 및 그 사정을 알고 개인정보를 제공받은 자, 개인정보를 이용하거나 제3자에게 제공한 자 및 그 사정을 알면서도 영리 또는 부정한 목적으로 개인정보를 제공받은 자는 (   )년 이하의 징역 또는 (   ) 천만원 이하의 벌금에 처한다.

① 1
② 2
③ 3
④ 4
⑤ 5

07
정보주체의 권리로 옳지 않은 것은?

① 타인의 개인정보를 제공받을 권리
② 개인정보의 처리에 관한 동의여부, 동의범위 등을 선택·결정할 권리
③ 처리 개인정보의 처리여부확인, 개인정보 열람을 요구할 권리
④ 개인정보의 처리정지, 정정·삭제 및 파기를 요구할 권리
⑤ 개인정보의 처리 피해를 신속·공정하게 구제받을 권리

08
다음은 화장품법령상 행정처분에 대한 설명이다. (   ) 안에 들어갈 숫자를 쓰시오.

〈보기〉
식품의약품안전처장은 등록을 취소하거나 영업소 폐쇄를 명하거나, 품목의 제조·수입 및 판매의 금지를 명하거나 (   )년의 범위에서 기간을 정하여 그 업무의 전부 또는 일부에 대한 정지를 명할 수 있다.

09
화장품의 품질요소는 안전성, 안정성, 사용성 및 (   )이다. (   ) 안에 들어갈 말을 쓰시오.

10
다음 〈보기〉가 설명하는 용어를 쓰시오.

〈보기〉
자외선 차단제 도포 후의 최소홍반량을 도포 전의 최소홍반량으로 나눈 값으로 평가한다.

11
계면활성제 중 세정력이 우수하고 기포형성작용이 있어 주로 세정제품에 사용되는 것은?

① 비이온 계면활성제
② 양쪽성 계면활성제
③ 실리콘계 계면활성제
④ 양이온 계면활성제
⑤ 음이온 계면활성제

12
다음 중 고급알코올의 종류가 아닌 것은?

① 이소프로필알코올
② 라우릴알코올
③ 미리스틸알코올
④ 세틸알코올
⑤ 스테아릴알코올

13
다음 광물성 오일의 종류와 특징과 거리가 먼 것은?
① 무색투명하다.
② 특이취가 있다.
③ 산패되지 않는다.
④ 유성감이 강하고 폐색막을 형성하여 피부호흡을 방해한다.
⑤ 미네랄오일, 페트롤라툼 등이 있다.

14
점증제에 대한 설명으로 옳지 않은 것은?
① 점증제란 에멀전의 안정성을 높이기 위해 외상의 점도를 증가시키는데 사용하는 것이다.
② 점증제는 천연과 합성으로 분류하고, 천연은 그 출발물질에 따라 식물성, 동물성, 미생물 유래로 분류하고 있다.
③ 비수계점증제는 외상이 오일이나 실리콘인 W/O제형, W/Si제형의 점증제로 사용된다.
④ 수계점증제는 외상이 물인 O/W제형의 수상의 점증제로 사용된다.
⑤ 무기계 점증제는 식물성, 동물성, 미생물 유래이며, 유기계 점증제는 광물계 점증제이다.

15
색소 중 물이나 기름, 알코올 등에 용해되어 기초용 및 방향용 화장품에서 제형의 색상을 나타내고자 할 때 사용하고 색조화장품에서는 립틴트에 주로 사용되는 것은?
① 염료
② 안료
③ 레이크
④ 타르색소
⑤ 징크옥사이드

16
안료 중 펄 안료가 아닌 것은?
① 비스머스옥시클로라이드
② 티타네이티드마이카
③ 구아닌
④ 티타늄디옥사이드
⑤ 하이포산틴

17
천연향료의 분류와 그 제법의 연결이 옳지 않은 것은?
① 팅크처 – 천연원료를 다양한 농도의 에탄올에 침지시켜 얻은 용액이다.
② 레지노이드 – 건조된 식물성 원료를 비수용매로 추출하여 얻은 특징적인 냄새를 지닌 추출물이다.
③ 발삼 – 벤조익 또는 신나믹유도체를 함유하고 있는 천연 올레오레진이다.
④ 앱솔루트 – 실온에서 콘크리트, 포마드 또는 레지노이드를 에탄올로 추출해서 얻은 향기를 지닌 생성물이다.
⑤ 올레오레진 – 신선한 식물성 원료를 비수용매로 추출하여 얻은 특징적인 냄새를 지닌 추출물이다.

18
화장품 활성성분 중 탈모증상의 완화 성분은?
① 덱스판테놀
② 레티놀
③ 아데노신
④ 세라마이드
⑤ 살리실릭애씨드

19

화장품 전성분 표시지침상 표시생략 성분 등에 대한 내용으로 적절하지 않은 것은?

① 메이크업용 제품, 눈 화장용 제품, 염모용 제품 및 매니큐어용 제품에서 흣수별로 착색제가 다르게 사용된 경우 〈± 또는 +/-〉의 표시 뒤에 사용된 모든 착색제 성분을 공동으로 기재할 수 있다.
② 원료 자체에 이미 포함되어 있는 안정화제, 보존제 등으로 제품 중에서 그 효과가 발휘되는 것보다 적은 양으로 포함되어 있는 부수성분과 불순물은 표시하지 않을 수 있다.
③ 제조과정 중 제거되어 최종제품에 남아 있지 않는 성분은 표시하지 않을 수 있다.
④ 착향제는 향료로 표시할 수 없다. 다만, 착향제의 구성 성분 중 식품의약품안전처장이 정하여 고시한 알레르기 유발성분이 있는 경우에는 향료로 표시할 수 있다.
⑤ pH조절 목적으로 사용되는 성분은 그 성분을 표시하는 대신 중화반응의 생성물로 표시할 수 있다.

20

다음 중 화학물질의 등록 및 평가 등에 관한 법률에서 지정하고 있는 금지물질(환경부 고시) 중 함유량 제한이 다른 하나는?

① 아크린아트린 ② 풀루아지남
③ 피라클로포스 ④ 펜피록시메이트
⑤ 헵타클로르

21

우수화장품 제조 및 품질관리기준(CGMP)상 보관 및 출고에 대한 설명으로 적절하지 않은 것은?

① 시장 출하 전에 모든 완제품은 설정된 시험방법에 따라 관리되어야 하고, 합격판정기준에 부합하여야 한다.
② 시장출하 전에 뱃치에서 취한 검체가 합격기준에 부합하지 않은 경우라도 완제품 뱃치를 불출할 수 있다.
③ 달리 규정된 경우가 아니라면 재고회전은 선입선출방식으로 사용 및 유통되어야 한다.
④ 완제품 재고의 정확성을 보증하고, 규정된 합격판정기준이 만족됨을 확인하기 위해 점검 작업이 실시되어야 한다.
⑤ 제품의 검체채취란 제품시험용 및 보관용 검체를 채취하는 일이며, 완제품 규격에 따라 충분한 수량이어야 한다.

22

화장품 회수의무자는 위해등급에 해당하는 화장품에 대하여 회수대상화장품이라는 사실을 안 날부터 며칠 이내에 회수계획서를 지방식품의약품안전청장에게 제출하여야 하는가?

① 5일 ② 10일
③ 15일 ④ 30일
⑤ 60일

23
위해화장품의 상세한 공표기준으로 틀린 것은?

① '가'등급 위해성 화장품은 전국을 보급지역으로 하는 1개 이상의 일간신문에 게재 공고한다.
② '나'등급과 '다'등급 위해성 화장품 회수공표는 일간신문에 공표하지 아니하여도 된다.
③ '가'등급, '나'등급, '다'등급 공통적으로 해당 영업자의 인터넷 홈페이지에 게재하여야 한다.
④ '가'등급, '나'등급, '다'등급 공통적으로 식품의 약품안전처의 인터넷 홈페이지에 게재 요청할 수 있다.
⑤ '나'등급 위해성 화장품은 전국을 보급지역으로 하는 1개 이상의 일간신문에 게재 공고한다.

24
폐기물처리에 대한 내용으로 적절하지 않은 것은?

① 품질에 문제가 있거나 회수·반품된 폐기 또는 재작업 여부는 품질보증 책임자에 의해 승인되어야 한다.
② 재작업은 변질·변패 또는 병원미생물에 오염되지 않은 경우나 제조일로부터 1년이 경과하지 않았거나 사용기한이 1년 이상 남아 있는 경우이다.
③ 재입고할 수 없는 제품의 폐기처리규정을 작성하여야 한다.
④ 폐기대상은 따로 보관하고 규정에 따라 신속하게 폐기하여야 한다.
⑤ 기준일탈 제품이 발생했을 때는 미리 정한 절차를 따라 확실한 처리를 하고 실시한 내용을 모두 문서로 남긴다.

25
판매의 목적이 아닌 제품의 선택 등을 위하여 미리 소비자가 시험, 사용하도록 제조된 화장품에 대하여 기재·표시를 생략할 수 있는 항목은?

① 견본품이나 비매품
② 제조번호
③ 화장품 책임판매업자의 상호
④ 화장품 책임판매업자의 주소
⑤ 화장품의 명칭

26
화장품법에 따라 화장품의 포장에 기재·표시하여야 하는 사항으로 적절하지 않은 것은?

① 방향용 제품으로 성분명을 제품 명칭의 일부로 사용한 경우 그 성분명과 함량
② 기능성화장품의 경우 심사받거나 보고한 효능·효과, 용법·용량
③ 인체세포·조직배양액이 들어있는 경우 그 함량
④ 화장품에 천연 또는 유기농으로 표시·광고하려는 경우에는 원료의 함량
⑤ 제품명에 유기농을 표시하고자 하는 경우에는 유기농원료가 물과 소금을 제외한 전체 구성성분 중 95% 이상이어야 한다.

27

화장품 전성분 표시지침에 따른 표시생략 성분 등에 대한 설명으로 적절하지 않은 것은?

① pH조절목적으로 사용되는 성분은 그 성분을 표시하는 대신 중화반응의 생성물로 표시할 수 있다.
② 착향제는 〈향료〉로 표시할 수 있다.
③ 표시할 경우 기업의 정당한 이익을 현저히 해할 우려가 있는 성분(영업비밀 성분)의 경우에는 〈추가 성분〉으로 기재할 수 있다.
④ 제조 과정 중 제거되어 최종 제품에 남아 있지 않은 성분은 표시하지 않을 수 있다.
⑤ 식품의약품안전처장은 착향제의 구성성분 중 알레르기 유발물질로 알려져 있는 별표의 성분이 함유되어 있는 경우에는 그 성분을 표시하도록 권장할 수 있다.

28

세정화장품 제품류 중 클렌징 티슈와 같이 포인트메이크업 제거효과를 가진 제품은?

① 클렌징 크림
② 클렌징 로션
③ 클렌징 오일
④ 페이셜 스크럽제
⑤ 폼 클렌징

29

화장품법상 동물실험을 실시한 화장품 또는 동물시험을 실시한 화장품 원료를 사용하여 제조 또는 수입한 화장품의 유통·판매를 금지하고 있다. 다만, 예외적으로 동물실험을 할 수 있도록 인정해주고 있는 경우를 다음 〈보기〉에서 모두 고른 것은?

〈보기〉

가. 동물대체시험법이 존재하지 아니하여 동물실험이 필요한 경우
나. 화장품 수출을 위하여 수출 상대국의 법령에 따라 동물실험이 필요한 경우
다. 수입하려는 상대국의 법령에 따라 제품 개발에 동물실험이 필요한 경우
라. 다른 법령에 따라 동물실험을 실시하여 개발된 원료를 제조 등에 사용하는 경우

① 가, 나, 다
② 가, 나, 라
③ 가, 다, 라
④ 나, 다, 라
⑤ 가, 나, 다, 라

30

화장품의 사용상 주의사항으로 적절하지 않은 것은?

① 사용 후에는 반드시 마개를 닫아 둔다.
② 고온 또는 저온의 장소 및 직사광선이 닿는 곳에는 보관하는 것이 좋다.
③ 제품설명서를 잘 읽고 올바른 사용방법에 따라 사용한다.
④ 눈에 들어가지 않도록 주의한다.
⑤ 유아·소아의 손이 닿지 않는 곳에 보관한다.

31
왁스의 한 종류로 양의 털을 가공할 때 나오는 지방을 정제하여 얻으며, 피부에 대한 친화성과 부착성, 포수성이 우수하여 크림이나 립스틱 등에 널리 사용되는 것은?

32
무기안료 중 착색이 목적이 아니라 제품의 적절한 제형을 갖추게 하기 위해 이용되는 안료는?

33
다음 〈보기〉의 내용 중 ( ) 안에 들어갈 말로 적절한 것을 쓰시오.

〈보기〉

식물의 꽃·잎·줄기 등에서 추출한 에센셜 오일이나 추출물이 착향의 목적으로 사용되었거나 또는 해당 성분이 착향제의 특성이 있는 경우에는 ( ) 유발성분을 표시·기재하여야 한다.

34
다음은 품질성적서 관련 내용이다. ( ) 안에 들어갈 말로 적절한 것을 쓰시오.

〈보기〉

내용물 품질관리 여부를 확인할 때, 제조번호, 사용기한, 제조일자, 시험결과를 주의 깊게 검토해야 하며, 내용물의 제조번호, 사용기한, 제조일자는 맞춤형화장품 ( ) 및 맞춤형화장품 사용기한에 영향을 준다.

35
다음 〈보기〉는 보습제에 대한 설명이다. ( ) 안에 들어갈 적절한 단어를 쓰시오.

〈보기〉

피부의 수분량을 증가시켜주고 수분손실을 막아 주는 역할을 하는 보습제에는 분자 내에 수분을 잡아당기는 친수기가 주변으로부터 물을 잡아당기어 수소결합을 형성하여 수분을 유지시켜주는 ( )와 폐색막을 형성하여 수분증발을 막는 폐색제가 있다.

36
작업소에 곤충·해충이나 쥐를 막는 원칙으로 틀린 것은?

① 벌레가 좋아하는 것을 제거한다.
② 빛이 밖으로 새어나가지 않게 한다.
③ 조사(調査)한다.
④ 구제한다.
⑤ 실내압을 외부보다 낮게 한다.

37
세척확인방법에 대한 설명으로 틀린 것은?

① 세척확인방법은 육안판정, 천으로 문질러 부착물로 확인, 린스액의 화학분석방법 등이 있다.
② 린스 정량법은 상대적으로 간단한 방법으로 수치로서 결과를 확인할 수 있다.
③ 린스 정량법은 호스나 틈새기의 세척판정에는 적합하므로 반드시 절차를 준비해 두고 필요할 때 실시한다.
④ 린스 액의 최적정량방법은 HPLC법, 박층크로마토그래피에 의한 간편정량, TOC측정기로 린스액 중의 총유기탄소를 측정, UV로 확인하는 방법 등이 있다.
⑤ 천으로 문질러 부착물로 확인하는 방법은 흰 천이나 검은 천으로 설비 내부의 표면을 닦아내고 천 표면의 잔류물 유무로 세척결과를 판정한다.

38
우수화장품 제조 및 품질관리기준(CGMP)상 직원의 위생에 관한 설명으로 틀린 것은?

① 작업복은 주기적으로 세탁하고 정기적으로 교체하거나 훼손 시에는 즉시 교체한다.
② 작업복은 오염여부를 쉽게 확인할 수 있는 밝은색의 면소재 재질이 권장된다.
③ 작업복 등은 목적과 오염도에 따라 세탁하고 필요에 따라 소독한다.
④ 작업 전에 복장점검을 하고 적절하지 않을 경우는 시정한다.
⑤ 직원은 별도의 지역에 의약품을 포함한 개인적인 물품을 보관해야 한다.

39
설비 및 기구의 대상과 재질의 연결이 옳지 않은 것은?

① 제조 설비 및 기구 – 스테인레스 스틸
② 칭량 설비 및 기구 – 스테인레스 스틸 또는 플라스틱
③ 충진 설비 및 기구 – 스테인레스 스틸 또는 유리재질
④ 혼합 설비 및 기구 – 스테인레스 스틸 또는 플라스틱
⑤ 소분 설비 및 기구 – 스테인레스 스틸 또는 플라스틱

40
제조설비의 하나로 혼합기 중 고정 드럼 내부에 이중의 리본 타입의 교반날개가 있고, 외측의 분립체는 중앙으로, 내측의 리본은 외측방향으로 이송하는 것에 의해 대류, 확산 및 전단작용을 반복하여 혼합이 이루어지는 설비는?

① 원추형 혼합기
② 리본믹서
③ V-형 혼합기
④ 피라미드형 혼합기
⑤ 이중 원추형 혼합기

41
화장품 제조설비 중 유화장치가 아닌 것은?

① 아토마이저
② 리포좀
③ 고압 호모게나이저
④ 콜로이드밀
⑤ 진공 유화기

42

우수화장품 제조 및 품질관리기준(CGMP)상의 입고관리에 관한 내용으로 적절하지 않은 것은?

① 원료 및 포장재의 용기는 물질과 뱃치 정보를 확인할 수 있는 표시를 부착해야 한다.
② 제품의 품질에 영향을 줄 수 있는 결함을 보이는 원료와 포장재는 즉시 폐기처리하여야 한다.
③ 원료 및 포장재의 상태는 적절한 방법으로 확인되어야 한다.
④ 원료 및 포장재의 상태 확인시스템은 혼동, 오류 또는 혼합을 방지할 수 있도록 설계되어야 한다.
⑤ 제품을 정확히 식별하고 혼동의 위험을 없애기 위해 라벨링을 해야 한다.

43

보관용 검체는 사용기한 경과 후 얼마까지 보관하여야 하는가?

① 30일간
② 60일간
③ 1년간
④ 3년간
⑤ 5년간

44

화장품 안전기준 등에 관한 규정상 비의도적으로 유래된 물질의 검출 허용한도의 내용으로 적절하지 못한 것은?

① 납의 경우 점토를 원료로 사용한 분말제품은 50μg/g 이하이고, 그 밖의 제품은 20μg/g 이하이다.
② 메탄올의 경우 0.2% 이하이다. 다만, 물휴지의 경우는 0.002% 이하이다.
③ 니켈의 경우 눈 화장용 제품은 50μg/g 이하이다.
④ 포름알데하이드의 경우 2,000μg/g 이하이다. 다만, 물휴지의 경우는 20μg/g 이하이다.
⑤ 프탈레이트류는 총합으로서 100μg/g 이하이다.

45

화장품 안전기준 등에 관한 규정상 미생물한도 기준으로 물휴지의 경우 세균 및 진균수의 검출 허용 기준은?

① 100개/g 이하
② 200개/g 이하
③ 500개/g 이하
④ 1,000개/g 이하
⑤ 2,000개/g 이하

46
다음 〈보기〉가 설명하는 용기는 어떤 종류에 대한 내용인가?

〈보기〉
광선의 투과를 방지하는 용기 또는 투과를 방지하는 포장을 한 용기를 말한다.

① 밀폐용기　② 차광용기
③ 밀봉용기　④ 기밀용기
⑤ 일반용기

47
다음 〈보기〉는 화학적 소독제에 대한 설명이다. 무엇에 대한 것인가?

〈보기〉
가. 3%의 수용액으로 사용한다.
나. 금속을 부식시킨다.
다. 고온일수록 효과가 높고 살균력과 냄새가 강하고 독성이 있다.

① 알코올　② 과산화수소
③ 석탄산　④ 크레졸
⑤ 폼알데하이드

48
작업장 내 직원의 복장 위생기준으로 적절하지 않은 것은?
① 청정도에 맞는 적절한 작업복을 착용한다.
② 작업복장은 주 1회 이상 세탁을 원칙으로 한다.
③ 작업장 내 모든 직원은 음식물 반입을 금지시킨다.
④ 작업 전 복장점검 후 적절하지 않는 경우 퇴실 조치한다.
⑤ 각 부서에서는 소속직원의 작업복을 일괄 회수하여 세탁한다.

49
혼합·소분 시 위생관리 규정으로 옳지 않은 것은?
① 혼합·소분 전에는 일회용 장갑을 착용할 때 손소독 후 착용한다.
② 혼합·소분 시에는 오염방지를 위하여 안전관리기준을 준수한다.
③ 사용되는 장비 또는 기기 등은 사용 전·후에 세척한다.
④ 제품을 담을 용기의 오염여부는 사전에 확인한다.
⑤ 혼합·소분시는 포장시처럼 위생관리 규정이 엄격하지 않다.

50
청소·소독시 오염물질 제거 및 소독방법 등에 대한 설명으로 적절하지 않은 것은?
① 청소·소독시에는 눈에 보이지 않은 곳, 하기 힘든 곳 등에 특히 유의하여 세밀하게 한다.
② 멸균된 수건과 대걸레, 소독제, 세척액 등 그레이드에 맞게 청소도구를 준비한다.
③ 천장의 청소방법은 멸균된 대걸레로 청소한 후 더러운 경우 소독된 대걸레로 재차 청소한다.
④ 바닥의 경우는 멸균된 대걸레나 수건으로 바닥을 일차적으로 닦은 후 소독한 대걸레로 재차 닦아준다.
⑤ 청소는 아래쪽에서 위쪽 방향으로, 바깥에서 안쪽 방향으로 진행하여야 한다.

51
화장품제조 시 폐기처리에 대한 설명으로 적절하지 않은 것은?

① 제품의 폐기처리규정을 작성한다.
② 폐기대상은 따로 보관하고 규정에 따라 신속하게 폐기하여야 한다.
③ 품질에 문제가 있거나 회수·반품된 제품의 폐기는 품질보증 책임자에 의해 승인되어야 한다.
④ 물품의 회수·폐기의 절차·계획 및 사후조치 등에 필요한 사항은 식품의약품안전처장이 정한다.
⑤ 변질·변패 또는 병원미생물에 오염되지 않고 사용기한이 6개월 이상 남은 화장품은 재작업을 할 수 있다.

52
화장비누는 화장품 유형별 공통시험항목 외에 무엇을 추가로 시험하여야 하는가?

① 미생물한도   ② 내용량
③ 안티몬 검출한도 ④ 유리알칼리
⑤ 세균수

53
검체의 보관 시 적절한 보관을 위한 고려사항으로 적절하지 않은 것은?

① 재시험에 사용할 수 있을 정도로 충분한 양의 검체를 각각의 원료에 적합한 보관조건에 따라 물질의 특성 및 특징에 맞도록 보관한다.
② 과도한 열기나 추위에 노출되는 것을 방지한다.
③ 특수보관조건을 요하는 검체의 경우 적절하게 준수하고 모니터링한다.
④ 용기는 밀폐하고 청소와 검사가 용이하도록 충분한 간격으로 바닥과 떨어진 곳에 보관한다.
⑤ 원료가 재포장될 경우 기존 검체를 사용하기보다는 새롭게 검체를 채취하여 새로운 관리번호를 부여한다.

54
우수화장품 제조 및 품질관리기준(CGMP)상 입고관리에 대한 설명으로 적절하지 않은 것은?

① 제조업자는 원자재 공급자에 대한 관리감독을 적절히 수행하여 입고관리가 철저히 이루어지도록 하여야 한다.
② 원자재의 입고 시 구매요구서, 원자재 공급업체 성적서(품질성적서) 및 현품이 서로 일치하여야 한다.
③ 원자재 용기에 제조번호가 없는 경우에는 식별번호를 부여하여 보관하여야 한다.
④ 원자재 입고절차 중 육안확인 시 물품에 결함이 있을 경우 입고를 보류하고 격리보관 및 폐기하거나 원자재 공급업자에게 반송하여야 한다.
⑤ 입고된 원자재는 '적합', '부적합', '검사 중' 등으로 상태를 표시하여야 한다.

55
화장품 작업장 내에 안전위생의 교육훈련을 받지 않은 사람들이 제조, 관리, 보관구역으로 출입하는 경우에는 안전위생 교육훈련 자료에 따라 출입 전에 '교육훈련'을 실시하여야 하는데 그 내용으로 옳은 것은?

① 손 씻는 절차
② 화장품 제조 교육
③ 화장품 관리 교육
④ 화장품 보관 교육
⑤ 개인 일상복 관리 교육

56
소독제에 대한 내용으로 적절하지 않은 것은?

① 소독제는 병원 미생물을 사멸시키기 위해 인체의 피부, 점막의 표면이나 기구, 환경의 소독을 목적으로 사용하는 화학물질의 총칭이다.
② 소독제는 기구 등에 부착한 균에 대해 사용하는 약제를 말한다.
③ 소독제는 에탄올 70%, 아이소프로필 알코올 70%가 주로 사용된다.
④ 소독제를 선택할 때에는 경제적이고 쉽게 이용할 수 있어야 한다.
⑤ 소독제는 효과가 좋기 위해서 제품이나 설비와 반응하여야 하며, 불쾌한 냄새가 나지 않아야 한다.

57
제조설비 중 분쇄기의 한 종류로 한쪽은 고정되고 다른 한쪽은 고속으로 회전하는 두 개의 소결체의 좁은 틈으로 시료를 통과시키며, 고정자 표면과 고속 운동자의 작은 간격에 액체를 통과시켜 전단력에 의해 분산 · 유화가 일어나는 장치는?

① 볼밀
② 콜로이드밀
③ 제트밀
④ 비드밀
⑤ 아토마이저

58
작업장의 위생유지 관리활동으로 틀린 것은?

① 작업장은 적절한 소독제를 사용하여 수시로 소독한다.
② 작업장은 수시로 청소하여 청결하게 유지하고, 외부에서 오염이 안 되도록 방충 및 방서 장치를 설치해 관리한다.
③ 포장 라인 주위에 부득이하게 충전 노즐을 비치할 경우 보관함에 UV램프를 설치하여 멸균 처리한다.
④ 이동설비의 소독을 위하여 세척실은 UV램프를 점등하여 세척실 내부를 멸균하고, 이동설비는 세척 후 세척사항을 기록한다.
⑤ 물청소 후에는 물기를 제거하지 않고 자연건조 시킨다.

59
출고관리에 대한 내용으로 틀린 것은?

① 오직 승인된 자 만이 원료 및 포장재의 불출 절차를 수행할 수 있다.
② 모든 물품은 원칙적으로 선입선출 방법으로 출고하고, 그러지 아니한 경우는 기록을 남기지 않는다.
③ 뱃치에서 취한 검체가 모든 합격기준에 부합할 때 뱃치가 불출될 수 있다.
④ 원료와 포장재는 불출되기 전까지 사용을 금지하는 격리를 위해 특별한 절차가 이행되어야 한다.
⑤ 특별한 환경을 제외하고, 재고품 순환은 오래된 것이 먼저 사용되도록 보증해야 한다.

60
원료검사에서 검체 채취방법 및 검사 등에 관한 내용으로 적절하지 않은 것은?

① 원료에 대한 검체채취 계획을 수립하고, 용기 및 기구를 확보한다.
② 검체채취 지역이 준비되어 있는지 확인하고, 대상원료를 그 지역으로 옮긴다.
③ 승인된 절차에 따라 검체를 채취하고, 검체용기에 라벨링을 한다.
④ 시험용 검체는 오염되거나 변질되지 않도록 채취하고, 검체를 채취한 후에는 원상태에 준하는 포장을 하며, 검체가 채취되었음을 표시하는 것이 좋다.
⑤ 검사결과가 규격에 적합한지 확인하고 부적합할 경우 재검체 또는 다른 뱃치에서 채취한다.

61
맞춤형화장품 판매업자의 변경신고 사항과 거리가 먼 것은?

① 맞춤형화장품 판매업자의 변경
② 책임판매관리자의 변경
③ 맞춤형화장품 판매업자의 상호변경
④ 맞춤형화장품 판매업소의 소재지 변경
⑤ 맞춤형화장품 조제관리사의 변경

62
피부의 특성으로 옳지 않은 것은?

① 피부의 pH는 30분 정도 목욕 후에 pH 6.6~7.0까지 상승했다가 18~24시간 후에 약산성 pH로 돌아온다.
② 피부는 표피, 진피 및 피하지방으로 구성되어 있다.
③ 피부는 피부 속으로 들어갈수록 pH는 감소한다.
④ 표피는 두께가 70~1,400(평균 100)μm이다.
⑤ 피부의 pH는 젖산, 피롤리돈산, 요산이 원인으로 추측된다.

63
피부의 기능의 일부이다. (　) 안에 들어갈 말로 적절한 것은?

〈보기〉
피부는 비타민D를 합성한다. 즉 자외선을 통해 피지성분인 (　)를 통해 합성된다.

① 콜라겐　　　　② 스쿠알렌
③ 교원섬유　　　④ 탄력섬유
⑤ 엘라이딘

64

각질층의 주성분인 세포 간 지질의 성분 중 가장 비중이 큰 것은?

① 세라마이드 ② 지방산
③ 콜레스테롤에스테르 ④ 림프액
⑤ 스쿠알렌

65

표피층 중 가장 두꺼운 층은?

① 각질층 ② 투명층
③ 과립층 ④ 유극층
⑤ 기저층

66

표피층 중 모세혈관으로부터 영양분과 산소를 공급받아 세포분열을 통해 새로운 세포를 형성하는 층은?

① 각질층 ② 투명층
③ 과립층 ④ 유극층
⑤ 기저층

67

다음 중 피하지방의 역할은?

① 열격리, 충격흡수, 영양저장소의 기능
② 수분량을 일정하게 유지되도록 돕는 기능
③ 세포분열을 통해 표피세포생성기능
④ 기저층의 세포분열을 도움
⑤ 수분을 많이 함유하고 표피에 영양을 공급하는 기능

68

대한선과 소한선의 비교설명으로 적절하지 않은 것은?

① 대한선은 피부에 직접 연결되어 있고, 소한선은 모공과 연결되어 있다.
② 대한선은 pH 5.5~6.5 정도이고, 소한선의 pH는 3.8~5.6의 약산성이다.
③ 대한선은 특정부위에 존재하며, 소한선은 전신에 분포한다.
④ 대한선은 정신적 스트레스에 반응하나, 소한선은 온열성 발한 · 정신성 발한 · 미각성 발한과 관계있다.
⑤ 대한선은 피하지방 가까이에 위치하고, 소한선은 진피 깊숙이 위치한다.

69

다음 여드름의 종류 중 염증성 여드름이 아닌 것은?

① 농포 ② 구진
③ 결절 ④ 면포
⑤ 뾰루지

70

모발의 특징과 관련 내용으로 틀린 것은?

① 모발의 성장속도는 0.35~0.50mm/day로 모낭은 15~20회 모발을 생산한 후 사멸된다.
② 일반적으로 모발은 케라틴, 수분, 지질, 멜라닌, 미네랄 등으로 구성되어 있다.
③ 모수질은 모구 아래쪽에 위치하며 모발성장을 위해 영양분을 공급해 주는 혈관과 신경이 몰려 있다.

④ 멜라닌은 티로신으로부터 만들어지는데 검정색과 갈색을 나타내는 유멜라닌과 빨간색과 금발을 나타내는 페오멜라닌으로 분류되며, 모발의 색은 유멜라닌과 페오멜라닌의 구성비에 의해 결정된다.
⑤ 케라틴을 구성하는 아미노산인 시스틴에 있는 디설파이드결합에 의해 모발형태와 웨이브가 결정된다.

71
잔주름이 생기기 쉬운 피부는?

① 건성피부　　② 중성피부
③ 지성피부　　④ 복합성 피부
⑤ 지루성 피부

72
피부측정항목과 측정방법의 연결이 옳지 않은 것은?

① 멜라닌 – 피부의 멜라닌 양을 측정하여 수치로 나타낸다.
② 피부pH – 카트리지 필름을 피부에 일정시간 밀착시킨 후 카트리지 필름의 투명도를 통해 측정한다.
③ 홍반 – 피부의 붉은 기(헤모글로빈)를 측정하여 수치로 나타낸다.
④ 두피상태 – 두피의 비듬, 피지를 현미경과 비젼프로그램을 통해 확인한다.
⑤ 모발상태 – 모발의 강도, 굵기, 탄력도, 손상정도, 수분함량을 측정한다.

73
화장품의 생산·수입실적 및 원료목록 보고에 관한 규정의 내용으로 적절하지 않은 것은?

① 지난 해의 생산·수입실적을 보고하려는 책임판매업자는 업 유형별로 매년 2월 말까지 각 관련단체의 장에게 제출하여야 한다.
② 화장품의 제조과정에 사용된 원료의 목록을 보고하려는 책임판매업자는 유통·판매 전에 각 관련단체의 장에게 제출하여야 한다.
③ 책임판매업자는 작성한 서식을 전산매체에 수록하거나 정보통신망을 이용하여 제출한다.
④ 전자문서교환방식으로 표준통관예정보고를 하고 수입한 자는 수입실적보고 및 원료목록 보고를 하지 아니할 수 있다.
⑤ 생산실적 및 국내 제조화장품 원료목록보고와 수입실적 및 수입화장품 원료목록 보고는 (사) 대한화장품협회에 한다.

74
화장품 가격표시제 실시요령에 의한 내용으로 적절하지 않은 것은?

① 판매가격의 표시는 일반소비자에게 판매되는 실제 거래가격을 표시하여야 한다.
② 판매가격의 표시는 유통단계에서 쉽게 훼손되거나 지워지지 않으며 분리되지 않도록 스티커 또는 꼬리표를 표시하여야 한다.
③ 판매가격이 변동되었을 경우에는 기존의 가격표시가 보이지 않도록 변경 표시하여야 한다.
④ 가격의 표시의무자는 화장품을 일반 소비자에게 판매하는 자를 말한다.
⑤ 개별제품으로 구성된 종합제품으로서 분리하여 판매하지 않는 경우에도 그 개별제품 각각에 판매가격을 표시하여야 한다.

75
맞춤형화장품 표시사항과 거리가 먼 것은?
① 명칭
② 사용기한 또는 개봉 후 사용기간
③ 맞춤형화장품 판매업자 상호
④ 제조번호
⑤ 가격(소비자가 잘 확인할 수 있는 위치에 표시)

76
W/O에멀젼(유중수형)은 오일 베이스에 물이 분산되어 있는 상태로 이에 해당하는 제품이 아닌 것은?
① 콜드크림
② 에센스
③ 영양크림
④ 클렌징크림
⑤ 자외선차단제

77
화장품 충진기 중 박스에 테이프를 붙이는 테이핑기는?
① 카톤 충진기
② 파우치방식의 충진기
③ 피스톤방식의 충진기
④ 파우더충진기
⑤ 튜브충진기

78
〈보기〉는 용기에 대한 설명이다. ( )안에 들어갈 것은 무엇인가?

〈보기〉
( )는 연필처럼 깎아서 쓰는 나무자루 타입과 샤프펜슬처럼 밀어내어 쓰는 타입의 용기로 아이라이너, 아이브로우, 립펜슬 등에 사용된다.

① 펜슬용기
② 튜브용기
③ 원통상 용기
④ 파우더 용기
⑤ 팩트용기

79
다음 에멀젼에 관한 설명으로 틀린 것은?
① 에멀젼이란 서로 섞이지 않는 두 액체 중에서 한 액체가 미세한 입자형태로 다른 액체에 분산되어 있는 불균일계이다.
② 에멀젼을 만드는 반응은 비자발적인 반응으로 열에너지와 기계적 에너지가 필요하고 섞이지 않은 두 액체를 섞기 위하여 계면활성제가 필요하다.
③ W/O에멀젼은 외상이 유상으로 기초화장품 등이 해당된다.
④ 에멀젼 입자는 브라운 운동을 하면서 서로 충돌에 의해 응집 혹은 크리밍 혹은 오스트발크 라이프닝되어 합일의 과정을 거쳐 상분리가 일어나게 된다.
⑤ 에멀젼은 입자크기에 따라 매크로에멀젼과 마이크로에멀젼으로 분류된다.

80
다음 중 맞춤형화장품 소분·혼합 전에 맞춤형화장품 배합금지 원료의 확인은 누가 하는가?

① 식품의약품안전처장
② 지방식품의약품안전청장
③ 화장품제조업자
④ 책임판매관리자
⑤ 맞춤형화장품 조제관리사

81
기능성화장품 기준 및 시험방법 별표1에서 정하는 제형의 정의로 옳지 않은 것은?

① 로션제 : 화장품에 사용되는 성분을 용제 등에 녹여서 액상으로 만든 것
② 크림제 : 유화제 등을 넣어 유성성분과 수성성분을 균질화하여 반고형상으로 만든 것
③ 겔제 : 액체를 침투시킨 분자량이 큰 유기분자로 이루어진 반고형상
④ 침적마스크제 : 액제, 로션제, 크림제, 겔제 등을 부직포 등의 지지체에 침적하여 만든 것
⑤ 에어로졸제 : 원액을 같은 용기 또는 다른 용기에 충진한 분사제의 압력을 이용하여 안개모양, 포말상 등으로 분출하도록 만든 것

82
화장품 책임판매업자가 화장품의 생산실적 및 국내 제조 화장품 원료목록을 보고하여야 하는 곳(단체)은?

① 보건복지부
② 지방식품의약품안전청
③ 시·도지사
④ (사) 대한화장품협회
⑤ (사) 한국의약품수출입협회

83
다음 중 보습제의 성분과 거리가 먼 것은?

① 글리세린
② 프로필렌글리콜
③ 젤라틴
④ 부틸렌글리콜
⑤ 폴리에틸렌 글리콜

84
혼합과 교반장치에 대한 설명으로 적절하지 않은 것은?

① 안정적으로 의도된 결과를 생산하는 믹서를 고르는 것이 매우 중요하다.
② 장치 설계는 기계적으로 회전된 날의 간단한 형태로부터 정교한 제분기와 균질화기까지 있다.
③ 혼합 또는 교반장치는 제품의 균일성을 얻기 위해 또 희망하는 물리적 성상을 얻기 위해 사용된다.
④ 배플과 호모게나이저로 이루어진 조합믹서는 희망하는 최종제품 및 공정의 효율성을 제공하기 위해 다양한 속도의 모터와 함께 사용될 수 있다.
⑤ 혼합기는 제품의 안전성과 유효성에 영향을 미친다.

85
화장품 관능검사 시 표준품 및 한도품 등 기준과 비교하여 합격품, 불량품을 객관적으로 평가, 선별하는 형태는?

① 기호형
② 분석형
③ 대체형
④ 생활형
⑤ DIY형

86
개봉 후 안정성시험의 조건으로 적절하지 않은 것은?

① 로트의 선정 : 3로트 이상에 대하여 시험하는 것을 원칙으로 하며, 장기보존시험조건에 따른다.
② 보존조건 : 제품의 사용조건을 고려하여, 적절한 온도, 시험기간 및 측정시기를 설정하여 시험한다.
③ 시험기간 : 3개월 이상 시험하는 것을 원칙으로 하나, 특성에 따라 조정할 수 있다.
④ 측정시기 : 시험개시 때와 첫 1년간은 3개월 마다, 그 후 2년까지는 6개월마다, 2년 이후부터 1년에 1회 시험한다.
⑤ 기능성화장품은 기준 및 시험방법에 설정한 전 항목을 원칙으로 하며, 전 항목을 실시하지 않을 경우에는 이에 대한 과학적 근거를 제시하여야 한다.

87
다음 제형의 유형과 그 특성의 연결이 옳지 않은 것은?

① 유화제형 – 크림상, 로션상
② 가용화 제형 – 액상
③ 유화분산 제형 – 액상
④ 고형화 제형 – 고상
⑤ 계면활성제 혼합 제형 – 액상

88
화장품책임판매업자의 준수사항 관련 설명으로 옳지 않은 것은?

① 제조번호별로 품질검사를 철저히 한 후 유통시켜야 한다. 다만, 화장품제조업자와 화장품책임판매업자가 같은 경우 또는 해당 기관 등에 품질검사를 위탁하여 제조번호별 품질검사결과가 있는 경우에는 품질검사를 하지 아니할 수 있다.
② 화장품의 제조를 위탁하거나 규정에 따른 제조업자에게 품질검사를 위탁하는 경우 제조 또는 품질검사가 적절하게 이루어지고 있는지 수탁자에 대한 관리·감독을 철저히 하여야 하며, 제조 및 품질관리에 관한 기록을 받아 유지·관리하고, 그 최종제품의 품질관리를 철저히 하여야 한다.
③ 화장품책임판매업을 등록한 자는 제조국 제조회사의 품질관리기준이 국가 간 상호 인증되었거나 식품의약품안전처장이 고시하는 우수화장품 제조관리기준과 같은 수준 이상이라고 인정되는 경우에는 국내에서의 품질검사를 하지 아니할 수 있다.

④ 수입된 화장품을 유통·판매하는 영업의 화장품책임판매업을 등록한 자가 수입화장품에 대한 품질검사를 하지 아니하려는 경우에는 총리령으로 정하는 바에 따라 지방식품의약품안전청장에게 수입화장품의 제조업자에 대한 현지실사를 신청하여야 한다.
⑤ 수입된 화장품을 유통·판매하는 영업의 화장품 책임판매업을 등록한 자의 경우 대외무역법에 따른 수출·수입요령을 준수하여야 하며, 전자무역 촉진에 관한 법률에 따른 전자무역문서로 표준통관예정보고를 한다.

89
다음 〈보기〉와 같은 특징을 갖는 표피층은?

―〈보기〉―

피부의 가장 바깥에 위치하며, 약 15~20층의 납작한 무핵층으로 구성되며, 라멜라 구조를 하고 있으며, 수분손실을 막아주고 자극으로부터 피부보호 및 세균침입 방어역할을 한다. 주성분은 케라틴단백질, 천연보습인자, 세포 간 지질 등이다.

90
진피층 중 통각이나 촉각의 감각기능이 위치하는 층은?

91
다음 〈보기〉는 어떤 피부유형의 특징이다. 이에 해당하는 피부유형은?

―〈보기〉―

가. 모공이 넓고 피부결이 거칠고 피부가 두껍다.
나. 피부색이 칙칙하고 화장이 잘 지워진다.
다. 피지분비 과다로 얼굴이 번들거리고 여드름이나 뾰루지가 생기기 쉽다.

92
다음 〈보기〉는 화장품원료의 특성을 설명한 것이다. 이에 해당하는 것을 쓰시오.

―〈보기〉―

피부의 수분손실을 조절하며, 피부흡수력을 좋게 하는 것으로 대표성분은 오일류, 왁스류, 고급지방산류, 고급알코올류, 탄화수소류, 에스터류, 실리콘류 등이 있다.

93
다음 〈보기〉는 색소 중 하나인 안료에 대한 설명이다. 정확한 용어는?

―〈보기〉―

마스카라, 파운데이션처럼 커버력이 우수한 안료이다.

94
화장품 제형 중 액체를 침투시킨 분자량이 큰 유기분자로 이루어진 반고형상의 제형은?

95
다음 〈보기〉의 내용에서 ( ) 안에 들어갈 말로 적절한 것을 쓰시오.

〈보기〉

계면활성제가 수용액에 위치할 때, 친수성기는 바깥으로 노출되어 물과 닿는 표면을 형성하고 소수성기는 안쪽으로 핵을 형성하여 만들어지는 구형의 집합체를 ( )이라 한다.

96
다음 〈보기〉의 성분은 어떤 기능의 성분인가?

〈보기〉

옥틸다이메틸파바, 옥틸메톡시신나메이트, 캄퍼유도체, 다이벤조일메탄유도체, 갈릭산유도체, 파라아미노벤조산 등

97
다음 〈보기〉는 천연화장품 및 유기농화장품의 기준에 관한 규정상의 자료보관에 대한 내용이다. ( ) 안에 들어갈 숫자는?

〈보기〉

화장품의 책임판매업자는 천연화장품 또는 유기농화장품으로 표시·광고하여 제조, 수입 및 판매할 경우, 천연화장품 및 유기농화장품의 기준에 관한 규정에 적합함을 입증하는 자료를 구비하고, 제조일(수입일 경우 통관일)로부터 ( )년 또는 사용기한 경과 후 1년 중 긴 기간 동안 보존하여야 한다.

98
다음 〈보기〉는 제조물책임법상의 용어에 대한 설명이다. 해당하는 용어를 쓰시오.

〈보기〉

제조업자가 제조물에 대하여 제조상·가공상의 주의의무를 이행하였는지에 관계없이 제조물이 원래 의도한 설계와 다르게 제조·가공됨으로써 안전하지 못하게 된 경우의 결함을 말한다.

99
다음 〈보기〉가 설명하는 화장품 안정성 시험의 종류는?

〈보기〉

일반적으로 개별 화장품의 취약성, 예상되는 운반, 보관, 진열 및 사용 과정에서 뜻하지 않게 일어나는 가능성 있는 가혹한 조건에서 품질변화를 검토하기 위한 시험

100
다음은 유해물질의 검출 허용 관련 유통화장품 안전기준에 관한 규정이다. ( ) 안에 들어갈 말은?

〈보기〉

기초화장용 제품류(클렌징 워터, 클렌징 오일, 클렌징 로션, 클렌징 크림 등 메이크업 리무버 제품은 제외) 중 액, 로션, 크림 및 이와 유사한 제형의 액상제품은 pH기준이 ( )이어야 한다.

정답 및 해설

제1회 모의고사	250p
제2회 모의고사	262p
제3회 모의고사	272p
제4회 모의고사	282p
제5회 모의고사	292p
제6회 모의고사	302p
제7회 모의고사	312p
제8회 모의고사	322p
제9회 모의고사	333p
제10회 모의고사	343p

제1회 모의고사

01~10 화장품법의 이해
11~35 화장품 제조 및 품질관리
36~60 유통화장품의 안전관리
61~100 맞춤형화장품의 이해

제1회 모의고사 20p

선다형

번호	답	번호	답	번호	답	번호	답	번호	답
01	⑤	02	①	03	①	04	③	05	④
06	②	07	④	08		09		10	
11	⑤	12	③	13	⑤	14	①	15	②
16	①	17	③	18	①	19	②	20	④
21	①	22	③	23	③	24	③	25	⑤
26	④	27	④	28	⑤	29	⑤	30	②
31		32		33		34		35	
36	②	37	⑤	38	⑤	39	③	40	①
41	②	42	③	43	⑤	44	①	45	③
46	③	47	④	48	③	49	①	50	②
51	①	52	④	53	⑤	54	⑤	55	①
56	③	57	④	58	①	59	③	60	②
61	③	62	③	63	①	64	③	65	①
66	④	67	①	68	④	69	①	70	②
71	③	72	⑤	73	①	74	⑤	75	④
76	④	77	③	78	③	79	①	80	⑤
81	②	82	③	83	①	84	②	85	⑤
86	③	87	②	88	①	89		90	

단답형

08	수렴효과
09	30
10	10억
31	15
32	DIY 키트형
33	산화방지제
34	에센셜 오일
35	용매추출법
89	모수질
90	안드로겐탈모증
91	비듬
92	촉진법
93	식별번호
94	차광용기
95	제조번호
96	2
97	95
98	스틱용기
99	15
100	천연보습인자

01 정답 ⑤   난이도 ★★★

손, 얼굴에 주로 사용하는 사용 후 바로 씻어내는 제품으로는 폼 클렌저(foam cleanser), 바디 클렌저(body cleanser), 액체비누(liquid soaps) 및 화장비누(고체형태의 세안용 비누), 외음부 세정제, 물휴지, 그 밖의 인체 세정용 제품류등이 있다. 콜롱(cologne)은 향을 몸에 지니거나 뿌리는 제품으로 방향용제품류이다.

02 정답 ①   난이도 ★★★★

화장품 제조업등록을 할 수 없는자는 등록이 취소되거나 영업소가 폐쇄된 날부터 1년이 지나지 아니한 자이다.

03 정답 ①   난이도 ★★★★

유해사례(AE)란 화장품의 사용 중 발생한 바람직하지 않고 의도되지 아니한 징후, 증상 또는 질병을 말하며, 당해 화장품과 반드시 인과관계를 가져야 하는 것은 아니다. 특히 중대한 유해사례는 다음에 해당하는 경우이다.

- 사망을 초래하거나 생명을 위협하는 경우
- 입원 또는 입원기간의 연장이 필요한 경우
- 지속적 또는 중대한 불구나 기능저하를 초래하는 경우
- 선천적 기형 또는 이상을 초래하는 경우
- 기타 의학적으로 중요한 상황

04 정답 ③   난이도 ★★

가혹조건에서 화장품의 분해과정 및 분해 산물 등을 확인하기 위한 시험은 가혹시험에 해당한다. 시험할 로트는 검체의 특성 및 시험조건에 따라 적절히 정하고 측정주기는 2주~3개월이다.

05 정답 ④   난이도 ★★★★

기능성 화장품(시행규칙)

- 피부에 멜라닌색소가 침착하는 것을 방지하여 기미, 주근깨 등의 생성을 억제함으로써 피부의 미백에 도움을 주는 기능을 가진 화장품
- 피부에 침착된 멜라닌색소의 색을 옅게 하여 피부의 미백에 도움을 주는 기능을 가진 화장품
- 피부에 탄력을 주어 피부의 주름을 완화 또는 개선하는 기능을 가진 화장품
- 강한 햇볕을 방지하여 피부를 곱게 태워주는 기능을 가진 화장품
- 자외선을 차단 또는 산란시켜 자외선으로부터 피부를 보호하는 기능을 가진 화장품
- 모발의 색상을 변화시키는 기능을 가진 화장품. 다만, 일시적으로 모발의 색상을 변화시키는 제품은 제외함
- 체모를 제거하는 기능을 가진 화장품. 다만, 물리적으로 체모를 제거하는 제품은 제외함
- 탈모 증상의 완화에 도움을 주는 화장품. 다만, 코팅 등 물리적으로 모발을 굵게 보이게 하는 제품은 제외함
- 아토피성 피부로 인한 건조함 등을 완화하는 데 도움을 주는 화장품
- 튼살로 인한 붉은 선을 옅게 하는 도움을 주는 화장품

06 정답 ②   난이도 ★★

수시감시

- 고발, 진정, 제보 등으로 제기된 위법사항에 대한 점검
- 준수사항, 품질, 표시광고, 안전기준 등 모든 영역
- 불시점검 원칙, 문제제기 사항 중점관리
- 정보수집, 민원, 사회적 현안 등에 따라 즉시 점검이 필요하다고 판단되는 사항
- 감시주기 : 수시

07 정답 ④   난이도 ★★★

화장품제조업자는 물질관리를 위하여 필요한 사항을 화장품 책임판매업자에게 제출하여야 한다. 다만, 다음의 어느 하나에 해당하는 경우 제출하지 아니할 수 있다.

- 화장품 제조업자와 화장품 책임판매업자가 동일한 경우
- 화장품 제조업자가 제품을 설계 · 개발 · 생산하는 방식으로 제조하는 경우로서 품질 · 안전관리에 영향이 없는 범위에서 화장품 제조업자와 화장품 책임판매업자 상호 계약에 따라 영업비밀에 해당하는 경우

08 정답 수렴효과   난이도 ★★

(수렴효과)는 혈액의 단백질이 응고되는 정도를 관찰하여 평가하는 것이다.

09 정답 30 난이도 ★★★

화장품 제조업자 또는 화장품 책임판매업자는 변경사유가 발생한 날부터 (30)일 이내(다만, 행정구역 개편에 따른 소재지 변경의 경우에는 90일 이내)에 화장품 제조업 변경등록신청서 또는 화장품 책임판매업 변경등록 신청서에 화장품 제조업 등록필증 또는 화장품 책임판매업 등록필증과 해당 서류를 첨부하여 지방식품의약품안전청장에게 제출하여야 한다.

10 정답 10억 난이도 ★★★★

식품의약품안전처장은 영업자에게 업무정지처분을 하여야 할 경우에는 그 업무정지처분을 갈음하여 (10억)원 이하의 과징금을 부과할 수 있다. 이의 세부적인 사항은 식품의약품안전처 과징금 부과처분 기준 등에 관한 규정에 따른다.

11 정답 ⑤ 난이도 ★★

태울 경우 투명하고 옅은 푸른색을 띤 화염을 발생시키며, 물과 이산화탄소가 만들어지는 것은 에탄올(Ethanol)에 대한 설명이다.

12 정답 ③ 난이도 ★★

폴리올(Polyol)

- 화장품에서 폴리올로 널리 쓰이는 원료는 글리세린, 프로필렌글리콜, 부틸렌글리콜 등이다.
- 보습제 및 동결을 방지하는 원료로 사용된다.

13 정답 ⑤ 난이도 ★★

동물성 오일은 식물성 오일에 비해 생리활성은 우수하지만 색상이나 냄새가 좋지 않고 쉽게 산화되어 변질되므로 화장품 원료로 잘 사용되지 않는다.

14 정답 ① 난이도 ★★★★

메틸페닐폴리실록산

- 의의 : 현탁 스킨의 제조에서 알코올에 향, 토코페롤아세테이트, 에스터 타입의 오일 등을 가용화제와 함께 용해하여 미세한 입자로 분산시켜 안정된 형태의 현탁 스킨을 제조한다.
- 특징 : 에탄올에 용해되므로 향, 알코올 등과 사용성이 좋다.

15 정답 ② 난이도 ★★

호호바의 열매에서 얻은 액상의 왁스로 일반적으로 오일이라고 불리는 것은 호호바오일에 대한 설명이다. 호호바오일은 인체의 피지와 유사한 화학구조의 물질을 함유하고 있어 퍼짐성과 친화성이 우수하고 피부 침투성이 좋다.

16 정답 ① 난이도 ★★★

라우릭애시드

- 야자유, 팜유를 비누화 분해해 얻은 혼합지방산을 분리하여 얻는다.
- 수산화나트륨이나 트라이에탄올아민 등의 알칼리와 중화하여 비누를 만든다. 이 경우 비누는 수용성이 크고 거품이 풍부하게 생기므로 화장비누, 클렌징 폼 등의 세안료에 사용된다.

17 정답 ③ 난이도 ★★

고급알코올

세틸 알코올	• 세탄올이라고도 한다. • 크림류 등의 유화제품에 경도를 주거나 유화의 안정화를 위하여 사용된다.
스테아릴 알코올	• 부분유화제품에 세틸알코올과 혼합사용된다. • 유화 안정화 및 립스틱 등의 스틱제품에 일부 이용되기도 한다.
아이소스테아릴 알코올	• 스테아릴 알코올의 액체형태이다. • 열 안정성과 산화안정성이 우수하여 유성원료로서 사용된다. • 다른 오일과 상용성이 좋으며 에탄올에 용해되고 유화제품에 보조유화제로 사용된다.
세토스테아릴 알코올	• 세틸알코올과 스테아릴알코올을 약 1 : 1의 비율로 섞은 혼합물이다. • 화장품에서 가장 많이 사용되는 고급알코올이다.

18 정답 ① 난이도 ★★★

양이온 계면 활성제는 계면활성제가 물에 녹았을 때 친수부가 (+) 전하를 띠는 것을 말한다. 살균·소독작용이 있고 대전방지효과와 모발에 대한 컨디셔닝효과가 있다.

19 정답 ②   난이도 ★★★

HLB 값이 4~6인 제품의 용도는 친유형 유화제이며 제품으로는 비비크림, 파운데이션, 선크림 등이 있다.

20 정답 ④   난이도 ★★★

수용성 비타민으로 가장 널리 이용되고 있는 것이 비타민 C이고, 지용성 비타민으로 가장 널리 이용되고 있는 것은 비타민 E이다.

21 정답 ①   난이도 ★★

유기안료와 무기안료

구분	유기안료	무기안료
의의	물이나 기름 등의 용제에 용해되지 않는 유색 분말로 색상이 선명하고 화려하여 제품의 색조를 조정한다. (유기합성색소 = 타르색소)	광물성 안료로 색상이나 화려함이나 선명도는 유기안료에 비해 떨어지지만 빛이나 열에 강하고 유기용매에 녹지 않으므로 화장품용 색소로 널리 사용된다.
종류	염료, 안료, 레이크	체질안료, 착색안료, 백색안료
용도	수용성 염료로는 화장수, 로션, 샴푸 등의 착색에 사용되고, 유용성 염료는 헤어 오일 등 유성화장품의 착색에 사용된다.	립스틱과 같이 선명한 색상이 필요한 경우에는 유기안료가 이용되고, 마스카라의 색소는 무기안료가 주로 사용되고 있다.

22 정답 ③   난이도 ★★★

착색안료

- 빛과 열에 강하여 색이 잘 변하지 않아 메이크업 화장품에 많이 사용된다.
- 기본색조로 적색, 황색, 흑색이 있는데 주로 이 3가지 색조를 혼합하여 사용한다.
- **무기계 착색안료** : 산화철, 울트라마린 블루, 크롬옥사이드 그린, 망가네즈바이올렛
- **유기계 착색안료** : 베타카로틴, 카민, 카라멜, 커큐민

23 정답 ③   난이도 ★★★

해당 알레르기 유발성분이 제품의 내용량에서 차지하는 함량의 비율로 계산한다. 즉 사용 후 씻어내는 제품에는 0.01% 초과, 사용 후 씻어 내지 않는 제품에는 0.001% 초과 함유하는 경우에 한한다.

24 정답 ④   난이도 ★★★

작업소는 다음 각 호에 적합하여야 한다.

- 제조하는 화장품의 종류, 제형에 따라 적절히 구획·구분되어 있어 교차오염 우려가 없을 것
- 바닥, 벽, 천장은 가능한 청소하기 쉽게 매끄러운 표면을 지니고 소독제 등의 부식성에 저항력이 있을 것
- 환기가 잘 되고 청결할 것
- 외부와 연결된 창문은 가능한 열리지 않도록 할 것
- 작업소 내의 외관 표면은 가능한 매끄럽게 설계하고, 청소·소독제의 부식성에 저항력이 있을 것
- 수세실과 화장실은 접근이 쉬워야 하나 생산구역과 분리되어 있을 것
- 작업소 전체에 적절한 조명을 설치하고, 조명이 파손될 경우를 대비한 제품을 보호할 수 있는 처리 절차를 마련할 것
- 제품의 오염을 방지하고 적절한 온도 및 습도를 유지할 수 있는 공기조화시설 등 적절한 환기시설을 갖출 것
- 각 제조구역별 청소 및 위생관리 절차에 따라 효능이 입증된 세척제 및 소독제를 사용할 것

25 정답 ⑤   난이도 ★

폐기물은 주기적으로 버려야 하며, 장기간 모아 놓거나 쌓아 두어서는 안 된다.

26 정답 ④   난이도 ★★

적절한 보관을 위한 고려사항

- 보관조건은 각각의 원료와 포장재에 적합하여야 하고, 과도한 열기, 추위, 햇빛 또는 습기에 노출되어 변질되는 것을 방지할 수 있어야 한다.
- 물질의 특징 및 특성에 맞도록 보관, 취급되어야 한다.
- 특수한 보관조건은 적절하게 준수, 모니터링 되어야 한다.
- 원료와 포장재의 용기는 밀폐되어, 청소와 검사가 용이하도록 충분한 간격으로, 바닥과 떨어진 곳에 보관되어야 한다.
- 원료와 포장재가 재포장될 경우, 원래의 용기와 동일하게 표시되어야 한다.
- 원료 및 포장재의 관리는 허가되지 않거나, 불합격 판정을 받거나, 아니면 의심스러운 물질의 허가되지 않은 사용을 방지할 수 있어야 한다.

| 27 | 정답 ④ | 난이도 ★★ |

화장품의 보관은 서늘한 곳에 하며, 변질된 제품은 사용하지 않는다.

| 28 | 정답 ⑤ | 난이도 ★★★ |

퍼머넌트 웨이브 제품 및 헤어스트레이트너 제품은 개봉한 제품은 7일 이내에 사용해야 한다(에어로졸 제품이나 사용 중 공기유입이 차단되는 용기는 표시하지 아니한다).

| 29 | 정답 ⑤ | 난이도 ★★★ |

염모제(산화염모제와 비산화염모제) 보관 및 취급상의 주의사항

- 혼합한 염모액을 밀폐된 용기에 보존하지 말아 주십시오. 혼합한 액으로부터 발생하는 가스의 압력으로 용기가 파손될 염려가 있어 위험합니다. 또한 혼합한 염모액이 위로 튀어 오르거나 주변을 오염시키고 지워지지 않게 됩니다. 혼합한 액의 잔액은 효과가 없으므로 잔액은 반드시 바로 버려 주십시오.
- 용기를 버릴 때에는 반드시 뚜껑을 열어서 버려 주십시오.
- 사용 후 혼합하지 않은 액은 직사광선을 피하고 공기와 접촉을 피하여 서늘한 곳에 보관하여 주십시오.

| 30 | 정답 ② | 난이도 ★★★ |

탈염 · 탈색제 사용 전 주의사항

- 눈썹, 속눈썹에는 위험하므로 사용하지 마십시오. 제품이 눈에 들어갈 염려가 있습니다. 또한 두발 이외의 부분에는 사용하지 말아 주십시오. 피부에 부작용이 나타날 수 있습니다.
- 면도 직후에는 사용하지 말아 주십시오.
- 사용을 전후하여 1주일 사이에는 퍼머넌트 웨이브 제품 및 헤어스트레이트너 제품을 사용하지 말아 주십시오.

| 31 | 정답 15 | 난이도 ★★★ |

위해성 등급이 '가'등급인 화장품은 회수를 시작한 날부터 (15)일 이내 회수 기간을 기재해야 한다.

| 32 | 정답 DIY 키트형 | 난이도 ★★★★ |

DIY 키트형은 나만의 화장품을 만들기 위해 베이스 로션과 액티브 부스터를 조합하는 방법이다.

| 33 | 정답 산화방지제 | 난이도 ★★★★ |

산화방지제는 분자 내에 하이드록시기를 가지고 있어 이 하이드록시기의 수소를 다른 물질에 주고 환원시켜 산화를 막는 물질을 말한다.

| 34 | 정답 에센셜 오일 | 난이도 ★★ |

에센셜 오일은 수증기증류법, 냉각압착법, 건식증류법으로 생성된 식물성 원료로부터 얻은 생성물(정유)이다. 페퍼민트 오일, 로즈오일, 라벤더 오일 등이 있다.

| 35 | 정답 용매추출법 | 난이도 ★★★ |

용매추출법

- 휘발성용제에 의해 향성분을 추출하는 것이다.
- 열에 불안정한 성분을 추출할 때 사용되는 방법이다.

| 36 | 정답 ② | 난이도 ★★★ |

중성 세척제

- 성질 : pH가 5.5 ~ 8.5 이다.
- 오염제거물질 : 기름때 등 작은입자
- 장점 : 용해나 유화에 의한 제거이며 독성은 낮다.
- 단점 : 부식성이 있다.

| 37 | 정답 ⑤ | 난이도 ★★★ |

과산화수소

- 소독액 : 안정화된 용액으로 구입사용
- 사용농도 : 35% 용액의 1.5%로 30분 정도
- 장점 : 유기물 소독에 효과적이다.
- 단점 : 고농도시 폭발성이 있고, 반응성이 있으며, 피부보호가 필요하다.

38 정답 ⑤   난이도 ★★★

실험복

- 백색 가운으로 전면 양쪽 주머니가 있을 것
- 가운이 필요한 실험실 및 간접부문

39 정답 ③   난이도 ★★★★

개인 사물은 지정된 장소에 보관하고, 작업실 내로 가지고 들어오지 않는다.

40 정답 ①   난이도 ★★

소독제는 소독 전에 존재하던 미생물을 최소한 99.9% 이상 사멸시켜야 한다.

41 정답 ②

손소독

- 손 세척 후에 작업자의 손을 소독하는데 사용하는 소독제로 에탄올 70%, 아이소프로필알코올 70%가 사용된다.
- 손 세척 후에는 종이타월 또는 드라이어를 이용하여 손을 건조시킨다.

42 정답 ④   난이도 ★★★★

석탄산은 고온일수록 효과가 높으며 살균력과 냄새가 강하고 독성이 있다. 특히 3% 수용액을 사용하며 금속을 부식시킨다는 단점이 있다. 무색액체로 살균작용을 나타내는 양이온 계면활성제이며, 기구, 식기, 손 등에 적당한 것은 역성비누에 대한 설명이다.

43 정답 ⑤   난이도 ★★

설비세척의 원칙

- 위험성이 없는 용제로 세척한다.
- 가능한 한 세제를 사용하지 않는다.
- 증기세척은 좋은 방법이다.
- 브러시 등으로 문질러 지우는 것을 고려한다.
- 분해할 수 있는 설비는 분해해서 세척한다.
- 세척 후는 반드시 판정한다.
- 판정 후의 설비는 건조·밀폐해서 보존한다.
- 세척은 유효기간을 만든다.

44 정답 ①   난이도 ★★

탱크에 대한 옳은 설명은 가, 나, 다이다. 라는 게이지와 미터에 대한 설명이고, 마는 필터, 여과기, 체에 대한 설명이다.

45 정답 ③   난이도 ★★★★

호스의 일반 건조 제재는 강화된 식품등급의 고무 또는 네오프렌, TYGON 또는 강화된 TYGON, 폴리에틸렌 또는 폴리프로필렌, 나일론 등을 사용한다.

46 정답 ③   난이도 ★★★

용기공급장치

- 용기공급장치는 제품용기를 고정하거나 관리하고 그 다음 조작을 위해서 배치한다.
- 용기공급장치는 부당한 손상 없이 용기를 다루어야 하며, 청소와 변경이 용이하여야 하고 조작과 변경 중에 육안검사가 가능하여야 한다.
- 용기공급장치를 수동조작 시에 제품에 접촉되는 표면의 오염을 최소화 하도록 하여야 한다.
- 용기공급장치는 사용 중이거나 사용하지 않을 때 열린 용기를 덮어서 노출을 최소화하여야 한다.

47 정답 ④   난이도 ★★★

양이온 계면활성제

- 소독액 : 4급 암모늄화합물
- 사용농도 : 200ppm(제조사 추천농도)
- 장점 : 세정작용 및 효과가 우수하며 부식성이 없고 물에 용해되므로 단독사용이 가능하고 안정성이 높다.
- 단점 : 포자에는 효과가 적고 음이온 세제제에 의해 불활성화된다.

48 정답 ③ 난이도 ★★

작업복은 오염여부를 쉽게 확인할 수 있는 밝은 색의 폴리에스터 재질이 권장된다.

49 정답 ① 난이도 ★★★

승홍수는 0.1%의 수용액을 사용하여 화장실, 쓰레기통, 도자기류 등을 소독한다.

50 정답 ② 난이도 ★★★

제품충전기

- 제품 충전기는 제품을 1차 용기에 넣기 위해 사용된다.
- 조작 중의 온도 및 압력이 제품에 영향을 끼치지 않아야 한다.
- 제품에 나쁜 영향을 끼치지 않아야 한다.
- 제품 또는 다른 요인들에 의해 부식되거나 분해되거나 스며들게 하지 않아야 한다.
- 용접, 볼트, 나사, 부속품 등의 설비구성요소 사이에 전기 화학적 반응을 피하도록 구축되어야 한다.
- 주형물질은 화장품에 추천되지 않으며, 모든 용접이나 결합은 가능한 한 매끄럽고 평면이어야 한다.
- 외부표면의 코팅은 제품에 대해 저항력이 있어야 한다.
- 제품충전기는 청소, 위생처리 및 정기적인 감사가 용이하도록 설계되어야 한다.
- 제품충전기는 특별한 용기와 충전제품에 대해 요구되는 정확성과 조절이 용이하도록 설계 되어야 한다.
- 모든 설비 시스템들과 주변 지역은 산업안전 등에 관한 법규 및 요건들을 따라야만 한다.

51 정답 ① 난이도 ★★★

진공유화기

- 호모믹서와 패들믹서로 구성되어 있으며 현재 가장 많이 사용되는 장치이다.
- 밀폐된 진공상태의 유화탱크에 용해탱크원료가 자동 주입된 후 교반속도, 온도 조절, 시간조절, 탈포, 냉각 등이 컨트롤페널로 자동조작이 가능한 장치이다.

52 정답 ④ 난이도 ★★★

제트밀은 단열팽창 효과를 이용하여 수 기압 이상의 압축공기 또는 고압증기 및 고압가스를 생성시켜 분사노즐로 분사시키면 초음속의 속도인 제트기류를 형성하여 이를 이용해 입자끼리 충돌시켜 분쇄하는 방식으로 건식 형태로 가장 작은 입자를 얻을 수 있는 장치이다.

53 정답 ⑤ 난이도 ★★★★

원자재 용기 및 시험기록서의 필수적인 기재사항은 다음과 같다.

- 원자재 공급자가 정한 제품명
- 원자재 공급자명
- 수령일자
- 공급자가 부여한 제조번호 또는 관리번호

54 정답 ⑤ 난이도 ★★★

특별한 환경을 제외하고, 재고품 순환은 오래된 것이 먼저 사용되도록 보증해야 한다.

55 정답 ① 난이도 ★★★★★

비의도적으로 유래된 물질의 검출 허용한도(안전관리기준 검출 허용한도)

- 납 : 점토를 원료로 사용한 분말제품은 50μg/g(ppm)이하, 그 밖의 제품은 20μg/g 이하
- 비소 : 10μg/g 이하
- 수은 : 1μg/g 이하
- 안티몬 : 10μg/g 이하
- 카드뮴 : 5μg/g 이하
- 디옥산 : 100μg/g 이하
- 메탄올 : 0.2(v/v)% 이하, 물휴지는 0.002(v/v)% 이하
- 포름알데하이드 : 2000μg/g 이하
- 프탈레이트류(디부틸프탈레이트, 부틸벤질프탈레이트 및 디에칠헥실프탈레이트에 한함) : 총합으로서 100μg/g 이하

56 정답 ③ 난이도 ★★★

유아용 제품, 눈 화장용 제품류, 색조화장용 제품류, 두발용 제품류(샴푸, 린스 제외), 면도용 제품류(셰이빙 크림, 셰이빙 폼 제외), 기

초화장품 제품류(클렌징 워터, 클렌징 오일, 클렌징 로션, 클렌징 크림 등 메이크업 리무버 제품 제외) 중 액, 로션, 크림 및 이와 유사한 제형의 액상제품은 pH기준이 3.0~9.0 이어야 한다. 다만, 물을 포함하지 않는 제품과 사용 후 곧바로 물로 씻어내는 제품은 제외한다.

57 정답 ④ 난이도 ★★★★★

비소

- 비색법
- 원자흡광광도법(AAS)
- 유도결합플라즈마분광기를 이용하는 방법(ICP)
- 유도결합플라즈마-질량분석기를 이용한 방법(ICP-MS)

58 정답 ① 난이도 ★★

액체·로션제는 검체 1ml에 변형레틴액체배지 또는 검증된 배지나 희석액 9ml를 넣어 10배 희석액을 만들고 희석이 더 필요할 때에는 같은 희석액으로 조제한다.

59 정답 ③ 난이도 ★★★

검체 약 2g 또는 2ml를 취하여 100ml 비이커에 넣고 물 30ml를 넣어 수욕상에서 가온하여 지방분을 녹이고 흔들어 섞은 다음 냉장고에서 지방분을 응결시켜 여과한다. 이 때 지방층과 물층이 분리되지 않을 때에는 그대로 사용한다.

60 정답 ② 난이도 ★★★

감압누설 시험방법은 액상의 내용물을 담는 용기의 마개, 펌프, 패킹 등의 밀폐성을 시험하는 방법이다.

61 정답 ③ 난이도 ★★★

림프관은 대개 근육성이 아니기 때문에 순환이 활발하지 못하고 골격근의 작용과 압력·마사지·열 등의 외부적인 힘에 의해 크게 좌우된다. 따라서 외부에서 가해지는 어떠한 압력이라도 림프 순환을 방해할 수 있다. 인체의 면역 메커니즘에 있어서 피부가 중요한 역할을 하기 때문에 혈관 순환 못지않게 림프 순환도 중요하다.

62 정답 ④ 난이도 ★★

유극층

- 표피의 대부분을 차지하며 수분을 많이 함유하며 표피에 영양을 공급함
- 항원전달세포인 랑거한스세포가 존재하며 두께는 약 20~60µm 정도임

63 정답 ① 난이도 ★★★

진피는 표피보다 두껍고 땀샘, 피지선, 감각의 수용체가 있고 혈관도 지난다.

64 정답 ④ 난이도 ★★★★

감각작용

- 진피에 분포하고 있는 신경의 끝에는 냉온과 압박·통증 등을 느끼는 장치가 있다. 이 장치가 있는 곳에서 온도·아픔·촉각 등을 느낀다.
- 통각은 진피 유두층에 위치하는바, 피부에 가장 많이 분포한다.
- 촉각은 진피 유두층에 위치하는바, 손가락, 입술, 혀 끝 등이 예민하고 발바닥이 가장 둔하다.
- 온각, 냉각, 압각 등은 진피의 망상층에 위치한다.

65 정답 ① 난이도 ★★★

소한선(에크린선)은 실뭉치 모양으로 진피 깊숙이 위치하며, 피부에 직접 연결되어 있다.

66 정답 ④ 난이도 ★★

모피질은 모발의 85~90%를 차지하는 두꺼운 부분으로, 모발의 색을 결정하는 과립상의 멜라닌을 함유한다.

67 정답 ① 난이도 ★★★★

색소 형성 세포는 모모세포에 위치하고 있으며, 모발의 색을 결정하는 멜라닌 색소를 생성한다. 피지선은 모낭벽에 위치해 있으며, 피지를 분비하여 수분과 함께 얇은 막을 만들어 모발의 건조를 막고 윤기와 부드러움을 준다.

68 정답 ④ 난이도 ★★★

모근

모유두	• 모근 끝에 위치하고 있어 모세혈관과 감각신경에 연결 • 모모세포에 영양을 공급하기도 하고 모발의 성장과 퇴화를 조절
모모세포	• 모유두를 둘러싸고 있음 • 세포분열이 왕성하게 일어나는 곳 • 모발의 주성분이 되는 케라틴 단백질 생성
피지선	• 하루에 일정량의 피지를 생산해 모발을 보호하고 두피에 수분을 유지 • 피지 분비가 너무 많거나 적으면 탈모를 일으킴
모낭	• 모근을 감싸고 있으며 모발이 모유두에서부터 모공까지 도달할 수 있도록 보호
모구	• 모낭의 가장 아래 쪽에 전구모양으로 위치, 모유두와 연결되어 있음

69 정답 ① 난이도 ★★★

모주기는 여성의 경우 4~6년, 남성은 2~5년이며 한달에 1~1.5cm 정도 자란다.

70 정답 ② 난이도 ★★

성 호르몬과 무관한 모발

- 눈썹
- 속눈썹
- 후두부
- 팔꿈치 이하(전완부)의 팔
- 무릎 이하의 다리

71 정답 ③ 난이도 ★★

지성피부는 피부가 칙칙하며 여드름 같은 피부트러블이 많이 발견된다.

72 정답 ⑤ 난이도 ★★★★

아토피 피부

- 항상 트러블이 있는 상태는 아니며 작은 자극에도 민감한 반응을 보인다.
- 홍반과 함께 가려움을 느끼고, 발열, 비염, 천식, 건선, 수포, 진물이 나타나며 피부건조증과 가려움증이 주된 증상이다.

73 정답 ② 난이도 ★★

동일한 조도로 공기의 이동이 없고 직사광선이 없는 것이 좋다.

74 정답 ⑤ 난이도 ★★★

혈액순환에 따라 모세혈관 확장증, 홍반, 주사로 구분할 수 있다.

75 정답 ④ 난이도 ★★★★

피부 pH 측정할 때에는 피부의 산성도를 측정하여 pH로 나타낸다.

76 정답 ④ 난이도 ★★★

벌크제품 표준견본은 성상, 냄새, 사용감에 관한 표준이다.

77 정답 ② 난이도 ★★★

관능평가 절차

유화제품 평가	유화제품은 표준견본과 대조하여 내용물 표면의 매끄러움과 내용물의 흐름성, 내용물의 색이 유백색인지를 육안으로 확인한다.
색조제품 평가	색조제품에 각각 소량씩 묻힌 후 슬라이드 글라스로 눌러서 대조되는 색상을 육안으로 확인하거나, 손등 혹은 실제 사용부위에 발라서 색상을 확인할 수도 있다.
향취 평가	비이커에 일정량의 내용물을 담고 코를 비이커에 가까이 대고 향취를 맡거나 피부(손등)에 내용물을 바르고 향취를 맡는다.
사용감 평가	사용감이란 제품을 사용할 때 매끄러움, 가벼움, 무거움, 밀착감, 청량감 등을 말하는 것으로, 내용물을 손등에 문질러서 느껴지는 사용감을 촉각을 통해서 확인한다.

78 정답 ③ 난이도 ★★★

인설생성은 건선과 같은 심한 피부건조에 의해 각질이 은백색의 비늘처럼 피부표면에 발생하는 것을 말한다.

79 정답 ① 난이도 ★★

에어로졸제란 원액을 같은 용기 또는 다른 용기에 충전한 분사제(액화기체, 압축기체 등)의 압력을 이용하여 안개모양, 포말상 등으로 분출하도록 만든 것을 말한다.

80 정답 ⑤ 난이도 ★★★★

파우더혼합 제형은 안료, 펄, 바인더, 향을 혼합한 제형으로 페이스파우더, 팩트, 투웨이케익, 치크브러쉬, 아이섀도우 등의 제품이 해당되며, 주료제조설비는 헨셀믹서, 아토마이저 등이다.

81 정답 ② 난이도 ★★★

색소는 안료와 염료로 나뉘는데, 염료는 물 또는 오일에 녹는 색소로 화장품 자체에 시각적인 색상효과를 부여하기 위해 사용되며, 안료는 마스카라, 파운데이션처럼 커버력이 우수한 무기안료와 립스틱과 같이 선명한 색을 가진 유기안료가 있다.

82 정답 ③ 난이도 ★★

작업원

- 원료 및 내용물은 가능한 품질에 영향을 미치지 않는 장소에 보관 할 것
- 사용기한이 경과한 원료 및 내용물은 조제에 사용하지 않도록 관리할 것
- 소분 전에는 손을 소독 또는 세정하거나 일회용 장갑을 착용할 것
- 피부외상이나 질병이 있는 작업원은 회복 전까지 혼합·소분행위를 하지 말 것

83 정답 ① 난이도 ★★

피스톤충진기는 용량이 큰 액상타입의 제품인 샴푸, 린스, 컨디셔너의 충진에 사용된다.

84 정답 ② 난이도 ★★★

광구병은 용기 입구 외경이 비교적 커서 몸체 외경에 가까운 용기로 크림상, 젤상제품 용기로 사용된다.

85 정답 ⑤ 난이도 ★★

침수 후 자외선차단지수가 침수 전의 자외선차단지수의 최소 50% 이상을 유지하면 내수성 자외선차단지수를 표시할 수 있다.

86 정답 ③ 난이도 ★★★

제조공정관리에 관한 사항

- 작업소의 출입제한
- 공정검사의 방법
- 사용하려는 원자재의 적합판정 여부를 확인하는 방법
- 재작업방법

87 정답 ② 난이도 ★★★★

완제품의 보관용 검체는 적절한 보관조건 하에 지정된 구역 내에서 제조단위별로 사용기한 경과 후 1년간 보관하여야 한다. 다만, 개봉 후 사용기간을 기재하는 경우에는 제조일로부터 3년간 보관하여야 한다.

88 정답 ① 난이도 ★★★

원본 문서는 품질보증부서에서 보관하여야 하며, 사본은 작업자가 접근하기 쉬운 장소에 비치, 사용하여야 한다.

89 정답 모수질 난이도 ★★★★

(모수질)은 모발의 중심 부위에 있는 공간으로 이루어진 벌집 모양의 다각형 세포로서, 멜라닌 색소를 함유하고 있다.

90 정답 안드로겐탈모증 난이도 ★★★★

(안드로겐탈모증)은 주로 두정부에서 시작하여 점차 머리 전체로 진행하며, 남자에서는 양측 측두부 모발선의 후퇴와 정수리의 탈모가 주로 나타나며, 여자의 경우 얼굴 두피모발의 경계선은 일반적으로 잘 보존되며, 크리스마스 나무 형태를 보이는 것이 일반적이다.

91　정답　비듬　　난이도 ★★★

두피 피지선의 과다 분비, 호르몬의 불균형, 두피 세포의 과다 증식, 또한 말라쎄지아라는 진균류가 방출하는 분비물이 표피층을 자극하여 (비듬)이 발생하게 된다. 또한 스트레스, 과도한 다이어트 등이 원인이 될 수 있다는 연구 결과도 있다.

92　정답　촉진법　　난이도 ★★★★

촉진법

- 직접 피부를 만지거나 스패튤러로 피부에 자극을 주어 판독한다.
- 피부의 탄력성, 예민도, 피부결, 각질상태 등을 알 수 있다.

93　정답　식별번호　　난이도 ★★★

(식별번호)는 맞춤형화장품의 혼합 또는 소분에 사용되는 내용물 및 원료의 제조번호와 혼합·소분기록을 포함하여 맞춤형화장품 판매업자가 부여한 번호이다.

94　정답　차광용기　　난이도 ★★★★

용기의 구분

- 밀폐용기 : 일상의 취급 또는 보통 보존상태에서 외부로부터 고형의 이물이 들어가는 것을 방지하고 고형의 내용물이 손실되지 않도록 보호할 수 있는 용기를 말한다. 밀폐용기로 규정되어 있는 경우에는 기밀용기도 쓸 수 있다.
- 기밀용기 : 일상의 취급 또는 보통 보존상태에서 액상 또는 고형의 이물 또는 수분이 침입하지 않고 내용물을 손실, 풍화, 조해 또는 증발로부터 보호할 수 있는 용기를 말한다. 기밀용기로 규정되어 있는 경우에는 밀봉용기도 쓸 수 있다.
- 밀봉용기 : 일상의 취급 또는 보통의 보존상태에서 기체 또는 미생물이 침입할 염려가 없는 용기를 말한다.
- 차광용기 : 광선의 투과를 방지하는 용기 또는 투과를 방지하는 포장을 한 용기를 말한다.

95　정답　제조번호　　난이도 ★★★★

1차 포장 표시사항

- 화장품의 명칭
- 제조업자 및 제조 판매업자의 상호
- (제조번호)
- 사용기한 또는 개봉 후 사용시간

96　정답　2　　난이도 ★★★★

자외선 A차단지수는 자외선 A차단지수 계산방법에 따라 얻어진 자외선A차단지수 값의 소수점 이하는 버리고 정수로 표시한다. 그 값이 (2) 이상이면 등급을 표시하게 된다.

97　정답　95　　난이도 ★★★

천연화장품은 중량기준으로 천연함량이 전체 제품에서 (95)% 이상으로 구성되어야 한다.

98　정답　스틱용기　　난이도 ★★★

용기의 형태와 특성

- 세구병 : 병의 입구 외경이 몸체에 비하여 작은 용기로 화장수, 샴푸 등의 액상 내용물 제품에 사용되며 재질은 유리나 PE등이 사용된다.
- 광구병 : 용기 입구 외경이 비교적 커서 몸체 외경에 가까운 용기로 크림상, 젤상제품 용기로 사용된다.
- 튜브용기 : 속이 빈 관 모양으로 몸체를 눌러 내용물을 적량 뽑아 내는 기능을 가진 용기로 헤어 젤, 선크림 등 크림상에서 유액상 내용물 제품에 널리 사용된다.
- 원통상 용기 : 마스카라 용기에 이용되는 가늘고 긴 용기로 마스카라, 아이라이너, 립글로스 제품 등에 사용된다.
- 파우더 용기 : 캡에 브러시나 팁이 달리 가늘고 긴 자루가 있는 것으로 파우더, 향료분, 베이비파우더 등에 사용된다.
- 팩트용기 : 본체와 뚜껑이 경첩으로 연결된 용기로 팩트류, 스킨커버 등 고형분, 크림상 내용물 제품에 주로 사용된다.
- 스틱용기 : 막대 모양의 화장품 용기로 립스틱, 립크림 등에 사용된다.
- 펜슬용기 : 연필처럼 깎아서 쓰는 나무자루 타입과 샤프펜슬처럼 밀어내어 쓰는 타입의 용기로 아이라이너, 아이브로우, 립펜슬 등에 사용된다.

99 정답 15 난이도 ★★★★

내용량이 (15)ml이하 또는 15g이하인 제품의 용기 또는 포장이나 견본품, 시공품 등 비매품에 대하여 화장품 바코드 표시를 생략할 수 있다.

100 정답 천연보습인자 난이도 ★★★★

(천연보습인자)는 피부에 존재하는 보습성분으로 각질층의 수분량을 일정하게 유지되도록 돕는 역할을 한다.

제2회 모의고사

01~10 화장품법의 이해
11~35 화장품 제조 및 품질관리
36~60 유통화장품의 안전관리
61~100 맞춤형화장품의 이해

제2회 모의고사 44p

선다형

01	④	02	②	03	①	04	①	05	③
06	④	07	⑤	08		09		10	
11	③	12	②	13	②	14	⑤	15	⑤
16	②	17	④	18	②	19	⑤	20	③
21	④	22	②	23	①	24	④	25	③
26	①	27	③	28	②	29	③	30	⑤
31		32		33		34		35	
36	④	37	⑤	38	③	39	④	40	⑤
41	①	42	②	43	③	44	④	45	③
46	⑤	47	④	48	⑤	49	⑤	50	①
51	①	52	②	53	①	54	⑤	55	③
56	④	57	④	58	①	59	①	60	③
61	④	62	②	63	①	64	④	65	①
66	③	67	②	68	⑤	69	④	70	①
71	⑤	72	②	73	②	74	②	75	④
76	①	77	②	78	①	79	③	80	③
81	⑤	82	③	83	③	84	②	85	①
86	④	87	①	88	②	89		90	

단답형

08	1
09	95
10	위해성
31	보습효과
32	글리세린
33	카올린
34	15
35	중화반응
89	3
90	과립층
91	모근
92	분리(성상)
93	점증제
94	유화제
95	변취
96	파라벤
97	콜라겐
98	Ⓐ 1, Ⓑ 3
99	10
100	총리령

01 정답 ④ 난이도 ★★★

화장품이란 인체를 청결·미화하여 매력을 더하고 용모를 밝게 변화시키는 것으로 피부·모발의 건강을 유지 또는 증진하기 위해 인체에 바르고 문지르거나 뿌리는 등 이와 유사한 방법으로 사용되는 물품으로서 인체에 대한 작용이 경미한 것을 말한다. 다만, 약사법 제2조제4호의 의약품에 해당하는 물품은 제외한다.

02 정답 ② 난이도 ★★★★

데오도런트는 체취 방지용 제품류이다. 방향용 제품류는 다음과 같다.

- 향수
- 분말향
- 향낭
- 콜롱
- 그 밖의 방향용 제품류

03 정답 ① 난이도 ★★★★★

화장품 제조업자는 화장품의 제조시설을 이용하여 화장품 외의 물품을 제조할 수 있다. 다만, 제품 상호간에 오염의 우려가 있는 경우에는 그러하지 아니하다. 즉 제품 상호간의 오염 우려가 없으면 세탁비누, 향초를 생산할 수 있다.

04 정답 ① 난이도 ★★★★

화장품, 식품, 의약품, 건강기능식품 등의 위해 평가에 대하여는 인체적용 제품의 위해성평가 등에 관한 규정(식품의약품안전처 고시)에서 정하고 있다.

05 정답 ③ 난이도 ★★★

화장품의 제조과정에 사용된 원료의 목록을 식품의약품안전처장에게 보고하여야 한다. 원료의 목록에 관한 보고는 <mark>화장품의 유통·판매 전</mark>에 한다.

06 정답 ④ 난이도 ★★★

화장품 제조업자 또는 화장품 책임판매업자는 변경사유가 발생한 날부터 30일 이내(다만, 행정구역 개편에 따른 소재지 변경의 경우에는 90일 이내)에 화장품 제조업 변경등록신청서 또는 화장품 책임판매업 변경등록 신청서에 화장품 제조업 등록필증 또는 화장품 책임판매업 등록필증과 해당 서류를 첨부하여 지방식품의약품안전청장에게 제출하여야 한다. 등록관청을 달리하는 화장품 제조소 또는 화장품 책임판매업소의 소재지 변경의 경우에는 새로운 소재지를 관할하는 지방식품의약품안전청장에게 제출하여야 한다.

07 정답 ⑤ 난이도 ★★

손톱과 발톱의 관리 및 메이크업에 사용하는 제품

- 베이스코트(basecoats), 언더코트(under coats)
- 네일폴리시(nail polish), 네일에나멜(nail enamel)
- 탑코트(topcoats)
- 네일크림·로션·에센스
- 네일폴리시, 네일에나멜 리무버
- 그 밖의 손발톱용 제품류

08 정답 1 난이도 ★★★

화장품의 사용 중 발생하였거나 알게 된 유해사례 등 안전성 정보에 대하여 매 반기 종료 후 (<mark>1</mark>)개월 이내에 식품의약품안전처장에게 보고를 해야 한다.

09 정답 95 난이도 ★★

천연화장품이란 동식물 및 그 유래 원료 등을 함유한 화장품으로서 식품의약품안전처장이 정하는 기준에 맞는 화장품을 말한다. 천연화장품은 중량기준으로 천연함량이 전체 제품에서 (<mark>95</mark>)% 이상 구성되어야 한다.

10 정답 위해성 난이도 ★★★★

유해성이란 물질이 가진 고유의 성질로 사람의 건강이나 환경에 좋지 않은 영향을 미치는 화학물질 고유의 성질을 말하며, (<mark>위해성</mark>)은 유해성이 있는 물질에 사람이나 환경에 노출되었을 때 실제로 피해를 입는 정도를 말한다.

11 정답 ③ 난이도 ★★★★

비이온 계면활성제의 종류

- 폴리소르베이트 계열
- 소르비탄 계열
- 피오이 계열, 피이지 계열
- 글리세릴모노스테아레이트(GMS)
- 폴리글리세린 계열
- 알카놀아마이드

12 정답 ② 난이도 ★★★

계면활성제의 종류와 그 적용제품

- **비이온 계면활성제** : 기초화장품, 색조화장품
- **양이온 계면활성제** : 헤어컨디셔너, 린스
- **음이온 계면활성제** : 샴푸, 바디워시, 손 세척제 등 세정제품
- **양쪽성 계면활성제** : 베이비 샴푸, 저자극 샴푸
- **실리콘계 계면활성제** : 파운데이션, 비비크림 등
- **천연 계면활성제** : 기초화장품

13 정답 ② 난이도 ★★★★★

에틸알코올(에탄올)의 특징

- C_2H_5OH 화학식을 가진다.
- 무색투명 휘발성 액체이다.
- 비중은 20℃에서 0.794 정도이다.
- 가용화제, 수렴, 청결제 등으로 이용된다.
- 살균 및 보존작용(70% 농도)이 있다.
- 용제이다.
- 음용을 금지하기 위해 변성제를 첨가한다.

14 정답 ⑤ 난이도 ★★★

왁스는 기초화장품에서는 밀납, 라놀린, 경납이 점증제, 피부컨디셔닝제로 이용되며, 색조화장품에서는 W/O제형과 W/Si제형에서 비수계 점증제로, 스틱제형에서는 스틱강도유지를 위해 사용한다.

15 정답 ⑤ 난이도 ★★★★

실리콘은 퍼발림성이 우수하고 실키한 사용감, 발수성, 광택, 컨디셔닝, 무독성, 무자극성, 낮은 표면장력(소포제)으로 기초화장품, 색조화장품, 헤어케어 화장품 등에서 널리 사용되고 있다.

16 정답 ② 난이도 ★★★★

레이크란 타르색소를 기질에 흡착, 공침 또는 단순한 혼합이 아닌 화학적 결합에 의하여 확산시킨 색소를 말하는데, 물에 녹기 쉬운 염료를 알루미늄 등의 염이나 황산 알루미늄, 황산지르코늄 등을 가해 물에 녹지 않도록 불용화시킨 유기안료로 색상과 안정성이 안료와 염료의 중간이다.

17 정답 ④ 난이도 ★★★

식물 등에서 향을 추출하는 방법으로 냉각압착법, 수증기 증류법, 흡착법, 용매추출법 등이 있다.

- **냉각압착법** : 누르는 압착에 의한 추출하는 방법
- **수증기증류법** : 수증기를 동반하여 증류, 향료성분의 끓는점 차이를 이용한 방법
- **흡착법** : 열에 약한 꽃의 향을 추출할 때 사용하는 방법
- **용매추출법** : 휘발성용제에 의해 향성분을 추출, 열에 불안정한 성분을 추출함

18 정답 ② 난이도 ★★★★

천연향료 중 팅크처란 천연원료를 다양한 농도의 에탄올에 침지시켜 얻은 용약으로 벤조인 팅크처가 있다.

19 정답 ⑤ 난이도 ★★★

항균제, 항진균제

- **징크피리치온** : 비듬억제, 탈모예방
- **살리실릭애씨드** : 비듬억제, 탈모예방
- **클림바졸** : 비듬억제
- **피록톤올아민** : 비듬억제

참고로 레티놀은 주름개선 활성성분이다.

20 정답 ③ 난이도 ★★★★★

영ㆍ유아용 제품류(만 3세 이하의 어린이용)이거나 어린이용 제품(만 13세 이하 어린이)임을 화장품에 표시ㆍ광고하려는 경우에는

전성분에 보존제의 함량을 표시·기재하여야 한다.(2020.1.1 시행)

21 정답 ④

보존제 사용한도에서 페녹시에탄올을 사용한도가 1.0% 이다.

22 정답 ② 난이도 ★★

화장품은 사용 후 항상 뚜껑을 바르게 닫고, 서늘한 곳에 보관한다.

23 정답 ① 난이도 ★★★

회수의무자는 위해등급의 어느 하나에 해당하는 화장품에 대하여 회수대상화장품이라는 사실을 안 날부터 5일 이내에 회수계획서에 다음 서류를 첨부하여 지방식품의약품안전청장에게 제출하여야 한다.

- 해당 품목의 제조·수입기록서 사본
- 판매처별 판매량·판매일 등의 기록
- 회수 사유를 적은 서류

24 정답 ④ 난이도 ★★★★★

영업의 금지대상 화장품

- 심사를 받지 아니하거나 보고서를 제출하지 않은 기능성화장품
- 전부 또는 일부가 변패된 화장품
- 병원미생물에 오염된 화장품
- 이물이 혼입되었거나 부착된 것
- 화장품에 사용할 수 없는 원료를 사용하였거나 유통화장품 안전관리기준에 적합하지 않은 화장품
- 코뿔소 뿔 또는 호랑이 뼈와 그 추출물을 사용한 화장품
- 보건위생상 위해가 발생할 우려가 있는 비위생적인 조건에서 제조되었거나 시설기준에 적합하지 않은 시설에서 제조된 것
- 용기나 포장이 불량하여 해당 화장품이 보건위생상 위해를 발생할 우려가 있는 것
- 사용기한 또는 개봉 후 사용기간을 위조·변조한 화장품

25 정답 ③ 난이도 ★★★★

시액 및 시약라벨 등은 시액 및 시약관리 지침서의 기록양식이다.

26 정답 ① 난이도 ★★★

동물성 왁스 중에서 가장 많이 사용되고 있는 원료는 비즈왁스이다. 비즈왁스는 꿀벌의 벌집에서 꿀을 채취한 후 벌집을 열탕에 넣어 분리한 왁스이다.

27 정답 ③ 난이도 ★★★★★

백색안료로는 티타늄디옥사이드와 징크옥사이드가 있다. 이는 백색으로 불투명화제나 자외선차단제로 사용된다.

28 정답 ② 난이도 ★

작업소에 외부와 연결된 창문은 가능하면 열리지 않도록 설계하여야 한다.

29 정답 ③ 난이도 ★★★★

단백질의 응고 또는 변경에 의한 세포 기능 장해를 일으키는 물질로는 알코올, 페놀, 알데하이드, 아이소프로판올, 포르말린 등이 있다. 붕산은 효소계 저해에 의한 세포기능 장해 물질이다.

30 정답 ⑤ 난이도 ★★★★

보관조건은 각각의 원료와 포장재의 세부요건에 따라 적절한 방식으로 정의되어야 하며, 원료와 포장재가 재포장될 때, 새로운 용기에는 원래와 동일한 라벨링이 있어야 한다.

31 정답 보습효과 난이도 ★★★★★

보습효과의 평가방법은 피부의 전기전도도를 측정하거나 표피에서 손실되는 수분증발량을 측정하여 평가하며, 식품의약품안전처의 고시성분은 세라마이드이다.

32 정답 글리세린 난이도 ★★★★

글리세린은 폴리오류로 가장 널리 사용되는 보습제로, 보습력이 다른 폴리오류에 비해 우수하나 많이 사용할 경우 끈적임이 심하게 남는 단점이 있다.

33 정답 카올린   난이도 ★★★★
카올린(고령토)은 피부에 대한 부착성, 땀이나 피지의 흡수력이 우수하지만 매끄러운 느낌은 탤크에 비해 떨어진다.

34 정답 15   난이도 ★★★
회수의무자는 회수계획서 작성시 회수종료일을 위해성 등급이 '가' 등급인 화장품의 경우 회수를 시작한 날부터 (15)일 이내로 정하여야 한다.

35 정답 중화반응   난이도 ★★★★
pH를 조절할 목적으로 사용되는 성분은 그 성분을 표시하는 대신 (중화반응)의 생성물로 표시할 수 있다.

36 정답 ④   난이도 ★★★
맞춤형화장품 작업장의 권장기준으로 면적이나 크기 등은 해당되지 아니한다.

37 정답 ⑤   난이도 ★★★★
방충대책으로 벽, 천장, 창문, 파이프 구멍에 틈이 없도록 하며, 개방할 수 있는 창문을 만들지 않고, 창문은 차광하며 야간에 빛이 밖으로 새어나가지 않게 하여야 한다.

38 정답 ③   난이도 ★★★
청소와 세척의 원칙으로 구체적인 절차를 정해 놓아야 한다. 즉 엄격한 절차를 지켜 누락되는 일이 없도록 하는 것이 중요하다.

39 정답 ④   난이도 ★★★
개인사물은 지정된 장소에 보관하고, 작업실 내로 가지고 들어오지 않는다.

40 정답 ⑤   난이도 ★★★★★
교반기의 설치는 교반의 목적, 액의 비중, 점도의 성질, 혼합 상태, 혼합 시간 등을 고려하여 교반기를 편심설치하거나 중심설치를 한다.

41 정답 ①   난이도 ★★★
헨셀믹서는 임펠러가 고속으로 회전함에 따라 분쇄하는 방식의 믹서로 색조화장품 제조에 사용되며, 고속회전에 의한 열이 발생하여 파우더의 변색 등을 유발할 수 있는 단점이 있다.

42 정답 ②   난이도 ★★★
공조기는 필터압력, 송풍기 운전상태, 구동밸브의 장력, 베어링 오일, 이상소음, 진동유무 등을 점검하여야 한다.

43 정답 ③   난이도 ★★★
시험용 검체의 용기에는 명칭 또는 확인코드, 제조번호, 검체 채취일자, 원료제조번호, 원료보관조건 등을 기재한다.

44 정답 ④   난이도 ★★★★★
벌크제품은 품질이 변하지 아니하도록 적당한 용기에 넣어 지정된 장소에서 보관하여야 하며, 용기에 명칭 또는 확인코드, 제조번호, 완료된 공정명, 필요한 경우에는 보관조건 등을 표시해야 한다.

45 정답 ③   난이도 ★★★★★
비의도적으로 유래된 물질의 검출허용한도에서 납의 경우 점토를 원료로 사용한 분말제품에 대해서는 50μg/g 이하이고, 그 밖의 제품에 대해서는 20μg/g 이하이다.

46 정답 ⑤   난이도 ★★★
화장품 안전기준 등에 관한 규정상 내용량 기준은 제품 3개를 가지고 시험할 때 그 평균 내용량이 표기량에 대하여 97% 이상이어야 한다. 다만, 화장비누의 경우 건조중량을 내용량으로 한다.

47 정답 ④
'나'의 경우 입고된 원자재는 '적합', '부적합', '검사 중' 등으로 상태 표시를 하여야 하며, '다'의 경우 내용물 및 원료의 제조번호를 확인하여야 한다.

48 정답 ⑤   난이도 ★★★
화학적 소독제로 과산화수소는 3%의 수용액, 승홍수는 0.1%의 수용액을 사용한다.

49 정답 ⑤   난이도 ★★★★
회사명(CO)다음의 첫 숫자가 1인 경우는 미용성분, 2는 색소분체파우더, 3은 액제·오일성분, 4는 향, 5는 방부제, 6은 점증제, 7은 기능성화장품 원료, 8은 계면활성제를 의미한다.

50 정답 ①   난이도 ★★★
알코올은 세균포자 제거에 효과가 없다.

51 정답 ①   난이도 ★★★
밀폐용기란 일상의 취급 또는 보통 보존상태에서 외부로부터 고형의 이물이 들어가는 것을 방지하고 고형의 내용물이 손실되지 않도록 보호할 수 있는 용기를 말한다. 밀폐용기로 규정되어 있는 경우에는 기밀용기도 쓸 수 있다.

52 정답 ②   난이도 ★★★★
포름알데하이드는 액체크로마토그래프법의 절대검량선법을 사용한다. 유도결합플라즈마분광기를 이용하는 방법(ICP)은 납, 니켈, 비소, 안티몬, 카드뮴 등의 검출시험에 사용되는 방법이다.

53 정답 ①   난이도 ★★
일반적으로 재보관은 권장하지 않으며 개봉 시마다 변질 및 오염이 발생할 가능성이 있기 때문에 여러 번 재보관과 재사용을 반복하는 것은 피하여야 한다.

54 정답 ⑤   난이도 ★★★★
일회용 제품, 용기 입구 부분이 펌프 또는 방아쇠로 작동되는 분무용기제품, 압축 분무용기제품은 안전용기·포장대상에서 제외한다.

55 정답 ③   난이도 ★★★
정밀점검 후에 수리가 불가한 경우에는 설비를 폐기하고, 폐기 전까지 "유휴설비" 표시하여 설비가 사용되는 것을 방지한다.

56 정답 ④   난이도 ★★★
소분, 혼합하는 직원은 이물이 발생할 수 있는 포인트메이크업을 하지 않는 것이 권장된다.

57 정답 ④   난이도 ★★★
위생관리 및 유지관리가 가능하도록 하는 경우는 필요한 경우에 권장되는 사항이다.

58 정답 ①   난이도 ★★★
보관기한이 지나면 해당 물질을 재평가하여 사용 적합성을 결정하는 단계들을 포함해야 한다.

59 정답 ①   난이도 ★★★
모든 물품은 원칙적으로 선입선출방법으로 출고한다. 다만, 나중에 입고된 물품이 사용기한이 짧은 경우 먼저 입고된 물품보다 먼저 출고할 수 있다. 선입선출을 하지 못하는 특별한 사유가 있을 경우, 적절하게 문서화된 절차에 따라 나중에 입고된 물품을 먼저 출고할 수 있다.

60 정답 ③   난이도 ★★★
원자재 용기 및 시험기록서의 필수적인 기재사항
- 원자재 공급자가 정한 제품명
- 원자재 공급자명
- 수령일자
- 공급자가 부여한 제조번호 또는 관리번호

61 정답 ④   난이도 ★★★
맞춤형화장품 판매업자는 맞춤형화장품과 관련하여 안전성 정보에 대하여 신속히 책임판매업자에게 보고하여야 한다.

62 정답 ③ 난이도 ★★★★

맞춤형화장품 판매업자는 변경사유가 발생한 날부터 30일 이내(다만, 행정구역 개편에 따른 소재지의 변경의 경우에는 90일 이내)에 맞춤형화장품 판매업 변경신고서에 맞춤형화장품 판매업 신고필증과 해당 서류를 첨부하여 지방식품의약품안전청장에게 제출하여야 한다.

63 정답 ① 난이도 ★★★★★

진피에는 탄력섬유, 교원섬유, 하이알루로닉애씨드, 혈관, 피지선, 섬유아세포, 모낭, 땀샘, 신경 등이 존재한다.

64 정답 ④ 난이도 ★★★

표피와 진피의 구성

표피의 구성	각질층, 투명층, 과립층, 유극층, 기저층
진피의 구성	유두층, 망상층

65 정답 ① 난이도 ★★★

각질층은 피부의 가장 바깥에 위치한 약 15~25층의 납작한 무핵세포로 구성되며 수분손실을 막아주며 자극으로부터 피부호보 및 세균침입을 방어한다.

66 정답 ③ 난이도 ★★★

유극층의 특징

- 5~10층의 다각형세포로 구성되며 표피의 대부분을 차지한다.
- 표피에서 가장 두꺼운 층으로 두께는 약 20~60μm 정도이다.
- 면역기능을 담당하는 랑게르한스세포가 존재한다.
- 수분을 많이 함유하고 표피에 영양을 공급한다.
- 림프액이 흐른다.(혈액순환, 물질교환)

67 정답 ② 난이도 ★★★★

천연보습인자(NMF)는 피부에 존재하는 보습성분으로 유리아미노산, 피롤리돈카복실릭애씨드, 알칼리 금속, 젖산, 인산염, 구연산, 당류, 기타 유기산이 있으며, 각질층의 수분량을 일정하게 유지되도록 돕는 역할을 한다.

68 정답 ⑤ 난이도 ★★★★

대한선(아포크린선)의 특징

- 소한선보다 크며 피하지방 가까이에 위치한다.
- 모공과 연결되어 있다.
- pH 5.5~6.5로 단백질 함유가 많고 특유의 독특한 체취를 발생한다.
- 사춘기 이후에 주로 발달하며 특히 젊은 여성에게 많이 발생한다.
- 성·인종을 결정짓는 물질을 함유하며 특히 흑인이 가장 많이 함유한다.
- 정신적 스트레스에 반응한다.
- 겨드랑이, 유두주위, 배꼽주위, 성기주위, 귀 주위 등 특정부위에 존재한다.
- 99%가 수분이며 1%는 NaCl, K, Ca, 젖산, 암모니아, 요산, 크레아틴 등으로 구성된다.

69 정답 ④ 난이도 ★★★

피지막의 조성은 트리글리세라이드, 지방산, 스쿠알렌, 왁스에스테르, 콜레스테롤 등이다. 여기서 지방산은 트리글리세라이드가 가수분해되어 생성된 것이다.

70 정답 ① 난이도 ★★★★

모간의 특징

- 모간은 피부표면에 나와 있는 부분이다.
- 모간은 모표피, 모피질, 모수질로 구성된다.
- 모표피는 모발의 가장 바깥쪽으로 모근에서 모발의 끝을 향해 비늘모양으로 겹쳐져 모피질을 보호한다.
- 모피질은 모발의 85~90%를 차지하며, 멜라닌색소와 공기를 포함하여 모발을 지탱한다.
- 모수질은 모발의 가장 안쪽의 층으로 각화세포로 이루어진다.

71 정답 ⑤ 난이도 ★★★

탈모환자는 성장기가 3~4개월로 감소하고, 휴지기가 증가되어 있어 전체 모발 중 휴지기에 있는 모발의 수가 많다.

72 정답 ② 난이도 ★★★

중성피부는 피부에 탄력이 있어 혈색이 있고 모공도 눈에 띄지 않으며, 피지와 땀의 분비활동이 정상적인 피부이다.

73 정답 ⑤　난이도 ★★★

신제품 개발단계에서의 관능검사 활용

신제품 기획단계	소비자의 기호성을 조사하거나 참고품 등과 비교·검토하여 분석
설계단계	용기, 패키지 등의 디자인 및 재질, 내용물 특성 등을 분석 또는 기호성 참고조사
시제품 제작, 생산, 제품검사 단계	견본품, 표준품 등을 기준으로 시제품, 제품의 모양새 등을 확인 검사

74 정답 ③　난이도 ★★★★

포장에 기재되는 표시사항으로 다음 각 목의 어느 하나에 해당하는 보존제의 함량

- 영·유아용 제품류
- 어린이용 제품(만 13세 이하의 어린이를 대상으로 생산된 제품)류

75 정답 ④　난이도 ★★★

화장품 제조에 사용된 성분표시에 있어서 혼합원료는 혼합된 개별 성분의 명칭을 기재·표시한다.

76 정답 ①　난이도 ★★★★

제형 중 로션제는 유화제 등을 넣어 유성성분과 수성성분을 균질화하여 점액상으로 만든 것을 말하며, 크림제는 반고형상으로 만든 것을 말한다.

77 정답 ②　난이도 ★★★★

유화제는 미셀입자가 가용화의 미셀입자보다 크기 때문에 가시광선이 통과하지 못하여 불투명하게 보인다.

78 정답 ①　난이도 ★★★★

화장품 용기의 소재 중 저밀도 폴리에틸렌은 반투명의 광택성이 있고 유연하여 눌러 짜는 병과 튜브, 마개, 패킹에 이용된다. 내부응력이 걸린 상태에서 알코올, 계면활성제 등에 접촉하면 균열이 생기는 단점이 있다.

79 정답 ③　난이도 ★★★

칼리 납유리는 굴절률이 매우 높다.

80 정답 ③　난이도 ★★★

제형별 유형과 제품류

제형	제품류
유화제형	크림, 유액(로션), 영양액(에센스, 세럼)
가용화 제형	화장수(스킨로션, 토너), 미스트, 아스트린젠트, 향수
유화분산제형	비비크림, 파운데이션, 메이크업베이스, 마스카라, 아이라이너
고형화 제형	립스틱, 립밤, 컨실러, 스킨커버
파우더혼합 제형	페이스파우더, 팩트, 투웨이케익, 치크브러쉬, 아이섀도우
계면활성제 혼합 제형	샴푸, 컨디셔너, 린스, 바디워시, 손세척제

81 정답 ⑤　난이도 ★★★

사용감은 내용물을 손등에 문질러서 느껴지는 촉각을 통해서 확인한다.

82 정답 ③　난이도 ★★★

실마리정보와 안전성 정보

실마리 정보	유해사례와 화장품 간의 인과관계 가능성이 있다고 보고된 정보로서 그 인과관계가 알려지지 아니하거나 입증자료가 불충분한 것을 말한다.
안전성 정보	화장품과 관련하여 국민보건에 직접 영향을 미칠 수 있는 안전성·유효성에 관한 새로운 자료, 유해사례 정보 등을 말한다.

83 정답 ③ 난이도 ★★★

비누화반응 시에 알칼리로 가성소다를 사용하면 단단한 비누를 얻을 수 있다.

84 정답 ② 난이도 ★★★★

맞춤형화장품판매업 신고대장에 기록하여야 할 사항

- 신고번호 및 신고연월일
- 맞춤형화장품판매업자의 성명 및 생년월일(법인인 경우에는 대표자의 성명 및 생년월일)
- 맞춤형화장품판매업자의 상호(법인인 경우에는 법인의 명칭)
- 맞춤형화장품판매업소의 소재지
- 맞춤형화장품조제관리사의 성명 및 생년월일
- 맞춤형화장품 조제관리사의 자격증 번호
- 맞춤형화장품 사용계약을 체결한 책임판매업자의 상호(법인인 경우에는 법인의 명칭)

85 정답 ① 난이도 ★★★★

용량체크 도구는 전자저울이다. 분석용 저울은 분석용, 점도계는 점도측정, 경도계는 경도측정, pH Meter은 pH 측정용으로 사용된다.

86 정답 ④ 난이도 ★★★★

①은 화장품제조업자에 대한 내용이다.
②의 경우 교육은 매년 받아야 한다.
③과 ⑤는 화장품책임판매업자에 대한 내용이다.

87 정답 ① 난이도 ★★★★

화장품 책임판매업자가 화장품의 생산·수입실적 및 원료목록을 제출하여야 할 관련단체

생산실적 및 국내 제조 화장품 원료목록보고	(사) 대한화장품협회
수입실적 및 수입화장품 원료목록 보고	(사) 한국의약품수출입협회

88 정답 ② 난이도 ★★★★

안전성 정보보고 및 위해화장품 회수 등에 대하여 책임판매업자에게 우선보고해야 하고, 책임판매업자가 식품의약품안전처에 안전성 정보보고 및 위해 화장품 회수에 대한 보고를 한다.

89 정답 3 난이도 ★★★

식품의약품안전처장은 맞춤형화장품조제관리사가 거짓이나 그 밖의 부정한 방법으로 시험에 합격한 경우에는 자격을 취소하여야 하며, 자격이 취소된 사람은 취소된 날부터 (3)년간 자격시험에 응시할 수 없다.

90 정답 과립층 난이도 ★★★★

과립층은 2~5층의 방추형 세포로 구성되며, 케라토하이알린 과립이 존재하며 본격적인 각화과정이 시작되는 층으로 외부로부터 수분침투를 막는다.

91 정답 모근 난이도 ★★★

모근이란 피부 내부에 있는 부분으로 모낭과 모구로 구성되며, 모세포와 멜라닌 세포가 존재하며 세포분열이 시작되는 곳이다.

92 정답 분리(성상) 난이도 ★★★★

분리(성상)을 확인하기 위해서는 육안과 현미경을 사용하여 유화상태(기포, 빙결여부, 응고, 분리현상, Gel화, 유화입자 크기 등)를 관찰한다.

93 정답 점증제 난이도 ★★★

점증제란 점도를 유지하거나 제품의 안정성을 유지하기 위해 쓰이며 보습제, 계면활성제로서 일부 이용된다.

94 정답 유화제 난이도 ★★★★

(유화제)란 다량의 오일과 물을 계면활성제에 의해 균일하게 섞이는 것이며, 미셀입자가 상대적으로 커서 가시광선이 통과하지 못하므로 불투명하게 보이며, 에멀젼, 영양크림, 수분크림 등이 있다.

95 정답 변취   난이도 ★★★

관능평가방법에서 (변취) 여부의 확인은 적당량을 손등에 펴 바른 다음 냄새를 맡으며, 원료의 베이스 냄새를 중점으로 하고 표준품과 비교하여 변취 여부를 확인한다.

96 정답 파라벤   난이도 ★★★★

(파라벤)은 화장품에서 사용되고 있는 대표적인 방부제로서 안식향산이라고도 불리며, 박테리아 성장을 억제하며 곰팡이에 대한 항균력도 가지는 성분(물질)이다.

97 정답 콜라겐   난이도 ★★★

(콜라겐)은 동식물에서 추출한 것으로 3중 나선구조이며, 보습작용이 우수하여 피부에 촉촉함을 부여하는 성분이다.

98 정답 Ⓐ 1, Ⓑ 3   난이도 ★★★

완제품의 보관용 검체는 적절한 보관조건 하에 지정된 구역 내에서 제조단위별로 사용기한 경과 후 (1)년간 보관하여야 한다. 다만, 개봉 후 사용기간을 기재하는 경우에는 제조일로부터 (3)년간 보관하여야 한다.

99 정답 10   난이도 ★★★

비의도적으로 유래된 물질 검출허용한도

- 납 : 20μg/g 이하(점토를 원료로 사용한 분말제품은 50μg/g 이하)
- 비소와 안티몬 : 각각 10μg/g 이하
- 수은 : 1μg/g 이하
- 카드뮴 : 5μg/g 이하
- 다이옥산 : 100μg/g 이하
- 메탄올 : 0.2%(v/v) 이하, 물휴지는 0.002%(v/v)이하
- 폼알데하이드 : 2,000μg/g 이하, 물휴지는 20μg/g 이하
- 프탈레이트류(디부틸프탈레이트, 부틸벤질프탈레이트, 다이에틸헥실프탈레이드에 한함) : 총합으로서 100μg/g 이하

100 정답 총리령   난이도 ★★★★

맞춤형화장품조제관리사 자격시험의 시기, 절차, 방법, 시험과목, 자격증의 발급, 시험운영기관의 지정 등 자격시험에 필요한 사항은 (총리령)으로 정한다.

제3회 모의고사

01~10 화장품법의 이해
11~35 화장품 제조 및 품질관리
36~60 유통화장품의 안전관리
61~100 맞춤형화장품의 이해

제3회 모의고사 66p

선다형

01	③	02	①	03	②	04	⑤	05	⑤
06	①	07	⑤	08		09		10	
11	③	12	②	13	②	14	①	15	⑤
16	④	17	①	18	②	19	③	20	②
21	⑤	22	⑤	23	②	24	①	25	②
26	⑤	27	④	28	④	29	⑤	30	⑤
31		32		33		34		35	
36	⑤	37	①	38	④	39	①	40	①
41	①	42	②	43	③	44	⑤	45	①
46	④	47	①	48	④	49	⑤	50	⑤
51	②	52	⑤	53	④	54	⑤	55	①
56	④	57	②	58	④	59	①	60	③
61	⑤	62	①	63	④	64	⑤	65	④
66	④	67	②	68	④	69	⑤	70	②
71	③	72	③	73	④	74	②	75	①
76	①	77	⑤	78	④	79	④	80	⑤
81	②	82	②	83	④	84	②	85	①
86	④	87	③	88	③	89		90	

단답형

08	10
09	10
10	1개월
31	수렴효과
32	비타민E
33	탤크
34	30
35	기타성분
89	유해사례
90	유극층
91	모표피
92	3
93	점증제
94	분산
95	Ⓐ 기호형, Ⓑ 분석형
96	소분
97	착향제
98	제조번호별
99	순도시험
100	화장품책임판매업자

01 정답 ③   난이도 ★★★

기능성화장품은 화장품 중에서 다음의 어느 하나에 해당되는 것으로서 총리령으로 정하는 화장품을 말한다.

- 피부의 미백에 도움을 주는 제품
- 피부의 주름개선에 도움을 주는 제품
- 피부를 곱게 태워주거나 자외선으로부터 피부를 보호하는 데에 도움을 주는 제품
- 모발의 색상변화·제거 또는 영양공급에 도움을 주는 제품
- 피부나 모발의 기능약화로 인한 건조함, 갈라짐, 빠짐, 각질화 등을 방지하거나 개선하는 데에 도움을 주는 제품

02 정답 ①   난이도 ★★★

메이크업 리무버는 기초화장용 제품류이다. 색조화장용 제품류는 다음과 같다.

- 볼 연지
- 페이스 파우더, 페이스 케이크
- 리퀴드·크림·케이크 파운데이션
- 메이크업 베이스
- 메이크업 픽서티브
- 립스틱, 립라이너
- 립글로스
- 바디페인팅, 페이스페인팅, 분장용 제품
- 그 밖의 색조화장용 제품류

03 정답 ②   난이도 ★★★★

화장품 제조업 등록을 할 수 없는 자

- 정신질환자. 다만 전문의가 화장품 제조업자로서 적합하다고 인정하는 사람은 제외
- 피성년후견인 또는 파산선고를 받고 복권되지 않은 자
- 마약류 중독자
- 화장품법 또는 보건범죄 단속에 관한 특별조치법을 위반하여 금고 이상의 형을 선고받고 그 집행이 끝나지 아니하거나 그 집행을 받지 아니하기로 확정되지 않은 자
- 등록이 취소되거나 영업소가 폐쇄된 날부터 1년이 지나지 않은 자

04 정답 ⑤   난이도 ★★★★★

화장품 원료의 독성자료는 OECD가이드라인 등 국제적으로 인정된 프로토콜에 따른 시험을 우선적으로 고려할 수 있으며, 과학적으로 타당한 방법으로 수행된 자료이면 활용 가능하다. 또한 국제적으로 입증된 동물대체시험법으로 시험한 자료도 활용 가능하다.

05 정답 ⑤   난이도 ★★★★

화장품책임판매업자의 업무수행

- 화장품 제조업자가 화장품을 적정하고 원활하게 제조한 것임을 확인하고 기록하여야 한다.
- 제품의 품질 등에 관한 정보를 얻었을 때 해당 정보가 인체에 영향을 미치는 경우에는 그 원인을 밝히고, 개선이 필요한 경우에는 적정한 조치를 하고 기록하여야 한다.
- 시장출하에 관하여 기록하여야 한다.
- 제조번호별 품질검사를 철저히 한 후 그 결과를 기록하여야 한다.
- 책임판매한 제품의 품질이 불량하거나 품질이 불량할 우려가 있는 경우 회수 등 신속한 조치를 하고 기록하여야 한다.
- 그 밖에 품질관리에 관한 업무를 수행하여야 한다.

⑤는 책임판매관리자의 업무에 속한다.

06 정답 ①   난이도 ★★★★

영업자(화장품제조업자, 화장품 책임판매업자, 맞춤형화장품 판매업자)는 다음 각 호의 어느 하나에 해당하는 경우에는 <u>식품의약품안전처장</u>에게 신고하여야 한다. 다만, 휴업기간이 1개월 미만이거나 그 기간 동안 휴업하였다가 그 업을 재개하는 경우에는 예외이다.

- 폐업 또는 휴업하려는 경우
- 휴업 후 그 업을 재개하려는 경우

07 정답 ⑤   난이도 ★★★

총리령으로 정하는 기능성 화장품

- 피부에 멜라닌색소가 침착하는 것을 방지하여 기미·주근깨 등의 생성을 억제함으로써 피부의 미백에 도움을 주는 기능을 가진 화장품
- 피부에 침착된 멜라닌색소의 색을 엷게 하여 피부의 미백에 도움을 주는 기능을 가진 화장품
- 피부에 탄력을 주어 피부의 주름을 완화 또는 개선하는 기능을 가진 화장품

- 강한 햇볕을 방지하여 피부를 곱게 태워주는 기능을 가진 화장품
- 자외선을 차단 또는 산란시켜 자외선으로부터 피부를 보호하는 기능을 가진 화장품
- 모발의 색상을 변화[탈염(脫染)·탈색(脫色)을 포함한다]시키는 기능을 가진 화장품. 다만, 일시적으로 모발의 색상을 변화시키는 제품은 제외한다.
- 체모를 제거하는 기능을 가진 화장품. 다만, 물리적으로 체모를 제거하는 제품은 제외한다.
- 탈모 증상의 완화에 도움을 주는 화장품. 다만, 코팅 등 물리적으로 모발을 굵게 보이게 하는 제품은 제외한다.
- 여드름성 피부를 완화하는 데 도움을 주는 화장품. 다만, 인체세정용 제품류로 한정한다.
- 아토피성 피부로 인한 건조함 등을 완화하는 데 도움을 주는 화장품
- 튼살로 인한 붉은 선을 엷게 하는 데 도움을 주는 화장품

08 정답 10 난이도 ★★★

상시근로자수가 10명 이하인 화장품 책임판매업을 경영하는 화장품 책임판매업자는 본인이 책임판매관리자의 직무를 수행할 수 있다.

09 정답 10 난이도 ★★★★

유기농화장품이란 유기농 원료, 동식물 그 유래 원료 등을 함유한 화장품으로서 식품의약품안전처장이 정하는 기준에 맞는 화장품을 말한다. 유기농화장품은 유기농 함량이 전체 제품에서 10% 이상이어야 하며, 유기농함량을 포함한 천연함량이 전체 제품에서 95% 이상으로 구성되어야 한다.

10 정답 1개월 난이도 ★★★★

화장품 책임판매업자는 화장품의 사용 중 발생하였거나 알게 된 유해사례 등 안전성 정보에 대하여 매 반기 종료 후 1개월 이내에 식품의약품안전처장에게 보고해야 하며, 안전성에 대하여 보고할 사항이 없는 경우에는 '안전성 정보보고 사항 없음'으로 기재해서 보고한다.

11 정답 ③ 난이도 ★★★★★

양이온 계면활성제는 살균·소독작용이 있고 대전방지효과와 모발에 대한 컨디셔닝 효과가 있고, 그 종류는 다음과 같다.

- 세테아디모늄클로라이드
- 다이스테아릴다이모늄클로라이드
- 베헨트라이모늄클로라이드

12 정답 ② 난이도 ★★★★

계면활성제는 그 기능에 따라 유화제, 가용화제, 분산제, 습윤제, 세제, 거품형성제, 대전방지제, 세정제 등으로 불리는데 대전방지효과가 있는 것은 양이온 계면활성제이다.

13 정답 ② 난이도 ★★★★★

라우릴알코올은 세정제품의 점증제 및 기포안정제로 사용된다.

14 정답 ① 난이도 ★★★

석유화학 유래 왁스는 파라핀 왁스와 마이크로크리스탈린왁스가 있다.

15 정답 ⑤ 난이도 ★★★★

보습제는 피부의 수분량을 증가시켜주고 수분손실을 막아주는 역할을 한다.

휴멕턴트	• 분자 내에 수분을 잡아당기는 친수기가 주변으로부터 물을 잡아당기어 수소결합을 형성하여 수분을 유지시켜준다. • 폴리올(다가알코올), 트레할로스, 우레아(요소), 베타인, AHA, 소듐하이알루로네이트, 소듐콘드로이틴설페이트, 소듐피씨에이, 소듐락테이트, 아미노산 등이 있다.
폐색제	페트로라툼, 라놀린, 미네랄 오일 등

16 정답 ④ 난이도 ★★★★

타르색소는 안전성에 대한 이슈가 항상 있어, 눈 주위, 영유아용 제품, 어린이용제품에 사용할 수 없는 타르색소가 정해져 있으며 색소 안전성이 지속적으로 모니터링 되고 있다.

17 정답 ①　난이도 ★★★★

냉각압착법은 누르는 압착에 의한 추출방법으로 원심분리를 실시하며, 열에 의해 성분이 파괴되는 경우에 사용하여 에센셜오일(정유)을 추출한다. 주로 시트러스계열에 사용된다.

18 정답 ②　난이도 ★★★★

레티놀, 레티닐팔미테이트, 아데노신 등은 주름개선에 효과 있는 성분이다.

19 정답 ③　난이도 ★★★★★

피부의 미백에 도움을 주는 제품의 성분 및 함량

- 닥나무 추출물 : 2%
- 알부틴 : 2~5%
- 에칠아스코빌에텔 : 1~2%
- 유용성 감초 추출물 : 0.05%
- 아스코빌글루코사이드 : 2%
- 마그네슘아스코빌포스페이트 : 3%
- 나이아신아마이드 : 2~5%
- 알파-비사보롤 : 0.5%
- 아스코빌테트라이소팔미테이트 : 2%

20 정답 ②　난이도 ★★★★★

기초화장품의 종류와 유분량

유분량	기초화장품의 종류
50% 이상	마사지크림(피부혈행 촉진)
10~30%	영양크림, 핸드크림, 비비크림, 아이크림
5~7%	유액(밀크로션)
3~5%	영양액(에센스, 세럼)
기타	화장수(스킨로션)

21 정답 ⑤　난이도 ★★★★

살리실릭애씨드 및 그 염류 함유제품(샴푸 등 사용 후 바로 씻어내는 제품은 제외) : 만3세 이하 어린이에게는 사용하지 말 것

22 정답 ⑤　난이도 ★★

화장품 사용 시의 공통주의사항

- 화장품 사용 시 또는 사용 후 직사광선에 의하여 사용부위에 이상증상이나 부작용이 있는 경우 전문의 등과 상담할 것
- 상처가 있는 부위 등에는 사용을 자제할 것
- 어린이의 손에 닿지 않는 곳에 보관할 것
- 직사광선을 피해서 보관할 것

23 정답 ②　난이도 ★★★

화장품 회수의무자는 회수계획서 작성 시 회수종료일을 위해성 등급이 '가'등급인 화장품은 회수를 시작한 날부터 15일 이내이다.

24 정답 ①

①의 경우 수입하려는 상대국의 법령에 따라 제품개발에 동물실험이 필요한 경우이다.

25 정답 ②　난이도 ★★★

천장 주위의 대들보, 파이프, 덕트 등은 가급적 노출되지 않도록 설계하고, 파이프는 받침 등으로 고정하고, 벽에 닿지 않게 하여 청소가 용이하도록 한다.

26 정답 ⑤　난이도 ★★★★

유기합성 색소는 염료, 안료, 레이크 등이 있으며, 무기안료에는 체질안료, 착색안료, 백색안료 등으로 구분된다.

27 정답 ④　난이도 ★★★★★

자외선차단지수란 도포 후의 최소홍반량을 도포 전의 최소홍반량으로 나눈 값을 말하는데, 자외선차단지수의 값이 높을수록 자외선 차단효과가 크다.

28 정답 ④　난이도 ★★★★

표시대상 성분은 화장품 사용 시의 주의사항 및 알레르기 유발성분 표시에 관한 규정 별표2에서 정한 25종의 유발성분이다. 여기서 사용 후 씻어내는 제품에서 0.01% 초과, 사용 후 씻어내지 않는 제품에서 0.001%를 초과하는 경우에 한한다.

29 정답 ⑤   난이도 ★★★★

위해평가에서 평가하여야 할 위해요소

- 화장품 제조에 사용된 성분
- 중금속, 환경오염물질 및 제조·보관 과정에서 생성되는 물질 등 화학적 요인
- 이물 등 물리적 요인
- 세균 등 미생물적 요인

30 정답 ⑤   난이도 ★★★

출고할 제품은 원자재, 부적합품 및 반품된 제품과 구획된 장소에서 보관하여야 한다. 다만, 서로 혼동을 일으킬 우려가 없는 시스템에 의하여 보관되는 경우에는 그러하지 아니할 수 있다.

31 정답 수렴효과   난이도 ★★★★★

수렴효과의 평가는 혈액의 단백질이 응고되는 정도를 관찰하여 평가하며, 성분은 에탄올이다.

32 정답 비타민E   난이도 ★★★

비타민E(토코페롤)는 지용성 비타민으로 피부유연 및 세포의 성장촉진, 항산화작용 등을 위한 목적이 크다.

33 정답 탤크   난이도 ★★★

탤크(활석)는 매끄러운 사용감과 흡수력이 우수하여 베이비파우더와 투웨이케이크 등 메이크업제품에 많이 사용된다.

34 정답 30   난이도 ★★★★

회수의무자는 회수계획서 작성 시 회수종료일을 위해성등급이 '나'등급 또는 '다'등급인 화장품의 경우 회수를 시작한 날부터 (30)일 이내로 정하여야 한다.

35 정답 기타성분   난이도 ★★★★★

표시할 경우 기업의 정당한 이익을 현저히 해할 우려가 있는 성분의 경우에는 그 사유의 타당성에 대하여 식품의약품안전처장의 사전심사를 받은 경우에 한하여 (기타성분)으로 기재할 수 있다.

36 정답 ⑤   난이도 ★★★

화장품 작업장의 기준

- 제품이 보호되도록 할 것
- 청소가 용이하도록 하고 필요한 경우 위생관리 및 유지관리가 가능하도록 할 것
- 제품, 원료 및 자재 등의 혼동이 없도록 할 것
- 건물은 제품의 제형, 현재상황 및 청소 등을 고려하여 설계하여야 한다.

37 정답 ①   난이도 ★★★

세척제는 안전성이 높아야 하며, 세정력이 우수하며 헹굼이 용이하고, 기구 및 장치의 재질에 부식성이 없고, 가격이 저렴해야 한다.

38 정답 ④   난이도 ★★★

청소와 세척의 원칙

- 책임자를 명확히 한다.
- 사용기구를 정해 놓는다.
- 구체적인 절차를 정해 놓는다.
- 심한 오염에 대한 대처방법을 기재해 놓는다.
- 판정기준을 정한다.
- 세제를 사용한다면, 세제명을 정해 놓고 사용하는 세제명을 기록한다.
- 청소와 세척기록을 남긴다.
- 청소결과를 표시한다.

39 정답 ①   난이도 ★★★

생산, 관리 및 보관구역에 들어가는 모든 직원은 화장품의 오염을 방지하기 위하여 규정된 작업복을 착용하고, 일상복이 작업복 밖으로 노출되지 않도록 한다.

40 정답 ①   난이도 ★★★★★

호모믹서는 터빈형의 날개를 원통으로 둘러싼 구조이며, 통 속에서 대류가 일어나도록 설계되어 균일하고 미세한 유화입자가 형성되는 설비이다. 이는 충격 및 대류에 의해서 균일하고 미세한 유화입자를 얻을 수 있다.

41 정답 ① 난이도 ★★★

아토마이저는 스윙해머 방식의 고속회전 분쇄기이며, 비드밀은 지르콘으로 구성된 비드를 사용하여 이산화티탄과 산화아연을 처리하는데 주로 사용한다.

42 정답 ② 난이도 ★★★

설비 중 교반기, 호모믹서, 혼합기, 분쇄기 등 회전기기의 주요점검 항목은 세척상태 및 작동유무, 윤활오일, 게이지 표시유무, 비상정지스위치 등이다.

43 정답 ③ 난이도 ★★★

사용되지 않은 물질은 창고로 반송하며, 검체는 실험실로 운반하고 검체 채취지역을 청소 및 소독한다.

44 정답 ⑤ 난이도 ★★★★

시험용 검체의 용기에는 명칭 또는 확인코드, 제조번호, 검체채취 일자, 원료제조번호, 원료보관조건 등을 기재한다.

45 정답 ① 난이도 ★★★★

화장품 안전기준 등에 관한 규정상 비의도적으로 유래된 물질의 검출허용 한도에서 니켈의 경우는 다음과 같다.

- 눈 화장용 제품 : 35μg/g 이하
- 색조 화장용 제품 : 30μg/g 이하
- 그 밖의 제품 : 10μg/g 이하

46 정답 ④ 난이도 ★★★★

화장품 안전기준 등에 관한 규정에서 내용량 기준의 경우 제품 3개를 가지고 시험할 때 그 평균 내용량이 표기량에 대하여 97% 이상이어야 한다. 기준치를 벗어날 경우 6개를 더 취하여 시험할 때 9개의 평균 내용량이 97% 이상이면 된다.

47 정답 ① 난이도 ★★★

설비의 유지관리는 예방적 실시가 원칙이다.

48 정답 ④ 난이도 ★★

소독제는 사용기간 동안 활성을 유지해야 한다.

49 정답 ⑤ 난이도 ★★★

보관기한이 지나면 해당 물질을 재평가하여 사용 적합성을 결정하는 단계들을 포함해야 한다.

50 정답 ⑤ 난이도 ★★★

독성이 있고 환경 및 취급문제가 있을 수 있는 세척제는 무기산과 약산성 세척제로 이는 금속 산화물 제거에 효과적이다.

51 정답 ② 난이도 ★★★

기밀용기는 일상의 취급 또는 보통보존상태에서 액상 또는 고형의 이물 또는 수분이 침입하지 않고 내용물을 손실, 풍화, 조해 또는 증발로부터 보호할 수 있는 용기이며, 기밀용기로 규정되어 있는 경우에는 밀봉용기도 쓸 수 있다.

52 정답 ⑤ 난이도 ★★★★

원자흡광도법(AAS)을 적용하여 검출허용한도를 시험하는 성분으로는 납, 니켈, 비소, 안티몬, 카드뮴 등이다.

53 정답 ④ 난이도 ★★

변질 및 오염의 우려가 있으므로 재보관은 신중하게 하여야 하는데, 여러 번 재보관하는 벌크는 조금씩 나누어서 보관하는 것이 좋다.

54 정답 ⑤ 난이도 ★★★

시험용 검체는 오염되거나 변질되지 않도록 채취하고, 검체를 채취한 후에는 원상태에 준하는 포장을 하며, 검체가 채취되었음을 표시하는 것이 좋다.

55 정답 ① 난이도 ★★★

칭량, 혼합, 소분 등에 사용되는 기구는 이물이 발생하지 않고 원료 및 내용물과 반응성이 없는 스테인레스 스틸 혹은 플라스틱(PP)으

56 정답 ④ 난이도 ★★★

맞춤형화장품 작업장

- 맞춤형화장품의 소분 · 혼합장소와 판매 · 상담장소는 구분 · 구획이 권장된다.
- 적절한 환기시설이 권장된다.
- 작업대, 바닥, 벽, 천장 및 창문은 청결하게 유지되어야 한다.
- 소분 · 혼합 전 · 후 작업의 손세척 및 장비세척을 위한 세척시설의 설치가 권장된다.
- 방충 · 방서에 대한 대책이 마련되고 정기적으로 방충 · 방서를 점검하는 것이 권장된다.

57 정답 ② 난이도 ★★

외부와의 연결된 창문은 가능한 열리지 않도록 해야 한다. 외부로부터 오염을 방지하기 위함이다.

58 정답 ④ 난이도 ★★★

보관기한이 규정되어 있지 않은 원료는 품질 부문에서 적절한 보관기한을 정할 수 있다.

59 정답 ① 난이도 ★★★★

시험성적서에는 모든 시험이 적절하게 이루어졌는지 시험기록을 검토한 후 적합, 부적합, 보류를 판정, 시험, 검사, 측정에서 기준일탈 결과가 나옴 → 기준일탈 조사 → 시험, 검사, 측정이 부적합, 틀림없음 확인 → 기준일탈의 처리 → 기준일탈 제품에 불합격라벨(식별표시)첨부 → 부적합보관소에 격리보관 → 제조, 원료, 오염, 설비 등 종합적인 부적합의 원인조사, 조사결과를 근거로 부적합품의 처리방법을 결정하고 실행한다.

60 정답 ③ 난이도 ★★★

유통화장품 안전기준 등에 관한 규정상 포름알데하이드는 액체크로마토그래프법의 절대검량선법으로 시험한다.

61 정답 ⑤ 난이도 ★★★

맞춤형화장품 판매업자는 다음을 포함하는 맞춤형화장품 판매내역을 작성 · 보관하여야 한다.

- 맞춤형화장품 식별번호
- 판매일자 · 판매량
- 사용기한 또는 개봉 후 사용기간

62 정답 ① 난이도 ★★★

법인 대표자의 변경의 경우에는 법인 등기사항증명서를 제출하지 않으며, 담당공무원이 행정정보의 공동이용을 통하여 확인한다.

63 정답 ④ 난이도 ★★★★

피하지방은 열격리, 충격흡수, 영양저장소 등의 기능을 하며 지방세포가 존재한다.

64 정답 ③ 난이도 ★★★

각질층의 특징

- 피부의 가장 바깥에 위치한 약 15~25층의 납작한 무핵세포로 구성된다.
- 라멜라 구조이다.(각질과 각질 간 지질, 세라마이드가 각질 간 지질의 주성분이다.)
- 수분손실을 막아주며 자극으로부터 피부호보 및 세균침입을 방어한다.
- 각질층 내에 천연보습인자가 존재한다.(10~20% 수분이 함유)
- 주성분은 케라틴단백질, 천연보습인자, 세포 간 지질 등이다.
- **세포 간 지질 성분** : 세라마이드(50%), 지방산(30%), 콜레스케롤에스터(5%)

65 정답 ④ 난이도 ★★★

피부의 멜라닌색소는 자외선을 흡수하여 신체를 보호한다.

66 정답 ④ 난이도 ★★★

유극층에는 면역기능을 담당하는 랑게르한스세포가 존재한다.

67 정답 ② 난이도 ★★★★

천연보습인자는 피부에 존재하는 보습성분으로 유리아미노산, 피롤리돈카복실릭애씨드, 요소(우레아), 알칼리금속, 젖산, 인산염, 염산염, 젖산염, 구연산, 당류, 기타 유기산이 있으며, 각질층의 수분량을 일정하게 유지되도록 돕는 역할을 한다.

68 정답 ④ 난이도 ★★★★

소한선(에크린선)의 특징

- 실뭉치 모양으로 진피 깊숙이 위치하며, 피부에 직접 연결되어 있다.
- pH 3.8~5.6의 약산성인 무색, 무취이며, 체온조절을 한다.
- 온열성 발한, 정신성 발한, 미각성 발한
- 입술, 음부, 손톱을 제외한 전신에 분포하며, 손바닥·발바닥>이마>뺨>몸통>팔>다리의 순서로 분포한다.
- 구성성분은 지질, 수분, 단백질, 당질, 암모니아, 철분, 형광물질 등이다.

69 정답 ⑤ 난이도 ★★★★

땀의 구성성분은 물, 소금, 요소, 암모니아, 아미노산, 단백질, 젖산, 크레아틴 등이다.

70 정답 ② 난이도 ★★★

모피질은 모발의 85~90%를 차지하며, 멜라닌색소와 공기를 포함하여 모발을 지탱하는 역할을 한다.

71 정답 ③ 난이도 ★★★

모발성장주기에서 전체 모발의 양은 성장기(85~90%), 휴지기(10~15%), 퇴행기(2%) 순이다.

72 정답 ③ 난이도 ★★★

건성피부는 피부가 얇고 피부결이 섬세하며, 세안 후 얼굴 당김을 느낀다. 반면에 지성피부는 모공이 넓고 피부결이 거칠며 피부가 두껍다.

73 정답 ④ 난이도 ★★★

사용감이란 제품을 사용할 때 매끄러움, 가벼움, 무거움, 밀착감, 청량감 등을 말한다.

74 정답 ② 난이도 ★★★

포장에 기재되는 표시사항 중 기능성 화장품의 경우 '기능성 화장품'이라는 글자 또는 기능성 화장품을 나타내는 도안으로서 식품의약품안전처장이 정하는 도안이다.

75 정답 ① 난이도 ★★★

성분을 기재·표시할 경우 화장품 제조업자 또는 화장품 책임판매업자의 정당한 이익을 현저히 침해할 우려가 있을 때에는 화장품 제조업자 또는 화장품 책임판매업자는 식품의약품안전처장에게 그 근거자료를 제출해야 하고, 식품의약품안전처장이 정당한 이익을 침해할 우려가 있다고 인정하는 경우에는 '기타성분'으로 기재·표시할 수 있다.

76 정답 ① 난이도 ★★★

유화제형은 서로 섞이지 않는 두 액체 중에서 한 액체가 미세한 입자형태로 유화제를 사용하여 다른 액체에 분산되는 것을 이용한 제형으로 크림, 유액(로션), 영양액(에센스, 세럼) 등이다.

77 정답 ⑤ 난이도 ★★★★

산화방지제로는 토코페릴아세테이트, 비에이치티(BHT), 비에이치에이(BHA), 티비에이치큐(TBHQ) 등이 있다.

78 정답 ④ 난이도 ★★★★

화장품 용기소재 중 폴리프로필렌(PP)의 특징

- 반투명의 광택성, 내약품성이 우수함
- 상온에서 내충격성이 있음
- 반복되는 굽힘에 강하여 굽혀지는 부위를 얇게 성형하여 일체 경첩으로서 원터치 캡에 사용된다.
- 크림류 광구병, 캡류에 이용된다.

79 정답 ② 난이도 ★★★

포장인력 및 원가 확인은 충진방법에서 확인할 사항이 아니다.

80 정답 ⑤ 난이도 ★★★

맞춤형화장품 안전기준 관련 소비자에게 설명하여야 할 내용

- 혼합 또는 소분에 사용되는 내용물 및 원료
- 맞춤형화장품에 대한 사용 시 주의사항
- 맞춤형화장품의 사용기한 또는 개봉 후 사용기간
- 맞춤형화장품의 특징과 사용법

81 정답 ② 난이도 ★★★

벌크제품 표준견본은 성상, 냄새, 사용감에 관한 표준이다.

82 정답 ② 난이도 ★★★

피부의 주름개선에 도움을 주는 제품의 유효성 또는 기능을 입증하는 시험

세포내 콜라겐 생성시험	이 시험방법은 섬유아세포 배양 시 시료의 세포내 콜라겐 생성 증가 정도를 공시험액과 비교하는 것이다.
세포내 콜라게나제 활성 억제시험	이 시험방법은 섬유아세포 배양 시 시료가 세포내 콜라게나제 생성억제 정도를 공시료액과 비교하는 것이다.
엘라스타제 활성억제 시험	이 시험방법은 시험물질과 대조물질의 섬유아세포 엘라스타제 활성억제 정도를 비교하는 것이다.

83 정답 ④ 난이도 ★★★★

메이크업용 제품, 눈 화장용 제품, 염모용 제품 및 매니큐어용 제품에서 홋수별로 착색제가 다르게 사용된 경우 ± 또는 +/−의 표시 뒤에 사용된 모든 착색제 성분을 공동으로 기재할 수 있다.

84 정답 ② 난이도 ★★★

①의 용기적합성시험은 제품과 용기 사이의 상호작용에 대한 적합성을 평가하는 것을 말한다.
③의 미생물학적시험은 정상적으로 제품 사용 시 미생물 증식을 억제하는 능력이 있음을 증명하는 시험이다.
④의 일반시험은 균등성, 향취 및 색상, 사용감, 액상, 유화형, 내온성 시험을 수행한다.
⑤의 개봉 후 안정성시험은 개봉 전 시험항목과 미생물한도시험, 살균보존제, 유효성분시험을 수행한다. 다만, 개봉할 수 없는 용기로 되어 있는 제품, 일회용 제품 등은 개봉 후 안정성시험을 수행할 필요가 없다.

85 정답 ① 난이도 ★★★

'라'는 화장품책임판매업의 유형이다.

86 정답 ④ 난이도 ★★★★

화장품책임판매업자는 화장품의 품질관리기준, 책임판매 후 안전관리기준, 품질검사 방법 및 실시의무, 안전성·유효성 관련 정보 사항 등의 보고 및 안전대책 마련의무 등에 관하여 총리령으로 정하는 사항을 준수하여야 한다. ④의 경우 안정성이 아니라 안전성 및 유효성이다.

87 정답 ③ 난이도 ★★★

분리배출 표시의 적용 예외 자재의 기준

- 각 자재의 표면적이 50제곱센티미터 미만인 자재(필름 자재의 경우 100제곱센티미터 미만)
- 내용물의 용량이 30ml 또는 30g 이하인 자재
- 소재·구조면에서 기술적으로 인쇄, 각인 또는 라벨부착 등의 방법으로 표시할 수 없는 자재
- 랩 필름(두께가 20마이크로미터 미만인 랩 필름형 자재를 말한다.)
- 사후관리 서비스 부품 등 일반 소비자를 거치지 않고 의무생산자가 직접 회수·선별하여 배출하는 자재

88 정답 ③ 난이도 ★★★

제품의 종류별 포장공간 비율

- 인체 및 두발 세정용 제품류 : 포장공간비율은 15% 이내
- 그 밖의 화장품류(방향제를 포함한다.) : 10% 이하
- 세제류 : 15% 이하
- 종합 제품 화장품류 : 25% 이하

89 정답 유해사례 난이도 ★★★

유해사례란 화장품의 사용 중 발생한 바람직하지 않고 의도되지 않은 징후, 증상 또는 질병을 말하며, 해당 화장품과 반드시 인과관계를 가져야 하는 것은 아니다.

90 정답 유극층 난이도 ★★★★

유극층은 5~10층의 다각형세포로 구성되며, 표피에서 가장 두꺼운 층이며, 면역기능을 담당하는 랑게르한스세포가 존재하며 림프액이 흘러 혈액순환 및 물질교환이 일어난다.

91 정답 모표피 난이도 ★★★

모표피는 모발의 가장 바깥쪽으로 모근에서 모발의 끝을 향해 비늘모양으로 겹쳐져 모피질을 보호한다.

92 정답 3 난이도 ★★★

화장품에 사용할 수 없는 원료를 사용하거나 사용제한을 위반한 경우 벌칙

- 사용금지 원료 사용 : 전 품목 판매(제조) 정지 3개월
- 사용제한 기준위반 : 해당 품목 판매(제조) 정지 3개월

93 정답 점증제 난이도 ★★★

점증제란 점도를 유지하거나 제품의 안정성을 유지하기 위해 쓰이며, 보습제, 계면활성제로서 일부 이용한다. 대표성분으로는 구아검, 폴리비닐알코올, 벤토나이트, 잔탄검, 젤라틴, 메틸셀룰로스, 알긴산염 등이 있다.

94 정답 분산 난이도 ★★★★

분산이란 물 또는 오일 성분에 안료 등 미세한 고체입자가 계면활성제에 의해 균일하게 혼합되는 것으로 파운데이션, 아이섀도, 마스카라, 아이라이너, 립스틱 등이 있다.

95 정답 Ⓐ 기호형, Ⓑ 분석형 난이도 ★★★★

관능평가에는 좋고 싫음을 주관적으로 판단하는 (기호형)과 표준품 및 한도품 등 기준과 비교하여 합격품, 불량품을 객관적으로 평가, 선별하거나 사람의 식별력 등을 조사하는 (분석형)의 2가지 종류가 있다.

96 정답 소분 난이도 ★★★★

맞춤형화장품은 제조 또는 수입된 화장품 내용물에 다른 화장품의 내용물이나 식품의약품안전처장이 정하는 원료를 추가하여 혼합한 화장품 또는 제조 또는 수입된 화장품의 내용물을 (소분)한 화장품이다.

97 정답 착향제 난이도 ★★★

착향제는 "향료"로 표시할 수 있다. 다만, 착향제의 구성성분 중 식품의약품안전처장이 정하여 고시한 알레르기 유발성분이 있는 경우에는 향료로 표시할 수 없고, 해당 성분의 명칭을 기재·표시해야 한다.

98 정답 제조번호별 난이도 ★★★★

원자재, 반제품 및 완제품에 대한 적합기준을 마련하고, (제조번호별)로 시험기록을 작성·유지하여야 한다.

99 정답 순도시험 난이도 ★★★★

순도시험은 화장품 원료 중의 혼재물을 시험하기 위하여 실시하는 시험이다. 이 시험의 대상이 되는 혼재물은 그 화장품 원료를 제조하는 과정 또는 저장하는 사이에 혼재가 예상되는 것, 또는 유해한 혼재물이다. 또 이물을 썼거나 예상되는 경우에도 이 시험을 한다.

100 정답 화장품책임판매업자 난이도 ★★★★

화장품책임판매업자는 화장품의 품질관리기준, 책임판매 후 안전관리기준, 품질검사 방법 및 실시의무, 안전성·유효성 관련 정보사항 등의 보고 및 안전대책 마련의무 등에 관하여 총리령으로 정하는 사항을 준수하여야 한다.

제4회 모의고사

- **01~10** 화장품법의 이해
- **11~35** 화장품 제조 및 품질관리
- **36~60** 유통화장품의 안전관리
- **61~100** 맞춤형화장품의 이해

제4회 모의고사 88p

선다형

번호	답	번호	답	번호	답	번호	답	번호	답
01	⑤	02	②	03	①	04	③	05	④
06	④	07	①	08		09		10	
11	①	12	①	13	②	14	②	15	④
16	⑤	17	⑤	18	⑤	19	④	20	④
21	②	22	⑤	23	③	24	③	25	③
26	②	27	②	28	④	29	②	30	④
31		32		33		34		35	
36	②	37	⑤	38	⑤	39	⑤	40	②
41	①	42	②	43	③	44	③	45	①
46	④	47	①	48	①	49	③	50	①
51	③	52	①	53	③	54	②	55	③
56	③	57	②	58	②	59	②	60	⑤
61	⑤	62	⑤	63	①	64	①	65	③
66	⑤	67	②	68	⑤	69	①	70	④
71	③	72	②	73	①	74	⑤	75	④
76	②	77	⑤	78	②	79	⑤	80	④
81	⑤	82	①	83	②	84	③	85	④
86	②	87	②	88	③	89		90	

단답형

08	90
09	유기농 화장품
10	15일
31	세포재생효과
32	비타민C
33	경시변화시험
34	2
35	심의
89	실마리정보
90	기저층
91	모피질
92	2월
93	보습제
94	로션제
95	점도변화
96	식품의약품안전처장
97	홈페이지
98	구획
99	10
100	피지선

01 정답 ⑤ 난이도 ★★★

천연화장품이란 동식물 및 그 유래 원료 등을 함유한 화장품으로서 식품의약품안전처장이 정하는 기준에 맞는 화장품이다. 식품의약품안전처장이 정한 천연화장품의 기준은 중량 기준으로 천연 함량이 전체 제품에서 95% 이상으로 구성되어야 한다.

02 정답 ② 난이도 ★★★★★

두발용 제품류는 모발의 세정, 컨디셔닝, 정발, 웨이브 형성, 스트레이팅, 증모효과에 사용하는 제품류이며, 두발 염색용 제품류는 모발의 색을 변화시키거나 탈색시키는 제품류이다.

03 정답 ① 난이도 ★★★★

화장품 책임판매업등록 혹은 맞춤형화장품 판매업 신고를 할 수 없는 자

- 피성년후견인 또는 파산선고를 받고 복권되지 않은 자
- 화장품법 또는 보건범죄 단속에 관한 특별조치법을 위반하여 금고 이상의 형을 선고받고 그 집행이 끝나지 아니하거나 그 집행을 받지 아니하기로 확정되지 않은 자
- 등록이 취소되거나 영업소가 폐쇄된 날부터 1년이 지나지 않은 자

04 정답 ③ 난이도 ★★★

최종제품은 적절한 조건에서 보관할 때 사용기한 또는 유통기한 동안 안전하여야 한다. 최종제품의 안전성 평가는 성분평가가 원칙이지만, 제품의 제조, 유통 및 사용 시 발생할 수 있는 미생물의 오염에 대해 고려할 필요가 있다.

05 정답 ④ 난이도 ★★★★

품질관리기준 상 책임판매관리자의 업무

- 품질관리 업무를 총괄할 것
- 품질관리 업무가 적정하고 원활하게 수행되는 것을 확인할 것
- 품질관이 업무의 수행을 위하여 필요하다고 인정할 때에는 화장품 책임판매업자에게 문서로 보고할 것
- 품질관리 업무 시 필요에 따라 화장품 제조업자, 맞춤형화장품 판매업자 등 그 밖의 관계자에게 문서로 연락하거나 지시할 것
- 품질관리에 관한 기록 및 화장품 제조업자의 관리에 관한 기록을 작성하고 이를 해당 제품의 제조일부터 3년간 보관할 것

06 정답 ④ 난이도 ★★★★★

과징금산정기준에 있어서 영업자가 신규로 품목을 제조 또는 수입하거나 휴업 등으로 1년간의 총생산금액 및 총수입금액을 기준으로 과징금을 산정하는 것이 불합리하다고 인정되는 경우에는 분기별 또는 월별 생산금액 및 수입금액을 기준으로 산정한다.

07 정답 ① 난이도 ★★★

모발의 색을 변화시키거나(염모) 탈색시키는(탈염)제품

- 헤어 틴트(hair tints)
- 헤어 컬러스프레이(hair color sprays)
- 염모제
- 탈염 · 탈색용 제품
- 그 밖의 두발 염색용 제품류

08 정답 90 난이도 ★★★★

화장품 제조업자 또는 화장품 책임판매업자는 변경사유가 발생한 날부터 30일 이내에 제출하여야 한다. 다만, 행정구역 개편에 따른 소재지 변경의 경우에는 (90)일 이내에 화장품 제조업 변경등록 신청서 또는 화장품 책임판매업 변경등록 신청서에 화장품 제조업 등록필증 또는 화장품 책임판매업 등록필증과 해당 서류를 첨부하여 지방식품의약품안전청장에게 제출하여야 한다.

09 정답 유기농 화장품 난이도 ★★★

유기농화장품이란 유기농원료, 동식물 및 그 유래 원료 등을 함유한 화장품으로서 식품의약품안전처장이 정하는 기준에 맞는 화장품을 말한다.

10 정답 15일   난이도 ★★★

화장품 책임판매업자의 안전성 보고는 매 반기 종료 후 1개월 이내에 한다. 다만, 신속보고사유에 해당하는 경우에는 15일 이내에 하여야 한다.

11 정답 ①   난이도 ★★★

음이온 계면활성제는 세정력이 우수하고 기포형성작용이 있어 세정제품에 사용되며 그 종류는 다음과 같다.

- 소듐라우릴설페이트
- 소듐라우릴설포네이트
- 소듐자일렌서포네이트
- 암모늄라우레스설페이트
- 암모늄라우릴설페이트
- 트라이에탄올아민라우릴설페이트

12 정답 ①   난이도 ★★★★★

계면활성제의 자극이 큰 순서는 양이온 계면활성제>음이온 계면활성제>양쪽성 계면활성제>비이온 계면활성제 순이며, 비이온 계면활성제가 자극이 가장 작아서 기초화장품류에 주로 사용된다.

13 정답 ②   난이도 ★★★★

고급지방산은 알킬기의 분자량이 큰 것으로 즉 탄소수가 6개 이상이다.

14 정답 ②   난이도 ★★★

광물유래 왁스

오조케라이트	• 탄소수 29~53개 탄화수소 혼합물 • 출발물질은 지납(광석)이다.
세레신	• 오조케라이트를 정제하여 얻은 탄소수 29개 이상의 탄화수소 혼합물 • 출발물질은 오조케라이트이다.
몬탄왁스	• 탄소수 24~30개 탄화수소 혼합물 • 탄소수 24~30개 고급알코올 • 탄소수 20~30개 고급지방산 에스테르 • 출발물질은 갈탄이다.

15 정답 ④   난이도 ★★★★

화장품에 주요한 미생물 오염원

세균	대장균(그람음성), 녹농균(그람음성), 황색포도상구균(그람양성)
진균	검정곰팡이
효모	칸디다 알비칸스

16 정답 ⑤   난이도 ★★★

광물성 안료

- **카올린** : 백색 또는 미백색의 분말로 차이나 클레이라고도 하며, 친수성으로 피부 부착력이 우수하고 땀이나 피지의 흡수력이 우수하다.
- **마이카(운모)** : 백색의 분말로 탄성이 풍부하기 때문에 사용감이 좋고 피부에 대한 부착성도 우수하다. 또한 뭉침현상을 일으키지 않고 자연스러운 광택을 부여한다.
- **세리사이트** : 백색의 분말로 피부에 광택을 준다.
- **탤크(활석)** : 백색의 분말로 매끄러운 사용감과 흡수력이 우수하고 투명성을 향상시킨다.
- **마그네슘카보네이트** : 백색분말로 향흡수제로 사용된다.
- **칼슘카보네이트** : 진주광택이고 화사함을 주며, 백색의 무정형 미분말이다.
- **실리카** : 석영에서 얻어지는 흡습성이 강한 구상 분체로 비수계 점증제로 사용된다.

17 정답 ⑤   난이도 ★★★

식물 등에서 향을 추출하는 방법 중 용매추출법은 휘발성용제에 의해 향상분을 추출하는 방법으로 열에 불안정한 성분을 추출할 때 이용되는 방법이다.

18 정답 ⑤   난이도 ★★★★★

화장품 활성성분 중 도파의 산화억제로 미백효과가 있는 비타민C 유도체에는 에칠아스코르빌에텔, 아스코르빌글루코사이드, 마그네슘아스코르빌포스페이트, 아스코르빌테트라이소팔미테이트 등이 있다.

19 정답 ④ 난이도 ★★★★★

피부의 주름개선에 도움을 주는 제품의 성분 및 함량

- 레티놀 : 2,500IU/g
- 레티닐팔미테이트 : 10,000IU/g
- 아데노신 : 0.04%
- 폴리에톡실레이트드레틴아마이드 : 0.05~0.2%

20 정답 ④ 난이도 ★★★★

기초화장품의 종류 및 기능

- 화장수(스킨로션) : 각질층 수분공급, 비누 세안 후 피부 pH 회복, 모공수축(수렴작용), 피부정돈
- 유액(밀크로션) : 세안 후 피부에 유분과 수분공급, 끈적이지 않는 가벼운 사용감
- 영양크림 : 세안 후 제거된 천연피지막의 회복, 피부를 외부 환경으로부터 보호, 피부의 생리기능을 도와줌, 활성성분이 피부트러블 개선
- 아이크림 : 한선, 피지선이 없고 피부두께가 얇은 눈 주위 피부에 영양공급과 탄력감 부여
- 핸드크림, 베이비크림 : 피부에 유분과 수분을 공급, 유연, 고점도
- 마사지크림 : 피부 혈행촉진, 유연, 고점도
- 영양액 : 보습성분과 영양성분이 고농축되어 있어 피부에 수분과 영양을 공급, 저점도
- 팩 : 피부에 적당한 긴장감을 주고 영양성분의 흡수를 용이하게 하여 혈액 팩순환을 촉진시킴, 피부표면의 오염물을 제거시킴으로써 피부청결에 도움을 줌

21 정답 ② 난이도 ★★★★★

착향제의 구성성분 중 알레르기 유발성분 : 아밀신남알, 벤질알코올, 신나밀알코올, 시트랄, 유제놀, 하이드록시시트로넬알, 이소유제놀, 아밀신나밀알코올, 벤질살리실레이트, 신남알, 쿠마린, 제라니올, 아니스에탄올, 벤질신나메이트, 파네솔, 부틸페닐메칠프로피오날, 리날룰, 벤질벤조에이트, 시트로넬롤, 헥실신남알, 리모넨, 메칠2-옥티노에이트, 알파-이소메칠이오논, 참나무이끼추출물, 나무이끼추출물 등 25종

22 정답 ⑤ 난이도 ★★★

①~④는 고압가스를 사용하는 에어로졸 제품의 주의사항이다. 무스의 경우는 제외한다.

23 정답 ③ 난이도 ★★★

화장품 회수의무자는 회수계획서 작성시 위해성 등급이 '나'등급 또는 '다'등급인 화장품은 회수를 시작한 날부터 30일 이내이다.

24 정답 ③ 난이도 ★★★

③의 경우 신고하지 않은 자가 판매한 맞춤형화장품이다.

25 정답 ③ 난이도 ★★★★

알레르기 유발성분의 함량에 따른 표시방법이나 순서를 별도로 정하고 있지는 않으나, 전성분 표시방법을 적용하길 권장하고 있다.

26 정답 ② 난이도 ★★★

②는 유기합성 색소에 대한 설명이다.

27 정답 ② 난이도 ★★★★

라놀린은 양의 털을 가공할 때 나오는 지방을 정제하여 얻으며, 피부에 대한 친화성과 부착성, 포수성이 우수하여 크림이나 립스틱 등에 널리 사용되는 유성원료이다. 그러나 피부 알레르기를 유발할 가능성이 있고, 무거운 사용감, 색상이나 냄새 등의 문제 및 최근 동물성 원료의 기피로 사용량이 감소하고 있으며, 일부 제품에 사용성 목적으로 사용되고 있다.

28 정답 ④ 난이도 ★★★★

위험성 결정에 제한이 있거나 신속한 위해평가가 요구될 경우 화장품의 위해평가를 실시하여야 한다.

29 정답 ② 난이도 ★★★★★

회수의무자는 회수계획서 작성 시 회수종료일을 다음 각 호의 구분에 따라 정하여야 한다. 즉 위해성 등급이 '가'등급인 화장품은 회수를 시작한 날부터 15일 이내, 위해성등급이 '나' 또는 '다'등급인 화장품은 회수를 시작한 날부터 30일 이내이다. 위 지문에서 ②는 '가' 등급이므로 15일 이내에 회수하여야 한다.

| 30 | 정답 ④ | 난이도 ★★★ |

재고의 회전을 보증하기 위한 방법이 확립되어 있어야 한다. 그러므로 특별한 경우를 제외하고 가장 오래된 재고가 제일 먼저 불출되도록 선입선출의 방식을 따라야 한다.

| 31 | 정답 세포재생효과 | 난이도 ★★★★★ |

세포재생효과와 세포증식효과의 평가

세포재생 효과	• 평가방법 : 각질층에 형광물질을 염색시킨 후 형광물질이 소멸되는 시간을 측정하여 세포재생효과를 평가한다. • 성분 : 하이알루론산, 젖산
세포증식 효과	• 평가방법 : 인체의 피부로부터 얻은 섬유아세포를 일정시간 배양한 후 세포의 수를 측정하여 세포증식효과를 평가한다. • 성분 : 아데노신

| 32 | 정답 비타민C | 난이도 ★★★ |

비타민C는 수용성비타민으로 강력한 항산화 작용과 콜라겐 생합성을 촉진하는 것으로 알려져 미백제품 등에 널리 사용된다.

| 33 | 정답 경시변화시험 | 난이도 ★★★★★ |

경시변화시험이란 규정된 보관조건 내에서 제품의 경시적 변화를 계획된 시기와 방법에 따라 측정하는 시험을 말한다.

| 34 | 정답 2 | 난이도 ★★ |

회수의무자는 회수대상화장품의 판매자, 그 밖에 해당 화장품을 업무상 취급하는 자에게 방문, 우편, 전화, 전보, 전자우편, 팩스 또는 언론매체를 통한 공고 등을 통하여 회수계획을 통보하여야 하며, 통보 사실을 입증할 수 있는 자료를 회수 종료일로부터 (2)년간 보관하여야 한다.

| 35 | 정답 심의 | 난이도 ★★★ |

전성분표시에 사용되는 화장품 원료명칭은 대한화장품협회 성분사전에서 확인할 수 있다. 신규화장품 원료에 대한 전성분명(원료명칭)은 대한화장품협회 성분명표준화위원회에서 (심의)를 통해 정하고 있다.

| 36 | 정답 ② | 난이도 ★★★ |

화장품 작업소는 바닥, 벽, 천장은 가능한 청소하기 쉽게 매끄러운 표면을 지녀야 한다.

| 37 | 정답 ⑤ | 난이도 ★★★ |

소독제는 주로 에탄올 70%, 아이소프로필 알코올 70%가 사용된다.

| 38 | 정답 ⑤ | 난이도 ★★★ |

작업소 및 보관소 내의 모든 직원은 화장품의 오염을 방지하기 위해 규정된 작업복을 착용해야 하며, 작업복은 오염여부를 쉽게 확인할 수 있는 밝은색의 폴리에스터 재질이 권장된다.

| 39 | 정답 ② | 난이도 ★★★ |

포인트메이크업 즉 마스카라, 아이라이너, 아이섀도, 볼터치, 립스틱 등을 한 작업자는 화장품을 지운 후에 입실한다. 그러므로 기초화장의 경우는 무관하다.

| 40 | 정답 ② | 난이도 ★★★★ |

진공유화기는 밀폐된 진공상태의 유화탱크에 용해탱크원료가 자동주입된 후 교반속도, 온도조절, 시간조절, 탈포, 냉각 등이 컨트롤 패널로 자동조작이 가능한 장치로 호모믹서와 패들믹서로 구성되어 있으며 현재 가장 많이 사용되는 장치이다.

| 41 | 정답 ① | 난이도 ★★★ |

제트밀은 단열팽창 효과를 이용하여 수 기압 이상의 압축공기 또는 고압증기 및 고압가스를 생성시켜 분사노즐로 분사시키면 초음속의 속도인 제트기류를 형성하는데 이를 이용하여 입자끼리 충돌시켜 분쇄하는 방식으로 건식형태로 가장 작은 입자를 얻을 수 있는 장치이다.

| 42 | 정답 ② | 난이도 ★★★ |

원자재 용기에 제조번호가 없는 경우에는 관리번호를 부여하여 보관하여야 한다.

43 정답 ③ 난이도 ★★★

용기는 밀폐하고, 청소와 검사가 용이하도록 충분한 간격으로 바닥과 떨어진 곳에 보관하여야 한다.

44 정답 ③ 난이도 ★★★

모든 벌크제품의 허용 가능한 보관기한을 확인할 수 있어야 하고, 보관기한의 만료일이 가까운 벌크제품부터 사용하도록 문서화된 절차가 있어야 한다.

45 정답 ① 난이도 ★★★

비의도적으로 유래된 물질의 검출 허용한도에서 메탄올의 검출허용한도는 다음과 같다.

- 메탄올의 검출허용한도는 0.2%(v/v) 이하이다. 다만, 물휴지의 경우는 0.002%(v/v) 이하이다.

46 정답 ④ 난이도 ★★★★★

화장품 안전기준 등에 관한 규정상 pH 기준 : 액, 로션, 크림 및 이와 유사한 제형의 액상제품의 pH 기준은 3.0~9.0이어야 한다.

- 영 · 유아제품류(영 · 유아용 샴푸, 영 · 유아용 린스, 영 · 유아 인체 세정용 제품, 영 · 유아 목욕용 제품 제외)
- 눈 화장용 제품류
- 색조화장용 제품류
- 두발용 제품류(샴푸, 린스 제외)
- 면도용 제품류(셰이빙 크림, 셰이빙 폼 제외)
- 기초화장품 제품류(클렌징 워터, 클렌징 오일, 클렌징 로션, 클렌징 크림 등 메이크업 리무버 제품 제외)

47 정답 ① 난이도 ★★

'다'와 '라'는 혼합과 교반장치에 대한 설명이다.

48 정답 ① 난이도 ★★★★★

단백질 응고 또는 변경에 의한 세포기능 장해를 발생시키는 세정제로는 알코올, 페놀, 알데하이드, 아이소프로판올, 포르말린 등이 있다.

49 정답 ③ 난이도 ★★

변질되기 쉬운 벌크는 재사용하지 않는다.

50 정답 ① 난이도 ★★★

물청소 후에는 물기를 완전히 제거하여 오염원을 제거하여야 한다. 즉 자연건조시키기 위해 물기가 있는 상태로 오래두면 오염될 소지가 많다.

51 정답 ③ 난이도 ★★★

밀봉용기는 일상의 취급 또는 보통의 보존상태에서 기체 또는 미생물이 침입할 염려가 없는 용기이다.

52 정답 ① 난이도 ★★★★

포름알데하이드는 액체크로마토그래프법의 절대검량선법을 사용하여 시험한다.

53 정답 ③ 난이도 ★★★★

모든 벌크제품을 보관 시에는 적합한 용기를 사용해야 한다. 또한 용기는 내용물을 분명히 확인할 수 있도록 표시하여야 한다.

54 정답 ② 난이도 ★★★

시험용 검체의 용기에는 명칭 또는 확인코드, 제조번호, 검체 채취일자, 원료제조번호, 원료 보관조건 등을 기재한다.

55 정답 ③ 난이도 ★★★

제조, 충진에 사용되는 교반기(아지믹서, 호모믹서, 혼합기, 디스퍼, 충전기 등은 스테인레스 스틸 #304 혹은 #316 재질을 사용한다.

56 정답 ③ 난이도 ★★★

건물을 청소가 용이하도록 하고, 필요한 경우 위생관리 및 유지관리가 가능하도록 해야 한다.

57 정답 ② 난이도 ★★★
사용하지 않는 연결호스와 부속품은 청소 등 위생관리를 하며, 건조한 상태로 유지하고 먼지, 얼룩 또는 다른 오염으로부터 보호하여야 한다.

58 정답 ② 난이도 ★★★
①의 경우 제조업자는 원자재 공급자에 대한 관리감독을 적절히 수행하여 입고관리가 철저히 이루어지도록 하여야 한다.
③의 경우 원자재 용기에 제조번호가 없는 경우에는 관리번호를 부여하여 보관하여야 한다.
④의 경우 원자재 입고절차 중 육안 확인 시 물품에 결함이 있는 경우 입고를 보류하고 격리보관 및 폐기하거나 원자재 공급업자에게 반송하여야 한다.
⑤의 경우 입고된 원자재는 적합, 부적합, 검사 중 등으로 상태를 표시하여야 한다. 다만, 동일 수준의 보증이 가능한 다른 시스템이 있다면 대체할 수 있다.

59 정답 ② 난이도 ★★★
①의 내용물 감량 시험방법은 화장품 용기에 충진된 내용물의 건조 감량을 측정하기 위한 시험방법이다.
③의 낙하 시험방법은 플라스틱 성형품, 조립 캡, 조립용기, 거울, 명판 등의 조립 및 접착에 의해 만들어진 화장품 용기의 낙하 시험방법이다.
④의 접착력 시험방법은 화장품 용기에 표시된 인쇄문자, 코팅 막 및 라미네이팅의 밀착성을 측정하기 위한 시험방법이다.
⑤의 크로스컷 시험방법은 화장품 용기의 포장재료인 유리, 금속 및 플라스틱의 유기 및 무기 코팅 막 및 도금의 밀착성 시험방법이다.

60 정답 ⑤ 난이도 ★★★
벌크제품은 선입선출 되어야 한다.

61 정답 ⑤ 난이도 ★★★
맞춤형화장품 판매업자는 혼합·소분 시 오염방지를 위해 다음의 안전관리를 준수해야 한다.

- 혼합·소분 전에는 손을 소독 또는 세정하거나 일회용 장갑을 착용할 것
- 혼합·소분에 사용되는 장비 또는 기기 등은 사용 전·후 세척할 것
- 혼합·소분된 제품을 담을 용기의 오염여부를 사전에 확인할 것

62 정답 ⑤ 난이도 ★★★
맞춤형화장품 판매업의 변경사유 발생 시 처리기간은 10일이다. 반면에 맞춤형화장품 조제관리사의 변경신고 처리기간은 7일이다.

63 정답 ① 난이도 ★★★★★
DEJ(Dermal Epidemal Junction)은 표피와 진피 사이를 연결하여 표피가 진피에 고정되도록 하는 역할과 건강한 피부를 유지하는데 필요한 피부대사를 돕고 있다.

64 정답 ① 난이도 ★★
맞춤형화장품 판매업을 하려는 자는 총리령으로 정하는 바에 따라 식품의약품안전처장에게 신고하여야 한다. 신고한 사항 중 총리령으로 정하는 사항을 변경할 때에도 또한 같다.

65 정답 ③ 난이도 ★★★
통각과 촉각은 진피의 유두층에 위치하며, 통각은 피부에 가장 많이 분포하며, 촉각은 손가락, 입술, 혀 끝 등이 예민하고 발바닥이 가장 둔하다.

66 정답 ⑤ 난이도 ★★★
유극층의 특징

- 표피에서 가장 두꺼운 층으로 표피의 대부분을 차지한다.
- 면역기능을 담당하는 랑게르한스세포가 존재한다.
- 수분을 많이 함유하고 표피에 영양을 공급한다.
- 림프액이 흘러 혈액순환 및 물질교환이 이루어진다.

67 정답 ② 난이도 ★★★★★

진피 유두층은 모세혈관이 분포하여 표피에 영양을 공급하고, 기저층의 세포분열을 돕는다.

68 정답 ⑤ 난이도 ★★★

대한선(아포크린선)

구성성분	99%가 수분이며, 1%는 NaCl, K, Ca, 젖산, 암모니아, 요산, 크레아틴
위치	겨드랑이, 유두주위, 배꼽주위, 성기주위, 귀 주위 등 특정부위에 존재
특징	• 소한선보다 크며 피하지방 가까이에 위치함 • 모공과 연결되어 있음 • pH 5.5~6.5로 단백질 함유가 많고 특유의 독특한 체취를 발생(암내, 액취증) • 사춘기 이후에 주로 발달, 특히 젊은 여성에게 많이 발생 • 성·인종을 결정짓는 물질 함유(흑인이 가장 많이 함유) • 정신적 스트레스에 반응함

69 정답 ① 난이도 ★★★★★

소한선(에크린선)은 표피에 직접 땀을 분비하며, 주로 열에 의해 분비된다.

70 정답 ④ 난이도 ★★★★

모근의 특징

• 모근은 피부 내부에 있는 부분으로서 모낭과 모구로 이루어진다.
• 모낭은 모근을 싸고 있는 조직으로 피지선과 연결되어 있으며, 모구는 모근의 아래쪽 둥근 모양이다.
• 모세포와 멜라닌 세포가 존재하며, 세포분열의 시작점이다.
• 모유두는 모구의 중심부에 모발의 영양을 관장하는 혈관이나 신경이 분포한다.

71 정답 ③ 난이도 ★★★

화장품에서는 덱스판테놀, 비오틴, 엘-멘톨, 징크피리치온이 탈모 방지 기능성 화장품에서 주성분으로 사용된다.

72 정답 ② 난이도 ★★★

민감성 피부는 각질층이 얇고 홍조가 나타나며, 작은 자극에도 민감하게 반응하는 피부유형이다.

73 정답 ① 난이도 ★★★

화장품 중 기초제품의 제품별 핵심품질요소

스킨	탁도, 변취
로션, 에센스	변취, 분리(성상), 점(경)도 변화
크림	변취, 분리(성상), 표면굳음, 점(경)도 변화

74 정답 ⑤ 난이도 ★★★★★

총리령으로 정하는 기능성 화장품 중 의약외품에서 기능성 화장품으로 전환된 품목은 다음과 같다.

• 탈모 증상의 완화에 도움을 주는 화장품. 다만, 코팅 등 물리적으로 모발을 굵게 보이게 하는 제품은 제외한다.
• 여드름성 피부를 완화하는 데 도움을 주는 화장품. 다만, 인체세정용 제품류로 한정한다.
• 아토피성 피부로 인한 건조함 등을 완화하는 데 도움을 주는 화장품
• 튼살로 인한 붉은 선을 엷게 하는 데 도움을 주는 화장품

75 정답 ④ 난이도 ★★★★

색조화장품 제품류, 눈 화장용 제품류, 두발염색용 제품류 또는 손발톱용 제품류에서 호수별로 착색제가 다르게 사용된 경우 '± 또는 +/-'의 표시 다음에 사용된 모든 착색제 성분을 함께 기재·표시할 수 있다.

76 정답 ② 난이도 ★★★★★

가용화 제형이란 물에 대한 용해도가 아주 작은 물질을 가용화제를 이용하여 용해도 이상으로 녹게 하는 것을 이용한 제형으로 화장수(스킨로션, 토너), 미스트, 아스트린젠트, 향수 등이다.

77 정답 ⑤   난이도 ★★★★★

보존제에는 수용성과 유용성이 있다.

수용성 보존제	메틸파라벤, 이미다졸리디닐우레아, 소듐벤조에이트, 클로페네신, 디엠디엠하이단토인, 포타슘소르베이트
유용성 보존제	프로필파라벤, 부틸파라벤, 페녹시에탄올, 벤질알코올

78 정답 ②   난이도 ★★★★

화장품 용기 고분자 소재 중 폴리스티렌(PS)의 특징

- 딱딱하고 투명하며 광택성이 좋다.
- 성형 가공성이 매우 우수하고 치수안정성이 우수하다.
- 내충격성이 나쁘다.
- 팩트, 스틱 용기에 이용된다.

79 정답 ⑤   난이도 ★★★

⑤의 경우는 혼합·소분 시에 시행하는 것이 아니라 제조단계에서 확인하여야 한다.

80 정답 ④   난이도 ★★★

사용기한은 '사용기한' 또는 '까지' 등의 문자와 '연월일'을 소비자가 알기 쉽도록 기재·표시하여야 한다. 다만, '연월'로 표시하는 경우 사용기한을 넘지 않는 범위에서 기재·표시하여야 한다.

81 정답 ⑤   난이도 ★★★

강제흡수의 경우 피부의 수분량과 온도가 높을 때, 혈액순환이 빠를 때, 유효성분의 입자가 작고 지용성일 때 흡수율이 높다.

82 정답 ①   난이도 ★★★

자외선차단지수(SFP)라 함은 UVB를 차단하는 제품의 차단효과를 나타내는 지수로서 자외선차단제품을 도포하여 얻은 최소홍반량을 자외선차단제품을 도포하지 않고 얻은 최소홍반량으로 나눈 값이다.

83 정답 ②   난이도 ★★★★

공정관리실은 제조, 포장 시에 실시하는 공정검사가 이루어지는 실로서 점검대상과는 거리가 멀다.

84 정답 ③   난이도 ★★★

한 모공당 모단위수는 1~2개가 존재한다.

85 정답 ④   난이도 ★★★

- **사용금지 원료사용 시** : 전 품목 판매(제조) 정지 3개월
- **사용제한 기준위반** : 해당 품목 판매(제조) 정지 3개월

86 정답 ②   난이도 ★★★★★

기능성화장품의 유효성평가를 위한 가이드라인에 따르면 ①, ④, ⑤는 주름개선, ③은 미백효과 등의 기능성화장품의 유효성 또는 기능을 입증하는 자료의 시험이다. ②는 안전성에 대한 설명이다.

87 정답 ②   난이도 ★★★★

화장품 바코드 표시를 생략할 수 있는 경우는 내용량이 15ml 이하 또는 15g 이하인 제품의 용기 또는 포장이나, 견본품, 시공품 등 비매품 등이다.

88 정답 ③   난이도 ★★★

최소판매단위의 제품을 2개 이상 함께 포장하여 구성하고, 보호·고정 또는 상품가치 보존을 하기 위하여 완충재 또는 고정재의 사용이 필요한 경우에는 제품의 종류별 포장방법에 관한 기준상 포장공간 비율에도 불구하고 포장공간 비율을 40% 이하로 할 수 있다.

89 정답 실마리정보   난이도 ★★★

실마리정보란 유해사례와 화장품 간의 인과관계 가능성이 있다고 보고된 정보로서 그 인과관계가 알려지지 아니하거나 입증자료가 불충분한 것을 말한다.

90 정답 기저층 　　　난이도 ★★★★

기저층은 표피의 가장 아래층에 위치하며 단층의 원주형 세포로 구성되며, 모세혈관으로부터 영양분과 산소를 공급받아 세포분열을 통해 새로운 세포를 형성하며, 멜라닌형성세포가 존재한다.

91 정답 모피질 　　　난이도 ★★★

모피질은 모발의 85~90%를 차지하며 멜라닌 색소와 공기를 포함하여 모발을 지탱한다.

92 정답 2월 　　　난이도 ★★★★

화장품책임판매업자는 지난해의 생산실적 또는 수입실적과 화장품의 제조과정에 사용된 원료의 목록 등을 식품의약품안전처장이 정하는 바에 따라 매년 (2월)말까지 식품의약품안전처장이 정하여 고시하는 바에 따라 대한화장품협회 등의 화장품업 단체를 통하여 식품의약품안전처장에게 보고하여야 한다.

93 정답 보습제 　　　난이도 ★★★

보습제는 건조하고 각질이 일어나는 피부를 진정시키고, 피부를 부드럽고 매끄럽게 하는 성분으로 흡수성이 높은 수용성 물질이다.

94 정답 로션제 　　　난이도 ★★★

화장품의 제형 중 로션제란 유화제 등을 넣어 유성성분과 수성성분을 균질화하여 점액상으로 만든 것을 말한다.

95 정답 점도변화 　　　난이도 ★★★

관능평가항목별 시험방법 중 점도변화 측정은 시료를 실온이 되도록 방치한 후 점도측정 용기에 시료를 넣고 시료의 점도 범위에 적합한 Spindle을 사용하여 점도를 측정한다. 점도가 높을 경우 경도를 측정한다.

96 정답 식품의약품안전처장 　　　난이도 ★★★★

화장품책임판매업자는 총리령으로 정하는 바에 따라 화장품의 생산실적 또는 수입실적, 화장품의 제조과정에 사용된 원료의 목록 등을 (식품의약품안전처장)에게 보고하여야 한다. 이 경우 원료의 목록에 관한 보고는 화장품의 유통·판매 전에 하여야 한다.

97 정답 홈페이지 　　　난이도 ★★★

화장품제조판매업자가 안전성 정보의 정기보고는 식품의약품안전처 (홈페이지)를 통해 보고하거나 전자파일과 함께 우편·팩스·정보통신망 등의 방법으로 할 수 있다.

98 정답 구획 　　　난이도 ★★★

출고할 제품은 원자재, 부적합품 및 반품된 제품과 (구획)된 장소에서 보관하여야 한다. 다만, 서로 혼동을 일으킬 우려가 없는 시스템에 의하여 보관되는 경우에는 그러하지 아니할 수 있다.

99 정답 10 　　　난이도 ★★★

> 다음에 해당하는 1차 포장 또는 2차 포장에는 화장품의 명칭, 화장품 책임판매업자의 상호, 가격, 제조번호와 사용기한 또는 개봉 후 사용기간만을 기재·표시한다.
> 가. 내용량이 (10)ml 이하 또는 (10)g 이하인 화장품의 포장
> 나. 판매의 목적이 아닌 제품의 선택 등을 위하여 미리 소비자가 시험·사용하도록 제조 또는 수입된 화장품의 포장

100 정답 피지선 　　　난이도 ★★★

피지선은 모발 생성과정에서 가장 먼저 생기며, 진피의 망상층에 위치하며, 모낭선에 연결되어 피지막을 형성한다. 피부를 보호하고 외부의 이물질 침입을 억제하며 피부와 모발을 윤기 있고 부드럽게 한다.

제5회 모의고사

01~10 화장품법의 이해
11~35 화장품 제조 및 품질관리
36~60 유통화장품의 안전관리
61~100 맞춤형화장품의 이해

제5회 모의고사 110p

선다형

번호	답	번호	답	번호	답	번호	답	번호	답
01	④	02	③	03	①	04	⑤	05	②
06	①	07	③	08		09		10	
11	④	12	②	13	④	14	④	15	①
16	③	17	②	18	①	19	⑤	20	②
21	⑤	22	③	23	④	24	②	25	⑤
26	①	27	④	28	⑤	29	⑤	30	②
31		32		33		34		35	
36	⑤	37	④	38	①	39	⑤	40	②
41	①	42	②	43	③	44	④	45	⑤
46	①	47	①	48	②	49	③	50	④
51	④	52	⑤	53	②	54	④	55	②
56	④	57	②	58	③	59	①	60	①
61	③	62	③	63	③	64	②	65	⑤
66	①	67	⑤	68	②	69	⑤	70	③
71	①	72	②	73	③	74	⑤	75	④
76	③	77	①	78	②	79	⑤	80	①
81	③	82	①	83	①	84	⑤	85	④
86	②	87	⑤	88	⑤	89		90	

단답형

08	30
09	화장품 책임판매업
10	1년간
31	자외선 산란제
32	비타민A
33	항온안정성시험
34	2
35	레지노이드
89	15
90	유두층
91	모수질
92	20
93	보습제
94	액제
95	15
96	식별번호
97	개봉 후 안정성시험
98	관리번호
99	중화
100	사용기간

제5회 정답 및 해설

01 정답 ④ 난이도 ★★★

유기농화장품이란 유기농 원료, 동식물 및 그 유래원료 등을 함유한 화장품으로서 식품의약품안전처장이 정하는 기준에 맞는 화장품으로서, 유기농 함량이 전체 제품에서 10% 이상이어야 하며, 유기농 함량을 포함한 천연함량이 전체 제품에서 95% 이상으로 구성되어야 한다.

02 정답 ③ 난이도 ★★★

화장품 책임판매업

- 화장품 제조업자가 화장품을 직접 제조하여 유통·판매하는 영업
- 화장품 제조업자에게 위탁하여 제조된 화장품을 유통·판매하는 영업
- 수입된 화장품을 유통·판매하는 영업
- 수입대행형 거래를 목적으로 화장품을 알선·수여하는 영업

03 정답 ① 난이도 ★★

화장품의 품질요소는 안전성, 안정성, 사용성 및 유효성이다.

안전성	피부에 대한 자극, 알레르기, 독성이 없어야 한다.
안정성	보관 시에 변질, 변색, 변취, 미생물 오염이 없어야 한다.
사용성	피부에 잘 펴발리며, 사용하기 쉽고 흡수가 잘 되어야 한다.
유효성	유분과 수분을 공급하고 세정, 메이크업, 기능성 효과 등을 부여해야 한다.

04 정답 ⑤ 난이도 ★★★

개봉 후 안정성 시험은 화장품 사용 시에 일어날 수 있는 오염 등을 고려한 사용기한을 설정하기 위하여 장기간에 걸쳐 물리·화학적, 미생물학적 안정성 및 용기 적합성을 확인하는 시험을 말한다.

05 정답 ② 난이도 ★★★★

안전관리정보란 화장품의 품질, 안전성·유효성, 그 밖에 적정 사용을 위한 정보를 말한다.

06 정답 ① 난이도 ★★★★★

①의 경우 내용량 시험이 부적합한 경우로서 인체에 유해성이 없다고 인정된 경우이다.

07 정답 ③ 난이도 ★★★★

가속시험

내용	장기보존시험의 저장조건을 벗어난 단기간의 가속조건이 물리·화학적, 미생물학적 안정성 및 용기 적합성에 미치는 영향을 평가하기 위한 시험
선정	3로트 이상 선정하되 시중에 유통할 제품과 동일한 처방, 제형 및 포장용기를 사용함
측정주기	6개월 이상(시험개시 때 포함 최소 3회 이상 실시)

08 정답 30 난이도 ★★★

화장품제조업자 또는 화장품 책임판매업자는 변경사유가 발생한 날부터 (30)일 이내에 화장품 제조업 변경등록신청서 또는 화장품 책임판매업 변경등록신청서에 화장품 제조업 등록필증 또는 화장품 책임판매업 등록필증과 해당 서류를 첨부하여 지방식품의약품안전청장에게 제출하여야 한다.

09 정답 화장품 책임판매업 난이도 ★★★

화장품 책임판매업은 취급하는 화장품의 품질 및 안전 등을 관리하면서 이를 유통·판매하거나 수입대행형 거래를 목적으로 알선·수여하는 영업을 말한다.

10 정답 1년간 난이도 ★★★★

제품별 안전성 자료는 최종 제조·수입된 제품의 사용기한(개봉 후 사용기간을 기재하는 경우 제조연월일로부터 3년간 보관하여야 한다.)이 만료되는 날부터 1년간 보관하여야 한다.

11 정답 ④ 난이도 ★★★★★

양쪽성 계면활성제는 피부자극이 적고 세정작용이 있으며 그 종류는 다음과 같다.

- 코카미도프로필베타인
- 코코암포글리시네이트

12 정답 ②   난이도 ★★★★★

미셀(micelle)이란 물 속에 계면활성제를 투입하면 계면활성제의 소수성에 의해 계면활성제가 친유부를 공기쪽으로 향하여 기체와 액체 표면에 분포하고 표면이 포화되어 더 이상 계면활성제가 표면에 있을 수 없으면 물 속에서 자체적으로 친유부가 물과 접촉하지 않도록 계면활성제가 회합을 하게 되는데 이 회합체를 말한다.

13 정답 ④   난이도 ★★★★

고급지방산의 종류

탄소 수	지방산	성상
12개	라우릭애씨드	흰색의 고상
14개	미리스틱애씨드	흰색의 고상
16개	팔미틱애씨드	흰색의 고상
18개	스테아릭애씨드	흰색의 고상
18개 (불포화결합 1개)	올레익애씨드	투명한 액상
18개 (불포화결합 2개)	리놀레익애씨드	투명한 액상
18개 (불포화결합 3개)	리놀레닉애씨드	투명한 액상
20개	아라키딕애씨드	흰색의 고상
22개	베헤닉애씨드	흰색의 고상

14 정답 ④   난이도 ★★★★

동·식물 유래 왁스의 종류와 출발물질

동물유래	• 밀납 : 벌집 • 라놀린 : 양피지선 • 경납 : 향유고래
식물유래	• 카르나우바왁스 : 야자유 • 칸데리라왁스 : 칸데리나무 • 제팬왁스 : 과피추출

15 정답 ①   난이도 ★★★★★

보존제인 벤조익애씨드(안식향산)가 pH5.1 이하에서 해리되어 보존 능을 상실하는 단점을 보완하기 위하여 파라벤이 개발되었다. 파라벤은 안식향산에 결합되는 알킬기의 종류에 따라 메틸-, 에틸-, 프로필-, 이소부틸-, 부틸-파라벤으로 분류되며, 미생물의 세포벽에 있는 효소의 활성을 봉쇄하는 역할을 한다.

16 정답 ③   난이도 ★★★★

합성 무기안료

- **징크옥사이드** : 백색의 분말로 피부보호, 진정작용, 무정형이다.
- **티타늄디옥사이드** : 백색 또는 미백색 분말로, 백색안료·불투명화제·자외선차단제 등으로 사용된다.
- **비스머스옥시클로라이드** : 백색의 분말이며 진주광택을 띤다.
- **징크스테아레이트, 마그네슘스테아레이트, 칼슘스테아레이트** : 불투명화, 안료간 결합체, 비수계 점증제, 부착력과 발수성이 우수, 진정작용(징크스테아레이트)

17 정답 ②   난이도 ★★★

식물 등에서 향을 추출하는 방법 중 수증기증류법은 수증기를 동반하여 증류시켜 향료성분의 끓는 점 차이를 이용한 방법으로 대부분의 에센셜오일(정유)생산에 사용되며, 대표적으로 페퍼민트 오일, 파인 오일, 라벤더 오일 등에 사용된다.

18 정답 ①   난이도 ★★★

아데노신은 콜라겐, 엘라스틴을 생성하는 섬유아세포의 증식을 유도하여 주름개선 효과를 주는 성분이다.

19 정답 ⑤   난이도 ★★★★

체모를 제거하는 기능을 가진 제품의 성분 및 성분함량은 치오글리콜산 80%의 성분으로 치오글리콜산으로서 함량은 3.0~4.5%이다.

20 정답 ②   난이도 ★★★★★

파운데이션은 안료가 12~15% 정도 포함된 제품으로 피부결점 커버, 건조한 외부환경으로부터 피부보호, 자외선 차단, 피부색 보정, 피부요철 보정(얼굴의 윤곽을 수정) 등의 기능을 한다.

21 정답 ⑤ 난이도 ★★★
원료와 포장재의 용기는 밀폐되어, 청소와 검사가 용이하도록 충분한 간격으로, 바닥과 떨어진 곳에 보관되어야 한다.

22 정답 ③ 난이도 ★★★
③의 경우 신고를 하지 않은 자가 판매한 맞춤형화장품이다.

23 정답 ④ 난이도 ★★★
화장품회수의무자는 회수계획서 작성 시 회수종료일을 위해성등급이 '나'등급 또는 '다'등급인 화장품은 회수를 시작한 날부터 30일 이내로 한다.

24 정답 ② 난이도 ★★★
품질부서 불만처리담당자는 제품에 대한 모든 불만을 취합하고, 제기된 불만에 대해 신속하게 조사하고 그에 대한 적절한 조치를 취해야 하며, 불만접수연월일, 불만제기자의 이름과 연락처, 제품명・제조번호 등을 포함한 불만내용, 불만조사 및 추적조사 내용・처리결과 및 향후대책, 다른 제조번호의 제품에도 영향이 없는지 점검 등을 기록・유지하여야 한다.

25 정답 ⑤ 난이도 ★★
제품과 설비가 오염되지 않도록 배관 및 배수관을 설치하여야 한다. 교차설치하게 되면 역류로 인한 오염이 발생할 수 있다. 즉 배수관은 역류되지 않아야 하고 항상 청결을 유지하여야 한다.

26 정답 ① 난이도 ★★★★
원자재의 입고 시 구매요구서, 원자재 공급업체 성적서 및 현품이 서로 일치하여야 한다. 필요한 경우 운송 관련 자료를 추가적으로 확인할 수 있다.

27 정답 ④ 난이도 ★★★★★
실리콘이란 실록산 결합을 가지는 유기 규소 화합물의 총칭이다. 실리콘은 화학적으로 합성되며 무색 투명하고 냄새가 거의 없다. 실리콘 오일은 퍼짐성이 우수하고 가볍게 발라지며, 피부 유연성과 매끄러움, 광택을 부여한다.

28 정답 ⑤ 난이도 ★★★★
원료 품질 검사성적서 인정기준(식품의약품안전처, 원료 품질 검사성적서 인정기준)

- 제조업체의 원료에 대한 자가품질검사 또는 공인검사기관 성적서
- 제조판매업체의 원료에 대한 자가품질검사 또는 공인검사기관 성적서
- 원료업체의 원료에 대한 공인검사기관 성적서
- 원료업체의 원료에 대한 자가품질검사 시험성적서 중 대한화장품협회의 원료공급자의 검사결과 신뢰기준 자율규약 기준에 적합한 것

29 정답 ⑤ 난이도 ★★★
원료와 포장재의 용기는 밀폐되어, 청소와 검사가 용이하도록 충분한 간격으로, 바닥과 떨어진 곳에 보관되어야 한다.

30 정답 ② 난이도 ★★★★
회수의무자는 회수계획서 작성시, 회수종료일을 다음 각 호의 구분에 정하여야 한다. 다만, 해당 등급별 회수기한 이내에 회수종료가 곤란하다고 판단되는 경우에는 지방식품의약품안전청장에게 그 사유를 밝히고 그 회수기한을 초과하여 정할 수 있다.

- 위해등급이 '가'등급인 화장품 : 회수를 시작한 날부터 15일 이내
- 위해등급이 '나'등급 또는 '다'등급인 화장품 : 회수를 시작한 날부터 30일 이내
- 다만, 제출기한까지 회수계획서의 제출이 곤란하다고 판단되는 경우에는 지방식품의약품안전청장에게 그 사유를 밝히고 제출기한 연장을 요청하여야 한다.

31 정답 자외선 산란제 난이도 ★★★★★
자외선 산란제와 자외선 차단제

자외선 산란제	산화아연(징크옥사이드), 이산화타이타늄(타이타늄다이옥사이드)
자외선 흡수제	옥틸다이메틸파바, 옥틸메톡시신나메이트, 벤조페논유도체, 캄퍼유도체, 다이벤조일메탄유도체, 갈릭산유도체, 파라아미노벤조산 등

32 정답 비타민A   난이도 ★★★
비타민A는 피부세포의 신진대사 촉진과 피부 저항력의 강화, 피지 분비의 억제효과 등이 있는 것으로 알려져 있다. 즉 화장품에서 피부분화의 촉진, 자외선 등에 효과가 있는 것으로 알려져 있다.

33 정답 항온안정성시험   난이도 ★★★★★
항온안정성시험은 규정된 보관 온도 내에서 벌크(혹은 제품)의 변화를 계획된 시기와 방법에 따라 측정하는 시험을 말한다.

34 정답 2   난이도 ★★★
폐기를 한 회수의무자는 폐기확인서를 작성하여 (2)년간 보관하여야 한다.

35 정답 레지노이드   난이도 ★★★★
천연향료 중 신선한 식물성 원료를 비수용매로 추출하여 얻은 특징적인 냄새를 지닌 추출물을 콘크리트라고 하며, 건조된 식물성 원료를 비수용매로 추출하여 얻은 특징적인 냄새를 지닌 추출물을 (레지노이드)라고 한다.

36 정답 ⑤   난이도 ★
수세실과 화장실은 접근이 쉬워야 하나 생산구역과 분리되어 있어야 한다.

37 정답 ④   난이도 ★★★
소독제는 광범위한 항균 스펙트럼을 가져야 한다.

38 정답 ①   난이도 ★★★
피부에 외상이 있거나 질병에 걸린 직원은 건강이 양호해지거나 화장품의 품질에 영향을 주지 않는다는 의사의 소견이 있기 전까지는 화장품과 직접적으로 접촉되지 않도록 격리되어야 한다.

39 정답 ⑤   난이도 ★★★
작업장 내에 세탁기가 설치된 경우는 화장실에 세탁기를 설치하는 것은 권장하지 않는다.

40 정답 ②   난이도 ★★★
초음파유화기는 초음파 발생장치로부터 나오는 초음파를 시료에 조사하는 방법과 진동이 있는 관 내부로 시료를 흘려보낼 때 초음파가 발생하도록 하는 장치로, 나노분산, 혼합물 용해 및 추출 등에 사용되며 균질화 및 유화에 사용된다.

41 정답 ①   난이도 ★★★
롤러는 3단 형태의 3롤 밀이 주로 사용되며 분체나 슬러리상 내용물을 분산, 분쇄시키는데 사용되며, 립스틱의 컬러베이스를 제조할 때 주로 사용된다.

42 정답 ②   난이도 ★★★
원자재 입고절차 중 육안확인 시 물품에 결함이 있을 경우 입고를 보류하고, 격리보관 및 폐기하거나 원자재 공급업자에게 반송하여야 한다.

43 정답 ③   난이도 ★★★
모든 물품은 원칙적으로 선입선출 방법으로 출고한다. 다만, 나중에 입고된 물품이 사용기한이 짧은 경우 먼저 입고된 물품보다 먼저 출고할 수 있다.

44 정답 ④   난이도 ★★★
일반적으로 재보관은 권장하지 않으며, 개봉 시마다 변질 및 오염이 발생할 가능성이 있기 때문에 여러 번 재보관과 재사용을 반복하는 것을 피한다. 뱃치마다의 사용이 소량이며 여러 번 사용하는 벌크제품은 구입 시에 소량씩 나누어서 보관하고 재보관의 횟수를 줄인다.

45 정답 ⑤   난이도 ★★★★
화장품 안전기준 등에 관한 규정상 비의도적으로 유래된 물질의 검출허용한도에서 프탈레이트류에 대한 기준은 다음과 같다.

- **프탈레이트류의 종류** : 디부틸프탈레이트, 부틸벤질프탈레이트, 디에칠헥실프탈레이트
- 위 3가지의 총합으로서 100μg/g 이하이다.

46 정답 ① 난이도 ★★★★

화장품 안전기준 등에 관한 규정상 액, 로션, 크림 및 이와 유사한 제형의 액상제품의 pH 기준은 3.0~9.0이어야 한다. 다만 영·유아용 제품류의 경우 영·유아용 샴푸, 영·유아용 린스, 영·유아 인체 세정용 제품, 영·유아 목욕용 제품 제외된다.

47 정답 ① 난이도 ★★

'가'의 경우 가능하면 세제를 사용하지 않는 것이 좋으며, '나'의 경우 증기세척이 좋은 방법이다.

48 정답 ② 난이도 ★★★★

산화에 의한 세포기능 장해를 가져오는 세정제로는 할로겐화합물, 과산화수소, 과망간산칼륨, 아이오딘, 오존 등이 있다.

49 정답 ③ 난이도 ★★★

중성 세척제는 pH가 5.5~8.5로 기름때 등 작은 입자의 오염물질 제거에 사용되며 용해나 유화에 의한 제거가 특징이다.

50 정답 ③ 난이도 ★★★

알칼리성 세척제로는 수산화암모늄, 탄산나트륨, 인산나트륨, 붕산액 등이 있다. 염산이나 인산은 무기산과 약산성 세척제이다.

51 정답 ④ 난이도 ★★★

밀폐용기로 규정되어 있는 경우에는 기밀용기도 쓸 수 있다.

52 정답 ⑤ 난이도 ★★★★★

화장품 안전기준 등에 관한 규정상 일반화장품에 대한 유통화장품 안전관리 시험방법

성분	시험방법
납	디티존법, 원자흡광광도법(ASS), 유도결합플라즈마분광기를 이용하는 방법(ICP), 유도결합플라즈마-질량분석기를 이용한 방법(ICP-MS)
니켈, 안티몬, 카드뮴	원자흡광광도법(ASS), 유도결합플라즈마분광기를 이용하는 방법(ICP), 유도결합플라즈마-질량분석기를 이용한 방법(ICP-MS)
비소	비색법, 원자흡광광도법(ASS), 유도결합플라즈마분광기를 이용하는 방법(ICP)
수은	수은분해장치를 이용한 방법, 수은분석기를 이용한 방법
디옥산	기체크로마토그래프법의 절대검량선법
메탄올	푹신아황산법, 기체크로마토그래프법, 기체크로마토그래프-질량분석법
포름알데하이드	액체크로마토그래프법의 절대검량선법
프탈레이트류 (디부틸프탈레이트, 부틸벤질프탈레이트, 디에칠헥실프탈레이트)	기체크로마토그래프-수소염이온화검출기를 이용한 방법, 기체크로마토그래프-질량분석기를 이용한 방법

53 정답 ② 난이도 ★★★

완제품 보관소는 출입제한, 오염방지, 방충·방서, 온도·습도·차광 등의 관리가 필요하다.

54 정답 ④ 난이도 ★★★

원료 및 포장재의 확인에 포함되어야 할 정보

- 인도문서와 포장에 표시된 품목·제품명
- 만약 공급자가 명명한 제품과 다를 경우, 제조절차에 따른 품목·제품명 그리고/또는 코드번호
- CAS번호(적용 가능한 경우)
- 적절한 경우 수령일자와 수령확인번호
- 공급자명
- 공급자가 부여한 뱃치정보(만약 다르다면 수령시 주어진 뱃치 정보)
- 기록된 양

55 정답 ② 난이도 ★

설비세척은 가능한 세제를 사용하지 않으며, 증기세척을 권장한다.

| 56 | 정답 ④ | 난이도 ★★★ |

작업소 내의 외관표면은 가능한 매끄럽게 설계하고, 청소·소독제의 부식성에 저항력이 있어야 한다.

| 57 | 정답 ③ | 난이도 ★★★ |

제조시설이나 설비의 세척에 사용되는 세제 또는 소독제는 효능이 입증된 것을 사용하고, 잔류하거나 적용하는 표면에 이상을 초래하지 아니하여야 한다.

| 58 | 정답 ③ | 난이도 ★★★ |

소독제는 사용농도에서 독성이 없어야 한다.

| 59 | 정답 ① | 난이도 ★★★ |

유통화장품 미생물 검출허용한도

총호기성생균수	유아용제품류 및 눈 화장용 제품류의 경우 500개/ml 이하
세균 및 진균수	물휴지의 경우 각각 100개/ml 이하 기타 화장품의 경우 1,000개/ml 이하
대장균, 녹농균, 황색포도상구균	불검출

| 60 | 정답 ① | 난이도 ★★★ |

비의도적으로 유래된 물질의 검출허용 한도의 프탈레이트류에는 디부틸프탈레이트, 부틸벤질프탈레이트, 디에칠헥실프탈레이트 등이다.

| 61 | 정답 ③ | 난이도 ★★★★ |

맞춤형화장품과 관련하여 안전성 정보에 대하여 신속히 책임판매업자에게 보고하여야 한다.

| 62 | 정답 ③ | 난이도 ★★ |

맞춤형화장품 판매업 변경신고 처리기간은 10일이나, 맞춤형화장품 조제관리사의 변경신고 처리기간은 7일이다.

| 63 | 정답 ③ | 난이도 ★★★★ |

DEJ(Dermal Epidemal Junction)은 표피와 진피 사이를 연결하여 표피가 진피에 고정되도록 하는 역할과 건강한 피부를 유지하는데 필요한 피부대사를 돕고 있다. 이는 라미닌, 콜라겐Ⅶ, 피브로넥틴으로 구성되어 있다.

| 64 | 정답 ② | 난이도 ★★★★ |

맞춤형화장품 판매업을 신고한 자는 총리령으로 정하는 바에 따라 맞춤형화장품의 혼합·소분 업무에 종사하는 자 즉 맞춤형화장품 조제관리사를 두어야 한다.

| 65 | 정답 ⑤ | 난이도 ★★★ |

통각과 촉각은 진피 유두층에 위치하며, 온각·냉각·압각은 진피 망상층에 위치한다.

| 66 | 정답 ① | 난이도 ★★ |

기저층의 특징

- 진피의 유두층으로부터 영양을 공급받는다.
- 표피의 가장 아래층에 위치하며 단층의 원주형 세포로 구성된다.
- 모세혈관으로부터 영양분과 산소를 공급받아 세포분열을 해 새로운 세포를 형성한다.
- 멜라닌형성세포, 각질형성세포(케라티노사이트), 촉각상피세포(메르켈세포)가 존재한다.
- 기저세포와 멜라닌세포는 4~10 : 1비율로 존재한다.

| 67 | 정답 ⑤ | 난이도 ★★★ |

진피 유두층의 특징

- 표피와 진피와의 경계인 물결 모양의 탄력조직으로 돌기(유두)를 형성한다.
- 혈관과 신경종말이 존재하며 모세혈관을 통해 기저세포에 산소와 영양을 공급한다.
- 미세한 섬유질(콜라겐)과 섬유 사이의 빈 공간으로 이루어진다.
- 모세혈관이 분포하여 표피에 영양을 공급하며, 기저층의 세포분열을 돕는다.

68 정답 ② 난이도 ★★★★

소한선(에크린선)

구성성분	지질(중성지방, 지방산, 콜레스테롤), 수분, 단백질, 당질, 암모니아, 철분, 형광물질
위치	• 입술, 음부, 손톱을 제외한 전신에 분포함 • 손바닥·발바닥>이마>뺨>몸통>팔>다리 순서로 분포함
특징	• 실뭉치 모양으로 진피 깊숙이 위치함 • 피부에 직접 연결됨 • pH 3.8~5.6의 약산성인 무색, 무취 • 체온조절 • 온열성 발한, 정신성 발한, 미각성 발한

69 정답 ⑤ 난이도 ★★★

대한선은 겨드랑이, 유두, 항문주위, 생식기 부위, 배꼽주위에 분포되어 있다.

70 정답 ③ 난이도 ★★★

모유두란 모구의 중심부에 모발의 영양을 관장하는 혈관이나 신경이 분포한다.

71 정답 ① 난이도 ★★★★★

탈모치료제로 미녹시딜(외용제), 피나스테리드(경구용 제제), 두타스테리드(경구용 제제) 등이 사용되고 있다.

72 정답 ② 난이도 ★★★

건성피부는 잔주름이 생기기 쉬운 피부로서 모공이 거의 보이지 않는다.

73 정답 ③ 난이도 ★★★

메이크업제품의 핵심품질요소

메이크업베이스, 파운데이션	변취, 증발, 표면굳음, 점(경)도 변화
립스틱	변취, 분리(성상), 점(경)도 변화

74 정답 ⑤ 난이도 ★★★★★

기능성화장품 중 '질병의 예방 및 치료를 위한 의약품이 아님'이라는 문구를 표시하여야 하는 기능성화장품은 다음과 같다.

> • 탈모 증상의 완화에 도움을 주는 화장품. 다만, 코팅 등 물리적으로 모발을 굵게 보이게 하는 제품은 제외한다.
> • 여드름성 피부를 완화하는 데 도움을 주는 화장품. 다만, 인체세정용 제품류로 한정한다.
> • 아토피성 피부로 인한 건조함 등을 완화하는 데 도움을 주는 화장품
> • 튼살로 인한 붉은 선을 엷게 하는 데 도움을 주는 화장품

75 정답 ④ 난이도 ★★★★★

착향제는 '향료'로 표시할 수 있다. 다만, 착향제의 구성성분 중 식품의약품안전처장이 정하여 고시한 알레르기 유발성분이 있는 경우에는 향료로 표시할 수 없고, 해당 성분의 명칭을 기재·표시해야 한다.

76 정답 ③ 난이도 ★★★

유화분산 제형은 분산매가 유화된 분산질에 분산되는 것을 이용한 제형으로 비비크림, 파운데이션, 메이크업베이스, 마스카라, 아이라이너 등이 있다.

77 정답 ① 난이도 ★★★★★

점증제로는 잔탄검, 알진, 하이드록시에틸셀룰로오스, 카보머, 아크릴레이트/C10-30알킬아크릴레이트크로스폴리머 등이 있다.

78 정답 ② 난이도 ★★★★

고밀도 폴리에틸렌은 유백색의 광택이 없고 수분 투과가 적어, 화장수, 유액, 샴푸, 린스용기 및 튜브 등에 사용된다.

79 정답 ⑤ 난이도 ★★★

맞춤형화장품 조제관리사의 소분·혼합 전 확인사항으로 원산지나 원료의 농도·점도 등은 해당되지 아니한다.

80 정답 ① 난이도 ★★★

화장품 가격표시실시 요령은 화장품을 판매하는 자에게 당해 품목의 실제거래 가격을 표시하도록 함으로써 소비자의 보호와 공정한 거래를 도모함을 목적으로 한다. 여기서 판매가격은 화장품을 일반 소비자에게 판매하는 실제 가격을 말한다.

81 정답 ③ 난이도 ★★★

'나'의 경우 가용화제는 미셀입자가 작아 가시광선이 통과되므로 투명하게 보인다.

82 정답 ① 난이도 ★★★

로트의 선정·시중에 유통할 제품과 동일한 처방, 제형 및 포장용기를 사용하며, 3로트 이상에 대하여 시험하는 것을 원칙으로 한다. 다만, 안전성에 영향을 미치지 않는 것으로 판단되는 경우에는 예외로 할 수 있다.

83 정답 ① 난이도 ★★★

무기안료는 유기안료에 비하여 안정하지만, 색상이 다양하지 않고 선명하지 않으며, 무기물이어서 녹지 않지만 내광성 및 내열성이 우수하다.

84 정답 ② 난이도 ★★★★

① 의 탁도측정은 탁도 측정용 10㎖바이알에 액상제품을 담은 후 Turbidity Meter를 이용한 현탁도를 측정한다.
③ 의 분리측정은 육안과 현미경을 사용하여 유화상태를 관찰한다.
④ 점(경)도변화란 시료를 실온이 되도록 방치한 후 점도측정 용기에 시료를 넣고 시료의 점도 범위에 적합한 Spindle을 사용하여 점도를 측정, 점도가 높을 경우 경도를 측정한다.
⑤ 의 증발·표면굳음의 측정은 무게측정하는 방법의 경우 시료를 실온으로 식힌 후 시료보관 전·후의 무게차이를 측정한다.

85 정답 ④ 난이도 ★★★

혼합·소분에 사용되는 장비는 사용 전·후에 세척하여야 한다.

86 정답 ② 난이도 ★★★★

화장품제조업을 등록하려는 자가 총리령으로 정하는 시설기준을 갖추지 않은 경우 등록을 취소하거나 영업소 폐쇄를 명하거나 품목의 제조·수입 및 판매의 금지를 명하거나 1년의 범위에서 기간을 정하여 그 업무의 전부 또는 일부에 대한 정지를 명할 수 있다.

87 정답 ⑤ 난이도 ★★★★★

화장품 바코드 표시는 국내에서 화장품을 유통·판매하고자 하는 화장품 제조판매업자(화장품 책임판매업자)가 한다.

88 정답 ⑤ 난이도 ★★★★★

순도시험의 순서는 색, 냄새, 맛, 용해상태, 액성, 산 또는 알칼리, 무기염, 암모늄, 중금속, 금속, 비소, 유기물, 증발잔류물, 황산에 대한 정색물 순이다.

89 정답 15 난이도 ★★★★

화장품 제조판매업자는 중대한 유해사례 또는 이와 관련하여 식품의약품안전처장이 보고를 지시한 경우나 판매중지 또는 회수에 준하는 외국정부의 조치 또는 이와 관련하여 식품의약품안전처장이 보고를 지시한 경우 보고서를 그 정보를 알게 된 날로부터 (15)일 이내에 식품의약품안전처장에게 신속히 보고하여야 한다.

90 정답 유두층 난이도 ★★★★★

유두층은 표피와 진피와의 경계인 물결모양의 탄력조직으로 돌기를 형성하며, 혈관과 신경종말이 존재하며 모세혈관을 통해 기저세포에 산소와 영양을 공급한다. 이는 미세한 섬유질과 섬유 사이의 빈 공간으로 이루어진다.

91 정답 모수질 난이도 ★★★★

모수질은 모간의 구성부분으로 모발의 가장 안쪽의 층으로 각화세포로 이루어진 것을 말한다.

92 정답 20 난이도 ★★★

폼알데하이드의 검출허용한도는 2,000㎍/g 이하이다. 다만, 물휴지의 경우는 20㎍/g 이하이다.

93 정답 보습제 난이도 ★★★

보습제란 건조하고 각질이 일어나는 피부를 진정시키고, 피부를 부드럽고 매끄럽게 하는 성분으로 흡수성이 높은 수용성 물질이다. 대표성분으로는 폴리올, 천연보습인자, 고분자보습제가 있다.

94 정답 액제 난이도 ★★★

화장품의 제형 중 액제란 화장품에 사용되는 성분을 용제 등에 녹여서 액상으로 만든 제형을 말한다.

95 정답 15 난이도 ★★★★

화장품류의 포장공간비율

- 인체 및 두발 세정용 제품류 : 15% 이하
- 그 밖의 화장품류(방향제를 포함) : 10% 이하(향수 제외)

96 정답 식별번호 난이도 ★★★★

식별번호란 소분에 사용되는 원료의 제조번호와 혼합기록을 포함하여 맞춤형화장품 판매업자가 부여한 번호를 말한다.

97 정답 개봉 후 안정성시험 난이도 ★★★★

개봉 후 안정성시험은 화장품 사용 시에 일어날 수 있는 오염 등을 고려한 사용기한을 설정하기 위하여 장기간에 걸쳐 물리 · 화학적, 미생물학적 안정성 및 용기적합성을 확인하는 시험을 말한다.

98 정답 관리번호 난이도 ★★★

원자재 용기에 제조번호가 없는 경우에는 (관리번호)를 부여하여 보관하여야 한다.

99 정답 중화 난이도 ★★★★

산성도(pH)조절 목적으로 사용되는 성분은 그 성분을 표시하는 대신 (중화)반응에 따른 생성물로 기재 · 표시할 수 있고, 비누화반응을 거치는 성분은 비누화반응에 따른 생성물로 기재 · 표시할 수 있다.

100 정답 사용기간 난이도 ★★★

맞춤형화장품의 표시 · 기재사항

- 명칭
- 가격
- 식별번호
- 사용기한 또는 개봉 후 (사용기간)
- 영업자의 상호 및 주소

제6회 모의고사

- 01~10 화장품법의 이해
- 11~35 화장품 제조 및 품질관리
- 36~60 유통화장품의 안전관리
- 61~100 맞춤형화장품의 이해

◈ 제6회 모의고사 134p

선다형

번호	답	번호	답	번호	답	번호	답	번호	답
01	③	02	①	03	①	04	②	05	⑤
06	④	07	①	08		09		10	
11	④	12	②	13	③	14	①	15	⑤
16	①	17	①	18	①	19	②	20	③
21	⑤	22	⑤	23	⑤	24	②	25	⑤
26	⑤	27	④	28	①	29	②	30	⑤
31		32		33		34		35	
36	③	37	②	38	③	39	①	40	②
41	①	42	②	43	③	44	④	45	①
46	①	47	②	48	①	49	①	50	⑤
51	⑤	52	②	53	⑤	54	⑤	55	③
56	⑤	57	③	58	⑤	59	⑤	60	②
61	③	62	①	63	④	64	⑤	65	④
66	①	67	⑤	68	③	69	①	70	④
71	①	72	①	73	④	74	③	75	②
76	①	77	③	78	⑤	79	③	80	④
81	③	82	⑤	83	⑤	84	③	85	⑤
86	⑤	87	③	88	④	89		90	

단답형

08	지방식품의약품안전청장
09	기초화장용
10	위해도
31	에탄올
32	염료
33	총리령
34	선입선출
35	조합향료
89	포장공간비율
90	망상층
91	모유두
92	제조번호
93	보존제
94	크림제
95	전 품목
96	유화
97	피부
98	벌크제품
99	3개월
100	책임판매관리자

01 정답 ③ 난이도 ★★★

맞춤형화장품의 정의

가. 제조 또는 수입된 화장품의 내용물에 다른 화장품의 내용물이나 식품의약품안전처장이 정하는 원료를 추가하여 혼합한 화장품
나. 제조 또는 수입된 화장품의 내용물을 소분한 화장품

02 정답 ① 난이도 ★★★

화장품 제조업

- 화장품을 직접 제조하는 영업
- 화장품 제조를 위탁받아 제조하는 영업
- 화장품의 포장을 하는 영업(1차 포장만 해당됨)

03 정답 ① 난이도 ★★★★

유해사례는 화장품의 사용 중 발생한 바람직하지 않고 의도되지 않은 징후, 증상 또는 질병을 말하며, 당해 화장품과 반드시 인과관계를 가져야 하는 것은 아니다.

04 정답 ② 난이도 ★★

안정성시험의 종류

장기 보존 시험	화장품의 저장조건에서 사용기한을 설정하기 위하여 장기간에 걸쳐 물리·화학적, 미생물학적 안전성 및 용기 적합성을 확인하는 시험을 말한다.
가속 시험	장기보존시험의 저장조건을 벗어난 단기간의 가속조건이 물리·화학적, 미생물학적 안정성 및 용기 적합성에 미치는 영향을 평가하기 위한 시험을 말한다.
가혹 시험	가혹조건에서 화장품의 분해과정 및 분해산물 등을 확인하기 위한 시험으로 일반적으로 개별 화장품의 취약성, 예상되는 운반, 보관, 진열 및 사용과정에서 뜻하지 않게 일어날 수 있는 가능성이 있는 가혹조건에서 품질변화를 검토하기 위해 수행한다.
개봉 후 안정성 시험	화장품 사용 시에 일어날 수 있는 오염 등을 고려한 사용기한을 설정하기 위하여 장기간에 걸쳐 물리·화학적, 미생물학적 안정성 및 용기 적합성을 확인하는 시험을 말한다.

05 정답 ⑤ 난이도 ★★★

수입한 화장품의 수입관리기록서의 기재사항

- 제품명 또는 국내에서 판매하려는 명칭
- 원료성분의 규격 및 함량
- 제조국, 제조회사명 및 제조회사의 소재지
- 기능성 화장품 심사결과 통지서 사본
- 제조 및 판매증명서
- 한글로 작성된 제품설명서 견본
- 최초 수입 연월일(통관 연월일을 말함)
- 제조번호별 수입 연월일 및 결과
- 제조번호별 품질검사 연월일 및 결과
- 판매처, 판매 연월일 및 판매량

06 정답 ④ 난이도 ★★★★

④의 경우 기능성 화장품에서 기능성을 나타나게 하는 주원료의 함량이 심사 또는 보고한 기준치에 대해 5% 미만으로 부족한 경우이다.

07 정답 ① 난이도 ★★★

과징금 부과대상 세부기준(과징금 부과처분 기준 등에 관한 규정, 식품의약품안전처 훈령)

- 내용량 시험이 부적합한 경우로서 인체에 유해성이 없다고 인정된 경우
- 제조업자 또는 제조판매업자가 자진회수계획을 통보하고 그에 따라 회수한 결과 국민보건에 나쁜 영향을 끼치지 아니한 것으로 확인된 경우
- 포장 또는 표시만의 공정을 하는 제조업자가 해당 품목의 제조 또는 품질 검사에 필요한 시설 및 기구 중 일부가 없거나 화장품을 제조하기 위한 작업소의 기준을 위반한 경우
- 제조업자 또는 제조판매업자가 변경등록(단, 제조업자의 소재지 변경은 제외)을 하지 아니한 경우
- 식품의약품안전처장이 고시한 사용기준 및 유통화장품 안전관리 기준을 위반한 화장품 중 부적합 정도 등이 경미한 경우
- 제조판매업자가 안전성 및 유효성에 관한 심사를 받지 않거나 그에 관한 보고서를 식품의약품안전처장에게 제출하지 않고 기능성 화장품을 제조 또는 수입하였으나 유통·판매에는 이르지 않은 경우
- 기재·표시를 위반한 경우

- 제조업자 또는 제조판매업자가 이물질이 혼입 또는 부착된 화장품을 판매하거나 판매의 목적으로 제조·수입·보관 또는 진열하였으나 인체에 유해성이 없다고 인정되는 경우
- 기능성 화장품에서 기능성을 나타나게 하는 주원료의 함량이 심사 또는 보고한 기준치에 대해 5% 미만으로 부족한 경우

08 정답 지방식품의약품안전청장 난이도 ★★★

영업자가 폐업 또는 휴업하거나 휴업 후 그 업을 재개하려는 경우에는 화장품 책임판매업 등록필증, 화장품 제조업 등록필증 또는 맞춤형화장품 판매업 신고필증(폐업 또는 휴업의 경우만 해당한다.)을 첨부하여 신고서를 지방식품의약품안전청장에게 제출하여야 한다.

09 정답 기초화장용 난이도 ★★★

기초화장용 화장품은 피부의 보습, 수렴, 유연, 영양공급, 세정 등에 사용하는 스킨케어 제품류이다.

10 정답 위해도 난이도 ★★★★

위해평가과정이란 인체가 화장품에 존재하는 위해 요소에 노출되었을 때 발생할 수 있는 유해영향과 발생확률을 과학적으로 예측하는 일련의 과정으로 위험성 확인, 위험성 결정, 노출평가, 위해도 결정 등 일련의 단계를 말한다.

11 정답 ④ 난이도 ★★★★★

실리콘계 계면활성제의 종류

- 피이지-10 다이메티콘
- 다이메티콘코폴리올
- 세틸다이메티콘코폴리올

12 정답 ② 난이도 ★★★★★

HLB는 비이온계면활성제의 친수와 친유의 정도를 일정범위(1~20) 내에서 계산에 의해 표현한 값으로 계면활성제는 HLB에 따라 그 용도가 유화제, 가용화제, 분산제, 습윤제 등으로 분류되며 화장품에서는 계면활성제의 종류 및 그 사용량을 결정하는데 사용된다.

13 정답 ③ 난이도 ★★★

탄소 사이의 결합이 단일결합이면 포화, 이중결합이면 불포화이다.

포화지방산	라우릭애씨드, 미리스틱애씨드, 팔미틱애씨드, 스테아릭애씨드, 아라키딕애씨드, 베헤닉애씨드
불포화지방산	올레익애씨드, 리놀레익애씨드, 리놀레닉애씨드

14 정답 ① 난이도 ★★★★★

탄소와 수소만으로 이루어진 물질을 탄화수소라고 하며, 미네랄오일, 페트롤라툼, 스쿠알렌, 스쿠알란, 폴리부텐, 하이드로제네이티드폴리부텐 등이 그 예이다. 미네랄 오일, 페트롤라툼, 스쿠알란은 화장품에서 오일로 사용된다.

15 정답 ⑤ 난이도 ★★★★

포름알데히드 계열의 보존제로 디엠디엠하이단토인, 엠디엠디하이단토인, 이미다졸리디닐우레아, 디아졸리디닐우레아, 쿼터늄-15가 있다.

16 정답 ① 난이도 ★★★★★

고분자 합성안료

- 나일론6, 나일론12 : 미세폴리아마이드, 부드러운 사용감, 낮은 수분흡수력
- 폴리메틸메타크릴레이트 : 구상분체, 피부잔주름보정, 흉터보정, 부드러운 사용감

17 정답 ① 난이도 ★★★

에센셜 오일은 정유라고도 부르는 것으로 수증기 증류법, 냉각압착법, 건식증류법으로 생성된 식물성 원료로부터 얻는 생성물로서 페퍼민트오일, 로즈오일, 라벤더 오일 등이 있다.

18 정답 ① 난이도 ★★★

유용성 감초추출물은 티로시나제 활성억제를 통하여 미백효과를 준다.

19 정답 ②   난이도 ★★★

여드름성 피부를 완화하는데 도움을 주는 제품의 성분 및 함량은 살리실릭애씨드성분의 0.5% 이다.

20 정답 ③   난이도 ★★★★

색소화장품의 종류 및 기능

- 메이크업베이스, 메이크업프라이머 : 피부색 정돈, 파운데이션이 잘 발라지도록 하는 베이스, 파운데이션의 색소침착을 방지, 인공피지막을 형성하여 피부보호
- 쿠션, 비비크림 : 피부색 정돈, 피부결점 커버, 자외선차단
- 파운데이션 : 피부결점 커버, 건조한 외부환경으로부터 피부보호, 자외선차단, 피부색 보정, 피부요철 보정(얼굴의 윤곽을 수정)
- 스킨커버 : 피부결점 커버, 피부색 보정
- 파우더 : 땀이나 피지의 분지를 흡수·억제하여 화장 붕괴예방, 빛을 난반사하여 얼굴을 화사하게 표현하고 피부색을 밝게 함, 번들거림 방지

21 정답 ⑤   난이도 ★★★

원료와 포장재가 재포장될 때, 새로운 용기에는 원래와 동일한 라벨링이 있어야 한다.

22 정답 ⑤   난이도 ★★★

화장품을 회수하거나 회수하는 데에 필요한 조치를 하려는 영업자는 해당 화장품이 유통 중인 사실을 알게 된 경우 판매중지 등의 조치를 즉시 실시하여야 한다.

23 정답 ⑤   난이도 ★★★★

화장품 회수의무자는 회수대상화장품의 판매자, 그 밖에 해당 화장품을 업무상 취급하는 자에게 방문, 우편, 전화, 전보, 전자우편, 팩스 또는 언론매체를 통한 공고 등을 통하여 회수계획을 통보하여야 하며, 통보사실을 입증할 수 있는 자료를 회수종료일부터 2년간 보관하여야 한다.

24 정답 ②   난이도 ★★★

감사자는 감사대상과는 독립적이어야 하며, 자신의 업무에 대하여 감사를 실시하여서는 아니 된다.

25 정답 ⑤   난이도 ★★★

모든 드럼의 윗부분은 필요한 경우 이송 전에 또는 칭량구역에서 개봉 전에 검사하고 깨끗하게 한다.

26 정답 ⑤   난이도 ★★

⑤는 합성무기안료이다.

27 정답 ④   난이도 ★★★★

무기안료의 사용 특성에 따른 분류

- 백색안료 : 이산화타이타늄, 산화아연
- 착색안료 : 황색산화철, 흑색산화철, 적색산화철, 군청
- 체질안료 : 탤크, 카올린, 마이카, 탄산칼슘, 탄산마그네슘, 무수규산
- 진주광택안료 : 타이타네이티드마이카, 옥시염화비스무트
- 특수기능안료 : 질화붕소, 포토크로믹 안료, 미립자 타이타늄 다이옥사이드

28 정답 ①   난이도 ★★★

화장품 사용 시 또는 사용 후 직사광선에 의하여 사용부위가 붉은 반점, 부어오름 또는 가려움증 등의 이상 증상이나 부작용이 있는 경우 전문의 등과 상담하여야 한다.

29 정답 ②   난이도 ★★★

문서를 개정할 때에는 개정사유 및 개정연월일 등을 기재하고 권한을 가진 사람의 승인을 받아야 하며, 개정번호를 지정해야 한다.

30 정답 ⑤   난이도 ★★★

화장품 원료 등의 위해평가는 다음의 각 사항을 확인, 결정, 평가과정을 거쳐 실시한다.

- 위험성 확인과정 : 위해요소의 인체 내 독성을 확인
- 위험성 결정과정 : 위해요소의 인체 노출 허용량을 산출
- 노출 평가과정 : 위해요소가 인체에 노출된 양을 산출
- 위해도 결정과정 : 위험성 확인과정, 위험성 결정과정 및 노출평가과정의 결과를 종합하여 인체에 미치는 위해 영향을 판단

| 31 | 정답 에탄올 | 난이도 ★★★ |

에탄올은 에틸알코올이라고도 하며, 화장품에서는 수렴, 청결, 살균제, 가용화제 등으로 이용되고 있다.

| 32 | 정답 염료 | 난이도 ★★★ |

염료는 물이나 기름, 알코올 등에 용해되고 화장품 기제 중에 용해 상태로 존재하며 색을 부여할 수 있는 물질을 뜻한다.

수용성 염료	화장수, 로션, 샴푸 등의 착색에 사용
지용성 염료	헤어오일 등 유성화장품의 착색에 사용

| 33 | 정답 총리령 | 난이도 ★★★★ |

식품의약품안전처장은 국내외에서 유해물질이 포함되어 있는 것으로 알려지는 등 국민보건상 위해 우려가 제기되는 화장품 원료 등의 경우에는 (총리령)으로 정하는 바에 따라 위해요소를 신속히 평가하여 그 위해여부를 결정하여야 한다.

| 34 | 정답 선입선출 | 난이도 ★★★★ |

원자재, 반제품 및 벌크제품은 바닥과 벽에 닿지 아니하도록 보관하고 (선입선출)에 의하여 출고할 수 있도록 보관하여야 한다.

| 35 | 정답 조합향료 | 난이도 ★★★★★ |

천연향료는 식물의 꽃·과실·종자·가지·껍질·뿌리 등에서 추출한 식물성 향료와 동물의 피지선 등에서 채취한 동물성 향료로 분류한다. 또한 합성향료는 관능기의 종류에 따라 합성한 것으로 약 4,000개가 있다. (조합향료)는 천연향료와 합성향료를 섞은 향료이다.

| 36 | 정답 ③ | 난이도 ★★★ |

설비는 사용목적에 적합하고, 청소가 가능하며, 필요한 경우 위생·유지관리가 가능하여야 하며, 자동화시스템을 도입한 경우도 또한 같다.

| 37 | 정답 ② | 난이도 ★★★ |

소독제는 소독 전에 존재하던 미생물을 최소한 99.9%이상 사멸시켜야 한다.

| 38 | 정답 ③ | 난이도 ★★★ |

신규직원에 대하여 위생교육을 실시하며, 기존 직원에 대해서도 정기적으로 교육을 실시한다.

| 39 | 정답 ① | 난이도 ★★★ |

세척은 제품잔류물과 흙, 먼지, 기름때 등의 오염물을 제거하는 과정이며, 소독은 오염 미생물 수를 허용 수준 이하로 감소시키기 위해 수행하는 절차이다.

| 40 | 정답 ② | 난이도 ★★★ |

혼합기는 회전형과 고정형으로 나뉜다. 회전형은 용기 자체가 회전하는 것으로 원통형, 이중원추형, 정입방형, 피라미드형, V-형 등이 있으며, 고정형은 용기가 고정되어 있고 내부에서 스크류형, 리본형 등의 교반장치가 회전한다.

| 41 | 정답 ① | 난이도 ★★★ |

콜로이드밀은 한쪽은 고정되고 다른 한쪽은 고속으로 회전하는 두 개의 소결체의 좁은 틈으로 시료를 통과시킨다. 고정자 표면과 고속 운동자의 작은 간격에 액체를 통과시켜 전단력에 의해 분산·유화가 일어난다.

| 42 | 정답 ② | 난이도 ★★★ |

원자재 용기 및 시험기록서의 필수적인 기재사항은 원자재 공급자가 정한 제품명, 원자재 공급자명, 수령일자, 공급자가 부여한 제조번호 또는 관리번호 등이다.

| 43 | 정답 ③ | 난이도 ★★★ |

출고할 제품은 원자재, 부적합품 및 반품된 제품과 구획된 장소에서 보관하여야 한다. 다만, 서로 혼동을 일으킬 우려가 없는 시스템에 의하여 보관되는 경우에는 그러하지 아니할 수 있다.

44 정답 ④ 난이도 ★★★

재보관 시에는 원래 보관환경에서 보관하여야 한다.

45 정답 ① 난이도 ★★★

비의도적으로 유래된 물질의 검출허용한도

- 납 : 점토를 원료로 사용한 분말제품은 50μg/g 이하, 그 밖의 제품은 20μg/g 이하
- 니켈 : 눈 화장용제품은 35μg/g 이하, 색조화장용 제품은 30μg/g 이하, 그 밖의 제품은 10μg/g 이하
- 비소 : 10μg/g 이하
- 수은 : 1μg/g 이하
- 안티몬 : 10μg/g 이하
- 카드뮴 : 5μg/g 이하
- 디옥산 : 100μg/g 이하
- 메탄올 : 0.2%(v/v)이하, 물휴지는 0.002%(v/v)이하
- 포름알데하이드 : 1,000μg/g 이하, 물휴지는 20μg/g 이하
- 프탈레이트류(디부틸프탈레이트, 부틸벤질프탈레이트 및 디에칠헥실프탈레이트에 한함) : 총합으로서 100μg/g 이하

46 정답 ① 난이도 ★★★

화장품 안전기준 등에 관한 규정에서 정하고 있는 유통화장품 안전관리기준에 의하면 화장비누의 경우 유리알칼리 성분이 0.1% 이하이어야 한다.

47 정답 ② 난이도 ★★★

'가'의 경우 결함발생 및 정비 중인 설비는 적절한 방법으로 표시하고, 고장 등으로 인해 사용이 불가할 경우 표시하여야 하며, '다'의 경우 유지관리작업이 제품의 품질에 영향을 주어서는 안된다.

48 정답 ③ 난이도 ★★★

아이오도포는 H_3PO_4를 함유한 비이온 계면활성제에 아이오딘을 첨가한 것으로 〈보기〉와 같은 장단점을 가진다.

49 정답 ① 난이도 ★★★

회사명(CO)다음의 첫 숫자가 1인 경우는 미용성분, 2는 색소분체파우더, 3은 액제·오일성분, 4는 향, 5는 방부제, 6은 점증제, 7은 기능성화장품 원료, 8은 계면활성제를 의미한다.

50 정답 ⑤ 난이도 ★★★

천장의 청소방법은 멸균된 대걸레로 청소한 후 더러운 경우 소독된 대걸레로 재차 청소한다.

51 정답 ⑤ 난이도 ★★★

대한화장품협회에서는 화장품 용기(자재)시험에 대한 단체 표준 14개를 제정하였다.

52 정답 ② 난이도 ★★★

재작업은 그 대상이 다음 각 호를 모두 만족한 경우에 할 수 있다.

- 변질·변패 또는 병원미생물에 오염되지 않은 경우
- 제조일로부터 1년이 경과하지 않았거나 사용기한이 1년 이상 남아 있는 경우

53 정답 ⑤ 난이도 ★★★

사용기한 경과 후 1년간 또는 개봉 후 사용기간을 기재하는 경우에는 제조일로부터 3년간 보관한다.

54 정답 ⑤ 난이도 ★★★

제품의 품질에 영향을 줄 수 있는 결함을 보이는 원료와 포장재는 결정이 완료된 때까지 보류상태로 있어야 한다. 원료 및 포장재의 상태는 적절한 방법으로 확인되어야 하고, 확인시스템은 혼동, 오류 또는 혼합을 방지할 수 있도록 설계되어야 한다.

55 정답 ③ 난이도 ★

세탁 시 작업복의 훼손여부를 점검하여 훼손된 작업복은 폐기한다.

56 정답 ⑤ 난이도 ★★★

수세실과 화장실은 접근이 쉬워야 하나 생산구역과 분리되어 있어야 한다.

57 정답 ③ 난이도 ★★★

같은 제품의 연속적인 뱃치의 생산 또는 지속적인 생산에 할당 받은 설비가 있는 곳의 생산 작동을 위해, 설비는 적절한 간격을 두고 세척되어야 한다.

58 정답 ⑤ 난이도 ★★

물청소 후에는 물기를 제거하여 오염원을 제거한다.

59 정답 ⑤ 난이도 ★★★

용기의 종류

- **밀폐용기** : 일상의 취급 또는 보통 보존상태에서 외부로부터 고형의 이물이 들어가는 것을 방지하고 고형의 내용물이 손실되지 않도록 보호할 수 있는 용기를 말하며, 밀폐용기로 규정되어 있는 경우에는 기밀용기도 사용이 가능하다.
- **기밀용기** : 일상의 취급 또는 보통 보존상태에서 액상 또는 고형의 이물 또는 수분이 침입하지 않고 내용물을 손실, 풍화, 조해 또는 증발로부터 보호할 수 있는 용기를 말하며, 기밀용기로 규정되어 있는 경우에는 밀봉용기도 사용이 가능하다.
- **밀봉용기** : 일상의 취급 또는 보통의 보존상태에서 기체 또는 미생물이 침입할 염려가 없는 용기를 말한다.
- **차광용기** : 광선의 투과를 방지하는 용기 또는 투과를 방지하는 포장을 한 용기를 말한다.

60 정답 ② 난이도 ★★★

설비별 점검할 주요항목

- **회전기기(교반기, 호모믹스, 혼합기, 분쇄기)** : 세척상태 및 작동유무, 윤활오일, 게이지 표시유무, 비상정지스위치 등
- **정제수제조장치** : 전도도, UV램프수명시간, 정제수온도, 필터교체주기, 연수기 탱크의 소금량, 순환펌프 압력 및 가동상태 등

61 정답 ③ 난이도 ★★★★

화장품 책임판매업자는 맞춤형화장품의 내용물 및 원료의 입고 시 품질관리 여부를 확인하고, 책임판매업자가 제공하는 품질성적서를 구비하여야 한다. 다만, 책임판매업자와 맞춤형화장품 판매업자가 동일한 경우에는 제외한다.

62 정답 ③ 난이도 ★★★

신고관청을 달리하는 맞춤형화장품 판매업소의 소재지 변경의 경우에는 새로운 소재지를 관할하는 지방식품의약품안전청장에게 변경서류를 제출하여야 한다.

63 정답 ④ 난이도 ★★★

피부의 재생주기는 28일(20세 기준)이며, 나이가 들어감에 따라 재생주기가 증가하여 평균 48일로 보고되고 있다.

64 정답 ③ 난이도 ★★★

식품의약품안전처장은 맞춤형화장품 조제관리사가 거짓이나 그 밖의 부정한 방법으로 시험에 합격한 경우에는 자격을 취소하여야 하며, 자격이 취소된 사람은 취소된 날부터 3년간 자격시험에 응시할 수 없다.

65 정답 ④ 난이도 ★★★★

투명층의 특징

- 2~3층의 편평한 세포로 구성된다.
- 손바닥, 발바닥과 같은 특정부위에만 존재한다.
- 수분을 흡수하고 죽은 세포로 구성된다.
- 엘라이딘이라는 반유동성 물질을 함유하고 있어 투명하게 보인다.

66 정답 ① 난이도 ★★★

기저층에는 멜라닌형성세포, 각질형성세포(케라티노사이트), 촉각상피세포(메르켈세포) 등이 존재한다. 랑게르한스세포는 면역기능을 담당하는 것으로 유극층에 존재한다.

67 정답 ⑤ 난이도 ★★★

망상층은 진피의 대부분을 이루며, 피하조직과 연결되어 있으며, ⑤는 피하지방에 대한 특징이다.

68 정답 ③ 난이도 ★★★

피지선의 종류

큰 피지선	얼굴의 T-zone 부위, 목, 등, 가슴
작은 피지선	손바닥과 발바닥을 제외한 전신에 분포함
독립 피지선	털과 연결되어 있지 않은 피지선(입술, 성기, 유두, 귀두)
피지선이 없는 곳	손바닥, 발바닥

69 정답 ① 난이도 ★★★

피지성분은 트리글리세라이드(41%)>왁스에스테르(25%)>지방산(16%)>스쿠알렌(12%)>디글리세라이드(2.2%)>콜레스테롤 에스테르(2.1%)>콜레스테롤(1.4%) 순이다.

70 정답 ④ 난이도 ★★★★

일반적으로 모발은 케라틴(80%), 수분(12~15%), 지질(1~9%), 멜라닌(3%), 미네랄(0.5~0.9%)로 구성되어 있다.

71 정답 ① 난이도 ★★★★★

미녹시딜은 두피의 말초혈관을 확장시켜 모발이 성장하는데 필요한 영양분이 원활히 공급되도록 돕는다. 나머지 ②, ③, ④, ⑤는 탈모방지 기능성 화장품에서 주성분으로 사용된다.

72 정답 ① 난이도 ★★★

지성피부는 모공이 넓고 피부결이 거칠고 피부가 두꺼우며 피부색이 칙칙하고 화장이 잘 지워진다.

73 정답 ④ 난이도 ★★★★

점(경)도변화측정은 시료를 실온이 되도록 방치한 후 점(경)도 측정용기에 시료를 넣고, 시료의 점(경)도 범위에 적합한 Spindle을 사용하여 점도를 측정하며, 점도가 높을 경우 경도를 측정한다.

74 정답 ③ 난이도 ★★★

1차 포장 필수 기재항목

- 화장품의 명칭
- 영업자의 상호
- 제조번호
- 사용기한 또는 개봉 후 사용기간

75 정답 ② 난이도 ★★★★

화장비누의 포장에는 수분을 포함한 중량과 건조중량을 기재·표시하여야 한다.

76 정답 ① 난이도 ★★★

고형화제형은 오일과 왁스에 안료를 분산시켜서 고형화시킨 제형으로 립스틱, 립밤, 컨실러, 스킨커버 등이 있다.

77 정답 ③ 난이도 ★★★

향수의 구비요건

- 향에 특징이 있고 향의 확산성이 좋아야 한다.
- 향의 강도가 적당하고 지속성이 있어야 한다.
- 시대유행에 맞는 향이어야 하고 향의 조화가 잘 이루어져야 한다.

78 정답 ⑤ 난이도 ★★★

ABS 수지는 AS수지의 내충격성을 더욱 향상시킨 수지로 팩트 등의 내충격성이 필요한 제품에 사용되며, 향료나 알코올에 약하다. 또한 금속감을 주기 위한 도금 소재로도 이용된다.

79 정답 ③ 난이도 ★★★

머스크는 수컷 사향노루의 사향샘에서 만들어지는 형으로 페로몬향, 러브메이커 등이 있다. ①의 워터리는 풀이 이슬을 머금은 듯 싱싱한 향이며, ②의 프루티는 과일향이고, ④의 푸제르는 라벤더향, 풀잎처럼 신선한 향기이며, ⑤의 시프레는 떡갈나무향, 나뭇잎이 축축하게 젖은 듯한 향을 말한다.

80 정답 ④ 난이도 ★★★★

공정별로 2개 이상의 제조소에서 생산된 화장품의 경우에는 일부 공정을 수탁한 화장품 제조업자의 상호 및 주소의 기재·표시를 생략할 수 있다.

81 정답 ③ 난이도 ★★★

폴리프로필렌(PP)은 반투명성 광택성을 가지며, 내약품성이 우수하여 주로 크림류 광구병이나 캡류에 이용된다.

82 정답 ⑤ 난이도 ★★★

⑤는 가혹시험의 세부 내용이다. 장기보존시험 및 가속시험의 세부 항목은 물리적·화학적, 미생물학적 안전성 및 용기 적합성을 확인하는 시험을 말한다.

83 정답 ⑤ 난이도 ★★★

⑤는 화장품 제조업에 대한 설명이다.

84 정답 ③ 난이도 ★★★

혼합·소분된 제품을 담을 용기의 오염여부를 사전에 확인한 후 항상 소독하여 사용하여야 한다.

85 정답 ③ 난이도 ★★★

①의 가용화란 화장수나 에센스처럼 물에 소량의 오일이 계면활성제에 의해 투명하게 용해되어 있는 제형을 말한다.
②의 유화란 오일과 물이 계면활성제에 균일하게 섞이는 것을 말한다.
④의 반응이란 외부의 영향으로 인하여 발생한 변화 혹은 현상을 말한다.
⑤의 산화란 산소와의 결합, 수소는 떨어져 나가는 현상을 말한다.

86 정답 ⑤ 난이도 ★★★

맞춤형화장품판매업자의 준수사항

- 혼합·소분 시 오염방지를 위하여 안전관리기준을 준수할 것
- 맞춤형화장품과 관련하여 안전성 정보에 대하여 신속히 책임판매업자에게 보고할 것
- 맞춤형화장품 판매 시 해당 맞춤형화장품의 혼합 또는 소분에 사용되는 내용물 및 원료, 사용 시의 주의사항에 대하여 소비자에게 설명할 것
- 맞춤형화장품판매업소마다 맞춤형화장품조제관리사를 둔다.
- 둘 이상의 책임판매업자와 계약하는 경우 사전에 각각의 책임판매업자에게 고지한 후 계약을 체결하여야 하며, 맞춤형화장품 혼합·소분 시 책임판매업자와 계약한 사항을 준수해야 한다.
- 사용기한 또는 개봉 후 사용기간은 맞춤형화장품의 혼합 또는 소분에 사용되는 내용물의 사용기한 또는 개봉 후 사용기간을 초과할 수 없다.

87 정답 ③ 난이도 ★★★

원료의 발주는 원료의 수급기간을 고려하여 최소발주량을 산정해 발주한다.

88 정답 ④ 난이도 ★★★

보습제란 건조하고 각질이 일어나는 피부를 진정시키고, 피부를 부드럽고 매끄럽게 하는 성분으로 흡수성이 높은 수용성 물질이다. ④는 점증제의 내용이다.

89 정답 포장공간비율 난이도 ★★★★

화장품류의 포장공간비율은 10~15% 이하, 포장횟수는 2차 이내로 유지해야 한다.

90 정답 망상층 난이도 ★★★★

망상층은 그물모양의 결합조직으로 진피의 대부분을 이루며 피하조직과 연결되어 있으며, 혈관, 림프관, 한선, 피지선, 모낭 등이 존재한다.

91 정답 모유두 난이도 ★★★

모유두란 모근의 구성부분으로 모구의 중심부에 모발의 영양을 관장하는 혈관이나 신경이 분포되어 있는 곳이다.

92 정답 제조번호 난이도 ★★★

1차 포장에 표시하여야 할 사항

- 화장품의 명칭
- 영업자의 상호
- 제조번호
- 사용기한 또는 개봉 후 사용기간

93 정답 보존제 난이도 ★★★

보존제란 개봉한 화장품을 미생물로의 변질을 막기 위해 사용하는 것으로 우리나라에서 사용가능한 보존제는 총69종으로 배합한도가 정해져 있으며, 대표성분으로는 파라벤, 다이아졸리디닐우레아, 이미다졸리디닐우레아, 페녹시에탄올, 페노닙 등이 있다.

94 정답 크림제 난이도 ★★★

화장품의 제형 중 크림제란 유화제 등을 넣어 유성성분과 수성성분을 균질화하여 반고형상으로 만든 제형이다.

95 정답 전 품목 난이도 ★★★

사용금지 원료를 사용한 경우는 전 품목 판매(제조) 정지 3개월이며, 사용제한 기준을 위반한 경우에는 해당 품목 판매(제조) 정지 3개월이다.

96 정답 유화 난이도 ★★★

유화 제형이란 물에 오일성분이 계면활성제에 의해 우윳빛으로 백탁화된 상태로 계면활성제는 오일 방울의 표면에 흡착되어 오일들이 서로 뭉쳐지는 것을 방지하고 오일과 물이 계면활성제에 균일하게 섞이는 제형이다.

97 정답 피부 난이도 ★★★

피부란 신체의 외부표면을 덮고 있는 조직으로 물리적, 화학적으로 외부환경으로부터 신체를 보호하는 동시에 전신의사에 필요한 생화학적 기능을 영위하는 생명유지에 불가결한 기관이다.

98 정답 벌크제품 난이도 ★★★★

제품의 구분

- **반제품** : 제조공정 단계에 있는 것으로서 필요한 제조공정을 더 거쳐야 벌크제품이 되는 것을 말한다.
- **벌크제품** : 충진(1차 포장) 이전의 제조 단계까지 끝낸 제품을 말한다.
- **완제품** : 출하를 위해 제품의 포장 및 첨부문서에 표시공정 등을 포함한 모든 제조공정이 완료된 화장품을 말한다.

99 정답 3개월 난이도 ★★★

장기보존시험의 측정시기는 시험개시 때와 첫 1년간은 (3개월)마다, 그 후 2년까지는 6개월마다, 2년 이후부터는 1년에 1회 시험한다.

100 정답 책임판매관리자 난이도 ★★★★

화장품법상 영업의 종류에 따른 조건

영업의 종류	영업등록 및 신고 (총리령)	구비조건
화장품제조업	식품의약품 안전처장에 등록	시설기준
화장품 책임판매업	식품의약품 안전처장에 등록	책임판매관리자
맞춤형화장품 판매업	식품의약품 안전처장에 신고	맞춤형화장품 조제관리사

제7회 모의고사

01~10 화장품법의 이해
11~35 화장품 제조 및 품질관리
36~60 유통화장품의 안전관리
61~100 맞춤형화장품의 이해

제7회 모의고사 156p

선다형

01	①	02	②	03	③	04	④	05	④
06	⑤	07	⑤	08		09		10	
11	③	12	②	13	⑤	14	②	15	④
16	③	17	①	18	④	19	④	20	③
21	⑤	22	①	23	②	24	⑤	25	⑤
26	④	27	④	28	③	29	③	30	③
31		32		33		34		35	
36	②	37	①	38	③	39	②	40	②
41	①	42	②	43	③	44	④	45	②
46	②	47	④	48	⑤	49	④	50	⑤
51	②	52	⑤	53	⑤	54	④	55	④
56	⑤	57	④	58	⑤	59	⑤	60	③
61	③	62	①	63	④	64	⑤	65	②
66	③	67	③	68	⑤	69	⑤	70	④
71	③	72	②	73	①	74	⑤	75	⑤
76	③	77	④	78	③	79	③	80	⑤
81	②	82	④	83	④	84	③	85	①
86	②	87	⑤	88	④	89		90	

단답형

08	1
09	맞춤형화장품
10	OECD
31	폴리올
32	유기안료
33	식품의약품안전처장
34	CGMP
35	에센셜
89	1
90	대한선
91	모낭
92	토코페롤
93	기능성
94	분말제
95	안정성
96	1년
97	다각형
98	기준일탈
99	교원
100	높다

01 정답 ①   난이도 ★★★

안전용기·포장이란 만 5세 미만의 어린이가 개봉하기 어렵게 설계·고안된 용기나 포장을 말한다.

02 정답 ②   난이도 ★★★

화장품 제조업자, 화장품 책임판매업자는 소재지를 관할하는 지방식품의약품안전청장에게 등록하고, 맞춤형화장품 판매업자도 맞춤형화장품 판매업소의 소재지를 관할하는 지방식품의약품안전청장에게 신고한다.

03 정답 ③   난이도 ★★★★

화장품 책임판매업자는 화장품의 사용 중 발생하였거나 알게 된 유해사례 등 안전성 정보에 대하여 매 반기 종료 후 1개월 이내에 식품의약품안전처장에게 보고를 해야 하며, 안전성에 대하여 보고할 사항이 없는 경우에는 '안전성 정보보고 사항 없음'으로 기재해서 보고한다.

- 1~6월까지 안전성 보고 : 7월 말까지 보고
- 7~12월까지 안전성 보고 : 다음 해 1월 말까지 보고
- 신속보고 : 중대한 유해사례 또는 이와 관련하여 식품의약품안전처장이 보고를 지시한 경우나 판매중지나 회수에 준하는 외국정부의 조치 또는 이와 관련하여 식품의약품안전처장이 보고를 지시한 경우는 15일 이내에 보고

04 정답 ④   난이도 ★★★★

안정성시험 중 장기보존시험, 가속시험, 개봉 후 안정성 시험의 시험항목

- 물리적 안정성
- 화학적 안정성
- 미생물학적 안정성
- 용기 적합성

05 정답 ④   난이도 ★★★

다음 각 목의 어느 하나에 해당하는 성분을 0.5% 이상 함유하는 제품의 경우에는 해당 품목의 안정성 시험자료를 최종 제조된 제품의 사용기한이 만료되는 날부터 1년간 보존하여야 한다.

- 레티놀(비타민A) 및 그 유도체
- 아스코빅애씨드(비타민C) 및 그 유도체
- 토코페롤(비타민E)
- 과산화화합물
- 효소

06 정답 ⑤   난이도 ★★★

향을 몸에 지니거나 뿌리는 제품

- 향수
- 분말향
- 향낭
- 콜롱(cologne)
- 그 밖의 방향용 제품류

07 정답 ⑤   난이도 ★★★

면도용 제품류와 체취 방지용 제품류

면도할 때와 면도 후에 피부 보호 및 피부진정 등에 사용하는 제품	• 애프터셰이브 로션(aftershave lotions) • 남성용 탤컴(talcum) • 프리셰이브 로션(preshave lotions) • 셰이빙 크림(shaving cream) • 셰이빙 폼(shaving foam) • 그 밖의 면도용 제품류
몸에서 나는 냄새를 제거하거나 줄여주는 제품	• 데오도런트 • 그 밖의 체취 방지용 제품류

08 정답 1   난이도 ★★★★

영업자(화장품 제조업자, 화장품 책임판매업자, 맞춤형화장품 판매업자)는 폐업 또는 휴업하려는 경우나 휴업 후 그 업을 재개하려는 경우에는 식품의약품안전처장에게 신고하여야 한다. 다만, 휴업기간이 1개월 미만이거나 그 기간 동안 휴업하였다가 그 업을 재개하는 경우에는 예외이다.

09 정답 맞춤형화장품   난이도 ★★★

맞춤형화장품의 영업범위

- 제조 또는 수입된 화장품의 내용물에 다른 화장품의 내용물을 혼합한 화장품을 판매하는 영업
- 제조 또는 수입된 화장품의 내용물에 식품의약품안전처장이 정하여 고시하는 원료를 추가하여 혼합한 화장품을 판매하는 영업
- 제조 또는 수입된 화장품의 내용물을 소분한 화장품을 판매하는 영업

10 정답 OECD   난이도 ★★★★★

독성자료는 (OECD)가이드라인 등 국제적으로 인정된 프로토콜에 따른 시험을 우선적으로 고려할 수 있으며, 과학적으로 타당한 방법으로 수행된 자료이면 활용이 가능하다. 또한 국제적으로 입증된 동물대체시험법으로 시험한 자료도 활용 가능하다.

11 정답 ③   난이도 ★★★★

천연 계면활성제는 기초화장품의 성분으로 레시틴과 리솔레시틴이 있다.

12 정답 ②   난이도 ★★★

HLB에 따른 계면활성제의 분류

HLB	용도	제품
4~6	친유형(W/O) 유화제	W/O에멀전 : 비비크림, 파운데이션, 선크림 등
7~9	분산제, 습윤제	–
8~18	친수형(O/W) 유화제	O/W에멀전 : 크림, 로션, 영양액 등
15~18	가용화제	가용화 제형 : 스킨로션, 토너, 향수, 토닉 등

13 정답 ⑤   난이도 ★★★★

글리세린에 결합된 고급지방산 중에 포화지방산의 양이 많으면 지방이 되고, 불포화지방산의 양이 많으면 오일이 된다. 하지만, 포화지방산의 양이 많아서 낮은 온도에서 고상으로 변하는 코코넛 오일은 지방으로 분류하지 않는다.

14 정답 ②   난이도 ★★★★

탄화수소 중 미네랄오일, 페트롤라툼은 피부에 바르면 폐색막을 형성하는 물질이다. 참고적으로 스쿠알렌은 피지의 성분으로 4개의 2중결합을 가지고 있어 산패되기가 쉬워 이중결합(불포화)에 수소를 결합시켜 단일결합(포화)으로 변경한 스쿠알란이 화장품에서 오일로 사용된다.

15 정답 ④   난이도 ★★★★

금속이온봉쇄제는 소듐이 결합된 EDTA는 물에 가용되므로 디소듐이디티에이가 화장품에 많이 사용된다.

16 정답 ③   난이도 ★★★

체질안료는 파우더의 사용감과 제형을 구성하는 기능을 하는 것으로 원료의 종류와 작용은 다음과 같다.

- 탤크, 카올린 : 벌킹제
- 보론나이트라이드, 실리카, 나일론6, 폴리메틸메타크릴레이트 : 부드러운 사용감
- 마이카, 세리사이트, 칼슘카보네이트, 마그네슘카보네이트 : 펄 효과, 화사함
- 마그네슘스테아레이트, 알루미늄스테아레이트 : 결합제
- 하이드록시아파타이트 : 피지흡수

17 정답 ①   난이도 ★★★

올레오레진은 주로 휘발성이면서 수지 성분으로 이루어진 삼출물이다. 여기서 삼출물이란 자연적 또는 인위적 상처 후에 식물에서 방출되는 천연원료를 말한다. 올레오레진으로 솔 올레오레진, 거점 등이 있다.

18 정답 ④   난이도 ★★★

화장품 활성성분 중 나이아신아마이드(니코틴산아미드)는 멜라노좀 이동방해로 미백효과를 준다.

19 정답 ④   난이도 ★★★

탈모증상의 완화에 도움을 주는 성분으로는 덱스판테놀, 비오틴, 엘-멘톨, 징크피리치온, 징크피리치온액(50%) 등이며 살리실릭애씨드는 여드름성 피부를 완화하는데 도움을 주는 제품의 성분이다.

20 정답 ③ 난이도 ★★★★★

페이셜 스크럽제는 미세한 알갱이가 모공 속에 있는 노폐물과 피부의 오래된 각질을 제거하는 기능을 한다.

21 정답 ⑤ 난이도 ★★★

원료, 포장재의 보관환경은 출입제한, 오염방지, 방충·방서, 필요시 온도·습도 등이다.

22 정답 ① 난이도 ★★★★

'가'등급 위해성 화장품

- 화장품에 사용할 수 없는 원료를 사용한 화장품
- 사용한도가 정해진 원료를 사용한도 이상으로 포함한 화장품

23 정답 ② 난이도 ★★★

폐기를 한 회수의무자는 폐기확인서를 작성하여 2년간 보관하여야 한다.

24 정답 ⑤ 난이도 ★★★

문서를 개정할 때에는 개정사유 및 개정연월일 등을 기재하고 권한을 가진 사람의 승인을 받아야 하며, 개정번호를 지정해야 한다.

25 정답 ⑤ 난이도 ★★★

단위포장을 해체하여 출고하고, 남은 잔량은 재포장하여 수량 표시 후 보관한다.

26 정답 ④ 난이도 ★★

조제하는 화장품의 종류와 제형에 따라 구분되어 있어 교차오염의 우려가 없도록 해야 한다.

27 정답 ④ 난이도 ★★★★

아데노신은 주름개선 효과의 성분이다. 즉 콜라겐, 엘라스틴을 생성하는 섬유아세포의 증식의 유도한다.

28 정답 ③ 난이도 ★★★★★

보고 시 알레르기 유발성분 정보 포함여부는 해당 알레르기 유발성분을 제품에 표시하는 경우 원료목록 보고에도 포함하여야 한다.

29 정답 ③ 난이도 ★★

원료와 자재의 보관은 벽에서 일정한 거리를 두고 파렛트 위에 보관하며, 보관소 창문은 차광한다.

30 정답 ③ 난이도 ★★★

국내외의 연구·검사기관에서 인체의 건강을 해칠 우려가 있는 원료 또는 성분 등이 검출된 화장품이다.

31 정답 폴리올 난이도 ★★★★

화장품에서 폴리올로 널리 쓰이는 원료는 글리세린, 프로필렌글리콜, 부틸렌글리콜 등이며, 보습제 및 동결을 방지하는 원료로 사용된다.

32 정답 유기안료 난이도 ★★★★

유기안료는 물이나 기름 등의 용제에 용해되지 않는 유색분말로 생상이 선명하고 화려하여 제품의 색조를 조정하며, 립스틱과 같이 선명한 색상이 필요한 경우 이용된다.

33 정답 식품의약품안전처장 난이도 ★★★

(식품의약품안전처장)은 보존제, 색소, 자외선차단제 등과 같이 특별히 사용상의 제한이 필요한 원료에 대하여는 그 사용기준을 지정하여 고시하여야 하며, 사용기준이 지정·고시된 원료 외의 보존제, 색소, 자외선차단제 등은 사용할 수 없다.

34 정답 CGMP 난이도 ★★★★★

CGMP(우수화장품 제조 및 품질관리기준)는 화장품 원료, 포장재, 반제품 및 벌크제품의 취급 및 보관방법 등에 대해 규정하고 있다.

35 정답 에센셜 난이도 ★★★★

(에센셜)오일은 정유라고도 하는 것으로 수증기증류법, 냉각압착법, 건식증류법으로 생성된 식물성 원료로부터 얻은 생성물로 페퍼민트오일, 로즈오일, 라벤더오일 등이 있다.

36 정답 ② 난이도 ★★★

설비 등은 제품의 오염을 방지하고 배수가 용이하도록 설계·설치해야 하며, 제품 및 청소 소독제와 화학반응을 일으키지 않아야 한다.

37 정답 ① 난이도 ★★★

소독제 선택 시 대상 미생물의 종류와 수를 고려하여야 한다.

38 정답 ③ 난이도 ★★

작업 전 복장점검을 하고 적절하지 않을 경우에는 시정한다.

39 정답 ② 난이도 ★★★

가능한 한 세제를 사용하지 않는 것이 좋다. 세제를 사용하는 경우 위험성이 발생될 우려가 크다.

40 정답 ② 난이도 ★★★

혼합기는 회전형과 고정형으로 구분된다.

회전형	회전형은 용기 자체가 회전하는 것으로 원통형, 이중 원추형, 정입방형, 피라미드형, V-형 등이 있다.
고정형	고정형은 용기가 고정되어 있고 내부에서 스쿠루형, 리본형 등의 교반장치가 회전한다.

41 정답 ① 난이도 ★★★

볼밀은 대표적인 파우더 분쇄설비로 생산성, 소음, 설치공간 등에 단점이 있어 최근에는 사용되지 않고 있으며, 탱크 속의 볼이 탱크와 회전하면서 충돌 또는 마찰 등에 의해서 분산되는 장치로 실험실용부터 생산용이 있다.

42 정답 ② 난이도 ★★★

원료와 포장재의 관리에 필요한 사항

- 중요도 분류, 공급자 결정
- 발주, 입고, 식별·표시, 합격·불합격, 판정, 보관, 불출
- 보관환경 및 사용기한 설정
- 정기적 재고관리
- 재평가 및 재보관

43 정답 ③ 난이도 ★★★

완제품의 관리항목

- 보관, 검체채취, 보관용 검체, 제품시험, 합격·출하판정
- 출하, 재고관리, 반품

44 정답 ④ 난이도 ★★★

비의도적으로 유래된 물질의 검출허용한도에서 수은은 1μg/g 이하이다.

45 정답 ② 난이도 ★★★

화장품 안전기준 등에 관한 규정상 미생물 한도 기준

- 총호기성 생균수 : 영·유아용 제품류 및 눈 화장용 제품류의 경우 500개/g 이하
- 세균 및 진균 수 : 물휴지의 경우 각각 100개/g 이하, 기타 화장품의 경우 1,000개/g 이하
- 대장균, 녹농균, 황색포도상구균 : 불검출

46 정답 ② 난이도 ★★★

퍼머넌트 웨이브용 및 헤어스트레이트너 제품 중 시스테인류가 주성분인 제품의 제1제 시험항목

- pH
- 알칼리
- 시스테인
- 환원후의 환원성물질(시스틴)
- 중금속(시험기준 : 20μg/g 이하)
- 비소(시험기준 : 5μg/g 이하)
- 철(시험기준 : 2μg/g 이하)

47 정답 ⑤ 난이도 ★★★

'나'의 경우 작업 전 지정된 장소에서 손소독을 실시하고 작업에 임하며, 손소독은 70%의 에탄올을 사용하며, '라'의 경우 화장실을 이용한 작업자는 손세척 또는 손소독을 실시하고 작업실에 입실한다.

48 정답 ② 난이도 ★★★

온수소독은 80~100℃의 온수를 사용하여 소독하는 것으로 위와 같은 장점이 있는 반면에 체류시간이 길고 습기가 다량 발생하며 에너지가 많이 소모되는 단점을 가진다.

49 정답 ④ 난이도 ★★★

원자재 용기에 제조번호가 없는 경우에는 관리번호로 보관 가능하다.

50 정답 ⑤ 난이도 ★★★

화학적 소독제인 염소유도체에는 치아염소산나트륨, 치아염소산칼륨, 치아염소산리튬, 염소가스 등이 있다.

51 정답 ② 난이도 ★★★

감압누설 시험방법은 액상의 내용물을 담는 용기에 마개, 펌프, 패킹 등의 밀폐성을 시험하는 방법이다.

52 정답 ⑤ 난이도 ★★★

재작업시에는 안정성시험을 실시하는 것이 바람직하다.

53 정답 ⑤ 난이도 ★★★

완제품 검체채취는 품질관리부서가 하는 것이 일반적이다. 제품시험 및 그 결과판정은 품질관리부서의 업무이다.

54 정답 ④ 난이도 ★★★

원료 및 포장재의 구매 시 고려해야 할 사항

- 요구사항을 만족하는 품목과 서비스를 지속적으로 공급할 수 있는 능력평가를 근거로 한 공급자의 체계적 선정과 승인
- 합격판정기준, 결함이나 일탈 발생 시의 조치 그리고 운송조건에 대한 문서화된 기술조항의 수립
- 협력이나 감사와 같은 회사와 공급자간의 관계 및 상호 작용의 정립

55 정답 ④ 난이도 ★★★

포인트메이크업을 한 작업자는 화장품을 지운 후에 입실한다.

56 정답 ⑤ 난이도 ★★★

제품과 설비가 오염되지 않도록 배관 및 배수관을 설치하며, 배수관은 역류되지 않아야 하고 청결을 유지하여야 한다.

57 정답 ④ 난이도 ★★★

천의 색깔, 천의 크기 등은 대상 설비에 따라 다르므로 각 회사에서 결정할 수밖에 없다.

58 정답 ③ 난이도 ★★★

설비세척은 브러시 등으로 문질러 지우는 것을 고려하고, 분해할 수 있는 설비는 분해해서 세척하는 것이 좋으며, 세척 후에는 반드시 '판정'을 해야 한다.

59 정답 ⑤ 난이도 ★★★

안전용기·포장대상 품목

- 아세톤을 함유하는 네일 에나멜 리무버
- 아세톤을 함유하는 네일 폴리시 리무버
- 어린이용 오일 등 개별포장 당 탄화수소류를 10% 이상 함유하고 운동점도가 21센티스톡스 이하인 비에멀젼 타입의 액체상태의 상품
- 개별 포장 당 메틸살리실레이트를 5% 이상 함유하는 액체상태의 제품

60 정답 ③   난이도 ★★★

원자재 용기에 제조번호가 없는 경우에는 관리번호를 부여하여 보관하여야 한다.

61 정답 ③   난이도 ★★★

판매 중인 맞춤형화장품이 화장품법 시행규칙 제14조의 2(회수대상화장품의 기준 및 위해성등급 등) 각 호의 어느 하나에 해당함을 알게 된 경우 신속히 책임판매업자에게 보고하고, 회수대상 맞춤형화장품을 구입한 소비자에게 적극적으로 회수조치를 취하여야 한다.

62 정답 ①   난이도 ★★★

신체기관 중에서 가장 큰 기관인 피부는 물 70%, 단백질 25~27%, 지질 2%, 탄수화물 1%, 소량의 비타민·효소·호르몬·미네랄로 구성되어 있다.

63 정답 ④   난이도 ★★★

피부의 기능 중 면역기능은 랑게르한스세포가 바이러스, 박테리아 등을 포획하여 림프로 보내 외부로 배출한다.

64 정답 ⑤   난이도 ★★★★

지방식품의약품안전청장은 화장품책임판매업 등록신청이 등록요건을 갖춘 경우에는 화장품 책임판매업 등록대장에 다음 각 호의 사항을 적고, 화장품책임판매업 등록필증을 발급하여야 한다.

- 등록번호 및 등록연월일
- 화장품책임판매업자의 성명 및 생년월일
- 화장품책임판매업자의 상호(법인인 경우에는 법인의 명칭)
- 화장품책임판매업소의 소재지
- 책임판매관리자의 성명 및 생년월일
- 책임판매 유형

65 정답 ②   난이도 ★★★

표피층 세포의 구성형태

- **각질층** : 약 15~25층의 납작한 무핵세포로 구성된다.
- **투명층** : 2~3층의 편평한 세포로 구성된다.
- **과립층** : 2~5층의 방추형 세포로 구성된다.
- **유극층** : 5~10층의 다각형 세포로 구성된다.
- **기저층** : 단층의 원주형 세포로 구성된다.

66 정답 ③   난이도 ★★★★

과립층은 본격적인 각화과정이 시작되는 곳으로 외부로부터 수분침투를 막으며, 케라토하이알린 과립이 존재한다.

67 정답 ③   난이도 ★★★★

모세혈관은 진피 유두층에 존재하고, 망상층에는 교원섬유와 탄력섬유, 피지선, 혈관, 모낭, 모구, 신경, 소한선과 대한선, 섬유아세포 등이 존재한다.

68 정답 ⑤   난이도 ★★★★

피하지방층

- 피하지방을 생산하여 체온조절기능
- 수분조절기능, 영양소 저장기능
- 외부의 충격으로부터 몸을 보호하는 기능
- 열 격리
- 피하지방층의 두께에 따라 비만도가 결정
- 여성의 곡선미 연출

69 정답 ⑤   난이도 ★★★★

염증의 유무에 따라 여드름은 비염증성과 염증성 여드름으로 분류할 수 있다. 비염증성 여드름은 면포이며, 염증성 여드름은 구진·뾰루지·농포·결절 등이 있다.

70 정답 ④   난이도 ★★★★★

멜라닌은 티로신으로부터 만들어지는데 검정색과 갈색을 나타내는 유멜라닌과 빨간색과 금발을 나타내는 페오멜라닌으로 분류되며, 모발의 색은 유멜라닌과 페오멜라닌의 구성비에 의해 결정된다.

71 정답 ③   난이도 ★★★

비듬은 성별로 볼 때 남성이 압도적으로 비듬의 양이 많아 여성의 3배 정도 된다.

72 정답 ②　　난이도 ★★★

복합성 피부란 지성과 건성이 함께 존재하는 피부유형으로 피지 분비량이 많은 T존과 피지 분비량이 적은 U존이 존재하여 T존은 번들거리고 여드름이 있으며, U존은 수분이 부족하여 건조하다.

73 정답 ①　　난이도 ★★★

소비자(일반 패널)에 의한 사용 시험은 소비자들이 관찰하거나 느낄 수 있는 변수들에 기초하여 제품효능과 화장품 특성에 대한 소비자의 인식을 평가하는 것으로 맹검과 비맹검사용 시험으로 분류된다.

맹검 사용 시험	소비자의 판단에 영향을 미칠 수 있고, 제품의 효능에 대한 인식을 바꿀 수 있는 상품명, 디자인, 표시사항 등의 정보를 제공하지 않는 제품 사용 시험
비맹검 사용 시험	제품의 상품명, 표기사항 등을 알려주고 제품에 대한 인식 및 효능 등이 일치하는지를 조사하는 시험

74 정답 ④　　난이도 ★★★★

1차 포장의 필수 기재항목으로는 화장품의 명칭, 영업자의 상호, 제조번호, 사용기한 또는 개봉 후 사용기간 등이다.

75 정답 ⑤　　난이도 ★★★★

기능성화장품에서 해당 기능을 실증한 자료를 제출하면 표시·광고할 수 있는 표현

- 콜라겐 증가, 감소 또는 활성화
- 효소 증가, 감소 또는 활성화

76 정답 ③　　난이도 ★★★★

계면활성제혼합 제형은 음이온, 양이온, 양쪽성, 비이온성 계면활성제 등을 혼합하여 제조하는 제형으로 샴푸, 컨디셔너, 린스, 바디워시, 손세척제 등이 이에 해당한다.

77 정답 ④　　난이도 ★★★

세제나 세척제는 잔류하거나 표면에 이상을 초래하지 않는 것을 사용한다.

78 정답 ③　　난이도 ★★★★

소다석회 유리는 통상 사용되는 투명유리로 착색은 금속 콜로이드, 금속 산화물이 이용되며, 화장수·유액용 병에 많이 이용된다.

79 정답 ③　　난이도 ★★★

향수는 향, 에틸알코올, 물, 산화방지제, 금속이온봉쇄제, 색소 등으로 구성된다.

80 정답 ⑤　　난이도 ★★★

가격은 소비자에게 화장품을 직접 판매하는 자가 판매하려는 가격을 표시하여야 한다.

81 정답 ②　　난이도 ★★★

포장인력 및 원가 확인은 충진방법에서 확인할 사항이 아니다.

82 정답 ④　　난이도 ★★★

맞춤형화장품의 내용물 및 원료의 입고 시 품질관리 여부를 확인하고 책임판매업자가 제공하는 품질성적서를 구비하여야 한다. 다만, 책임판매업자와 맞춤형화장품 판매업자가 동일한 경우에는 제외한다.

83 정답 ④　　난이도 ★★★

진피의 구성섬유

교원섬유	• 피부에 탄력성, 신축성, 보습성을 부여 • 진피의 90% 차지(콜라겐으로 구성) • 피부장력 제공 및 상처치유에 도움
탄력섬유	• 피부탄력에 기여하는 중요한 요소 • 탄력섬유가 파괴되면 피부가 이완되고 주름이 발생
기질	진피 내 섬유성분과 세포 사이를 채우는 무정형의 물질(겔 상태)

84 정답 ③ 난이도 ★★★
화장품제조업자와 화장품책임판매업자가 같은 경우 '화장품제조업자 및 화장품책임판매업자'로 한꺼번에 기재·표시할 수 있다.

85 정답 ① 난이도 ★★★
②의 살리실산은 여드름 피부의 개선을 위해 사용되는 활성성분이다.
③의 알부틴은 미백제이다.
⑤의 리모넨은 감귤 껍질에 많으며 착향제 중 알레르기 유발성분이다.

86 정답 ② 난이도 ★★★
화장품법 제15조를 위반하여 판매하거나 판매의 목적으로 제조·수입·보관 또는 진열한 경우 식품의약품안전처장은 등록을 취소하거나 영업소 폐쇄를 명하거나, 품목의 제조·수입 및 판매의 금지를 명하거나 1년의 범위에서 기간을 정하여 그 업무의 전부 또는 일부에 대한 정지를 명할 수 있다.

87 정답 ⑤ 난이도 ★★★
포장재의 재고관리는 생산계획 또는 포장계획에 따라 적절한 시기에 포장재가 제조되어 공급되어야 한다.

88 정답 ④ 난이도 ★★★
징크옥사이드 25%는 자외선차단성분이다.

89 정답 1 난이도 ★★★
화장품 제조판매업자는 신속보고 되지 않은 화장품의 안전성 정보를 매 반기 종료 후 (1)월 이내에 식품의약품안전처장에게 보고하여야 한다.

90 정답 대한선 난이도 ★★★★
대한선은 모공과 직접 연결되어 있으며, 단백질 함유가 많고 특유의 독특한 체취를 발생시키며, 정신적 스트레스에 반응하며, 아포크린선이라고도 한다.

91 정답 모낭 난이도 ★★★
모낭은 모근의 구성부분으로 모근을 둘러싸고 있는 조직으로 피지선과 연결되어 있다.

92 정답 토코페롤 난이도 ★★★
다음에 해당하는 성분을 0.5% 이상 함유하는 제품의 경우에는 해당 품목의 안정성시험자료를 최종 제조된 제품의 사용기한이 만료되는 날부터 1년간 보존한다.

> 가. 레티놀 및 그 유도체
> 나. 아스코빅애씨드 및 그 유도체
> 다. (토코페롤)
> 라. 과산화화합물
> 마. 효소

93 정답 기능성 난이도 ★★★
화장품의 기능성 원료는 미백, 주름개선, 탄력, 보습 등의 특징 기능을 하는 효능성분으로 피부에 트러블을 일으키지 않으면서 최대한 효능을 낼 수 있는 적정량을 사용하도록 식품의약품안전처에서 관리감독 하고 있는 성분이다.

94 정답 분말제 난이도 ★★★
화장품의 제형 중 분말제란 균질하게 분말상 또는 미립상으로 만든 제형으로 부형제 등을 사용할 수 있는 제형이다.

95 정답 안정성 난이도 ★★★
혼합기는 제품에 대해 많은 영향을 미치게 되는바 이에 따라 제품의 (안정성)에 영향을 준다.

96 정답 1년 난이도 ★★★★
화장품제조업을 등록하려는 자가 총리령으로 정하는 시설기준을 갖추지 않은 경우 등록을 취소하거나 영업소 폐쇄를 명하거나, 품목의 제조·수입 및 판매의 금지를 명하거나 (1년)의 범위에서 기간을 정하여 그 업무의 전부 또는 일부에 대한 정지를 명할 수 있다.

97 정답 다각형 난이도 ★★★★

표피층의 구성세포

- 가. **각질층** : 약 15~20층의 납작한 무핵세포로 구성
- 나. **투명층** : 2~3층의 편평한 세포로 구성
- 다. **과립층** : 2~5층의 방추형 세포로 구성
- 라. **유극층** : 5~10층의 (다각형)세포로 구성
- 마. **기저층** : 단층의 원주형 세포로 구성

98 정답 기준일탈 난이도 ★★★★

기준일탈이란 규정된 합격판정 기준에 일치하지 않는 검사, 측정 또는 시험결과를 말한다. 참고적으로 일탈이란 제조 또는 품질관리 활동 등의 미리 정하여진 기준을 벗어나 이루어진 행위를 말한다.

99 정답 교원 난이도 ★★★

교원섬유의 특징

- 피부에 탄력성, 신축성, 보습성을 부여한다.
- 진피의 90% 이상 차지하며 콜라겐으로 구성된다.
- 피부장력 제공 및 상처치유에 도움이 된다.

100 정답 높다 난이도 ★★★★

화장품의 피부흡수 경로에서 세포와 세포 사이를 통과하여 흡수하기 때문에 분자량이 적을수록 피부흡수율이 (높다). 또한 광물성 오일보다 동물성 오일이 피부흡수력이 높다.

제8회 모의고사

01~10 화장품법의 이해
11~35 화장품 제조 및 품질관리
36~60 유통화장품의 안전관리
61~100 맞춤형화장품의 이해

제8회 모의고사 180p

선다형

01	②	02	④	03	④	04	③	05	②
06	⑤	07	①	08		09		10	
11	①	12	③	13	⑤	14	①	15	④
16	②	17	③	18	③	19	⑤	20	①
21	①	22	①	23	③	24	①	25	②
26	②	27	⑤	28	①	29	③	30	⑤
31		32		33		34		35	
36	③	37	④	38	⑤	39	①	40	②
41	①	42	②	43	③	44	④	45	⑤
46	④	47	④	48	①	49	②	50	⑤
51	①	52	②	53	①	54	②	55	⑤
56	④	57	⑤	58	②	59	③	60	⑤
61	①	62	④	63	③	64	③	65	②
66	⑤	67	①	68	③	69	⑤	70	④
71	②	72	⑤	73	⑤	74	①	75	④
76	②	77	①	78	③	79	⑤	80	①
81	②	82	②	83	③	84	④	85	①
86	⑤	87	②	88	③	89		90	

단답형

08	모든
09	Ⓐ 등록, Ⓑ 신고
10	사용기한
31	광물성오일
32	무기안료
33	향료
34	염모제
35	체질
89	장기보존시험
90	소한선
91	기모근
92	식별번호
93	25
94	에어로졸제
95	원료
96	유효성
97	중량
98	50
99	용기적합성
100	낮고

01 정답 ② 난이도 ★★★★

화장품 영업자

화장품제조업	화장품의 전부 또는 일부를 제조하는 영업
화장품 책임판매업	취급하는 화장품의 품질 및 안전 등을 관리하면서 이를 유통·판매하거나 수입대행형 거래를 목적으로 알선·수여하는 영업
맞춤형화장품 판매업	맞춤형화장품을 판매하는 영업

02 정답 ④ 난이도 ★★★

화장품 제조업 등록시 구비서류

- 화장품 제조업 등록신청서
- 대표자의 전문의 및 의사진단서(정신질환자 또는 마약류의 중독자가 아님을 증명)
- 상호명(대표자) 증빙서류(사업자등록증, 법인등기부등본)
- 건축물관리대장 혹은 부동산임대차계약서
- 시설명세서(제조, 시험)
- 건물배치도(제조소 전체 평면도)
- 품질검사 위·수탁계약서(필요시)

03 정답 ④ 난이도 ★★★★

중대한 유해사례

- 사망을 초래하거나 생명을 위협하는 경우
- 입원 또는 입원기간의 연장이 필요한 경우
- 지속적 또는 중대한 불구나 기능저하를 초래하는 경우
- 선천적 기형 또는 이상을 초래하는 경우
- 기타 의학적으로 중요한 상황

04 정답 ③ 난이도 ★★★

안정성 시험 중 가혹시험이란 가혹조건에서 화장품의 분해과정 및 분해산물 등을 확인하기 위한 시험으로 현탁발생, 유제와 크림제의 안정성 결여, 표시·기재사항의 분실, 용기 구겨짐, 용기파손, 용기 찌그러짐 및 알루미늄 튜브 내부 래커 및 분해산물의 생성유무 등을 내용으로 한다.

05 정답 ② 난이도 ★★★★

책임판매관리자의 자격기준

- 의사 또는 약사
- 학사 이상의 학위를 취득한 사람으로서 이공계 학과, 향장학, 화장품과학, 한의학, 한약학과 등을 전공한 사람
- 대학 등에서 학사 이상의 학위를 취득한 사람으로서 간호학과, 간호과학과, 건강간호학과를 전공하고 화학·생물학·생명과학·유전학·유전공학·향장학·화장품과학·의학·약학 등 관련 과목을 20학점 이상 이수한 사람
- 전문대학 졸업자로서 화학·생물학·화학공학·생물공학·미생물학·생화학·생명과학·생명공학·유전공학·향장학·화장품과학·한의학과, 한약학과 등 화장품 관련 분야를 전공한 후 화장품 제조 또는 품질관리업무에 1년 이상 종사한 경력이 있는 사람
- 전문대학을 졸업한 사람으로서 간호학과·간호과학과, 건강간호학과를 전공하고 화학·생물학·생명과학·유전학·유전공학·향장학·화장품과학·의학·약학 등 관련 과목을 20학점 이상 이수한 후 화장품 제조나 품질관리 업무에 1년 이상 종사한 경력이 있는 사람
- 식품의약품안전처장이 정하여 고시하는 전문 교육과정을 이수한 사람(식품의약품안전처장이 정하여 고시하는 품목만 해당한다.) : 화장비누, 흑채, 제모왁스
- 화장품 제조 또는 품질관리 업무에 2년 이상 종사한 경력이 있는 사람

06 정답 ⑤ 난이도 ★★★★★

200만원 이하의 벌금

- 화장품제조업자는 화장품의 제조와 관련된 기록·시설·기구 등 관리 방법, 원료·자재·완제품 등에 대한 시험·검사·검정 실시 방법 및 의무 등에 관하여 총리령으로 정하는 사항을 준수하지 않은 자
- 화장품책임판매업자는 화장품의 품질관리기준, 책임판매 후 안전관리기준, 품질 검사 방법 및 실시 의무, 안전성·유효성 관련 정보사항 등의 보고 및 안전대책 마련 의무 등에 관하여 총리령으로 정하는 사항을 준수하지 않은 자
- 맞춤형화장품판매업자제3조의2제1항에 따라 맞춤형화장품판매업을 신고한 자를 말한다. 이하 같다는 소비자에게 유통·판매되는 화장품을 임의로 혼합·소분한 자
- 맞춤형화장품판매업자는 맞춤형화장품 판매장 시설·기구의 관리 방법, 혼합·소분 안전관리기준의 준수 의무, 혼합·소분되는 내용물 및 원료에 대한 설명 의무, 안전성 관련 사항 보고 의무 등에 관하여 총리령으로 정하는 사항을 준수하지 않은 자

- 영업자는 제9조, 제15조 또는 제16조제1항에 위반되어 국민보건에 위해(危害)를 끼치거나 끼칠 우려가 있는 화장품이 유통 중인 사실을 알게 된 경우에는 지체 없이 해당 화장품을 회수하거나 회수하는 데에 필요한 조치를 하여야 하는데 이를 위반한 자
- 제1항에 따라 해당 화장품을 회수하거나 회수하는 데에 필요한 조치를 하려는 영업자는 회수계획을 식품의약품안전처장에게 미리 보고하여야 하는데 이를 위반한 자
- 화장품의 1차 포장 또는 2차 포장에는 총리령으로 정하는 바에 따라 다음 각 호의 사항을 기재·표시하여야 하는데 이를 위반한 자(다만, 내용량이 소량인 화장품의 포장 등 총리령으로 정하는 포장에는 화장품의 명칭, 화장품책임판매업자 및 맞춤형화장품판매업자의 상호, 가격, 제조번호와 사용기한 또는 개봉 후 사용기간만을 기재·표시할 수 있다.)
- 제1항 각 호 외의 부분 본문에도 불구하고 다음 각 호의 사항은 1차 포장에 표시하여야 하는데 이를 위반한 자(다만, 소비자가 화장품의 1차 포장을 제거하고 사용하는 고형비누 등 총리령으로 정하는 화장품의 경우에는 그러하지 아니한다.)
- 제14조의3(인증의 유효기간)에 따른 인증의 유효기간이 경과한 화장품에 대하여 제14조의4제1항에 따른 인증표시를 하지 않은 자
- 제18조, 제19조, 제20조, 제22조 및 제23조에 따른 명령을 위반하거나 관계 공무원의 검사·수거 또는 처분을 거부·방해하거나 기피한 자

07 정답 ① 난이도 ★★★★★

제3조의6(자격증 대여 등의 금지)을 위반한 자, 제4조의2(영유아 또는 어린이 사용 화장품의 관리)제1항을 위반한 자, 제9조(안전용기·포장 등)를 위반한 자, 제13조(부당한 표시·광고 행위 등의 금지)를 위반한 자, 제16조(판매 등의 금지)제1항제2호·제3호 또는 같은 조 제2항을 위반한 자, 제14조(표시·광고 내용의 실증 등)제4항에 따른 중지명령에 따르지 아니한 자는 ①년 이하의 징역 또는 ①천만원 이하의 벌금에 처한다.

08 정답 모든 난이도 ★★★

과징금의 산정은 판매업무 또는 제조업무의 정지처분을 갈음하여 과징금처분을 하는 경우에는 처분일 속한 연도의 전년도 모든 품목의 1년간 총생산금액 및 총수입금액을 기준으로 한다.(전품목)

09 정답 Ⓐ 등록, Ⓑ 신고 난이도 ★★★★

화장품 제조업자, 화장품 책임판매업자는 소재지를 관할하는 지방 식품의약품안전청장에게 등록하고, 맞춤형화장품 판매업자도 맞춤형화장품 판매업소의 소재지를 관할하는 지방식품의약품안전청장에게 신고한다.

10 정답 사용기한 난이도 ★★★

개봉 후 안정성 시험은 화장품 사용 시에 일어날 수 있는 오염 등을 고려한 사용기한을 설정하기 위하여 장기간에 걸쳐 물리·화학적, 미생물학적 안정성 및 용기 적합성을 확인하는 시험을 말한다.

11 정답 ① 난이도 ★★★

비이온계면활성제는 피부자극이 적고, 기초화장품, 색조화장품류 등에 사용되며, 기초화장품류에서 가용화제, 유화제로 사용된다.

12 정답 ③ 난이도 ★★★★★

알코올은 R-OH 화학식을 가지는 물질로 하이드록시기(-OH)의 숫자에 따라 1가, 2가, 다가알코올로 분류되며, 알킬기의 탄소 수가 1~3개인 알코올은 수용성이며, 탄소수가 증가할수록 수용성이 감소하고 유용성이 증가하게 된다. 탄소수가 적은 알코올을 저급알코올이라고 하고, 탄소수가 많은 것을 고급알코올이라고 한다.

13 정답 ⑤ 난이도 ★★★

식물성 오일의 원료와 특징

원료	특징
아르간 오일, 마카다미아넛 오일, 팜 오일, 올리브 오일, 해바라기씨 오일, 호호바 오일, 맥아오일, 캐스터 오일(피마자유), 아보카도 오일, 월견초 오일(달맞이꽃 종자유), 로즈힐 오일 등	• 피부에 대한 친화성이 우수함 • 피부흡수가 느림 • 산패되기 쉬움 • 특이취가 있음 • 사용감이 무거움

14 정답 ① 난이도 ★★★★

에스테르 오일은 지방산과 고급알코올의 중화반응인 에스테르 반응에 의해서 만들어진 물질로 에스테르 결합을 가진 액상의 화장품 원료를 에스테르 오일이라 한다. 분자량이 크지 않아 사용감이 가볍고 유화도 잘되어 화장품에서 오일로 널리 사용된다.

15 정답 ④ 난이도 ★★★★

산화방지제란 분자 내에 하이드록시기를 가지고 있어서 이 하이드록시기의 수소를 다른 물질에 주어 다른 물질을 환원시켜 산화를 막는 물질로서, 널리 사용되는 산화방지제로는 BHT, BHA, 토코페롤, 토코페릴아세테이트, 프로필갈레이트, TBHQ, 하이드록시데실유비퀴논, 이데베논, 유비퀴논, 에르고티오네인 등이 있다.

16 정답 ② 난이도 ★★★

착색안료

무기계	산화철, 울트라마린 블루, 크롬옥사이드 그린, 망가네즈바이올렛
유기계	• 합성 : 레이크 • 천연 : 베타카로틴, 카민, 카라멜, 커큐민

17 정답 ③ 난이도 ★★★★

천연향료 중 앱솔루트는 실온에서 콘크리트, 포마드 또는 레지노이드를 에탄올로 추출해서 얻은 향기를 지닌 생성물로 로즈 앱솔루트, 바닐라 앱솔루트 등이 대표적이다.

18 정답 ③ 난이도 ★★★★★

화장품 활성성분 중 글리시리진산은 감초에서 추출한 물질로 염증완화, 항알레르기 작용을 한다.

19 정답 ⑤ 난이도 ★★★

화장품 원료명칭은 대한화장품협회 성분사전에서 확인할 수 있다. 신규 화장품 원료에 대한 전성분명(원료명칭)은 대한화장품협회 성분명표준화위원회에서 심의를 통해 정하고 있다.

20 정답 ① 난이도 ★★★★

세정화장품의 종류와 기능

- 클렌징 크림 : 유분량이 매우 많은 크림으로 피지와 메이크업을 피부로부터 제거한다.
- 클렌징 로션 : 피부에 부담이 적고 퍼짐성이 좋아 옅은 메이크업을 제거한다.
- 클렌징 워터 : 세정용 화장수로 옅은 메이크업을 지우거나 화장 전에 피부를 닦아 낼 때 사용한다.
- 클렌징 오일 : 포인트메이크업의 제거용으로 오일성분은 미네랄오일, 에스테르 오일 등이다.
- 샴푸 : 모발에 부착된 오염물질과 두피의 각질을 제거한다.
- 컨디셔너, 린스 : 모발의 표면을 매끄럽게 하고, 빗질을 쉽게 하고 정전기를 방지하며, 모발의 표면을 보호하고 광택을 부여한다.
- 바디워시, 손 세척제 : 피부에 부착된 오염물질을 제거한다.
- 클렌징 티슈 : 포인트메이크업을 제거한다.
- 폼 클렌징 : 비누화반응에 의해 제조되며, 강력한 세정력, 피부보습 제공, 저자극으로 건조함과 피부가 땅기는 것을 방지한다.
- 페이셜 스크럽제 : 미세한 알갱이가 모공 속에 있는 노폐물과 피부의 오래된 각질을 제거한다.

21 정답 ① 난이도 ★★★

원료 및 포장재 보관 시 주기적(정기적)인 재고조사를 시행하여야 한다.

22 정답 ① 난이도 ★★★★

'나'등급 위해성 화장품

- 법제9조(안전용기·포장 등)에 위반되는 화장품
- 유통화장품 안전관리기준에 적합하지 않은 화장품(단, 내용량의 기준에 관한 부분은 제외, 기능성 화장품의 기능성을 나타나게 하는 주원료 함량이 기준치에 부적합한 경우는 제외)

23 정답 ③ 난이도 ★★★

위해 화장품의 공표사항으로는 화장품을 회수한다는 내용의 표제, 제품명, 회수대상화장품의 제조번호, 사용기한 또는 개봉 후 사용기간, 회수사유, 회수방법, 회수하는 영업자의 명칭, 회수하는 영업자의 전화번호·주소·그 밖에 회수에 필요한 사항, 그 밖의 위해 화장품 회수 관련 협조요청사항 등이다.

24 정답 ① 난이도 ★★★

원본문서는 품질보증부서에서 보관하여야 하며, 사본은 작업자가 접근하기 쉬운 장소에 비치·사용하여야 한다.

25 정답 ② 난이도 ★★★

위험성 결정이 어려울 경우 위험성확인과 노출평가만으로 위해도를 예측할 수 있다.

26 정답 ② 난이도 ★★

세척된 제조시설에 손을 접촉하는 것은 권장되지 않는 방법이다.

27 정답 ⑤ 난이도 ★★★★

피부의 주름개선에 도움을 주는 제품의 성분은 레티놀, 레티닐팔미테이트, 아데노신, 폴리에톡실레이티드레틴아마이드 등이다.

28 정답 ① 난이도 ★★★★

베이스메이크업에 해당되는 제품은 파운데이션, 쿠션, 프라이머, 파우더류, 컨실러, 메이크업베이스 등이 있고, 마스카라, 아이라이너, 치크브러쉬(볼터치), 아이섀도, 립스틱, 립틴트 등은 포인트메이크업 제품에 해당한다.

29 정답 ③ 난이도 ★★★★

위해평가의 대상

- 국제기구 또는 외국정부가 인체의 건강을 해칠 우려가 있다고 인정하여 판매하거나 판매할 목적으로 제조·수입·사용 또는 진열을 금지하거나 제한한 화장품
- 국내외의 연구·검사기관에서 인체의 건강을 해칠 우려가 있는 원료 또는 성분 등이 검출된 화장품
- 새로운 원료·성분 또는 기술을 사용하여 생산·제조·조합되거나 안전성에 대한 기준 및 규격이 정하여지지 아니하여 인체의 건강을 해칠 우려가 있는 화장품

30 정답 ⑤ 난이도 ★★★

화장품제조시설의 기준은 제품이 보호되도록 할 것, 청소가 용이하도록 하고 필요한 경우 위생관리 및 유지관리가 가능하도록 할 것, 제품·원료 및 포장재 등과의 혼동이 없도록 할 것이다.

31 정답 광물성 오일 난이도 ★★★★

광물성 오일은 부분 원유에서 추출한 고급 탄화수소로 무색투명하고, 냄새가 없으며 산패나 변질의 문제가 없으며, 이에는 유동파라핀, 바셀린 등이 있다.

32 정답 무기안료 난이도 ★★★★

무기안료는 광물성 안료라고 하며, 색상의 화려함이나 선명도는 유기안료에 비해 떨어지지만 빛이나 열에 강하고 유기용매에 녹지 않으므로 화장품용 색소로 널리 이용되며, 마스카라의 색소에 이용된다.

33 정답 향료 난이도 ★★★★

착향제는 '향료'로 표시할 수 있으나, 착향제 구성성분 중 식품의약품안전처장이 고시한 알레르기 유발성분이 있는 경우에는 (향료)로만 표시할 수 없고 추가로 해당 성분의 명칭을 기재한다.

34 정답 염모제 난이도 ★★★★★

사용상의 제한이 필요한 원료에는 보존제, 자외선차단제, (염모제), 기타원료가 있으며, 화장품 안전기준 등에 관한 규정 별표2에서 규정하고 있다.

35 정답 체질 난이도 ★★★

색조화장품에 사용되는 안료는 파우더의 사용감과 제형을 구성하는 기능의 (체질)안료와 색을 표현하는 백색안료, 착색안료, 펄안료로 구분할 수 있다.

36 정답 ③ 난이도 ★★

파이프는 받침대 등으로 고정하고 벽에 닿지 않게 하여 청소가 용이하도록 설계하여야 한다.

37 정답 ④ 난이도 ★★

소독제 선택시 고려해야 할 사항으로는 내성균의 출현 빈도이다.

38 정답 ⑤ 난이도 ★★★

안전위생의 교육훈련을 받지 않은 사람들이 제조, 관리, 보관구역으로 출입하는 경우에는 안전위생 교육훈련 자료에 따라 출입 전

에 교육훈련을 실시한다. 교육훈련의 내용에는 직원용 안전대책, 작업위생 규칙, 작업복 등의 착용, 손 씻는 절차 등이 포함된다.

39 정답 ① 난이도 ★★★

설비세척에 있어서 세제를 사용하는 경우 다음의 위험성이 우려된다.

- 세제는 설비 내벽에 남기 쉽다.
- 잔존한 세척제는 제품에 악영향을 미친다.
- 세제가 잔존하고 있지 않은 것을 설명하기에는 고도의 화학분석이 필요하다.

40 정답 ② 난이도 ★★★

V-형 혼합기는 드럼의 회전에 의해 드럼 내부의 혼합물은 1/2, 1/4, 1/8, …, 1/n등과 같이 연속적으로 세분화하여 혼합이 이루어지며, 가장 균질한 혼합이 이루어진다. 드럼 내부에 교반봉이나 노즐을 부착한 혼합기도 있다.

41 정답 ① 난이도 ★★★

교반기의 구분

설치위치에 따라	아지믹서, 측면형 교반기, 저면형 교반기
회전날개의 종류에 따라	프로펠러형과 임펠러형이 있으며, 프로펠러형 믹서는 디스퍼라고도 한다.

42 정답 ② 난이도 ★★★

원료 및 포장재의 확인시 포함되어야 할 정보

- 인도문서와 포장에 표시된 품목·제품명
- 만약 공급자가 명명한 제품명과 다르다면, 제조절차에 따른 품목·제품명 또는 해당 코드번호
- CAS번호(적용 가능한 경우)
- 적절한 경우 수령일자와 수령확인번호
- 공급자명
- 공급자가 부여한 뱃치 정보, 만약 다르다면 수령 시 주어진 뱃치정보
- 기록된 양

43 정답 ③ 난이도 ★★★

제품시험을 책임지고 실시하기 위해서도 검체 채취를 품질관리부서 검체채취 담당자가 실시한다.

44 정답 ④ 난이도 ★★★

비의도적으로 유래된 물질의 검출허용한도 기준은 포름알데하이드의 경우 2,000μg/g 이하이다. 다만, 물휴지는 20μg/g 이하이다.

45 정답 ⑤ 난이도 ★★★

화장품 안전기준 등에 관한 규정상 미생물한도 기준상 대장균, 녹농균, 황색포도상구균은 검출되어서는 안된다.

46 정답 ④ 난이도 ★★★★

'가'의 경우 품질에 문제가 있거나 회수·반품된 제품의 폐기 또는 재작업 여부는 품질보증책임자에 의해 승인되어야 한다.
'나'와 '라'의 경우 재작업은 그 대상이 변질·변패 또는 병원미생물에 오염되지 아니하고, 제조일로부터 1년이 경과하지 않았거나 사용기한이 1년 이상 남아 있는 경우의 경우 모두를 만족한 경우에 할 수 있다.
'다'의 경우 오염된 포장재나 표시사항이 변경된 포장재는 폐기한다.

47 정답 ④ 난이도 ★★★

승홍수는 화장실·쓰레기통, 도자기류 등을 소독하며, 폼알데하이드는 금속소독시 사용한다.

48 정답 ① 난이도 ★★★

원자재, 시험 중인 제품 및 부적합품은 각각 구획된 장소에서 보관하여야 한다.

49 정답 ② 난이도 ★★★

혼합과 교반장치의 구성재질

- 젖은 부분 및 탱크와의 공존이 가능한지를 확인한다.
- 믹서는 봉인과 개스킷에 의해서 제품과의 접촉으로부터 분리되어 있는 내부패킹과 윤활제를 사용한다.

- 온도, pH 및 압력과 같은 작동조건의 영향에 대해서도 확인한다.
- 정기적으로 계획된 유지관리와 점검은 봉함, 개스킷 및 패킹이 유지되는지 확인한다.
- 윤활제가 새서 제품을 오염시키지 않는지를 확인한다.

50 정답 ⑤ 난이도 ★★★
손 소독은 에탄올 70% 수용액 또는 손 세정제로 소독을 실시한다.

51 정답 ① 난이도 ★★★
알코올은 세척이 불필요하며 사용이 쉽고 빠른 건조 및 단독사용이 가능하다.

52 정답 ② 난이도 ★★★
'기준일탈'이 된 완제품 또는 벌크제품은 재작업을 할 수 있다.

53 정답 ① 난이도 ★★★
출고는 원칙적으로 선입선출방식이지만, 나중에 입고된 물품이 사용기한이 짧은 경우 먼저 입고된 물품보다 먼저 출고할 수 있다. 또한 선입선출을 하지 못하는 특별한 사유가 있을 경우, 적절하게 문서화된 절차에 따라 나중에 입고된 물품을 먼저 출고할 수 있다.

54 정답 ② 난이도 ★★
원료와 포장재의 관리에 필요한 사항
- 중요도 분류
- 공급자 결정
- 발주, 입고, 식별표시, 합격·불합격 판정, 보관, 불출
- 보관환경 설정
- 사용기한 설정
- 정기적 재고관리
- 재평가 및 재보관

55 정답 ⑤ 난이도 ★★★
건강상 문제가 있는 작업자로 화장품과 직접 접촉하는 작업을 할 수 없는 자
- 전염성 질환의 발생 또는 그 위험이 있는 자
- 콧물 등 분비물이 심하거나 화농성 외상 등에 의하여 화장품을 오염시킬 가능성이 있는 자
- 과도한 음주로 인한 숙취, 피로 또는 정신적 고민 등으로 작업 중 과오를 일으킬 가능성이 있는 자

56 정답 ④ 난이도 ★★★
제조시설이나 설비의 세척에 사용되는 세제 또는 소독제는 효능이 입증된 것을 사용하고, 잔류하거나 적용하는 표면에 이상을 초래하지 않아야 한다.

57 정답 ⑤ 난이도 ★★★
직원의 위생관리 기준 및 절차에는 직원의 작업 시 복장, 직원 건강상태 확인, 직원에 의한 제품의 오염방지에 관한 사항, 직원의 손 씻는 방법, 직원의 작업 중 주의사항, 방문객 및 교육훈련을 받지 않는 직원의 위생관리 등이 포함되어야 한다.

58 정답 ② 난이도 ★★★
피부에 외상이 있거나 질병에 걸린 직원은 건강이 양호해지거나 화장품의 품질에 영향을 주지 않는다는 의사의 소견이 있기 전까지는 화장품과 직접적으로 접촉되지 않도록 격리되어야 한다.

59 정답 ② 난이도 ★★★
벌크제품은 품질이 변하지 아니하도록 적당한 용기에 넣어 지정된 장소에 보관하여야 하며, 용기에 명칭 또는 확인코드, 제조번호, 완료된 공정명, 필요한 경우에는 보관조건 등을 표시하여야 한다.

60 정답 ⑤ 난이도 ★★★★★
일반화장품에 대한 유통화장품 안전관리 시험방법
- 납 : 디티존법, 원자흡광광도법(AAS), 유도결합플라즈마분광기를 이용하는 방법(ICP), 유도결합플라즈마-질량분석기를 이용한 방법(ICP-MS)

- 니켈 : 원자흡광광도법(AAS), 유도결합플라즈마분광기를 이용하는 방법(ICP), 유도결합플라즈마-질량분석기를 이용한 방법(ICP-MS)
- 비소 : 비색법, 원자흡광광도법(AAS), 유도결합플라즈마분광기를 이용하는 방법(ICP), 유도결합플라즈마-질량분석기를 이용한 방법(ICP-MS)
- 수은 : 수은분해장치를 이용한 방법, 수은분석기를 이용한 방법
- 안티몬 : 원자흡광광도법(AAS), 유도결합플라즈마분광기를 이용하는 방법(ICP), 유도결합플라즈마-질량분석기를 이용한 방법(ICP-MS)
- 카드뮴 : 원자흡광광도법(AAS), 유도결합플라즈마분광기를 이용하는 방법(ICP), 유도결합플라즈마-질량분석기를 이용한 방법(ICP-MS)
- 디옥산 : 기체크로마토그래프법의 절대검량선법
- 메탄올 : 푹신아황산법, 기체크로마토그래프법, 기체크로마토그래프-질량분석기법
- 포름알데하이드 : 액체크로마토그래프법의 절대검량선법
- 프탈레이트류 : 기체크로마토그래프-수소염이온화검출기를 이용한 방법, 기체크로마토그래프-질량분석기를 이용한 방법

61 정답 ① 난이도 ★★★

맞춤형화장품 판매업자가 둘 이상의 책임판매업자와 계약을 하는 경우 사전에 각각의 책임판매업자에게 고지한 후 계약을 체결하여야 하며, 맞춤형화장품 혼합·소분 시 책임판매업자와 계약한 사항을 준수하여야 한다.

62 정답 ④ 난이도 ★★★★

피부의 pH는 4~6이며, 수용성 산인 젖산, 피롤리돈산, 요소가 원인으로 추측되고 있다. 피부 속으로 들어갈수록 pH는 7.0까지 증가한다.

63 정답 ③ 난이도 ★★★

피부의 기능 중 비타민D 합성은 자외선을 통해 피지성분인 스쿠알렌을 통해 합성된다.

64 정답 ② 난이도 ★★★★

유해사례란 화장품의 사용 중 발생한 바람직하지 않고 의도되지 않은 징후, 증상 또는 질병을 말하며, 해당 화장품과 반드시 인과관계를 가져야 하는 것은 아니다.

65 정답 ② 난이도 ★★★

투명층에는 엘라이딘이라는 반유동성 물질을 함유하고 있어 투명하게 보인다.

66 정답 ⑤ 난이도 ★★★

기저층은 진피의 유두층으로부터 영양을 공급받고, 표피의 가장 아래층에 위치하며 단층의 원주형 세포로 구성된다.

67 정답 ① 난이도 ★★★★

진피 망상층에는 혈관, 림프관, 한선, 피지선, 모낭, 모구 등이 존재하며, 모세혈관은 진피 유두층에 존재한다.

68 정답 ③ 난이도 ★★★

큰 피지선이 분포하는 곳은 얼굴의 T-zone 부위, 목, 등, 가슴 등이다.

69 정답 ⑤ 난이도 ★★★

여드름을 유발하는 화장품 원료는 폐색막을 형성하여 피부의 호흡과 분비기능을 방해하는 미네랄 오일(유동 파라핀), 페트롤라툼(바세린), 라놀린, 올레익애씨드, 라우릴알코올, 코코아 버터 등이 있다.

70 정답 ④ 난이도 ★★★★

케라틴을 구성하는 아미노산인 시스틴에 있는 디설파이드결합에 의해 모발형태와 웨이브가 결정된다. 환원제를 사용하여 결합을 절단한 후에 산화제를 이용하여 디설파이드결합을 재구성하여 모발의 모양이나 웨이브 정도를 결정하게 된다.

71 정답 ② 난이도 ★★★★

비듬 원인균은 말라세시아라는 진균이다.

| 72 | 정답 ③ | 난이도 ★★★ |

지성피부는 피지의 과다한 분비로 인해 얼굴이 번들거리고 여드름이나 뾰루지가 생기기 쉽다.

| 73 | 정답 ⑤ | 난이도 ★★★ |

사용 후 씻어내는 제품에는 0.01% 초과 시 표기하고, 사용 후 씻어내지 않은 제품에는 0.001% 초과 시 표기한다.

| 74 | 정답 ① | 난이도 ★★★★★ |

다음 각 호에 해당하는 1차 포장 또는 2차 포장에는 화장품의 명칭, 화장품 책임판매업자의 상호, 가격, 제조번호와 사용기한 또는 개봉 후 사용기간(개봉 후 사용기간을 기재할 경우에는 제조연월일을 병행 표기하여야 함)만을 기재·표시할 수 있다.

- 내용량이 10ml 이하 또는 10g 이하인 화장품의 포장
- 판매의 목적이 아닌 제품의 선택 등을 위하여 미리 소비자가 시험·사용하도록 제조 또는 수입된 화장품의 포장(가격 대신에 견본품이나 비매품으로 표시함)

| 75 | 정답 ④ | 난이도 ★★★★ |

표시·광고표현과 실증자료

- **여드름성 피부에 사용에 적합** : 인체 적용시험 자료 제출
- **항균(인체세정용 제품에 한함)** : 인체 적용시험 자료 제출
- **피부노화 완화** : 인체 적용시험 자료 또는 인체 외 시험 자료 제출
- **일시적 셀룰라이트 감소** : 인체 적용시험 자료 제출
- **부기, 다크서클 완화** : 인체 적용시험 자료 제출
- **피부 혈행 개선** : 인체 적용시험 자료 제출
- **콜라겐 증가, 감소 또는 활성화** : 기능성 화장품에서 해당 기능을 실증한 자료 제출
- **효소 증가, 감소 또는 활성화** : 기능성 화장품에서 해당 기능을 실증한 자료 제출

| 76 | 정답 ② | 난이도 ★★★★ |

파우더혼합제형은 안료, 펄, 바인더, 향을 혼합한 제형으로 페이스파우더, 팩트, 투웨이케익, 치크브러쉬, 아이섀도우 등이 있다.

| 77 | 정답 ① | 난이도 ★★★★★ |

세척한 시설·기구는 잘 건조하여 다음 사용 시까지 오염을 방지하여야 한다.

| 78 | 정답 ③ | 난이도 ★★★★★ |

칼리 납유리는 산화규소, 산화납, 산화칼륨이 주성분으로 산화납이 다량함유하고 투명도가 높으며 빛의 굴절률이 매우 크다. 크리스탈 유리라고도 하며 고급 향수병 등에 사용된다.

| 79 | 정답 ⑤ | 난이도 ★★★ |

휘발성 실리콘은 화장이 뭉치지 않아 대부분의 파운데이션, 쿠션, 비비크림, 선크림이 W/Si에멀젼에 안료를 분산시킨 유화분산제형이다.

| 80 | 정답 ① | 난이도 ★★★ |

'다'와 '라'는 1차 포장 또는 2차 포장에 화장품의 명칭, 화장품 책임판매업자의 상호, 가격, 제조번호와 사용기한 또는 개봉 후 사용기간 만을 기재·표시할 수 있다. 반면에 '가'와 '나'는 화장품의 제조에 사용된 성분의 기재·표시를 생략하려는 경우에 '가'와 '나'에 해당하는 방법으로 생략된 성분을 확인할 수 있도록 한다.

| 81 | 정답 ② | 난이도 ★★★★ |

염모제

1제	• 기능 : 염모제 • 성분 : 염모성분, 알칼리제(암모늄하이드록사이드, 에탄올아민, 디에탄올아민, 컨디셔닝 성분 등)
2제	• 기능 : 산화제 • 성분 : 과산화수소 등

| 82 | 정답 ② | 난이도 ★★★ |

유성원료는 피부의 수분 손실을 조절하며, 피부흡수력을 좋게 하는데, 대표적인 성분은 오일류, 왁스류, 고급지방산류, 고급알코올류, 탄화수소류, 에스터류, 실리콘류 등이 있다.

83 정답 ③ 난이도 ★★★

중대한 유해사례

- 사망을 초래하거나 생명을 위협하는 경우
- 입원 또는 입원기간의 연장이 필요한 경우
- 지속적 또는 중대한 불구나 기능저하를 초래하는 경우
- 선천적 기형 또는 이상을 초래하는 경우
- 기타 의학적으로 중요한 사항

84 정답 ④ 난이도 ★★★

관능검사 중 기호형은 좋고 싫음을 주관적으로 판단하는 것이다.

85 정답 ① 난이도 ★★★★

점도 단위는 센티스톡스(cSt)이다. 반면에 브룩필드형 점도계의 점도단위는 센티푸아즈(cP)이다.

86 정답 ⑤ 난이도 ★★★

효력시험자료는 안전성의 입증자료가 아니라 유효성 자료이다.

87 정답 ② 난이도 ★★★★

폴리에틸렌테레프탈레이트(PET)는 딱딱하고 유리에 가까운 투명성을 가지며, 광택성, 내약품성이 우수하며, PVC보다 고급스런 이미지의 화장수, 유액, 샴푸, 린스 병으로 이용된다.

88 정답 ③ 난이도 ★★★

소분된 제품을 담을 용기의 오염여부를 사전에 확인한 후 항상 **소독**하여 사용한다.

89 정답 장기보존시험 난이도 ★★★

장기보존시험이란 화장품의 저장조건에서 사용기한을 설정하기 위하여 장기간에 걸쳐 물리·화학적, 미생물학적 안정성 및 용기 적합성을 확인하는 시험을 말한다.

90 정답 소한선 난이도 ★★★

소한선은 피부에 직접 연결되어 있으며 약산성의 무색·무취이며 체온조절 및 발한에 관련되어 있으며 에크린선이라고도 한다.

91 정답 기모근 난이도 ★★★

기모근이란 자율신경계에 영향을 받으며 외부의 자극에 의해 수축되는 것으로, 속눈썹, 눈썹, 겨드랑이를 제외한 대부분의 모발에 존재한다.

92 정답 식별번호 난이도 ★★★★

식별번호란 맞춤형화장품의 혼합 또는 소분에 사용되는 내용물 및 원료의 제조번호와 혼합·소분 기록을 포함하여 맞춤형화장품판매업자가 부여한 번호를 말한다.

93 정답 25 난이도 ★★★★

착향제란 향을 내는 성분으로 무향료, 무향제품이 있으며, 착향제 구성성분 중 식품의약품안전처장이 고시한 알레르기 유발성분 (**25**)종이 있는 경우에는 향료로만 표시할 수 없고, 추가로 해당 성분의 명칭을 기재한다. 이처럼 향료로만 표시할 수 없고 해당 성분의 명칭을 기재하여야 하는 기준은 '사용 후 씻어내는 제품에서는 0.01% 초과, 사용 후 씻어내지 않는 제품에서는 0.001% 초과하는 경우'이다.

94 정답 에어로졸제 난이도 ★★★

화장품의 제형 중 에어로졸제란 원액을 같은 용기 또는 다른 용기에 충전한 분사제의 압력을 이용하여 안개모양, 포말상 등으로 분출하도록 만든 제형이다.

95 정답 원료 난이도 ★★★

맞춤형화장품은 제조 또는 수입된 화장품의 내용물에 다른 화장품의 내용물이나 식품의약품안전처장이 정하는 (**원료**)를 추가하여 혼합한 화장품이다.

96 정답 유효성 난이도 ★★★★

유효성평가는 사람에게 적용 시 효능효과 등 기능을 입증할 수 있

는 자료로서, 관련 분야 전문의사, 연구소 또는 병원 기타 관련기관에서 5년 이상 해당 시험경력을 가진 자의 지도 및 감독 하에 수행 평가된 자료이다.

97 정답 중량   난이도 ★★★★

가. 천연화장품은 (중량)기준으로 천연함량이 전체 제품에서 95% 이상으로 구성되어야 한다.
나. 유기농화장품은 (중량)기준으로 유기농함량이 전체제품에서 10% 이상이어야 하며, 유기농함량을 포함한 천연함량이 전체 제품에서 95% 이상으로 구성되어야 한다.

98 정답 50   난이도 ★★★

침수 후의 자외선차단지수가 침수 전의 자외선차단지수의 최소 (50)% 이상을 유지하면 내수성자외선차단지수를 표시할 수 있다.

99 정답 용기적합성   난이도 ★★★

용기적합성 시험은 제품과 용기 사이의 상호작용(용기의 제품흡수, 부식, 화학적 반응 등)에 대한 적합성을 평가하는 시험이다.

100 정답 낮고   난이도 ★★★★

보습제의 조건

- 적절한 보습력이 있을 것
- 환경 변화에 흡습력이 영향을 받지 않을 것
- 피부친화성이 높은 것
- 응고점이 (낮고), 휘발성이 없을 것
- 다른 성분과 잘 섞일 것

제9회 모의고사

- 01~10 화장품법의 이해
- 11~35 화장품 제조 및 품질관리
- 36~60 유통화장품의 안전관리
- 61~100 맞춤형화장품의 이해

제9회 모의고사 202p

선다형

번호	답	번호	답	번호	답	번호	답	번호	답
01	①	02	③	03	①	04	②	05	④
06	①	07	①	08		09		10	
11	④	12	①	13	④	14	①	15	②
16	③	17	④	18	①	19	⑤	20	③
21	①	22	②	23	②	24	⑤	25	⑤
26	②	27	⑤	28	②	29	④	30	⑤
31		32		33		34		35	
36	④	37	⑤	38	②	39	⑤	40	②
41	①	42	②	43	③	44	①	45	③
46	④	47	④	48	⑤	49	⑤	50	③
51	③	52	③	53	③	54	⑤	55	①
56	③	57	④	58	②	59	③	60	④
61	②	62	②	63	④	64	④	65	③
66	⑤	67	①	68	②	69	④	70	③
71	①	72	②	73	②	74	⑤	75	④
76	①	77	③	78	⑤	79	①	80	①
81	②	82	②	83	⑤	84	①	85	④
86	③	87	④	88	④	89		90	

단답형

08	2분의1
09	1
10	수렴효과
31	실리콘오일
32	백색안료
33	0.001%
34	책임판매업자
35	산화방지제
89	가속시험
90	통각
91	견진법
92	수성원료
93	염료
94	침적마스크제
95	총리령
96	최소홍반량(MED)
97	LC50
98	15
99	15
100	자외선차단제

01 정답 ① 난이도 ★★★

인체세정용 제품류는 물휴지가 해당된다. 다만, 식품접객업의 영업소에서 손을 닦는 용도 등으로 사용할 수 있도록 포장된 물티슈와 시체를 닦는 용도로 사용되는 물휴지는 제외한다.

02 정답 ③ 난이도 ★★★

화장품 책임판매업 등록신청시의 구비서류

- 화장품 책임판매업 등록신청서
- 품질관리기준서
- 제조판매 후 안전관리 기준서
- 책임판매관리자 자격확인서류
- 품질검사 위·수탁계약서
- 제조 위·수탁계약서
- 상호명 증빙서류(사업자등록증)
- 소재지(대표자) 증빙서류(법인등기부등본 등)

03 정답 ① 난이도 ★★★★★

화장품법 시행규칙 별표3 제1호 가목에 따른 영·유아용 제품류 또는 어린이용 제품류(만13세 이하의 어린이를 대상으로 생산된 제품)은 화장품의 안전성 자료를 작성 및 보관하여야 한다.

04 정답 ② 난이도 ★★★★★

보습효과는 화장품을 바르기 전 후의 피부의 전기전도도를 측정하거나 피부로부터 증발하는 수분량인 경피수분손실량(TEWL)을 측정하여 평가한다. 반면에 수렴효과는 혈액의 단백질이 응고되는 정도를 관찰하여 평가한다.

05 정답 ④ 난이도 ★★★★

화장품 책임판매업자는 총리령으로 정하는 바에 따라 화장품의 생산실적 또는 수입실적, 화장품의 제조과정에 사용된 원료목록 등을 식품의약품안전처장에게 보고하여야 한다. 이 경우 원료의 목록에 관한 보고는 화장품의 유통·판매 전에 하여야 한다.

06 정답 ① 난이도 ★★★★★

200만원 이하의 벌금

- 화장품제조업자는 화장품의 제조와 관련된 기록·시설·기구 등 관리 방법, 원료·자재·완제품 등에 대한 시험·검사·검정 실시 방법 및 의무 등에 관하여 총리령으로 정하는 사항을 준수하지 않은 자
- 화장품책임판매업자는 화장품의 품질관리기준, 책임판매 후 안전관리기준, 품질 검사 방법 및 실시 의무, 안전성·유효성 관련 정보사항 등의 보고 및 안전대책 마련 의무 등에 관하여 총리령으로 정하는 사항을 준수하지 않은 자
- 맞춤형화장품판매업자(제3조의2제1항에 따라 맞춤형화장품 판매업을 신고한 자를 말한다. 이하 같다)는 소비자에게 유통·판매되는 화장품을 임의로 혼합·소분한 자
- 맞춤형화장품판매업자는 맞춤형화장품 판매장 시설·기구의 관리 방법, 혼합·소분 안전관리기준의 준수 의무, 혼합·소분되는 내용물 및 원료에 대한 설명 의무, 안전성 관련 사항 보고 의무 등에 관하여 총리령으로 정하는 사항을 준수하지 않은 자
- 영업자는 제9조, 제15조 또는 제16조제1항에 위반되어 국민보건에 위해(危害)를 끼치거나 끼칠 우려가 있는 화장품이 유통 중인 사실을 알게 된 경우에는 지체 없이 해당 화장품을 회수하거나 회수하는 데에 필요한 조치를 하여야 하는데 이를 위반한 자
- 제1항에 따라 해당 화장품을 회수하거나 회수하는 데에 필요한 조치를 하려는 영업자는 회수계획을 식품의약품안전처장에게 미리 보고하여야 하는데 이를 위반한 자
- 화장품의 1차 포장 또는 2차 포장에는 총리령으로 정하는 바에 따라 다음 각 호의 사항을 기재·표시하여야 하는데 이를 위반한 자(다만, 내용량이 소량인 화장품의 포장 등 총리령으로 정하는 포장에는 화장품의 명칭, 화장품책임판매업자 및 맞춤형화장품판매업자의 상호, 가격, 제조번호와 사용기한 또는 개봉 후 사용기간만을 기재·표시할 수 있다.)
- 제1항 각 호 외의 부분 본문에도 불구하고 다음 각 호의 사항은 1차 포장에 표시하여야 하는데 이를 위반한 자(다만, 소비자가 화장품의 1차 포장을 제거하고 사용하는 고형비누 등 총리령으로 정하는 화장품의 경우에는 그러하지 아니한다.)
- 제14조의3(인증의 유효기간)에 따른 인증의 유효기간이 경과한 화장품에 대하여 제14조의4제1항에 따른 인증표시를 하지 않은 자
- 제18조, 제19조, 제20조, 제22조 및 제23조에 따른 명령을 위반하거나 관계 공무원의 검사·수거 또는 처분을 거부·방해하거나 기피한 자

07 정답 ①   난이도 ★★★★★

업무정지

> 식품의약품안전처장은 등록을 취소하거나 영업소 폐쇄를 명하거나, 품목의 제조·수입 및 판매의 금지를 명하거나 1년의 범위에서 기간을 정하여 그 업무의 전부 또는 일부에 대한 정지를 명할 수 있다.

08 정답 2분의 1   난이도 ★★★

식품의약품안전처장은 해당 위반행위의 정도, 위반횟수, 위반행위의 동기와 그 결과 등을 고려하여 과태료 금액의 2분의 1의 범위 안에서 그 금액을 늘리거나 줄일 수 있다.

09 정답 1   난이도 ★★★★

화장품제조업 등록을 할 수 없는 자

> - 정신질환자, 마약류 중독자
> - 피성년후견인 또는 파산선고를 받고 복권되지 않은 자
> - 화장품법 또는 보건범죄 단속에 관한 특별조치법을 위반하여 금고 이상의 형을 선고받고 그 집행이 끝나지 아니하거나 그 집행을 받지 아니하기로 확정되지 않은 자
> - 등록이 취소되거나 영업소가 폐쇄된 날부터 (1)년이 지나지 않은 자

10 정답 수렴효과   난이도 ★★★★

보습효과는 화장품을 바르기 전후의 피부의 전기전도도를 측정하거나 피부로부터 증발하는 수분량인 경피수분손실량을 측정하여 평가하며, 수렴효과는 혈액의 단백질이 응고되는 정도를 관찰하여 평가한다.

11 정답 ④   난이도 ★★★

양이온 계면활성제는 살균·소독작용이 있고 대전방지효과와 모발에 대한 컨디셔닝 효과가 있어 헤어컨디셔너, 린스 등에 이용된다.

12 정답 ①   난이도 ★★★★★

저급알코올은 발효법, 합성에 의해 생산되며, 저급알코올인 에틸알코올, 이소프로필알코올, 부틸알코올 등은 용제, 소독제(에탄올 70%, 이소프로필알코올 70%), 가용화제(에탄올 50%)로 사용된다.

13 정답 ④   난이도 ★★★

동물성 오일의 종류와 특징

동물성 오일의 종류	동물성 오일의 특징
밍크오일, 터틀오일, 난황오일, 에뮤오일, 스쿠알렌	• 피부에 대한 친화성이 우수하고, 피부흡수가 빠르다. • 산패되기 쉽고 특이취가 있다. • 사용감이 무겁다.

14 정답 ①   난이도 ★★★

탄화수소 중 합성에 의해 만들어지는 폴리부텐류는 끈적거리는 사용감으로 립크로스 제형에서 부착력과 광택을 주는데 사용된다.

15 정답 ②   난이도 ★★★★★

색소는 제조방법에 따라 천연색소와 합성색소로 분류하기도 한다. 천연색소에는 카민, 진주가루, 카라멜, 커큐민, 파프리카 추출물, 캡산틴/캡소루빈, 안토시아닌류, 라이코펜, 베타카로틴 등이 있으며, 합성색소에는 타르색소, 합성펄, 안료 등이 있다.

16 정답 ③   난이도 ★★★

백색안료는 백색이며, 불투명화제이고 자외선차단제 등으로 사용되는 것으로 티타늄디옥사이드, 징크옥사이드 등이 있다.

17 정답 ④   난이도 ★★★★

천연향료 중 발삼은 벤조익 및 신나믹 유도체를 함유하고 있는 천연 올레오레진으로 페루발삼, 토루발삼, 벤조인, 스타이락스 등이 대표적이다.

18 정답 ①   난이도 ★★★★

세라마이드는 다른 계면활성제와 복합물을 이루면서 피부 표면에 라멜라 상태로 존재하여 피부의 수분을 유지시켜 주는 역할을 한다.

19 정답 ⑤   난이도 ★★★★

성분의 표시는 화장품에 사용된 함량순으로 많은 것부터 기재한다. 다만, 혼합 원료는 개개의 성분으로서 표시하고, 1% 이하로 사용된 성분, 착향제 및 착색제에 대해서는 순서에 상관없이 기재할 수 있다.

20 정답 ③   난이도 ★★★

화장품 안전기준 등에 관한 규정상 사용할 수 없는 원료에서 광우병 발병이 보고된 지역의 특정위험물질 유래성분인 소·양·염소 등 반추동물의 18개 부위는 다음과 같다.

> 뇌, 두개골, 척수, 뇌척수액, 송과체, 하수체, 경막, 눈, 삼차신경절, 배측근신경절, 척주, 림프절, 편도, 흉선, 십이지장에서 직장까지의 장관, 비장, 태반, 부신

21 정답 ①   난이도 ★★★

완제품은 적절한 조건하에서 정해진 장소에서 보관하여야 하며, 주기적으로 재고점검을 수행해야 한다.

22 정답 ②   난이도 ★★★★

'다'등급 위해성 화장품

- 전부 또는 일부가 변패된 화장품
- 병원성 미생물에 오염된 화장품
- 이물이 혼입되었거나 부착된 화장품 중에서 보건위생상 위해를 발생할 우려가 있는 화장품
- 유통화장품 안전관리기준에 적합하지 않은 화장품(내용량의 기준에 관한 부분은 제외, 기능성 화장품의 기능성을 나타나게 하는 주원료 함량이 기준치에 부적합한 경우)
- 사용기한 또는 개봉 후 사용기간을 위조·변조한 화장품
- 화장품 제조업자 또는 화장품책임판매업자 스스로 국민보건에 위해를 끼칠 우려가 있어 회수가 필요하다고 판단한 화장품
- 등록하지 않은 자가 제조한 화장품 또는 제조·수입하여 유통·판매한 화장품
- 신고를 하지 않은 자가 판매한 맞춤형화장품
- 맞춤형화장품 조제관리사를 두지 아니하고 판매한 맞춤형화장품

23 정답 ②   난이도 ★★★

위해 화장품 회수를 공표한 영업자는 공표일, 공표매체, 공표횟수, 공표문 사본 또는 내용을 지방식품의약품안전청장에게 통보해야 한다.

24 정답 ⑤   난이도 ★★★

수탁업체의 모든 데이터(제조기록, 시험기록, 점검기록, 청소기록 등)가 유지되어 위탁업체에게 이용 가능한지를 확인하여야 한다.

25 정답 ⑤   난이도 ★★★

식품의약품안전처장은 위해평가를 해야 하며, 위해평가 과정에서 필요한 경우 전문가 의견을 청취하여야 한다. 위해평가결과에 대하여 식품의약품안전처 정책자문위원회 규정에 따른 화장품 분야 소위원회의 심의·의결을 거쳐야 한다.

26 정답 ②   난이도 ★★★

위해평가에서 평가하여야 할 요소

- 화장품 제조에 사용된 성분
- 중금속, 환경오염물질 및 제조·보관과정에서 생성되는 물질 등 화학적 요인
- 이물 등 물리적 요인
- 세균 등 미생물적 요인

27 정답 ⑤   난이도 ★★★★

표시할 경우 기업의 정당한 이익을 현저히 해할 우려가 있는 성분의 경우에는 그 사유의 타당성에 대하여 식품의약품안전처장의 사전심사를 받은 경우에 한하여 '기타성분'으로 기재할 수 있다.

28 정답 ②   난이도 ★★

클렌징 로션은 유분량이 클렌징 크림에 비해 적게 포함되어 있어 피부에 부담이 적고 퍼짐성이 좋아 옅은 메이크업을 제거한다.

29 정답 ④   난이도 ★★★

식품의약품안전처장은 지정·고시된 원료의 사용기준의 안전성을

정기적으로 검토하여야 하고, 그 결과에 따라 지정·고시된 원료의 사용기준을 변경할 수 있다. 이 경우 안전성 검토의 주기 및 절차 등에 관한 사항은 총리령으로 정한다.

30 정답 ⑤ 난이도 ★★★
원료와 포장재의 용기는 밀폐되어, 청소와 검사가 용이하도록 충분한 간격으로, 바닥과 떨어진 곳에 보관되어야 한다.

31 정답 실리콘오일 난이도 ★★★★★
실리콘오일은 유기규소 화합물의 총칭으로 화학적으로 합성되며 무색투명하고, 냄새가 거의 없으며, 퍼짐성이 우수하고 가볍게 발라지며, 피부 유연성과 매끄러움, 광택을 부여한다. 색조화장품의 내수성을 높이고 모발제품에 자연스러운 광택을 부여한다.

32 정답 백색안료 난이도 ★★★
백색안료는 색조 외에 피복력을 조정하기 위해 사용되며 이산화타이타늄, 산화아연 등이 있다.

33 정답 0.001% 난이도 ★★★
착향제 구성성분 중 식품의약품안전처장이 고시한 알레르기 유발성분이 있는 경우에 표시대상 성분의 기준은 사용 후 씻어내는 제품에서 0.01% 초과, 사용 후 씻어내지 않는 제품에서 0.001% 초과하는 경우에 한한다.

34 정답 책임판매업자 난이도 ★★★★
화장품법 시행규칙에서는 맞춤형화장품 판매업자가 맞춤형화장품의 내용물 및 원료의 입고 시 품질관리 여부를 확인하고 (책임판매업자)가 제공하는 품질성적서를 구비하도록 요구하고 있다.

35 정답 산화방지제 난이도 ★★★★
산화방지제란 분자 내에 하이드록시기를 가지고 있어 이 하이드록시기의 수소를 다른 물질에 주어 다른 물질을 환원시켜 산화를 막는 물질이다.

36 정답 ④ 난이도 ★★★
제조시설이나 설비는 적절한 방법으로 청소하여야 하며, 필요한 경우 위생관리 프로그램을 운영하여야 한다.

37 정답 ⑤ 난이도 ★★★
제조하는 제품의 전환 시 뿐만 아니라 연속해서 제조하고 있을 때에도 적절한 주기로 제조설비를 세척해야 한다.

38 정답 ② 난이도 ★★★
방문객과 훈련받지 않은 직원이 제조, 관리, 보관구역으로 들어가면 반드시 동행하여야 한다. 또한 방문객의 출입기록을 남겨야 하며, 출입기록에는 소속, 성명, 방문목적과 입출시간 및 동행자 성명 등을 남긴다.

39 정답 ⑤ 난이도 ★★★★
유리재질의 기구는 파손에 의한 이물발생의 우려가 있어 권장되지 아니한다.

40 정답 ② 난이도 ★★★
원추형 혼합기는 드럼 내에 개방된 스크루가 자전 및 공전을 동시에 진행하면서 투입된 원료에 복잡한 혼합운동이 이루어진다. 혼합 속도는 아래로부터 밀어 올려지는 분체의 양으로 결정되며, 분체의 상승운동, 나선운동, 하강운동으로 분류된다.

41 정답 ① 난이도 ★★★
리본믹서는 분쇄기가 아니라 혼합기 장치이다.

42 정답 ② 난이도 ★★★
한 번에 입고된 원료와 포장재는 제조단위별로 각각 구분하여 관리하여야 한다.

43 정답 ③ 난이도 ★★★
일반적으로 각 뱃치별로 제품시험을 2번 실시할 수 있는 양을 보관한다.

| 44 | 정답 ① | 난이도 ★★★★★ |

비의도적으로 유래된 물질의 검출허용한도에 있어서 프탈레이트류(디부틸프탈레이트, 부틸벤질프탈레이트 및 디에칠헥실프탈레이트에 한함)는 총합으로서 100µg/g 이하이다.

| 45 | 정답 ③ | 난이도 ★★★ |

화장품 안전기준 등에 관한 규정상 미생물 한도기준으로 영·유아용 제품류 및 눈 화장용 제품류의 경우 총호기성생 균수는 500개/g 이하이다.

| 46 | 정답 ④ | 난이도 ★★★ |

안전용기·포장은 성인이 개봉하기는 어렵지 아니하나 만 5세 미만의 어린이가 개봉하기는 어렵게 된 것이어야 하며, 이 경우 개봉하기 어려운 정도의 구체적인 기준 및 시험방법은 산업통상자원부장관이 정하여 고시하는 바에 따른다. 다만, 일회용 제품, 용기 입구 부분이 펌프 또는 방아쇠로 작동되는 분무용기 제품, 압축분무 용기제품(에어로졸 제품 등)은 안전용기·포장 대상에서 제외한다.

| 47 | 정답 ④ | 난이도 ★★★ |

'나'의 경우 바닥, 벽, 천장은 가능한 한 청소하기 쉽게 매끄러운 표면을 지녀야 하고, '다'의 경우 외부와 연결된 창문은 가능한 한 열리지 않도록 하여야 한다.

| 48 | 정답 ⑤ | 난이도 ★★★ |

부식성 알칼리 세척제는 pH12.5~14로 찌든 기름제거에 효과적이며 수산화나트륨, 수산화칼륨, 규산나트륨 등이 있다.

| 49 | 정답 ⑤ | 난이도 ★★★ |

멸균수건은 UV램프가 있는 보관함에 넣어 보관한다.

| 50 | 정답 ③ | 난이도 ★★★ |

맨 앞자리의 화장품 원료의 종류를 나타내는데, 1은 미용성분, 2는 색소분체 파우더, 3은 액제/오일성분, 4는 향, 5는 방부제, 6은 점증제(폴리머), 7은 기능성 화장품 원료, 8은 계면활성제 등이다.

| 51 | 정답 ③ | 난이도 ★★★ |

크로스컷트 시험방법은 화장품 용기의 포장재료인 유리, 금속 및 플라스틱의 유기 및 무기코팅막 및 도금의 밀착성을 시험하는 방법이다.

| 52 | 정답 ③ | 난이도 ★★★★ |

화장품 유형별 공통시험항목은 비의도적 유래물질의 검출허용한도, 미생물한도, 내용량 등이다. pH는 수분포함제품의 추가 시험항목이다.

| 53 | 정답 ③ | 난이도 ★★★ |

모든 물품은 원칙적으로 선입선출방법으로 출고를 한다. 다만, 나중에 입고된 물품이 사용기한이 짧은 경우 먼저 입고된 물품보다 먼저 출고할 수 있다. 또한 선입선출을 하지 못하는 특별한 사유가 있을 경우, 적절하게 문서화된 절차에 따라 나중에 입고된 물품을 먼저 출고할 수 있다.

| 54 | 정답 ⑤ | 난이도 ★★★ |

원자재 용기 및 시험기록서의 필수적 기재사항

- 원자재 공급자가 정한 제품명
- 원자재 공급자명
- 수령일자
- 공급자가 부여한 제조번호 또는 관리번호

| 55 | 정답 ① | 난이도 ★★★ |

세척은 제품잔류물과 흙, 먼지, 기름때 등의 오염물을 제거하는 과정이며, 소독은 오염 미생물 수를 허용 수준 이하로 감소시키기 위해 수행하는 절차이다.

| 56 | 정답 ③ | 난이도 ★★★ |

세척제는 환경문제와 작업자의 건강문제로 인해 수용성 세정제가 많이 사용된다.

57 정답 ④ 난이도 ★★★

V-형 혼합기는 드럼의 회전에 의해 드럼 내부의 혼합물을 연속적으로 세분화하여 혼합이 이루어지며 가장 균질한 혼합이 이루어진다.

58 정답 ② 난이도 ★★★

원자재, 반제품 및 벌크제품을 보관할 때에는 바닥과 벽에 닿지 아니하도록 하여 보관한다.

59 정답 ③ 난이도 ★★

출고할 제품은 원자재, 부적합품 및 반품된 제품과 구획된 장소에서 보관하여야 한다.

60 정답 ④ 난이도 ★★★★

내용량 기준

- 제품 3개를 가지고 시험할 때 그 평균 내용량이 표기량에 대하여 97% 이상 (다만, 화장비누의 경우 건조중량을 내용량으로 한다.)
- 위의 기준치를 벗어날 경우(97% 미만) : 6개를 더 취하여 시험할 때 9개의 평균 내용량이 위 기준치(97%) 이상
- 그 밖의 특수한 제품 : 대한민국 약전(식품의약품안전처 고시)을 따를 것

61 정답 ② 난이도 ★★★★

맞춤형화장품 판매업소마다 맞춤형화장품 조제관리사를 두어야 한다.

62 정답 ① 난이도 ★★★

피부의 pH는 4~6으로 약산성이며, 이러한 약산성 피부는 피부를 미생물로부터 보호하는 보호막 역할을 한다.

63 정답 ④ 난이도 ★★★

피부의 기능

- **보호기능** : 물리적·화학적 자극과 미생물과 자외선으로부터 신체기관을 보호 및 수분손실방지한다.
- **각화기능** : 28일을 주기로 각질이 떨어져 나간다.
- **분비기능** : 땀 분비를 통해 신체의 온도조절 및 노폐물을 배출한다.
- **감각전달기능** : 신경말단 조직과 메르켈세포가 감각을 전달한다.
- **체온조절기능** : 땀 분비를 통해 체온을 조절한다.
- **호흡기능** : 폐를 통한 호흡 이외에 작지만 피부로도 호흡이 이루어진다.
- **해독기능** : 지속적인 박리를 통해 독소물질을 배출한다.
- **면역기능** : 랑커한스세포가 바이러스, 박테리아 등을 포획하여 림프로 보내 외부로 배출한다.
- **비타민D 합성** : 자외선을 통해 피지성분인 스쿠알렌을 통해 합성된다.

64 정답 ④ 난이도 ★★★

각질층의 주성분은 케라틴단백질, 천연보습인자(NMF), 세포 간 지질 등이다.

65 정답 ③ 난이도 ★★★

과립층의 특징

- 2~5층의 방추형 세포로 구성된다.
- 케라토하이알린과립이 존재한다.
- 본격적인 각화과정이 시작되며, 외부로부터 수분침투를 막는 수분저지막이 있다.

66 정답 ⑤ 난이도 ★★★★★

기저층은 표피의 가장 아래쪽에 위치하며 단층의 원주형 세포로 구성되며 진피의 유두층으로부터 영양을 공급받는다.

67 정답 ① 난이도 ★★★

천연보습인자의 성분은 유리아미노산(40%)>피롤리돈카복실릭애씨드(12%), 젖산염(12%)>당류, 유기산 기타물질(8.5%)>요소(7%)>염산염(6%)>나트륨(5%)>칼륨(4%) 기타 순으로 성분함유량을 가진다.

68 정답 ② 난이도 ★★★
독립피지선이 존재하는 곳은 털과 연결되어 있지 않은 피지선으로 입술, 성기, 유두, 귀두 등에 존재한다.

69 정답 ④ 난이도 ★★★★
여드름 치료에 사용되는 성분으로 벤조일퍼옥사이드, 황(3~10%), 레조르시놀(1,3-디옥시벤젠, 2%), 살리실릭애씨드, 피지억제작용 추출물(인삼 추출물, 우엉 추출물, 로즈마리 추출물), 비타민B_6(피지분비정상화) 등이 있다.

70 정답 ③ 난이도 ★★★★★
모발의 등전점은 pH 3.0~5.0으로 pH가 등전점보다 낮으면 (+) 전하를, pH가 등전점보다 높으면 (-) 전하를 띤다.

71 정답 ① 난이도 ★★★
건성피부란 피지와 땀의 분비가 적어서 피부표면이 건조하고 윤기가 없으며 피부노화에 따라 피지와 땀의 분비량이 감소하여 더 건조해지는 피부로 잔주름이 생기기 쉽다.

72 정답 ② 난이도 ★★★★
전기전도도를 통해서는 피부의 수분량을 측정한다.

73 정답 ③ 난이도 ★★★
착향제의 구성성분 중 알레르기 유발성분 고시 25종 : 아밀신남일, 벤질알코올, 신나밀알코올, 시트랄, 유제놀, 하이드록시시트로넬알, 아이소유제놀, 아밀신나밀알코올, 벤질살리실레이트, 신남일, 쿠마린, 제라니올, 아니스에탄올, 벤질신나메이트, 파네솔, 부틸페닐메틸프로피오날, 리날룰, 벤질벤조에이트, 시트로넬롤, 헥실신남일, 리모넨, 메틸2-옥티노에이트, 알파-아이소메틸아이오논, 참나무이끼추출물, 나무이끼 추출물

74 정답 ⑤ 난이도 ★★★★★
전성분 표시할 때 안정화제, 보존제 등 원료 자체에 들어 있는 부수성분으로서 그 효과가 나타나게 하는 양보다 적은 양이 들어 있는 성분은 기재·표시를 생략할 수 있다.

75 정답 ④ 난이도 ★★★★
경쟁상품과 비교하는 표시·광고는 비교대상 및 기준을 분명히 밝히고 객관적으로 확인될 수 있는 사항만을 표시·광고하여야 하며, 배타성을 띤 '최고' 또는 '최상' 등의 절대적 표현의 표시·광고를 하지 말아야 한다.

76 정답 ① 난이도 ★★★
O/W에멀전은 외상이 수상으로 일반적인 기초화장품 즉 크림, 로션, 에센스 등이며 물 베이스에 오일성분이 분산되어 있는 상태이다.

77 정답 ③ 난이도 ★★★
파우치방식의 충진기는 시공품, 견본품 등 1회용 파우치포장인 제품을 충진시에 사용한다.

78 정답 ⑤ 난이도 ★★★
유백유리는 무색 투명한 유리 속에 무색의 미세한 결정이 분산되어 빛을 흩어지게 하여 유백색으로 보이는 것으로 입자가 매우 조밀한 것을 옥병, 입자가 큰 것을 앨러배스터라고 한다.

79 정답 ① 난이도 ★★★
에멀전 안정화제는 고급알코올이다.

80 정답 ① 난이도 ★★★
판매의 목적이 아닌 제품의 선택 등을 위하여 미리 소비자가 시험·사용하도록 제조 또는 수입된 화장품의 포장시에는 가격대신에 견본품이나 비매품으로 표시한다.

81 정답 ② 난이도 ★★★★

펌제

1제	• 기능 : 환원제 • 성분 : 치오글라이콜릭애씨드, 시스테인, 알칼리제(암모니아수, 모노에탄올아민 등), 컨디셔닝 성분, 정제수
2제	• 기능 : 산화제(중화제) • 성분 : 과산화수소, 브롬산나트륨, 과붕산나트륨 등

82 정답 ② 난이도 ★★★

공정별로 2개 이상의 제조소에서 생산된 화장품의 경우에는 일부 공정을 수탁한 화장품제조업자의 상호 및 주소의 기재·표시를 <u>생략할 수 있다</u>.

83 정답 ⑤ 난이도 ★★★★

계면활성제는 두 물질의 경계면에 흡착해 성질을 변화시키는 물질로 물과 기름이 잘 섞이게 하는 유화제와 소량의 기름을 물에 녹게 하는 가용화제, 고체입자를 물에 균일하게 분산시키는 분산제 등이 있으며, 이의 종류로는 음이온, 양이온, 양쪽성, 비이온성 등이다.

84 정답 ① 난이도 ★★★

수요예측과 수급기간, 최소 발주 단위에 따른 원료의 발주량을 파악하여 발주할 수 있다.

85 정답 ④ 난이도 ★★★★

①의 제품색조 표준견본은 제품내용물 색조에 관한 표준이다.
②의 레벨부착 위치견본은 완성제품, 레벨부착위치에 관한 표준이다.
③의 원료표준견본은 외관, 색, 성상, 냄새 등에 관한 표준이다.
⑤의 향료 표준견본은 향, 색조, 외관 등에 관한 표준이다.

86 정답 ③ 난이도 ★★★

개봉 전 시험항목과 미생물 한도시험, 살균보존제, 유효성성분시험을 수행한다. 다만, 개봉할 수 없는 용기로 되어 있는 제품, 일회용 제품 등은 개봉 후 안정성시험을 수행할 필요가 없다.

87 정답 ④ 난이도 ★★★★

④는 발한이다. 발한은 립스틱 표면에 오일이 땀방울처럼 맺히며, 발한의 원인은 왁스와 오일의 낮은 혼화성 때문이다.

88 정답 ④ 난이도 ★★★★

수입한 화장품의 기록보관 사항

- 제품명 또는 국내에서 판매하려는 명칭
- 원료성분의 규격 및 함량
- 제조국, 제조회사명 및 제조회사의 소재지
- 기능성화장품심사결과통지서 사본
- 제조 및 판매증명서
- 한글로 작성된 제품설명서 견본
- 최초 수입연월일(통관연월일을 말한다.)
- 제조번호별 수입연월일 및 수입량
- 제조번호별 품질검사 연월일 및 결과
- 판매처, 판매연월일 및 판매량

89 정답 가속시험 난이도 ★★★★

가속시험이란 장기보존시험의 저장조건을 벗어난 단기간의 가속조건이 물리·화학적, 미생물학적 안정성 및 용기 적합성에 미치는 영향을 평가하기 위한 시험을 말한다.

90 정답 통각 난이도 ★★★

통각, 촉각, 온각, 냉각, 압각 중 통각이 피부에 가장 많이 분포한다.

91 정답 견진법 난이도 ★★★

피부유형분석법 중 견진법은 모공, 예민도, 혈액순환 등을 육안 또는 피부분석기를 이용하여 판독하는 방법이다.

92 정답 수성원료 난이도 ★★★

<u>수성원료</u>란 제품의 10% 이상을 차지하는 매우 중요한 성분으로 대부분 정제수를 사용하며, 정제수는 세균과 금속이온이 제거된 상태를 말한다.

| 93 | 정답 염료 | 난이도 ★★★ |

색소는 안료와 염료로 나뉜다. 염료는 물 또는 오일에 녹는 색소로 화장품 자체에 시각적인 색상효과를 부여하기 위해 사용된다.

| 94 | 정답 침적마스크제 | 난이도 ★★★ |

화장품의 제형 중 침적마스크제란 액제, 로션제, 크림제, 겔제 등을 부직포 등의 지지체에 침적하여 만든 제형이다.

| 95 | 정답 총리령 | 난이도 ★★★★ |

화장품 관련 법령 및 제도에 관한 교육을 받아야 할 자가 둘 이상의 장소에서 화장품제조업, 화장품책임판매업 또는 맞춤형화장품판매업을 하는 경우에는 종업원 중에서 (총리령)으로 정하는 자를 책임자로 지정하여 교육을 받게 할 수 있다.

| 96 | 정답 최소홍반량(MED) | 난이도 ★★★★ |

최소홍반량(MED)은 UVB를 사람의 피부에 조사한 후 16~24시간의 범위 내에, 조사영역의 전 영역에 홍반을 나타낼 수 있는 최소한의 자외선 조사량을 말한다.

| 97 | 정답 LC50 | 난이도 ★★★★★ |

LC50이란 반수치사농도라고도 하는데 급성 노출 시에 반수의 실험동물에서 치사를 유발할 수 있는 농도를 가리킨다. 반면에 LD50은 반수치사량으로 급성 노출 시에 반수의 실험동물에서 치사를 유발할 수 있는 양을 말한다.

| 98 | 정답 15 | 난이도 ★★★ |

내용량이 (15)ml 이하 또는 (15)g 이하인 제품의 용기 또는 포장이나 견본품, 시공품 등 비매품에 대하여는 화장품 바코드 표시를 생략할 수 있다.

| 99 | 정답 15 | 난이도 ★★★ |

가속시험 조건

- **로트의 선정** : 장기보존시험 기준에 따름
- **보존조건** : 유통경로나 제형특성에 따라 적절한 시험조건 설정. 일반적으로 장기보존시험의 지정저장온도보다 (15)℃ 이상 높은 온도에서 시험
- **시험기간** : 6개월 이상 시험하는 것을 원칙으로 하나 필요시 조정할 수 있음
- **측정시기** : 시험개시 때를 포함하여 최소 3번을 측정함
- **시험항목** : 장기보존시험조건에 따름

| 100 | 정답 자외선차단제 | 난이도 ★★★★ |

식품의약품안전처장은 화장품의 제조 등에 사용할 수 없는 원료를 지정하여 고시하여야 한다. 사용기준이 지정·고시된 원료 외의 보존제, 색소, (자외선차단제)등은 사용할 수 없다.

제10회 모의고사

01~10 화장품법의 이해
11~35 화장품 제조 및 품질관리
36~60 유통화장품의 안전관리
61~100 맞춤형화장품의 이해

제10회 모의고사 226p

선다형

01	②	02	⑤	03	②	04	③	05	①
06	⑤	07	①	08		09		10	
11	⑤	12	①	13	②	14	⑤	15	①
16	④	17	⑤	18	①	19	④	20	⑤
21	②	22	①	23	②	24	②	25	④
26	①	27	③	28	③	29	⑤	30	②
31		32		33		34		35	
36	⑤	37	②	38	②	39	③	40	②
41	①	42	②	43	④	44	③	45	①
46	②	47	⑤	48	④	49	⑤	50	⑤
51	④	52	④	53	⑤	54	③	55	①
56	⑤	57	②	58	⑤	59	②	60	⑤
61	②	62	③	63	②	64	①	65	④
66	⑤	67	①	68	①	69	④	70	③
71	①	72	②	73	⑤	74	⑤	75	④
76	②	77	①	78	①	79	③	80	⑤
81	①	82	④	83	①	84	⑤	85	②
86	③	87	③	88	④	89		90	

단답형

08	1
09	유효성
10	자외선차단지수
31	라놀린
32	체질안료
33	알레르기
34	식별번호
35	휴멕턴트
89	각질층
90	유두층
91	지성피부
92	유성원료
93	무기안료
94	겔(Gel)제
95	미셀
96	자외선흡수제
97	3
98	제조상의 결함
99	가혹시험
100	3.0 ~ 9.0

01 정답 ②   난이도 ★★★

두발염색용 제품류와 두발용 제품류의 구분

두발염색용 제품류	두발용 제품류
• 헤어 틴트 • 헤어 컬러스프레이 • 염모제 • 탈염 · 탈색용 제품 • 그 밖의 두발 염색용 제품류	• 헤어 컨디셔너 • 헤어 토닉 • 헤어 그루밍 에이드 • 헤어 크림 · 로션 • 헤어 오일 • 포마드 • 헤어 스프레이 · 무스 · 왁스 · 젤 • 샴푸 · 린스 • 퍼머넌트 웨이브 • 헤어 스트레이트너 • 흑채 • 그 밖의 두발용 제품류

02 정답 ⑤   난이도 ★★★★

맞춤형화장품 판매업 신고 시의 구비서류

- 맞춤형화장품 판매업자신고서
- 맞춤형화장품 조제관리사의 자격증 원본
- 맞춤형화장품 혼합 또는 소분에 사용되는 내용물 및 원료를 제공하는 책임판매업자와 체결한 계약서 사본
- 소비자피해보상을 위한 보험계약서 사본

03 정답 ②   난이도 ★★★★★

영유아 또는 어린이용 제품류 안전성 자료의 작성범위

제품 및 제조방법에 대한 설명자료	제품명, 제조업체 및 책임판매업체 정보, 제조관리기준서 · 제품표준서 · 제조관리기록서 등 제조방법 관련자료
화장품의 안전성 평가자료	제조 시 사용된 원료의 독성정보, 제품의 보존력 테스트 결과, 사용 후 이상사례정보의 수집 · 평가 및 조치관련 자료
제품의 효능 · 효과에 대한 증명자료	제품의 표시 · 광고와 관련된 효능 · 효과에 대한 실증자료

04 정답 ③   난이도 ★★★

식품의약품안전처에서 화장품 영업자를 대상으로 실시하는 감시

정기감시	• 화장품 제조업자, 화장품 책임판매업자에 대한 정기적인 지도 · 점검 • 각 지방식품의약품안전청별 자체계획에 따라 수행 • 조직, 시설, 제조품질관리, 표시기재 등 화장품 법령 전반, 연 1회
수시감시	• 고발, 진정, 제보 등으로 제기된 위법사항에 대한 점검 • 준수사항, 품질, 표시광고, 안전기준 등 모든 영역 • 불시점검이 원칙이고 문제제기 사항을 중점적으로 관리함 • 정보수집, 민원, 사회적 현안 등에 따라 즉시 점검이 필요하다고 판단되는 사항, 연중감
기획감시	• 사전예방적 안전관리를 위한 선제적 대응감시 • 위해우려 또는 취약분야, 시의성 · 예방적 감시분야, 중앙과 지방의 상호협력 필요분야 등 • 감시주제에 따른 제조업자, 제조판매업자, 판매자 점검
품질감시 (수거감시)	• 시중 유통품을 계획에 따라 지속적인 수거검사 • 특별한 이슈나 문제제기가 있을 경우 실시 • 수거품에 대한 유통화장품 안전관리 기준에 적합여부 확인

05 정답 ①   난이도 ★★★★

화장품제조업자의 변경등록 사유

- 화장품 제조업자의 변경(법인인 경우에는 대표자의 변경)
- 화장품 제조업자의 상호변경(법인인 경우에는 법인의 명칭 변경)
- 제조소의 소재지 변경
- 제조유형의 변경

06 정답 ⑤   난이도 ★★★★★

정보주체의 동의를 받지 아니하고 개인정보를 제3자에게 제공한 자 및 그 사정을 알고 개인정보를 제공받은 자, 개인정보를 이용하거나 제3자에게 제공한 자 및 그 사정을 알면서도 영리 또는 부정한 목적으로 개인정보를 제공받은 자는 5년 이하의 징역 또는 5천만원 이하의 벌금에 처한다.

07 정답 ①   난이도 ★★

정보주체의 권리

- 개인정보의 처리에 관한 정보를 제공받을 권리
- 개인정보의 처리에 관한 동의여부, 동의범위 등을 선택·결정할 권리
- 처리 개인정보의 처리여부확인, 개인정보 열람을 요구할 권리
- 개인정보의 처리정지, 정정·삭제 및 파기를 요구할 권리
- 개인정보의 처리 피해를 신속·공정하게 구제받을 권리

08 정답 1   난이도 ★★★

식품의약품안전처장은 등록을 취소하거나 영업소 폐쇄를 명하거나, 품목의 제조·수입 및 판매의 금지를 명하거나 1년의 범위에서 기간을 정하여 그 업무의 전부 또는 일부에 대한 정지를 명할 수 있다.

09 정답 유효성   난이도 ★★

화장품의 품질요소는 안전성, 안정성, 사용성 및 (유효성)이다.

10 정답 자외선차단지수   난이도 ★★★

자외선차단지수(SPF)는 자외선 차단제 도포 후의 최소홍반량을 도포 전의 최소홍반량으로 나눈 값으로 평가한다.

11 정답 ⑤   난이도 ★★★★

음이온 계면활성제는 세정력이 우수하고 기포형성작용이 있어 주로 세정제품인 샴푸, 바디워시, 손 세척제 등 세정제품 등에 사용된다.

12 정답 ①   난이도 ★★★★

고급알코올은 우지, 팜유, 야자유에서 생산하거나 파라핀의 산화에 의해 생산한다. 고급알코올은 유화제형에서 에멀전 안정화로 사용되며, 그 종류로는 라우릴알코올, 미리스틸알코올, 세틸알코올, 스테아릴알코올, 세토스테아릴알코올, 베헤닐알코올 등이 있다.

13 정답 ②   난이도 ★★★

광물성 오일은 무색·투명하고 특이취가 없으며, 산패가 되지 않으며, 유성감이 강하고 폐색막을 형성하여 피부호흡을 방해한다. 이에는 미네랄오일(리퀴드 파라핀), 페트롤라툼 등이 있다.

14 정답 ⑤   난이도 ★★★

광물계 점증제는 무기계로 분류하며, 식물성·동물성·미생물유래는 유기계 점증제로 분류한다.

15 정답 ①   난이도 ★★★

염료는 물이나 기름, 알코올 등에 용해되어 기초용 및 방향용 화장품에서 제형의 색상을 나타내고자 할 때 사용하고 색조화장품에서는 립틴트에 주로 사용된다.

16 정답 ④   난이도 ★★★

펄 안료는 진주광택에 사용되며, 비스머스옥시클로라이드, 티타네이티드마이카, 구아닌, 하이포산틴, 진주 파우더 등이 있다.

17 정답 ⑤   난이도 ★★★

⑤는 콘크리트에 대한 내용이며, 올레오레진은 자연적 또는 인위적 상처 후에 식물에서 방출되는 천연원료이다.

18 정답 ①   난이도 ★★★★★

화장품 활성성분 중 탈모증상의 완화를 주는 성분으로는 덱스판테놀, 비오틴, 엘-멘톨 등이다.

19 정답 ④ 난이도 ★★★★

착향제는 향료로 표시할 수 있다. 다만, 착향제의 구성 성분 중 식품의약안전처장이 정하여 고시한 알레르기 유발성분이 있는 경우에는 향료로 표시할 수 없고, 해당 성분의 명칭을 기재·표시해야 한다.

20 정답 ⑤ 난이도 ★★★★

⑤의 헵타클로르는 6% 이상 함유한 혼합물인데 반해 ①~④는 25% 이상 함유한 혼합물이 사용금지물질이다.

21 정답 ② 난이도 ★★★

시장 출하 전에 모든 완제품은 설정된 시험방법에 따라 관리되어야 하고 합격판정기준에 부합하여야 한다. 뱃치에서 취한 검체가 합격기준에 부합했을 때만 완제품의 뱃치를 불출할 수 있다.

22 정답 ① 난이도 ★★★

화장품 회수의무자는 위해등급에 해당하는 화장품에 대하여 회수 대상화장품이라는 사실을 안 날부터 5일 이내에 회수계획서를 지방식품의약품안전청장에게 제출하여야 한다.

23 정답 ② 난이도 ★★★★

위해성화장품 등급별 공표기준

'가'등급 또는 '나'등급	• 전국을 보급지역으로 하는 1개 이상의 일반신문 • 해당 영업자의 인터넷 홈페이지에 게재 • 식품의약품안전처의 인터넷 홈페이지에 게재 요청
'다'등급	• 해당 영업자의 인터넷 홈페이지에 게재 • 식품의약품안전처의 인터넷 홈페이지에 게재 요청

24 정답 ② 난이도 ★★★

재작업은 그 대상이 다음 각호를 모두 만족한 경우에만 할 수 있다.

- 변질·변패 또는 병원미생물에 오염되지 않은 경우
- 제조일로부터 1년이 경과하지 않았거나 사용기한이 1년 이상 남아 있는 경우

25 정답 ④ 난이도 ★★★

화장품의 명칭, 화장품 책임판매업자의 상호, 가격(견본품이나 비매품으로 표시), 제조번호, 사용기한 또는 개봉 후 사용기간 만을 견본품에 표시할 수 있다.

26 정답 ① 난이도 ★★★★

성분명을 제품 명칭의 일부로 사용한 경우에는 그 성분명과 함량을 기재·표시하여야 한다. 단, 방향용 제품은 제외한다.

27 정답 ③ 난이도 ★★★★

표시할 경우 기업의 정당한 이익을 현저히 해할 우려가 있는 성분(영업비밀 성분)의 경우에는 그 사유의 타당성에 대하여 식품의약품안전처장의 사전심사를 받은 경우에 한하여 〈기타성분〉으로 기재할 수 있다.

28 정답 ③ 난이도 ★★★

클렌징 오일은 포인트메이크업의 제거용으로 오일 성분은 미네랄 오일, 에스테르 오일 등이 있다.

29 정답 ⑤ 난이도 ★★★★★

동물실험을 예외적으로 허용하는 경우로는 가, 나, 다, 라 외에 보존제, 색소, 자외선차단제 등 특별히 사용상의 제한이 필요한 원료에 대하여 그 사용기준을 지정하거나 국민보건상 위해 우려가 제기되는 화장품 원료 등에 대한 위해평가를 하기 위하여 필요한 경우 또는 그 밖에 동물실험을 대체할 수 있는 실험을 실시하기 곤란한 경우로서 식품의약품안전처장이 정하는 경우 등이다.

30 정답 ② 난이도 ★★★

화장품의 보관은 서늘한 곳에 하며, 어린이 등의 손에 닿지 않도록 하며 직사광선을 피해야 한다.

31 정답 라놀린 난이도 ★★★★

라놀린은 양의 털을 가공할 때 나오는 지방을 정제하여 얻으며, 피부에 대한 친화성과 부착성, 포수성이 우수하여 크림이나 립스틱

등에 널리 이용되나, 피부 알레르기를 유발할 가능성이 있고 무거운 사용감, 색상이나 냄새 등의 문제가 있다.

32 정답 체질안료 난이도 ★★★

체질안료는 착색이 목적이 아니라 제품의 적절한 제형을 갖추게 하기 위해 이용되는 안료로 제품의 양을 늘리거나 농도를 묽게 하기 위하여 다른 안료에 배합하고, 제품의 사용성, 퍼짐성, 부착성, 흡수력, 광택 등을 조성하는데 사용되는 무채색의 안료이다.

33 정답 알레르기 난이도 ★★★★★

식물의 꽃·잎·줄기 등에서 추출한 에센셜오일이나 추출물이 착량의 목적으로 사용되었거나 또는 해당 성분이 착향제의 특성이 있는 경우에는 (알레르기)유발성분을 표시·기재하여야 한다.

34 정답 식별번호 난이도 ★★★★

내용물 품질관리 여부를 확인할 때, 제조번호, 사용기한, 제조일자, 시험결과를 주의 깊게 검토해야 하며, 내용물의 제조번호, 사용기한, 제조일자는 맞춤형화장품 (식별번호) 및 맞춤형화장품 사용기한에 영향을 준다.

35 정답 휴멕턴트 난이도 ★★★★★

피부의 수분량을 증가시켜주고 수분손실을 막아 주는 역할을 하는 보습제에는 분자 내에 수분을 잡아당기는 친수기가 주변으로부터 물을 잡아당기어 수소결합을 형성하여 수분을 유지시켜주는 (휴멕턴트)와 폐색막을 형성하여 수분증발을 막는 폐색제가 있다.

36 정답 ⑤ 난이도 ★★★

방충대책으로 실내압을 외부(실외)보다 높게 한다.(공기조화장치)

37 정답 ② 난이도 ★★★

린스 정량법은 상대적으로 복잡한 방법이나 수치로서 결과를 확인할 수 있다는 장점이 있다.

38 정답 ② 난이도 ★★★★★

작업복은 오염여부를 쉽게 확인할 수 있는 밝은색의 폴리에스터 재질이 권장된다.

39 정답 ③ 난이도 ★★★★★

칭량·혼합·소분 등에 사용되는 기구는 이물이 발생하지 않고 원료 및 내용물과 반응성이 없는 스테인레스 스틸 혹은 플라스틱으로 제작된 것을 사용하며, 유리재질의 기구는 파손에 의한 이물 발생의 우려가 있어 권장되지 않는다.

40 정답 ② 난이도 ★★★

리본믹서는 고정드럼 내부에 이중의 리본타입의 교반날개가 있고, 외측의 분립체는 중앙으로, 내측의 리본은 외측방향으로 이송하는 것에 의해 대류, 확산 및 전단작용을 반복하여 혼합이 이루어진다.

41 정답 ① 난이도 ★★★

아토마이저는 스윙해머방식의 고속회전 분쇄기이다.

42 정답 ② 난이도 ★★★

제품의 품질에 영향을 줄 수 있는 결함을 보이는 원료와 포장재는 결정이 완료될 때까지 보류상태로 있어야 한다.

43 정답 ③ 난이도 ★★★

보관용 검체는 사용기한 경과 후 1년간 또는 개봉 후 사용기간을 기재하는 경우에는 제조일로부터 3년간 보관한다.

44 정답 ③ 난이도 ★★★★

화장품 안전기준 등에 관한 규정상 비의도적으로 유래된 물질의 검출허용한도에서 니켈의 경우 눈 화장용제품은 35μg/g 이하이고, 색조 화장용 제품은 30μg/g 이하이며, 그 밖의 제품은 10μg/g 이하이다.

45 정답 ① 난이도 ★★★★

화장품 안전기준 등에 관한 규정상 미생물한도 기준

- 총호기성 생균수는 영·유아용제품류 및 눈 화장용 제품류의 경우 : 500개/g 이하
- 세균 및 진균수 : 물휴지의 경우 각각 100개/g 이하, 기타화장품의 경우 각각 1,000개/g 이하
- 대장균, 녹농균, 황색포도상구균 : 불검출

46 정답 ② 난이도 ★★★★

용기의 종류

밀폐용기	일상의 취급 또는 보통 보존상태에서 외부로부터 고형의 이물이 들어가는 것을 방지하고 고형의 내용물이 손실되지 않도록 보호할 수 있는 용기를 말하며, 밀폐용기로 규정되어 있는 경우에는 기밀용기도 쓸 수 있다.
기밀용기	일상의 취급 또는 보통 보존상태에서 액상 또는 고형의 이물 또는 수분이 침입하지 않고 내용물을 손실, 풍화, 조해 또는 증발로부터 보호할 수 있는 용기를 말하며, 기밀용기로 규정되어 있는 경우에는 밀봉용기도 쓸 수 있다.
밀봉용기	일상의 취급 또는 보통의 보존상태에서 기체 또는 미생물이 침입할 염려가 없는 용기를 말한다.
차광용기	광선의 투과를 방지하는 용기 또는 투과를 방지하는 포장을 한 용기를 말한다.

47 정답 ③ 난이도 ★★★★

석탄산은 3%의 수용액을 사용하며 고온일수록 효과가 높으며, 살균력과 냄새가 강하고 독성이 있으며, 금속을 부식시킨다.

48 정답 ④ 난이도 ★★

작업 전 복장점검 후 적절하지 않은 경우 시정한다.

49 정답 ⑤ 난이도 ★★★

혼합·소분시에는 화장품과 직접 접촉할 수 있으므로 포장시보다 엄격한 위생관리를 하여야 한다.

50 정답 ⑤ 난이도 ★★★

청소는 위쪽에서 아래쪽 방향으로, 안에서 바깥방향으로 진행하여야 하며, 깨끗한 지역에서 더러운 지역으로 진행한다.

51 정답 ④ 난이도 ★★★

물품의 회수·폐기의 절차·계획 및 사후조치 등에 필요한 사항은 총리령으로 정한다.

52 정답 ④ 난이도 ★★★

화장비누의 경우 공통시험항목인 비의도적 유래물질 검출허용한도, 미생물한도, 내용량 외에 유리알칼리에 대한 추가시험을 한다.

53 정답 ⑤ 난이도 ★★★

검체를 보관하는 용기는 밀폐하고, 청소와 검사가 용이하도록 충분한 간격으로 바닥과 떨어진 곳에 보관하고, 원료가 재포장될 경우 원래의 용기와 동일하게 표시한다.

54 정답 ③ 난이도 ★★★

원자재 용기에 제조번호가 없는 경우에는 관리번호를 부여하여 보관하여야 한다.

55 정답 ① 난이도 ★★★

안전위생의 교육훈련을 받지 않은 사람들이 제조, 관리, 보관구역으로 출입하는 경우에는 안전위생 교육훈련 자료에 따라 출입 전에 교육훈련을 실시하여야 하는데 교육훈련의 내용에는 직원용 안전대책, 작업위생 규칙, 작업복 등의 착용, 손 씻는 절차 등이 포함된다.

56 정답 ⑤ 난이도 ★★★

소독제는 제품이나 설비와 반응하지 않아야 하며, 5분 이내의 짧은 처리에도 효과를 보여야 한다.

| 57 | 정답 ② | 난이도 ★★★★★ |

①의 볼밀은 탱크 속의 볼이 탱크와 회전하면서 충돌 또는 마찰 등에 의해서 분산되는 장치이다.
③의 제트밀은 단열 팽창 효과를 이용하여 수 기압 이상의 압축공기 또는 고압증기 및 고압가스를 생성시켜 분사노즐로 분사시키면 초음속의 속도인 제트기류를 형성하는데, 이를 이용하여 입자끼리 충동시켜 분쇄하는 방식이다.
④의 비드밀은 지르콘으로 구성된 비드를 사용하여 이산화티탄과 산화아연을 처리하는데 주로 사용한다.
⑤의 아토마이저는 스윙해머방식의 고속회전 분쇄기이다.

| 58 | 정답 ⑤ | 난이도 ★★★ |

물청소 후에는 물기를 제거하여 오염원을 제거한다.

| 59 | 정답 ② | 난이도 ★★★ |

모든 물품은 원칙적으로 선입선출 방법으로 출고한다. 다만, 나중에 입고된 물품이 사용(유효)기한이 짧은 경우 먼저 입고된 물품보다 먼저 출고할 수 있다. 선입선출을 하지 못하는 특별한 사유가 있을 경우, 적절하게 문서화된 절차에 따라 나중에 입고된 물품을 먼저 출고할 수 있다.

| 60 | 정답 ⑤ | 난이도 ★★★ |

검사결과가 규격에 적합한지 확인하고, 부적합할 때에는 일탈처리 절차를 진행한다.

| 61 | 정답 ② | 난이도 ★★★ |

맞춤형화장품 판매업자의 변경신고 사유

- 맞춤형화장품 판매업자의 변경(법인인 경우에는 대표자의 변경)
- 맞춤형화장품 판매업자의 상호변경(법인인 경우에는 법인의 명칭 변경)
- 맞춤형화장품 판매업소의 소재지 변경
- 맞춤형화장품 조제관리사의 변경
- 맞춤형화장품 사용 계약을 체결한 책임판매업자의 변경

| 62 | 정답 ③ | 난이도 ★★★★ |

피부의 pH는 4~6의 약산성인데, 피부 속으로 들어갈수록 pH는 7.0까지 증가한다.

| 63 | 정답 ② | 난이도 ★★★ |

피부는 자외선을 통해 피지성분인 스쿠알렌을 통해 비타민D를 합성한다.

| 64 | 정답 ① | 난이도 ★★★★ |

각질층은 케라틴단백질, 천연보습인자, 세포 간 지질 등으로 구성되며, 세포 간 지질의 성분은 세라마이드(50%) 〉 지방산(30%) 〉 콜레스테롤에스터(5%) 등으로 구성된다.

| 65 | 정답 ④ | 난이도 ★★★★★ |

유극층은 5~10층의 다각형 세포로 구성되며, 표피에서 가장 두꺼운 층이다.

| 66 | 정답 ⑤ | 난이도 ★★★ |

기저층은 표피의 가장 아래층에 위치하며 단층의 원주형 세포로 구성되며 모세혈관으로부터 영양분과 산소를 공급받아 세포분열을 통해 새로운 세포를 형성한다.

| 67 | 정답 ① | 난이도 ★★★★ |

피하지방층의 기능

- 피하지방을 생산하여 체온조절기능
- 탄력성 유지, 외부의 충격으로부터 몸을 보호
- 수분조절기능, 영양소 저장기능
- 피하지방층의 두께에 따라 비만도가 결정
- 열격리 기능

| 68 | 정답 ① | 난이도 ★★★★ |

대한선은 모공과 연결되어 있고, 소한선은 피부에 직접 연결되어 있다.

69 정답 ④   난이도 ★★★★★

여드름은 염증의 유무에 따라 비염증성 여드름과 염증성 여드름으로 분류되는 바, 비염증성 여드름은 면포이며, 염증성 여드름은 구진, 뾰루지, 농포, 결절이 있다.

70 정답 ③   난이도 ★★★

모유두는 모구 아래쪽에 위치하며, 작은 말발굽 모양으로 모발성장을 위해 영양분을 공급해 주는 혈관과 신경이 몰려 있다.

71 정답 ①   난이도 ★★★

건성피부는 잔주름이 생기기 쉬운 피부로 피부의 수분량이 부족한 피부이다.

72 정답 ②   난이도 ★★★

피부의 pH는 피부의 산성도를 측정하여 pH로 나타낸다.

73 정답 ⑤   난이도 ★★★

제출 관련 기관

- 생산실적 및 국내제조 화장품 원료목록보고는 (사)대한화장품협회에 제출한다.
- 수입실적 및 수입화장품 원료목록보고는 (사)한국의약품수출입협회에 제출한다.

74 정답 ⑤   난이도 ★★★★

판매가격을 개별제품에 스티커 등을 부착하여야 한다. 다만, 개별제품으로 구성된 종합제품으로서 분리하여 판매하지 않는 경우에는 그 종합제품에 일괄하여 표시할 수 있다.

75 정답 ④   난이도 ★★★★★

맞춤형화장품 표시사항

- 명칭
- 가격(소비자가 잘 확인할 수 있는 위치에 표시)
- 식별번호
- 사용기한 또는 개봉 후 사용기간
- 책임판매업자 상호
- 맞춤형화장품 판매업자 상호

76 정답 ②   난이도 ★★★

W/O형(유중수형)은 오일 베이스에 물이 분산되어 있는 상태로 콜드크림, 선크림, 영양크림, 클렌징크림, 비비크림 등이다.

77 정답 ①   난이도 ★★★★

충진기의 유형과 용도

- **피스톤방식 충진기** : 용량이 큰 액상타입의 제품인 샴푸, 린스, 컨디셔너의 충진에 사용된다.
- **파우치 충진기** : 시공품, 견본품 등 1회용 파우치 포장인 제품 충진에 사용된다.
- **카톤 충진기** : 박스에 테이프를 붙이는 테이핑기이다.
- **파우더 충진기** : 페이스파우더와 같은 파우더류 충진시 사용된다.
- **액체 충진기** : 스킨로션, 토너, 앰플 등 액상타입의 제품은 액체충진기로 충진한다.
- **튜브 충진기** : 선크림, 폼 클렌징 등 튜브용기에 충진 시 사용된다.

78 정답 ①   난이도 ★★

펜슬용기는 연필처럼 깎아서 쓰는 나무자루 타입과 샤프펜슬처럼 밀어내어 쓰는 타입의 용기로 아이라이너, 아이브로우, 립펜슬 등에 사용된다.

79 정답 ③ 난이도 ★★★

에멀전은 외상의 종류에 따라 O/W에멀전, W/O에멀전, 다중에멀전으로 분류하며, O/W에멀전은 외상이 수상으로 일반적인 기초화장품(크림, 로션, 에센스 등)이 해당되며, W/O에멀전은 외상이 유상으로 콜드크림, 선크림, 비비크림 등이 해당된다.

80 정답 ⑤ 난이도 ★★★

제품상담을 통해 맞춤형화장품에 배합하기로 한 화장품 원료가 유통화장품 안전관리에 관한 기준 별표에서 규정한 화장품에 사용할 수 없는 원료인지 소분·혼합 전에 맞춤형화장품 조제관리사는 확인하여야 한다.

81 정답 ① 난이도 ★★★

로션제란 유화제 등을 넣어 유성성분과 수성성분을 균질화하여 점액상으로 만든 것을 의미하며, 액제란 화장품에 사용되는 성분을 용제 등에 녹여서 액상으로 만든 것을 말한다.

82 정답 ④ 난이도 ★★★★

화장품 책임판매업자가 화장품의 생산·수입실적 및 원료목록을 제출하여야 할 관련단체는 다음과 같다.

생산실적 및 국내 제조 화장품 원료목록 보고	(사) 대한화장품협회
수입실적 및 수입화장품 원료목록 보고	(사) 한국의약품수출입협회

83 정답 ③ 난이도 ★★★

보습제란 건조하고 각질이 일어나는 피부를 진정시키고, 피부를 부드럽고 매끄럽게 하는 성분으로 글리세린, 프로필렌글리콜, 부틸렌글리콜, 폴리에틸렌 글리콜, 소르비톨, 하이알루론산나트륨 등이 있다.

84 정답 ⑤ 난이도 ★★★★

혼합기는 제품에 영향을 미치게 되는데 안전성과 유효성보다는 안정성에 영향을 미친다.

85 정답 ② 난이도 ★★★

관능검사 유형 중 기호형은 싫고 좋음을 나타내는 주관적 평가를 말하고, 분석형은 표준품 및 한도품 등 기준과 비교하여 합격품, 불량품을 객관적으로 평가·선별하는 평가형태이다.

86 정답 ③ 난이도 ★★★

시험기간은 6개월 이상 시험하는 것을 원칙으로 하나, 특성에 따라 조정할 수 있다.

87 정답 ③ 난이도 ★★★

제형의 분류 및 그 특성

- 유화 제형 : 크림상, 로션상
- 가용화 제형 : 액상
- 유화분산 제형 : 크림상
- 고형화 제형 : 고상
- 파우더혼합 제형 : 파우더상
- 계면활성제혼합 제형 : 액상

88 정답 ④ 난이도 ★★★★★

수입된 화장품을 유통·판매하는 영업의 화장품책임판매업을 등록한 자가 수입화장품에 대한 품질검사를 하지 아니하려는 경우에는 식품의약품안전처장이 정하는 바에 따라 식품의약품안전처장에게 수입화장품의 제조업자에 대한 현지실사를 신청하여야 한다. 현지실사에 필요한 신청절차, 제출서류 및 평가방법 등에 대하여는 식품의약품안전처장이 정하여 고시한다.

89 정답 각질층 난이도 ★★★

각질층은 피부의 가장 바깥에 위치하며, 약 15~20층의 납작한 무핵층으로 구성되며, 라멜라 구조를 하고 있으며, 수분손실을 막아주고 자극으로부터 피부보호 및 세균침입 방어역할을 한다. 주성분은 케라틴단백질, 천연보습인자, 세포 간 지질 등이다.

90 정답 유두층 난이도 ★★★

통각, 촉각은 진피의 유두층에 위치하고, 온각, 냉각, 압각은 진피의 망상층에 위치한다.

91 정답 지성피부 난이도 ★★★

지성피부와 건성피부의 비교

지성피부	건성피부
• 모공이 넓고 피부결이 거칠고 피부가 두껍다. • 피부색이 칙칙하고 화장이 잘 지워진다. • 피지분비 과다로 얼굴이 번들거리고 여드름이나 뾰루지가 생기기 쉽다.	• 유·수분량의 균형이 깨진 상태로 각질층 수분함유량이 10% 이하이다. • 모공이 거의 보이지 않으며 잔주름이 많다. • 피부가 얇고 피부결이 섬세하며 세안 후 얼굴 당김을 느낀다.

92 정답 유성원료 난이도 ★★★

유성원료란 피부의 수분손실을 조절하며, 피부흡수력을 좋게 하는 것으로 대표성분은 오일류, 왁스류, 고급지방산류, 고급알코올류, 탄화수소류, 에스터류, 실리콘류 등이 있다.

93 정답 무기안료 난이도 ★★★

안료는 마스카라, 파운데이션처럼 커버력이 우수한 무기안료와 립스틱과 같이 선명한 색을 가진 유기안료가 있다.

94 정답 겔(Gel)제 난이도 ★★★

화장품 제형 중 겔(Gel)제란 액체를 침투시킨 분자량이 큰 유기분자로 이루어진 반고형상의 제형이다.

95 정답 미셀 난이도 ★★★★★

계면활성제가 수용액에 위치할 때, 친수성기는 바깥으로 노출되어 물과 닿는 표면을 형성하고 소수성기는 안쪽으로 핵을 형성하여 만들어지는 구형의 집합체를 (미셀)이라 한다.

96 정답 자외선흡수제 난이도 ★★★★★

자외선흡수제	옥틸다이메틸파바, 옥틸메톡시신나메이트, 캄퍼유도체, 다이벤조일메탄유도체, 갈릭산유도체, 파라아미노벤조산
자외선 산란제	징크옥사이드, 타이타늄다이옥사이드

97 정답 3 난이도 ★★★

화장품의 책임판매업자는 천연화장품 또는 유기농화장품으로 표시·광고하여 제조, 수입 및 판매할 경우, 천연화장품 및 유기농화장품의 기준에 관한 규정에 적합함을 입증하는 자료를 구비하고, 제조일(수입일 경우 통관일)로부터 (3)년 또는 사용기한 경과 후 1년 중 긴 기간 동안 보존하여야 한다.

98 정답 제조상의 결함 난이도 ★★★★

결함이란 해당 제조물에 다음 각 목의 어느 하나에 해당하는 제조상·설계상 또는 표시상의 결함이 있거나 그 밖에 통상적으로 기재할 수 있는 안전성이 결여되어 있는 것을 말한다.

- **제조상의 결함** : 제조업자가 제조물에 대하여 제조상·가공상의 주의의무를 이행하였는지에 관계없이 제조물이 원래 의도한 설계와 다르게 제조·가공됨으로써 안전하지 못하게 된 경우의 결함을 말한다.
- **설계상의 결함** : 제조업자가 합리적인 대체설계를 채용하였더라면 피해나 위험을 줄이거나 피할 수 있었음에도 대체설계를 채용하지 아니하여 해당 제조물이 안전하지 못하게 된 경우를 말한다.
- **표시상의 결함** : 제조업자가 합리적인 설명·지시·경고 또는 그 밖의 표시를 하였더라면 해당 제조물에 의하여 발생할 수 있는 피해나 위험을 줄이거나 피할 수 있었음에도 이를 하지 않은 경우를 말한다.

99 정답 가혹시험 난이도 ★★★★

가혹시험이란 가혹조건에서 화장품의 분해과정 및 분해산물 등을 확인하기 위한 시험으로서, 일반적으로 개별화장품의 취약성, 예상되는 운반·보관·진열 및 사용과정에서 뜻하지 않게 일어나는 가능성 있는 가혹한 조건에서 품질변화를 검토하기 위해 수행하는 시험이다.

100 정답 3.0~9.0 난이도 ★★★★

기초화장용 제품류(클렌징 워터, 클렌징 오일, 클렌징 로션, 클렌징 크림 등 메이크업 리무버 제품은 제외) 중 액, 로션, 크림 및 이와 유사한 제형의 액상제품은 pH기준이 (3.0~9.0)이어야 한다.